河南省"十四五"普通高等教育规划教材

大学物理

（上）

主　编　曹国华

副主编　乔文涛　刘丙国　武苹苹

胡保付　赵晓霞

本书资源使用说明

内 容 简 介

本书根据教育部高等学校大学物理课程教学指导委员会编制的《非物理类理工学科大学物理课程教学基本要求》，结合编者多年教学经验编写而成.

全书分上、下两册. 上册内容包括质点运动学、质点动力学、刚体的定轴转动、气体动理论、热力学基础、静电场及静电场中的导体和电介质. 下册内容包括稳恒磁场、电磁感应、振动学基础、波动学基础、光学、狭义相对论基础及量子物理基础. 本书着重于物理学基本概念及基本理论的介绍，数学运算只涉及基本的微积分知识，力求用简明凝练的语言让学生对物理学各个分支有初步认识. 同时，为了开阔学生的视野，增加书籍阅读的趣味性，书中选编了若干阅读材料，内容涉及物理学的应用及其发展史等相关内容.

本书可作为高等院校理工科、师范类等非物理专业的“大学物理”课程的教材.

图书在版编目(CIP)数据

大学物理. 上/曹国华主编. —北京：北京大学出版社，2022.11
ISBN 978-7-301-33584-0

Ⅰ. ①大…　Ⅱ. ①曹…　Ⅲ. ①物理学—高等学校—教材　Ⅳ. ①O4-33

中国版本图书馆 CIP 数据核字(2022)第 211263 号

书　　名　大学物理（上）
DAXUE WULI (SHANG)
著作责任者　曹国华　主编
责 任 编 辑　王剑飞
标 准 书 号　ISBN 978-7-301-33584-0
出 版 发 行　北京大学出版社
地　　址　北京市海淀区成府路 205 号　100871
网　　址　http://www.pup.cn
新 浪 微 博　@北京大学出版社
电 子 信 箱　zpup@pup.cn
电　　话　邮购部 010-62752015　发行部 010-62750672　编辑部 010-62765014
印 刷 者　湖南省众鑫印务有限公司
经 销 者　新华书店
787 毫米×1092 毫米　16 开本　14.5 印张　387 千字
2022 年 11 月第 1 版　2022 年 11 月第 1 次印刷
定　　价　48.00 元

前 言

20 世纪是物理学取得辉煌成就的重要历史时期，物理学家在这个世纪里创立了相对论、量子论、规范场等理论，建立了量子物理、粒子物理与原子核物理等分支学科，发明了激光器、原子弹、核反应堆、粒子加速器、X 射线计算机断层成像等一系列改变世界的技术和设备. 可以说，没有 20 世纪物理学的辉煌成就，就不会有当今世界的快速发展. 迈入 21 世纪，科学家对物理学探索的步伐并未停止，尤其是近年来我国在物理学上取得了重大成就，也让世界看到了中国物理学的崛起. 面对新世纪的物理学和中国教育发展的新形势，编者根据《河南省“十四五”教育事业发展规划》提出的要求，本着为理工科类学生后续专业课程学习奠定必要的物理基础的原则，在汲取国内外优秀教材的优点和总结编者一线教学经验的基础上编写了本书. 本书主要具有以下特点.

1. 先提出问题，后导出理论

本书采用问题引导的方法，在每一章的开篇都以生活或生产中的实际现象提出问题，让学生在开篇对该章内容产生好奇而主动探求原理，引导学生在学习过程中逐步解决问题，使学生更加深刻地掌握相关理论. 这样既培养了学生提出问题和解决问题的能力，又为学生后续专业课程的学习奠定了良好的基础.

2. 引入科学热点问题，拓宽教材内容

本书对近些年的一些科学热点问题进行了相关介绍，包括代表中国量子通信技术的世界首颗量子科学实验卫星“墨子号”，2009 年诺贝尔物理学奖获得者高锟提出的光纤通信和 2012 年王中林教授带领的团队发明的新型摩擦纳米发电机，以及学生感兴趣的压电效应、磁悬浮列车、超声技术等代表性物理科学与技术. 这些阅读材料可以使学生对近代物理学的进展有更深入的认识.

3. 围绕基础，优化知识结构

本书按照力学、热学、电磁学、振动和波动、光学、近代物理的顺序进行编写. 经典物理是工科各专业后续课程的基础，必须讲透，使学生充分理解. 近代物理主要对相对论的时空观和量子思想进行介绍，其很多理论超出现实生活的感知，理解难度较大，本书着重于启迪思维，引导学生积极思考、勇于创新.

本书由河南理工大学曹国华担任主编，上册由乔文涛、刘丙国、武苹苹、胡保付、赵晓霞担任副主编，下册由殷月红、胡强、汪舰、聂燚、贾兴涛、陈亮、桂伟峰担任副主编. 具体编写分工如下：第 1,3 章由刘丙国编写；第 2 章由乔文涛编写；第 4 章由赵晓霞编写；第 5 章由武苹苹编写；第 6 章由曹国华编写；第 7 章由胡保付编写；第 8 章由陈亮编写；第 9 章由胡强编写；第 10 章由殷月红编写；第 11 章由殷月红、桂伟峰编写；第 12 章由汪舰编写；第 13 章由聂燚编写；第 14 章由贾兴涛编写；前言和附录部分由曹国华编写.全书由曹国华统稿并定稿.在本书编写过程中,河南理工大学的李明、李宝华和刘振深对本书的编写和校对提出了许多宝贵的修改意见和建议,曾政杰、邓之豪、龚维安、陈平提供了版式和装帧设计方案,在此表示衷心的感谢.

在本书的编写过程中,参阅了大量的物理学方面的经典教材,部分书目列于参考文献中,在此一并向其作者表示衷心的感谢.

由于编者水平有限,加之时间仓促,书中难免存在不妥和疏漏之处,恳请读者批评指正,以便今后不断完善和提高.

编　者

目录

第1篇 力 学

第2篇 热 学

第3篇 电 磁 学

第 1 篇

力学

科学家简介

阅读材料

力学是物理学的重要组成部分，是物理学最早形成的学科，它起源于公元前4世纪古希腊学者亚里士多德关于力产生运动的说法，以及我国《墨经》中关于杠杆原理的论述等. 在17世纪伽利略论述惯性运动，牛顿提出牛顿运动定律后，力学便成了一门学科. 以牛顿运动定律为基础的力学称为牛顿力学或经典力学. 经过300多年的发展，力学形成了严谨的理论体系和完备的研究方法. 20世纪以来，量子力学、相对论的建立以及对混沌等问题的研究，给经典力学带来了巨大的冲击，使人们对力学的认识发生了重大的改变. 近代物理学的发展揭示经典力学仅适用于宏观低速领域，然而在相当广阔的尺度和速率范围内，经典力学仍具有较大的实用价值，在包括高速和微观领域在内的整个物理学中，经典力学的一些重要概念和定律(如动量、角动量、能量及其相应的守恒定律)仍然适用，从而使经典力学成了物理学和许多工程技术的理论基础. 在自然科学和工程技术的广阔领域内，经典力学仍然能够较精确地解决广泛的理论和实际问题.

本篇主要讨论经典力学，包括质点力学和刚体力学基础，着重阐明动量、角动量、能量等概念及其相应的守恒定律.

第 1 章 质点运动学

知识拓展

“想一想”：防空导弹是指由地面、舰船或者潜艇发射的用来拦截空中目标的导弹，又称为对空导弹. 其拦截原理是通过预警雷达侦测目标来袭方向，发射导弹飞向目标，离目标一定距离时放出子母弹引爆导弹. 此项技术的关键是能使己方的导弹接近目标，这就需要通过计算得到目标运行的轨迹、速度、高度等信息. 如何能够预测目标的运动信息呢？

力学是研究物体机械运动规律的一门学科. 物体之间(或物体各部分之间) 相对位置的变化称为**机械运动**. 经典力学中，通常把力学分为静力学、运动学和动力学. 本章只研究运动学规律. **运动学**以几何观点来描述物体的运动，即研究物体空间位置随时间变化的关系，而不涉及改变物体运动状态的原因.

本章首先定义描述质点运动的物理量，如位矢、位移、速度、加速度等，进而讨论这些量随时间变化的关系；然后讨论曲线运动中法向加速度和切向加速度及圆周运动的角量描述；最后介绍不同参考系中速度和加速度的变换关系.

位移、速度和加速度是运动学中重要的物理量，它们都具有相对性、瞬时性和矢量性，因此也反映了物体运动的基本特性. 只有掌握这些基本特性，才能正确理解这些物理量的意义.

1.1 参考系 坐标系 质点和质点系

一、参考系和坐标系

宇宙万物，大至日月星辰，小至分子、原子，都在永不停止地运动. 运动是绝对的，但对运动的描述却是相对的. 例如，坐在火车上的乘客观察同车厢的乘客是静止的，观察火车外路面上的人却是向后运动的；反过来，火车外路面上的人观察火车中的乘客随车前进，而路边一同站着的人却静止不动. 大量此类现象表明，描述一个物体的运动时，必须选择某个其他物体作为参考，被选作参考的物体称为**参考系**. 图1-1中，为了确定小鸟M的运动状态，可选择房子作为参考系，也可选择正在做匀速直线运动的汽车作为参考系. 同一物体的运动在不同参考系中会有不同的运动图像，这就是**运动描述的相对性**.

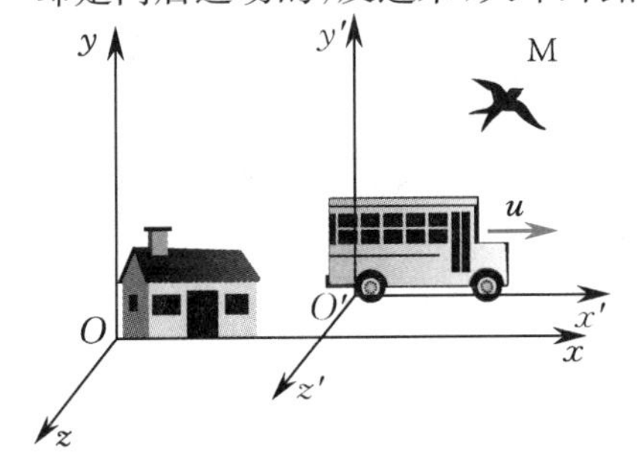

图 1-1 参考系和坐标系

为了定量地描述物体的位置随时间变化的关系，还需要在参考系上建立适当的**坐标系**，如图 1-1 中的直角坐标系

$Oxyz$ 或$O'x'y'z'$. 建立坐标系后(不必在图中画出参考系),物体的位置就可以用坐标(x,y,z) 或(x',y',z') 来描述. 力学中常用的坐标系有直角坐标系、极坐标系、自然坐标系等. 实际问题中应根据研究问题的方便和简洁确定坐标系,不同的坐标系中描述物体运动的函数形式虽然不同,但对物体运动的描述结论却是相同的.

二、质点和质点系

在物理学中,为了突出研究对象的主要性质,常把研究对象加以简化,使之抽象成理想模型. 理想模型保留了实际物体的主要特征,而忽略了一些次要因素. 质点就是力学中的一种理想模型. 任何物体都有一定的形状和大小,但如果物体的形状和大小对研究它的运动不起作用或所起的作用可以忽略,就可以用一个只有质量而没有形状和大小的几何点来表示该物体,这个抽象化的点就称为质点. 以下情况均可以把运动物体当作质点处理:

(1) 物体上各点的运动情况相同,即物体做平动;

(2) 物体的大小比它运动的空间距离小很多. 例如,当研究地球绕太阳转动时,由于地球直径(约为 1.28×10^{7} m) 远小于日地距离(约为 1.50×10^{11} m),地球上各点的运动情况可视为相同,可以把地球当作质点处理;当研究地球本身的自转时,则不能把地球当作质点.

如果所研究的物体不能当作一个质点处理,可以把物体看成是许多质点的集合 —— 质点系,研究了其中每一个质点的运动之后,整个物体的运动情况就清楚了.

在物理学的每一个领域中都有物理模型,除了上面提及的质点和质点系外,还有刚体、理想气体、谐振子、平面简谐波、点电荷、绝对黑体等. 把实际问题理想化,建立物理模型,这是物理研究的基本方法. 实际问题多种多样且错综复杂,对某一实际问题得出的结论不具有普遍意义,只有建立理想模型,才能使问题大大简化,而由理想模型得出的结论可以用于大多数实际情况. 毫不夸张地说,没有合理的物理模型,理论研究寸步难行.

1.2 质点运动的描述

一、位置矢量 运动方程

利用质点位置随时间的变化可以描述质点的运动. 为了表示运动质点的位置,首先选择参考系,然后在参考系上建立坐标系,如图 1-2 所示. 任意时刻质点在直角坐标系中的位置可用所在点 P 的坐标(x,y,z) 来确定,或者用从坐标原点 O 指向质点所在处 P 点的有向线段$\overrightarrow{OP}$ 来表示,此有向线段称为位置矢量,简称位矢或矢径,用$\boldsymbol{r}$表示. 相应地,坐标 x,y,z 就是位矢 $\boldsymbol{r}$ 在坐标轴上的 3 个分量.

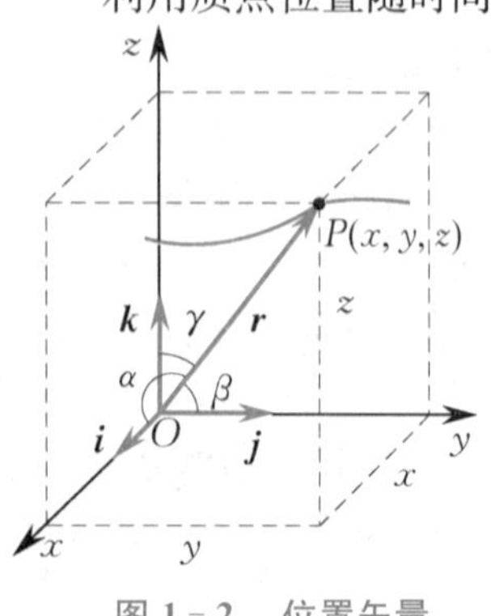

图 1-2 位置矢量

在直角坐标系中,位矢 $\boldsymbol{r}$ 可表示为

$$\boldsymbol{r}=x\boldsymbol{i}+y\boldsymbol{j}+z\boldsymbol{k}, \tag{1-1}$$

式中$\boldsymbol{i},\boldsymbol{j},\boldsymbol{k}$分别表示沿$x,y,z$这 3 个坐标轴正方向的单位矢量. 位矢 $\boldsymbol{r}$ 的大小和方向余弦分别为

$$|\boldsymbol{r}|=r=\sqrt{x^2+y^2+z^2}, \tag{1-2}$$

$$\cos\alpha=\frac{x}{r},\quad \cos\beta=\frac{y}{r},\quad \cos\gamma=\frac{z}{r},\tag{1-3}$$

式中 α,β,γ 分别为 $\boldsymbol{r}$ 与 x 轴、y 轴和 z 轴正方向的夹角.

当质点运动时，其空间位置不断随时间变化，这时质点的坐标 x,y,z 和位矢 $\boldsymbol{r}$ 都是时间的函数. 描述质点空间位置随时间变化的函数式称为质点的运动方程，即

$$x=x(t),\quad y=y(t),\quad z=z(t)\tag{1-4a}$$

或

$$\boldsymbol{r}=\boldsymbol{r}(t).\tag{1-4b}$$

式(1-4a)是运动方程的分量式，而式(1-4b)是运动方程的矢量式. 知道了运动方程，就能确定任意时刻质点的位置，从而确定质点的运动. 运动学的主要任务之一，就是根据各种问题的具体条件，求解质点的运动方程.

质点运动的空间路径称为轨迹. 轨迹为直线时，质点的运动为直线运动；轨迹为曲线时，质点的运动为曲线运动. 从式(1-4a)中消去时间 t 即得质点运动的轨迹方程.

二、位移

如图1-3所示，设质点沿曲线运动，t 时刻质点在 A 点，位矢为 $\boldsymbol{r}_A$，经过 Δt 时间，质点运动到 B 点，位矢为 $\boldsymbol{r}_B$. 在 Δt 时间内，质点位矢的增量为

$$\Delta\boldsymbol{r}=\boldsymbol{r}_B-\boldsymbol{r}_A.\tag{1-5}$$

我们将 $\Delta\boldsymbol{r}$ 称为质点在 Δt 时间内的位移，单位为米(m). 位移是描述质点位置变化的物理量，就是从起始位置 A 点指向终点位置 B 点的一个矢量，其运算遵守矢量运算法则.

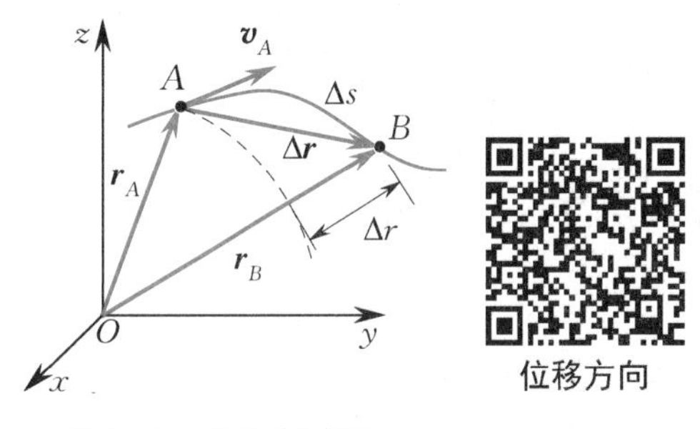

图1-3　位移与路程

在直角坐标系中，位移的表达式为

$$\Delta\boldsymbol{r}=(x_B-x_A)\boldsymbol{i}+(y_B-y_A)\boldsymbol{j}+(z_B-z_A)\boldsymbol{k}=\Delta x\boldsymbol{i}+\Delta y\boldsymbol{j}+\Delta z\boldsymbol{k}.\tag{1-6}$$

位移的大小为

$$|\Delta\boldsymbol{r}|=\sqrt{(\Delta x)^2+(\Delta y)^2+(\Delta z)^2}.$$

注意，位移的大小或模只能记作 $|\Delta\boldsymbol{r}|$，而不能记作 Δr(见图1-3). Δr 表示位矢大小的增量，即 $\Delta r=|\boldsymbol{r}_B|-|\boldsymbol{r}_A|$；而 $|\Delta\boldsymbol{r}|$ 则是位移的大小，即 $|\Delta\boldsymbol{r}|=|\boldsymbol{r}_B-\boldsymbol{r}_A|$，两者显然不等. 还应注意，当参考系确定后，质点的位矢 $\boldsymbol{r}$ 依赖于坐标系的选取，而其位移 $\Delta\boldsymbol{r}$ 却与坐标系的选取无关.

质点在 Δt 时间内所经轨迹的长度(如图1-3中弧 AB 的长度)称为路程，用 Δs 表示. 路程是标量，而位移是矢量. 一般情况下，在某段有限时间内，质点位移的大小 $|\Delta\boldsymbol{r}|$ 不等于这段时间内质点所经历的路程 Δs，当 Δt 趋近于零时，有 $\mathrm{d}s=|\mathrm{d}\boldsymbol{r}|$($\mathrm{d}s$ 称为元路程，$\mathrm{d}\boldsymbol{r}$ 称为元位移).

三、速度

速度是描述质点运动快慢的物理量，既有大小又有方向，是一个矢量. 设一质点 P 沿曲线运动，Δt 时间内的位移为 $\Delta\boldsymbol{r}$，可以用 $\dfrac{\Delta\boldsymbol{r}}{\Delta t}$ 来粗略描述质点在 Δt 时间内位置变化的快慢和方向，称为质点在 Δt 时间内的平均速度，即

$$\overline{\boldsymbol{v}}=\frac{\Delta\boldsymbol{r}}{\Delta t}.\tag{1-7}$$

平均速度是矢量,其方向与 $\Delta \boldsymbol{r}$ 相同. 在 Δt 时间内,质点的运动可以时快时慢,方向也可以不断变化,平均速度不能反映质点运动的真实细节. 要精确地描述质点在某一时刻或某一位置的实际运动情况,应使 Δt 尽量减小. 当 Δt 趋近于零时,平均速度的极限值就称为质点在 t 时刻的瞬时速度,简称速度,用 $\boldsymbol{v}$ 表示,有

$$\boldsymbol{v}=\lim_{\Delta t\to 0}\frac{\Delta \boldsymbol{r}}{\Delta t}=\frac{\mathrm{d}\boldsymbol{r}}{\mathrm{d}t}. \tag{1-8}$$

可见,速度是位矢对时间的一阶导数. 速度的方向就是 Δt 趋近于零时,$\Delta \boldsymbol{r}$ 的极限方向. 如图 1-3 所示,当 Δt 趋近于零时,B 点无限地靠近 A 点,$\Delta \boldsymbol{r}$ 的极限方向即为质点轨迹在 A 点的切线方向,因此质点速度的方向沿该时刻质点所在处轨迹的切线,并指向质点运动的一方. 这在日常生活中可以观察到. 例如,下雨天当我们转动手中的雨伞时,雨滴会沿着雨伞边缘切线方向飞出去.

在直角坐标系中,速度可以表示为

$$\boldsymbol{v}=\frac{\mathrm{d}\boldsymbol{r}}{\mathrm{d}t}=\frac{\mathrm{d}x}{\mathrm{d}t}\boldsymbol{i}+\frac{\mathrm{d}y}{\mathrm{d}t}\boldsymbol{j}+\frac{\mathrm{d}z}{\mathrm{d}t}\boldsymbol{k}=v_x\boldsymbol{i}+v_y\boldsymbol{j}+v_z\boldsymbol{k}, \tag{1-9}$$

式中 v_x,v_y,v_z 分别为 $\boldsymbol{v}$ 在 x 轴、y 轴和 z 轴上的分量. 速度的大小为

$$|\boldsymbol{v}|=\sqrt{v_x^2+v_y^2+v_z^2},$$

其方向可由方向余弦来表示.

若质点在 Δt 时间内通过的路程为 Δs,则质点在 Δt 时间内的平均速率定义为

$$\bar{v}=\frac{\Delta s}{\Delta t}. \tag{1-10}$$

质点在 t 时刻的速率为

$$v=\lim_{\Delta t\to 0}\frac{\Delta s}{\Delta t}=\frac{\mathrm{d}s}{\mathrm{d}t}, \tag{1-11}$$

即速率等于质点所走过的路程对时间的变化率. 因为路程和时间都是标量,所以速率是一个标量. 由于在 Δt 趋近于零时,$\mathrm{d}s=|\mathrm{d}\boldsymbol{r}|$,因此$\dfrac{\mathrm{d}s}{\mathrm{d}t}=\dfrac{|\mathrm{d}\boldsymbol{r}|}{\mathrm{d}t}$. 可见,速率是速度的大小,即 $v=|\boldsymbol{v}|$. 注意,速度的大小即为速率,但平均速度的大小并不等于平均速率,即 $|\bar{\boldsymbol{v}}|\neq\bar{v}$. 因为一般情况下,$|\Delta \boldsymbol{r}|\neq\Delta s$,仅当 Δt 趋近于零时,才有 $|\mathrm{d}\boldsymbol{r}|=\mathrm{d}s$.

四、加速度

加速度是描述质点速度随时间变化快慢的物理量. 如何来描述速度变化的快慢?如图 1-4 所示,设质点沿曲线运动,t 时刻质点在 A 点,速度为 $\boldsymbol{v}_A$,$t+\Delta t$ 时刻,质点到达 B 点,速度变为 $\boldsymbol{v}_B$,则 Δt 时间内质点速度的增量为 $\Delta\boldsymbol{v}=\boldsymbol{v}_B-\boldsymbol{v}_A$. 可以用$\dfrac{\Delta\boldsymbol{v}}{\Delta t}$来粗略描述质点在 Δt 时间内速度变化的快慢程度,称为质点在 Δt 时间内的平均加速度,即

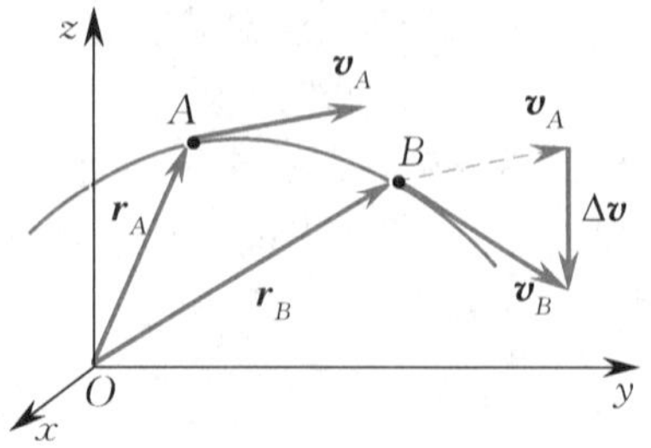

$$\bar{\boldsymbol{a}}=\frac{\Delta\boldsymbol{v}}{\Delta t}. \tag{1-12}$$

图 1-4　速度的增量

平均加速度只能反映 Δt 时间内质点速度的平均变化率. 要准确描述质点在某一时刻或某一位置处的速度变化率,需引入瞬时加速度. 质点在某一时刻或某一位置处的瞬时加速度(简称加速度)等于该时刻附近 Δt 趋近于零时平均加速度的极限值,即

$$\boldsymbol{a}=\lim_{\Delta t\to 0}\frac{\Delta\boldsymbol{v}}{\Delta t}=\frac{\mathrm{d}\boldsymbol{v}}{\mathrm{d}t}=\frac{\mathrm{d}^2\boldsymbol{r}}{\mathrm{d}t^2}. \tag{1-13}$$

可见,加速度是速度对时间的一阶导数或位矢对时间的二阶导数.

在直角坐标系中,加速度可以表示为

$$\boldsymbol{a}=\frac{\mathrm{d}\boldsymbol{v}}{\mathrm{d}t}=\frac{\mathrm{d}^2\boldsymbol{r}}{\mathrm{d}t^2}=\frac{\mathrm{d}v_x}{\mathrm{d}t}\boldsymbol{i}+\frac{\mathrm{d}v_y}{\mathrm{d}t}\boldsymbol{j}+\frac{\mathrm{d}v_z}{\mathrm{d}t}\boldsymbol{k}$$

$$=\frac{\mathrm{d}^2x}{\mathrm{d}t^2}\boldsymbol{i}+\frac{\mathrm{d}^2y}{\mathrm{d}t^2}\boldsymbol{j}+\frac{\mathrm{d}^2z}{\mathrm{d}t^2}\boldsymbol{k}=a_x\boldsymbol{i}+a_y\boldsymbol{j}+a_z\boldsymbol{k}, \tag{1-14}$$

式中 a_x,a_y,a_z 分别为$\boldsymbol{a}$ 在 x 轴、y 轴和 z 轴上的分量.加速度的大小为

$$a=|\boldsymbol{a}|=\sqrt{a_x^2+a_y^2+a_z^2}, \tag{1-15}$$

其方向可由方向余弦来表示.

加速度的方向是 Δt 趋近于零时,平均加速度$\frac{\Delta \boldsymbol{v}}{\Delta t}$ 或速度增量 $\Delta \boldsymbol{v}$ 的极限方向.应该明确的是,加速度是矢量,无论是速度的大小发生变化,还是速度的方向发生变化,加速度都不为零.

五、质点运动学中的两类问题

质点运动学的问题一般可分为两类:微分问题和积分问题.

1. 微分问题

已知质点的运动方程,即质点位矢随时间的变化关系 $\boldsymbol{r}(t)$,求质点在任意时刻的速度和加速度.这类问题的求解方法是运用求导运算,常把这类问题称为微分问题.

例 1-1

已知质点的运动方程为

$$\boldsymbol{r}=(3t+5)\boldsymbol{i}+\left(\frac{1}{2}t^2+3t-4\right)\boldsymbol{j}\ (\mathrm{SI}).$$

(1) 计算并图示质点的运动轨迹;

(2) 求第 1 s 内质点的位移;

(3) 求 $t=4$ s 时质点的速度和加速度.

解　(1) 由质点的运动方程可知

$$x=3t+5,\quad y=\frac{1}{2}t^2+3t-4.$$

联立上两式消去时间 t,可得质点的轨迹方程为

$$y=\frac{1}{18}(x^2+8x-137)\ (\mathrm{SI}).$$

由质点的运动方程求出质点的位置并列表(见表 1-1),描出质点的运动轨迹如图 1-5 所示.

表 1-1　例 1-1 数据

t/s	0	1	2	3	4
x/m	5	8	11	14	17
y/m	−4	−0.5	4	9.5	16

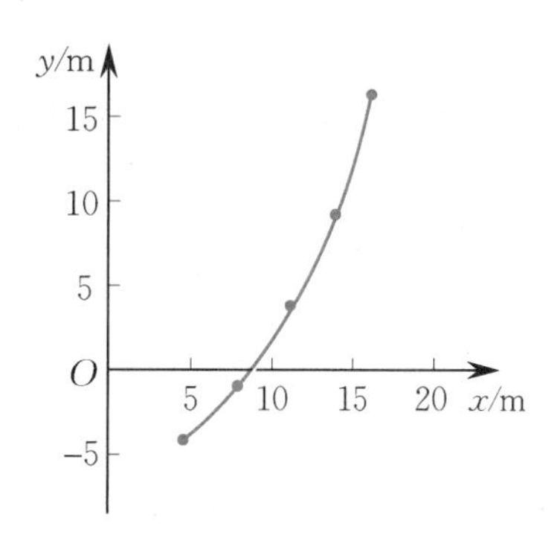

图 1-5　例 1-1 图

(2) 第 1 s 内质点的位移为

$$\Delta\boldsymbol{r}=\boldsymbol{r}(1)-\boldsymbol{r}(0)$$
$$=[(8\boldsymbol{i}-0.5\boldsymbol{j})-(5\boldsymbol{i}-4\boldsymbol{j})]\ \mathrm{m}$$
$$=(3\boldsymbol{i}+3.5\boldsymbol{j})\ \mathrm{m}.$$

(3) 因为

$$\boldsymbol{v}=\frac{\mathrm{d}\boldsymbol{r}}{\mathrm{d}t}=[3\boldsymbol{i}+(t+3)\boldsymbol{j}]\ \mathrm{m/s},$$

$$\boldsymbol{a}=\frac{\mathrm{d}\boldsymbol{v}}{\mathrm{d}t}=\boldsymbol{j}\ \mathrm{m/s^2},$$

所以 $t=4$ s 时,

$$\boldsymbol{v}=(3\boldsymbol{i}+7\boldsymbol{j})\ \mathrm{m/s},$$

即速度的大小为

$$v=\sqrt{3^2+7^2}\ \text{m/s}=7.6\ \text{m/s},$$

方向与 x 轴正方向的夹角为

$$\theta=\arctan\frac{v_y}{v_x}=\arctan\frac{7}{3}=66.8^\circ.$$

当 $t=4$ s 时，

$$\boldsymbol{a}=\boldsymbol{j}\ \text{m/s}^2,$$

即加速度的大小为 1 m/s^2，方向沿 y 轴正方向.

例 1-2

如图 1-6 所示，有人用绳子绕岸上离湖面高度为 h 的定滑轮拉湖中的小船向岸边运动，已知该人收绳的速率恒为 v_0，求小船在离岸边的距离为 x 时的速度和加速度.

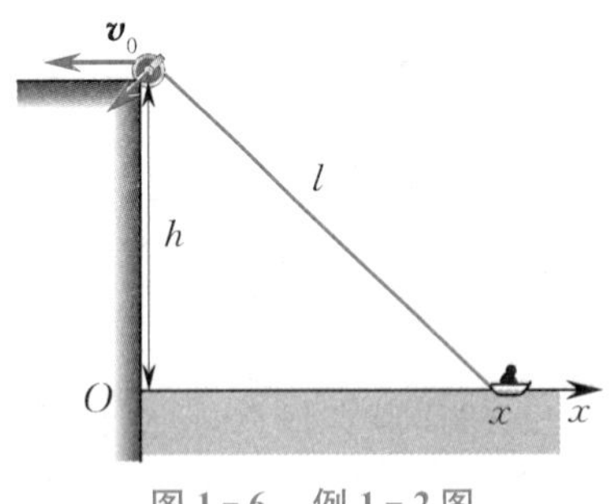

图 1-6　例 1-2 图

解　建立如图1-6所示的坐标系，以 l 表示小船到定滑轮的绳长，则任意时刻小船的位置坐标为

$$x=\sqrt{l^2-h^2}.$$

因为 l 是 t 的函数，上式就是小船的运动方程 $x=x(t)$. 将上式对时间 t 求导，可得小船的速度为

$$v=\frac{\mathrm{d}x}{\mathrm{d}t}=\frac{l}{\sqrt{l^2-h^2}}\frac{\mathrm{d}l}{\mathrm{d}t}=-\frac{\sqrt{x^2+h^2}}{x}v_0,$$

式中负号表示小船的速度方向与 x 轴正方向相反.

将上式对时间 t 再求导，可得小船的加速度为

$$a=\frac{\mathrm{d}v}{\mathrm{d}t}=-\frac{v_0}{x^2}\left(x\frac{\mathrm{d}l}{\mathrm{d}t}-\frac{\mathrm{d}x}{\mathrm{d}t}l\right)=-\frac{v_0^2h^2}{x^3},$$

式中负号表示小船的加速度方向与 x 轴正方向相反. 由于加速度与速度同向，因此小船加速靠岸.

本例中虽然没有明确给出小船的运动方程，但可先根据题设条件建立坐标系，然后找出小船的位置和时间 t 的关系，建立运动方程，用微分法求得小船的速度和加速度.

对于本章开始提出的问题，我们可以通过侦测来袭导弹的运动信息，例如其位置坐标随时间变化的关系，来获得轨迹方程，然后通过求导获得来袭导弹的速度、加速度等数据，并由此来设定和调控拦截导弹的参数，做到有效拦截.

2. 积分问题

已知质点的加速度及初始条件，求任意时刻的速度和位矢(或运动方程). 这类问题的求解方法主要是运用积分运算，常把这类问题称为积分问题.

例 1-3

有一个小球在某液体中竖直下落，其初速度为 $\boldsymbol{v}_0=10\boldsymbol{j}$ m/s，它在液体中的加速度为 $\boldsymbol{a}=-1.0v\boldsymbol{j}$.

(1) 经过多长时间后可以认为小球已停止运动？

(2) 求小球在停止运动前经历的路程.

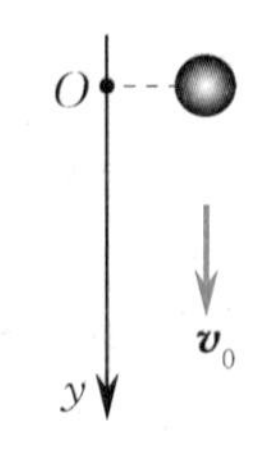

图 1-7　例 1-3 图

解　建立如图 1-7 所示的坐标系，已知

$$a=\frac{\mathrm{d}v}{\mathrm{d}t}=-1.0v,$$

对上式两边进行积分，可得

$$\int_{v_0}^{v} \frac{dv}{v} = \int_0^t -1.0dt,$$

解得

$$v = v_0 e^{-t}.$$

由于

$$v = \frac{dy}{dt} = v_0 e^{-t},$$

对上式两边进行积分，可得

$$\int_0^y dy = v_0 \int_0^t e^{-t} dt,$$

解得

$$y = 10(1 - e^{-t}).$$

通过计算可列表1-2.

表1-2　例1-3数据

v	$v_0/10$	$v_0/100$	$v_0/1\ 000$	$v_0/10\ 000$
t/s	2.3	4.6	6.9	9.2
y/m	8.997 4	9.899 5	9.989 9	9.999 0

由表可得，当 $t = 9.2$ s 时，$v \approx 0$，$y \approx 10$ m.

例1-4

质点沿 x 轴运动，加速度为 a，开始时($t=0$)质点位于 $x = x_0$ 处，速度为 $v = v_0$，求质点在 t 时刻的速度和位置.

解　由加速度定义式 $a = \frac{dv}{dt}$ 可得

$$dv = a dt,$$

对上式两边进行积分并注意初始条件，有

$$\int_{v_0}^{v} dv = \int_0^t a dt,$$

则 t 时刻质点的速度为

$$v = v_0 + \int_0^t a dt. \qquad (1-16)$$

同理，由速度定义式 $v = \frac{dx}{dt}$ 可得

$$dx = v dt,$$

对上式两边进行积分并注意初始条件，有

$$\int_{x_0}^{x} dx = \int_0^t v dt,$$

则 t 时刻质点的位置坐标为

$$x = x_0 + \int_0^t v dt. \qquad (1-17)$$

作为特例，设质点做匀变速直线运动，此时 a 为常量，由式(1-16)和式(1-17)可得

$$v = v_0 + at, \qquad (1-18)$$

$$x = x_0 + v_0 t + \frac{1}{2} a t^2. \qquad (1-19)$$

联立式(1-18)和式(1-19)消去时间 t，可得

$$v^2 - v_0^2 = 2a(x - x_0). \qquad (1-20)$$

式(1-18)、式(1-19)和式(1-20)就是匀变速直线运动的公式.

1.3　自然坐标系中的速度和加速度

有一类运动是事先已知其运动轨迹的，如火车运行、回旋加速器中带电粒子的圆周运动、哈雷彗星的回归、洲际弹道导弹的飞行轨道……这类运动的特点是物体做曲线运动，一般采用自然坐标系来描述物体的运动较为方便.

自然坐标系是以质点运动轨迹上的某一点为坐标原点 O，轨迹曲线为坐标轴而建立的坐标系. 自然坐标系下利用 t 时刻质点所在位置与坐标原点之间轨迹曲线的长度 s 来描述质点的位置，它一般是时间的函数，即

$$s = s(t). \qquad (1-21)$$

这就是自然坐标系下质点的运动方程,使用这种表述的条件是运动轨迹已知.

质点速度的大小即速率,为自然坐标对时间的一阶导数,速度的方向沿轨迹曲线的切向,规定沿轨迹切线方向且指向质点运动方向的单位矢量为 $\boldsymbol{e}_t$,与切向垂直并指向轨迹凹的一侧的方向为法线方向,该方向的单位矢量为 $\boldsymbol{e}_n$(见图 1-8).

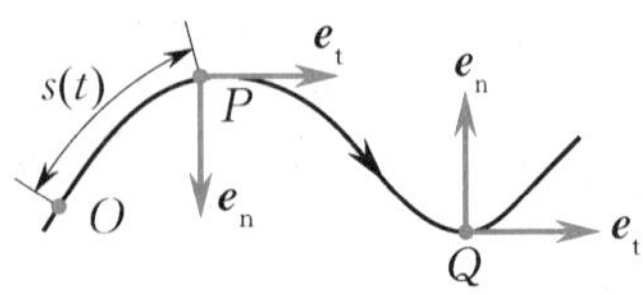

图 1-8　自然坐标系

要注意的是,在自然坐标系中,单位矢量 $\boldsymbol{e}_t$ 和 $\boldsymbol{e}_n$ 并不固定,它随质点的位置而变. 因此,一般的坐标系是静坐标系,而自然坐标系是动坐标系.

一、自然坐标系中的速度和加速度

设在 Δt 时间内质点沿轨迹从 P 点运动到 Q 点,经过的路程为 Δs,则有

$$\Delta s = s(t+\Delta t) - s(t).$$

质点在 t 时刻沿轨迹运动的速率为

$$v = \lim_{\Delta t\to 0}\frac{\Delta s}{\Delta t} = \frac{\mathrm{d}s}{\mathrm{d}t}.$$

考虑到 $|\mathrm{d}\boldsymbol{r}| = \mathrm{d}s$, $v = \frac{\mathrm{d}s}{\mathrm{d}t} = \frac{|\mathrm{d}\boldsymbol{r}|}{\mathrm{d}t} = \left|\frac{\mathrm{d}\boldsymbol{r}}{\mathrm{d}t}\right| = |\boldsymbol{v}|$,因此自然坐标系中质点的速度可表示为

$$\boldsymbol{v} = \frac{\mathrm{d}s}{\mathrm{d}t}\boldsymbol{e}_t = v\boldsymbol{e}_t. \tag{1-22}$$

根据加速度的定义,有

$$\boldsymbol{a} = \frac{\mathrm{d}}{\mathrm{d}t}(v\boldsymbol{e}_t) = \frac{\mathrm{d}v}{\mathrm{d}t}\boldsymbol{e}_t + v\frac{\mathrm{d}\boldsymbol{e}_t}{\mathrm{d}t}. \tag{1-23}$$

式(1-23)表明,曲线运动(自然坐标系)中,质点的加速度由两个分量组成:第一个分量 $\frac{\mathrm{d}v}{\mathrm{d}t}\boldsymbol{e}_t$ 是质点速度大小改变对应的加速度分量,方向沿切向,称为切向加速度,用 $\boldsymbol{a}_t$ 表示,即

$$\boldsymbol{a}_t = \frac{\mathrm{d}v}{\mathrm{d}t}\boldsymbol{e}_t; \tag{1-24}$$

第二个分量 $v\frac{\mathrm{d}\boldsymbol{e}_t}{\mathrm{d}t}$ 是质点速度方向改变对应的加速度分量,方向沿法向,称为法向加速度,用 $\boldsymbol{a}_n$ 表示. 下面借助图 1-9 来推导 $\boldsymbol{a}_n$ 的大小和方向.

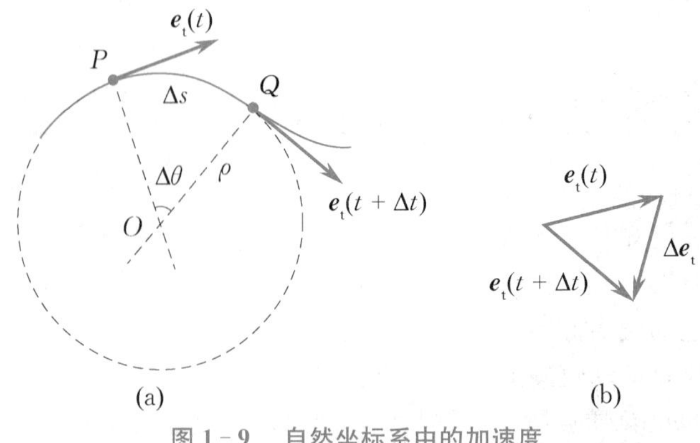

图 1-9　自然坐标系中的加速度

设 t 时刻质点在 P 点,切向单位矢量为 $\boldsymbol{e}_t(t)$,$t+\Delta t$ 时刻质点运动到 Q 点,切向单位矢量变为

$\boldsymbol{e}_t(t+\Delta t)$. Δt 足够小时，路程 Δs 可以看作是曲率半径为 ρ 的一段圆弧，Δt 时间内切向单位矢量的增量为 $\Delta\boldsymbol{e}_t$，其大小 $|\Delta\boldsymbol{e}_t|=|\boldsymbol{e}_t|\Delta\theta$，如图 1-9(b) 所示. 因为 $|\boldsymbol{e}_t|=1$，所以 $|\Delta\boldsymbol{e}_t|=\Delta\theta$. 又因为 Δt 趋近于零时，$\Delta\boldsymbol{e}_t$ 的方向趋近于与 $\boldsymbol{e}_t$ 垂直，即沿 $\boldsymbol{e}_n$ 的方向，所以

$$\frac{\mathrm{d}\boldsymbol{e}_t}{\mathrm{d}t}=\lim_{\Delta t\to 0}\frac{\Delta\boldsymbol{e}_t}{\Delta t}=\lim_{\Delta t\to 0}\frac{\Delta\theta}{\Delta t}\boldsymbol{e}_n=\lim_{\Delta t\to 0}\frac{\Delta\theta}{\Delta s}\frac{\Delta s}{\Delta t}\boldsymbol{e}_n=\frac{v}{\rho}\boldsymbol{e}_n.$$

这样，式(1-23) 右边第二项，即法向加速度 $\boldsymbol{a}_n$ 可表示为

$$\boldsymbol{a}_n=\frac{v^2}{\rho}\boldsymbol{e}_n. \tag{1-25}$$

式(1-23) 写成

$$\boldsymbol{a}=\boldsymbol{a}_t+\boldsymbol{a}_n=\frac{\mathrm{d}v}{\mathrm{d}t}\boldsymbol{e}_t+\frac{v^2}{\rho}\boldsymbol{e}_n. \tag{1-26}$$

加速度 $\boldsymbol{a}$ 的大小为

$$a=|\boldsymbol{a}|=\sqrt{a_n^2+a_t^2},$$

方向可用它与速度 $\boldsymbol{v}$ 的夹角 θ 来表示，即

$$\theta=\arctan\frac{a_n}{a_t}. \tag{1-27}$$

综上所述，曲线运动中，质点的加速度 $\boldsymbol{a}$ 由法向加速度 $\boldsymbol{a}_n$ 和切向加速度 $\boldsymbol{a}_t$ 两个相互垂直的分矢量合成. 质点的法向加速度 $\boldsymbol{a}_n$ 与速度 $\boldsymbol{v}$ 垂直，不影响速度的大小而只改变速度的方向，它描述质点速度方向变化的快慢；质点的切向加速度 $\boldsymbol{a}_t$ 的方向与速度 $\boldsymbol{v}$ 方向一致，只影响速度的大小，不改变速度的方向，它描述质点速度大小变化的快慢.

当质点做直线运动时，$\rho\to\infty$，因此法向加速度为零. 当质点做圆周运动时，ρ 为圆周运动的半径 R，如果质点的速率 v 为常量，则切向加速度为零，合加速度方向指向圆心，称为**向心加速度**；如果 v 不为常量，则还有切向加速度分量，此时的合加速度方向将不指向圆心.

二、圆周运动

圆周运动是一般平面曲线运动的特例，即轨迹曲率半径处处恒等于 R. 因此，对于质点的圆周运动，常采用以自然坐标系为基础的线量和以极坐标系为基础的角量来进行描述.

1. 圆周运动的角量描述

在圆周运动中，除了用位矢、位移、速度和加速度等线量描述质点的运动之外，还常用角坐标、角位移、角速度、角加速度等角量来描述，称为**圆周运动的角量描述**. 如图 1-10 所示，质点做半径为 R 的圆周运动，以圆心 O 为坐标原点建立极坐标系，质点的极径 $r=R$ 为一个常量，任一时刻质点在圆周上的位置可由 θ 完全确定，θ 称为质点的**角坐标**. 一般以从极轴方向沿逆时针旋转的角为正. 当质点运动时，角坐标 θ 是时间 t 的函数，即

$$\theta=\theta(t). \tag{1-28}$$

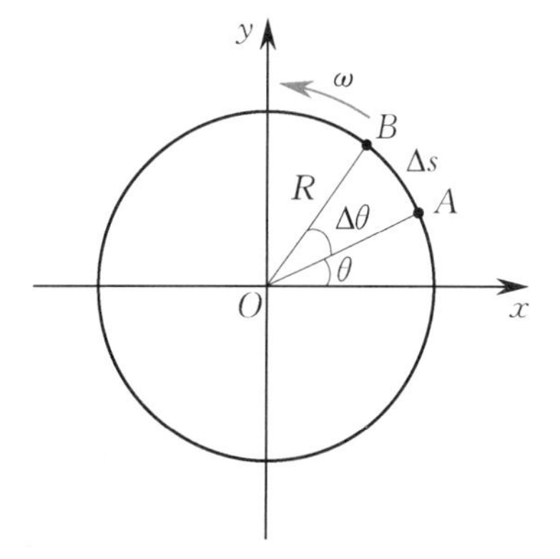

图 1-10　圆周运动的角量描述

这就是质点做圆周运动时以角坐标表示的运动方程.

在 Δt 时间内，质点沿圆周由 A 点运动到 B 点，其极径转过了 $\Delta\theta$，$\Delta\theta=\theta(t+\Delta t)-\theta(t)$ 称为质点在 Δt 时间内的**角位移**. 可以证明，有限大角位移 $\Delta\theta$ 不是矢量，因为 $\Delta\theta$ 的合成不满足矢量运

算法则;而无限小角位移是矢量,用 $\mathrm{d}\boldsymbol{\theta}$ 表示,其方向由右手螺旋法则确定(见图 1-11),即右手四指沿质点绕行方向,则大拇指所指方向即为无限小角位移的方向.

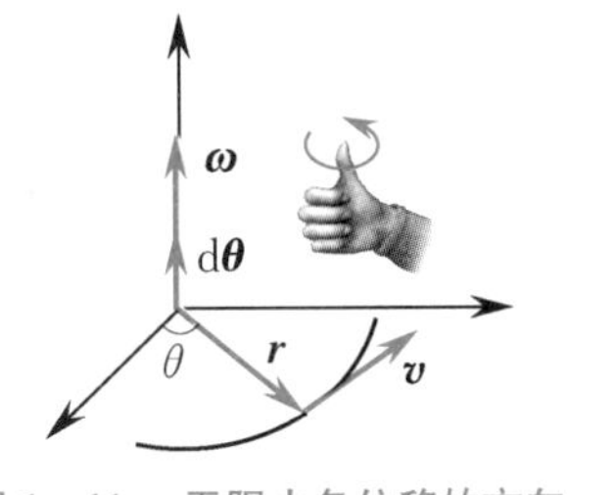

图 1-11 无限小角位移的方向

角速度

与前面定义速度、加速度(通常称线速度、线加速度)相仿,质点的角坐标对时间的变化率称为质点的角速度,用 $\boldsymbol{\omega}$ 表示,其大小为

$$\omega=\lim_{\Delta t\to 0}\frac{\Delta\theta}{\Delta t}=\frac{\mathrm{d}\theta}{\mathrm{d}t}. \tag{1-29}$$

角速度 $\boldsymbol{\omega}$ 是矢量,其方向与 $\mathrm{d}\boldsymbol{\theta}$ 方向相同. 质点的角速度对时间的变化率称为质点的角加速度,用 $\boldsymbol{\alpha}$ 表示,其大小为

$$\alpha=\lim_{\Delta t\to 0}\frac{\Delta\omega}{\Delta t}=\frac{\mathrm{d}\omega}{\mathrm{d}t}=\frac{\mathrm{d}^2\theta}{\mathrm{d}t^2}. \tag{1-30}$$

角加速度 $\boldsymbol{\alpha}$ 也是矢量,其方向是 $\mathrm{d}\boldsymbol{\omega}$ 的方向. 在圆周运动中,角加速度与角速度的方向可以相同(加速运动),也可以相反(减速运动).

在国际单位制中,角坐标 θ 和角位移 $\Delta\theta$ 的单位为弧度(rad),角速度 ω 的单位为弧度每秒(rad/s),角加速度 α 的单位为弧度每二次方秒($\mathrm{rad/s^2}$).

2. 线量与角量的关系

质点做圆周运动时,可以用位置 s、路程 Δs、速率 v、加速度的大小 a_n 和 a_t 等量来描述,这些量称为线量;也可以用角坐标 θ、角位移 $\Delta\theta$、角速度 ω、角加速度 α 等量来描述,这些量称为角量. 不难验证,线量与角量之间有如下关系:

$$\begin{cases}\mathrm{d}s=R\mathrm{d}\theta,\\ v=\dfrac{\mathrm{d}s}{\mathrm{d}t}=R\dfrac{\mathrm{d}\theta}{\mathrm{d}t}=R\omega,\\ a_t=\dfrac{\mathrm{d}v}{\mathrm{d}t}=R\dfrac{\mathrm{d}\omega}{\mathrm{d}t}=R\alpha,\\ a_n=\dfrac{v^2}{R}=R\omega^2.\end{cases} \tag{1-31}$$

3. 匀速圆周运动和匀变速圆周运动

质点做圆周运动时,如果其速率 v 或角速度 ω 为常量,这种运动称为匀速圆周运动. 在匀速圆周运动中,角加速度 $\alpha=0$,切向加速度的大小 $a_t=\dfrac{\mathrm{d}v}{\mathrm{d}t}=R\alpha=0$,法向加速度的大小 $a_n=\dfrac{v^2}{R}=R\omega^2$ 为常量,故匀速圆周运动的加速度为

$$\boldsymbol{a}=\boldsymbol{a}_n=R\omega^2\boldsymbol{e}_n.$$

质点做圆周运动时,如果其角加速度的大小 α 始终为一常量,这种运动称为匀变速圆周运动. 匀变速圆周运动轨迹上某点切向加速度的大小 $a_t=R\alpha=$ 常量,法向加速度的大小 $a_n=\dfrac{v^2}{R}=R\omega^2$ 不为常量,故匀变速圆周运动的加速度为

$$\boldsymbol{a}=\boldsymbol{a}_t+\boldsymbol{a}_n=R\alpha\boldsymbol{e}_t+R\omega^2\boldsymbol{e}_n. \tag{1-32}$$

如果 $t=0$ 时,$\theta=\theta_0$,$\omega=\omega_0$,则由式(1-29)和式(1-30)可得

$$\begin{cases}\omega=\omega_0+\alpha t,\\ \theta=\theta_0+\omega_0 t+\dfrac{1}{2}\alpha t^2,\\ \omega^2-\omega_0^2+2\alpha(\theta-\theta_0).\end{cases}\tag{1-33}$$

此组方程与匀变速直线运动的方程类似：

$$\begin{cases}v=v_0+at,\\ s=s_0+v_0 t+\dfrac{1}{2}at^2,\\ v^2=v_0^2+2a(s-s_0).\end{cases}$$

例 1 - 5

如图 1-12 所示，一质点做半径为 $R=0.2$ m 的圆周运动，其运动方程为 $\theta=4t-t^2$(SI). 求当 $t=1$ s 时质点的速率和加速度.

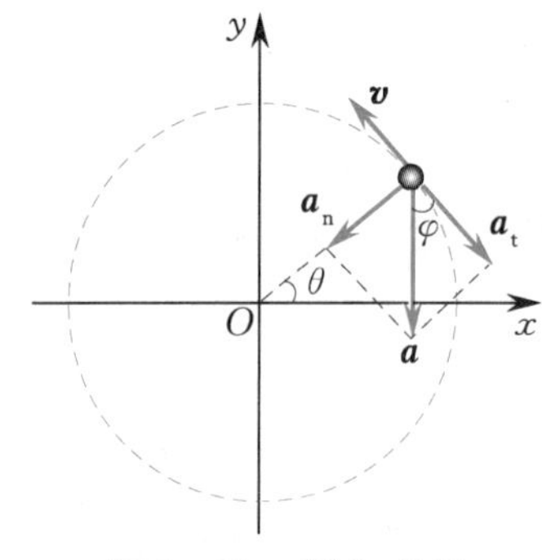

图 1 - 12　例 1 - 5 图

解　运动方程对时间 t 分别求一阶和二阶导数，可得质点的角速度和角加速度分别为

$$\omega=\frac{\mathrm{d}\theta}{\mathrm{d}t}=(4-2t)\,\mathrm{rad/s},$$

$$\alpha=\frac{\mathrm{d}\omega}{\mathrm{d}t}=-2\ \mathrm{rad/s^2}.$$

当 $t=1$ s 时，质点的速率为

$$v=R\omega=0.2\times(4-2\times1)\ \mathrm{m/s}=0.4\ \mathrm{m/s},$$

法向加速度的大小为

$$a_n=\frac{v^2}{R}=R\omega^2=0.2\times(4-2\times1)^2\ \mathrm{m/s^2}=0.8\ \mathrm{m/s^2},$$

切向加速度的大小为

$$a_t=R\alpha=0.2\times(-2)\ \mathrm{m/s^2}=-0.4\ \mathrm{m/s^2}.$$

因此，$t=1$ s 时质点的加速度的大小为

$$a=\sqrt{a_t^2+a_n^2}=0.89\ \mathrm{m/s^2},$$

加速度 $\boldsymbol{a}$ 与切向的夹角为

$$\varphi=\arctan\left|\frac{a_n}{a_t}\right|=\arctan\frac{0.8}{0.4}=63.4^\circ.$$

例 1 - 6

一飞轮受摩擦力矩作用做减速转动过程中，其角加速度与角坐标 θ 成正比，比例系数为 $-k(k>0)$，且 $t=0$ 时，$\theta=0$，$\omega=\omega_0$. 求：

(1) 角速度 ω 随 θ 变化的函数关系式；

(2) 最大角位移 θ_m.

解　(1) 依题意，有

$$\alpha=-k\theta,$$

即

$$\alpha=\frac{\mathrm{d}\omega}{\mathrm{d}t}=\frac{\mathrm{d}\omega}{\mathrm{d}\theta}\frac{\mathrm{d}\theta}{\mathrm{d}t}=\omega\frac{\mathrm{d}\omega}{\mathrm{d}\theta}=-k\theta.$$

对上式两边进行积分，有

$$\int_{\omega_0}^{\omega}\omega\mathrm{d}\omega=-k\int_0^{\theta}\theta\mathrm{d}\theta,$$

解得

$$\omega=\sqrt{\omega_0^2-k\theta^2}.$$

(2) 令 $\omega=0$，可求得最大角位移为

$$\theta_m=\frac{\omega_0}{\sqrt{k}}.$$

1.4 相对运动

前面已经指出,同一物体的运动相对于不同的参考系的描述是不同的,下面来讨论相对运动的定量关系.

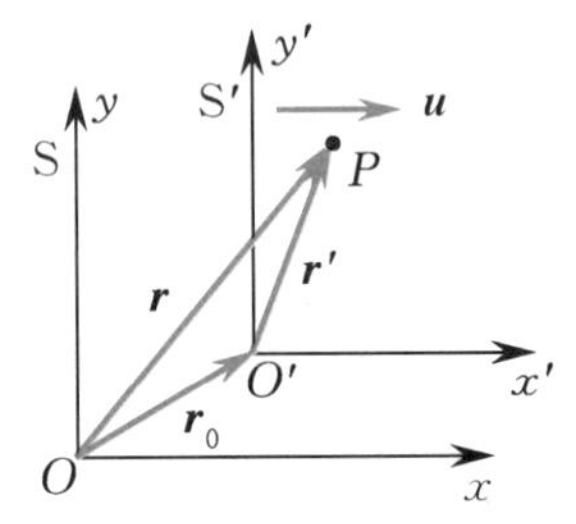

图 1-13 相对运动中的位矢

相对运动

如图 1-13 所示,两个相对做匀速直线运动的参考系——S 系和 S′ 系,S′ 系相对于 S 系以速度 $\boldsymbol{u}$ 平动,两坐标系对应的坐标轴始终保持平行. 质点 P 在空间运动,某时刻 P 点在 S 系和 S′ 系中的位矢分别为 $\boldsymbol{r}$ 和 $\boldsymbol{r}'$,S′ 系的坐标原点 O' 相对于 S 系的位矢为 $\boldsymbol{r}_0$,从图 1-13 中可看出

$$\boldsymbol{r}=\boldsymbol{r}'+\boldsymbol{r}_0. \tag{1-34}$$

对式(1-34) 求时间 t 的导数,可得

$$\frac{\mathrm{d}\boldsymbol{r}}{\mathrm{d}t}=\frac{\mathrm{d}\boldsymbol{r}'}{\mathrm{d}t}+\frac{\mathrm{d}\boldsymbol{r}_0}{\mathrm{d}t}.$$

根据速度的定义,$\frac{\mathrm{d}\boldsymbol{r}}{\mathrm{d}t}$ 和 $\frac{\mathrm{d}\boldsymbol{r}'}{\mathrm{d}t}$ 分别为质点 P 在 S 系和 S′ 系中测出的速度,用 $\boldsymbol{v}$ 和 $\boldsymbol{v}'$ 表示;$\frac{\mathrm{d}\boldsymbol{r}_0}{\mathrm{d}t}$ 为 S′ 系相对于 S 系的速度 $\boldsymbol{u}$,则上式可写为

$$\boldsymbol{v}=\boldsymbol{v}'+\boldsymbol{u}. \tag{1-35}$$

这就是从两个相对做平动的参考系中对同一质点的速度进行测量的速度变换关系,称为**伽利略速度变换式**. 若 S 系是静止不动的,通常把质点 P 相对于静系 S 的速度 $\boldsymbol{v}$ 称为**绝对速度**,把质点 P 相对于动系 S′ 的速度 $\boldsymbol{v}'$ 称为**相对速度**,而动系 S′ 相对于静系 S 的速度 $\boldsymbol{u}$ 则称为**牵连速度**.

对式(1-35) 求时间 t 的导数,可以得到

$$\boldsymbol{a}=\boldsymbol{a}'+\boldsymbol{a}_0. \tag{1-36}$$

这就是从两个相对做平动的参考系中对同一质点的加速度进行测量的加速度变换关系. 式(1-36) 表明,质点的绝对加速度 $\boldsymbol{a}$ 等于相对加速度 $\boldsymbol{a}'$ 与牵连加速度 $\boldsymbol{a}_0$ 的矢量和.

需要指出的是,式(1-35) 和式(1-36) 都是在认为长度和时间的测量与参考系的选择无关的前提下得出的. 这个观点在经典力学中是毋庸置疑的. 在相对论中,当相对运动的速度大到可与光速相比拟时,在不同参考系中,同一过程的长度和时间的测量都与参考系的选择有关,上述两个变换关系都不再成立.

求解涉及相对运动问题的一般步骤如下:

(1) 明确研究对象和两个做相对运动的参考系(静系和动系);

(2) 由伽利略速度变换式写出 3 个速度的矢量关系;

(3) 画矢量图(也可建立坐标系分量式) 求解.

例 1-7

如图 1-14(a) 所示,一汽车在雨中以速率 v_1 沿直线行驶,雨滴的速率为 v_2,其速度方向与竖直方向成 θ 角,偏向于汽车前进的方向. 若车后有一长方形物体 A(尺寸如图所示),问车速 v_1 多大时,此物体刚好不会被雨水淋湿?

解 本例涉及汽车、雨滴、地面三个对象,设

地面为静系 S，汽车为动系 S′，研究对象为雨滴．已知雨滴相对于地面的速度即绝对速度为 $\boldsymbol{v}_2$，汽车相对于地面的速度即牵连速度为 $\boldsymbol{v}_1$，根据伽利略速度变换式，雨滴相对于汽车的速度为

$$\boldsymbol{v}_{雨车}=\boldsymbol{v}_2-\boldsymbol{v}_1.$$

作矢量图如图1-14(b)所示，当 $\boldsymbol{v}_{雨车}$ 与竖直方向的夹角为 α 时，物体 A 刚好不会被雨水淋湿．由图1-14(a)可得

$$\tan\alpha=\frac{L}{h},$$

由图1-14(b)可得

$$v_{2\perp}=v_2\cos\theta,$$

$$v_1=v_2\sin\theta+v_{2\perp}\tan\alpha=v_2\sin\theta+v_2\cos\theta\cdot\frac{L}{h}.$$

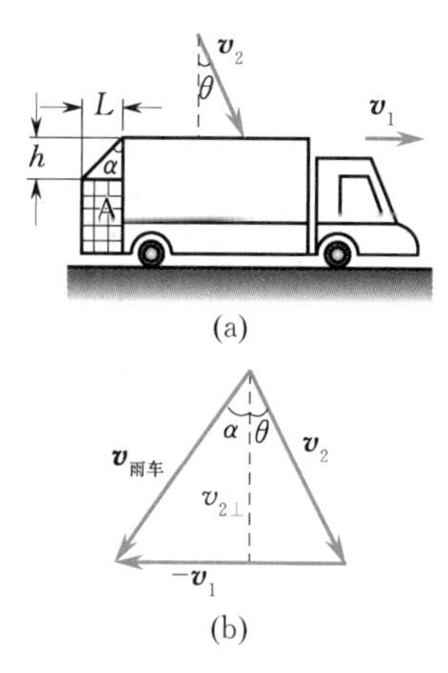

图1-14　例1-7图

阅读材料1

伽利略与匀变速直线运动

1. 伽利略

1564年，伽利略出生在意大利比萨，父母均出身名门，父亲是音乐家且擅长数学．伽利略最初在比萨大学念医学，但他喜欢数学，故未获得医学学位．25岁时，他受聘为比萨大学数学教授，在此期间发现了自由落体定律．28岁时，他受聘为帕多瓦大学数学教授，后为终身教授．1610年，他迁回比萨，任比萨大学数学教授．伽利略的名著有《关于托勒密和哥白尼两大世界体系的对话》，发表于1632年．此外，还有《关于两门新科学的谈话和数学证明》，发表于1638年．

伽利略有强烈的追求真理的精神，其著作论证严谨，具有非凡的说服力，且如马赫所说，伽利略并未仅仅停留在关于他的假设的哲学逻辑论证上，而将它与实验比较以进行检验．伽利略在物理学的发展中做出了划时代的贡献．他引入了加速度的概念，得出匀变速运动的公式，正确指出自由落体运动的规律并将抛体运动分解为水平匀速运动和自由落体运动．他发现了惯性定律，强调机械不省功，还发明了温度计，提出了测光速的方法．伽利略用长管和两块透镜制成了望远镜，并用于观察月球上的山峰、木星及其卫星、太阳及其自转以及金星和水星的盈亏，观察结果均支持了哥白尼的学说．

2. 匀变速直线运动

伽利略通过自由落体和沿斜面的运动，首次发现了匀加速运动．为避免自由下落过快引起的困难，伽利略假设球沿斜面滚动与自由下落服从同样的法则，他用斜面上的刻度表示路程，用阿基米德水钟（类似于中国的刻漏）测量时间．如图1-15(a)所示，伽利略用 OA 表示测出的时间，矩形 $OAED$ 的面积表示所测时间内经过的路程，其宽 OD 则表示平均速率．自 OA 中点 C 作垂线与 DE 相交于 P．假设物体在 OA 时间内速率与时间成正比，则连接 OP 并延长，其与 AE 延长线交于 B．伽利略认为 AB 即表示末速率，理由是开始时速率低而少走的路程 $\triangle ODP$ 应由后来速率增加而多走的路程 $\triangle PEB$ 所补偿．用此方法可以测出各种时间间隔经过相应路程后获得的末速度 $A_iB_i\,(i=1,2,\cdots)$，将时间 OA_i 和末速度画于图1-15(b)中，$O,B_1,B_2,\cdots$ 恰好落在一条直线上．若在真实运动中速率不与时间成正比，则不能得出 $O,B_1,B_2,\cdots$ 在一条直线上的结果．伽利略称速率与时间成正比的运动为匀加速运动，若用 $v=bt$ 表示该正比关系，当 $t=1$ 时，b 便在数值上等于所谓的“加速度”．

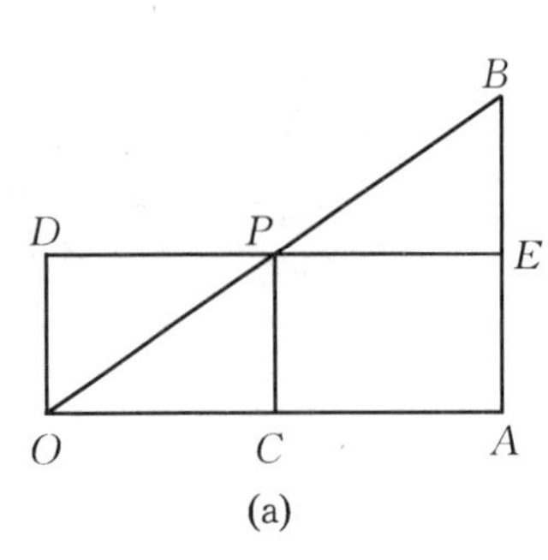

(a)

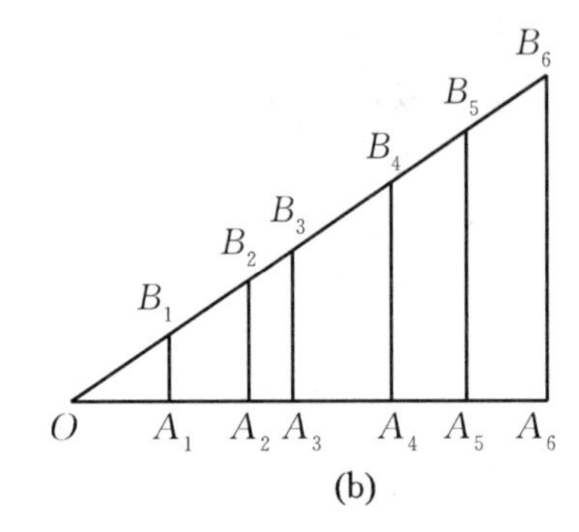

(b)

图 1-15　伽利略研究匀变速运动的图示

虽是 300 多年前的研究方法,但伽利略的智慧至今仍熠熠生辉,这里有大胆的假设,有推理,更有检验这些假设和推理的实验,对当代的科学研究也颇具启发性.

思考题1

1-1　什么是位矢?位矢和位移有什么区别?怎样选取坐标原点可使两者一致?

1-2　一质点在平面内运动,已知其运动方程为 $\boldsymbol{r}=\boldsymbol{r}(t)$,速度为 $\boldsymbol{v}=\boldsymbol{v}(t)$. 问在下列两种情况下,质点分别做什么运动?

(1) $\dfrac{dr}{dt}=0$, $\dfrac{d\boldsymbol{r}}{dt}\neq\boldsymbol{0}$;

(2) $\dfrac{dv}{dt}=0$, $\dfrac{d\boldsymbol{v}}{dt}\neq\boldsymbol{0}$.

1-3　一质点在平面内运动,已知其运动方程的直角坐标分量为 $x=x(t)$, $y=y(t)$. 在计算质点速度和加速度的大小时,有人先由 $r=\sqrt{x^2+y^2}$ 求出 $r=r(t)$,再由 $v=\dfrac{dr}{dt}$ 和 $a=\dfrac{dv}{dt}$ 求得结果,你认为这种做法正确吗?如果不正确,错在哪里?

1-4　描述质点加速度的物理量 $\dfrac{d\boldsymbol{v}}{dt}$, $\dfrac{dv}{dt}$, $\dfrac{dv_x}{dt}$ 有何区别?

1-5　一质点做直线运动的 $x-t$ 曲线如图 1-16 所示,质点的运动可分为 OA, AB(平行于 t 轴的线段), BC 和 CD(直线)4 个区间. 试问每个区间质点的速度、加速度分别是正值、负值还是零?

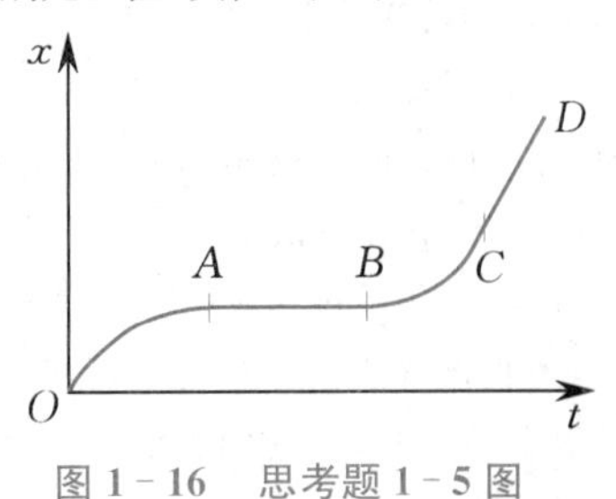

图 1-16　思考题 1-5 图

1-6　如图 1-17 所示,一质点沿平面螺旋线自外向内运动. 已知质点走过的弧长与时间成正比. 问质点的切向加速度和法向加速度分别是越来越大还是越来越小?为什么?

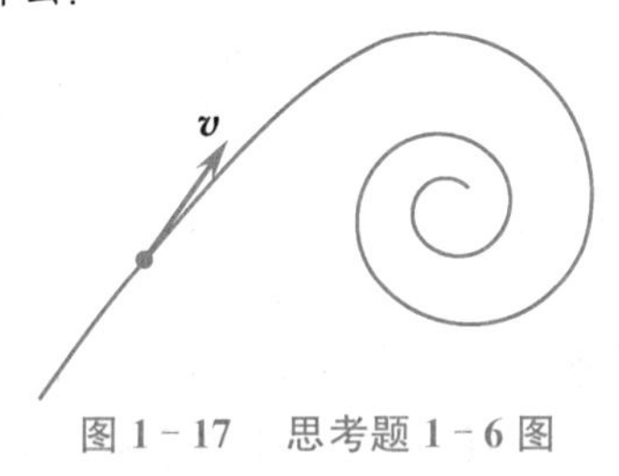

图 1-17　思考题 1-6 图

1-7　在湖中有一小船,岸边有人用绳子跨过一高处的定滑轮拉船靠岸,如图 1-18 所示. 当收绳的速率为 v 时,问:

(1) 船的速率比 v 大还是比 v 小?

(2) 如果收绳的速率 v 保持不变,船是否做匀速运动?

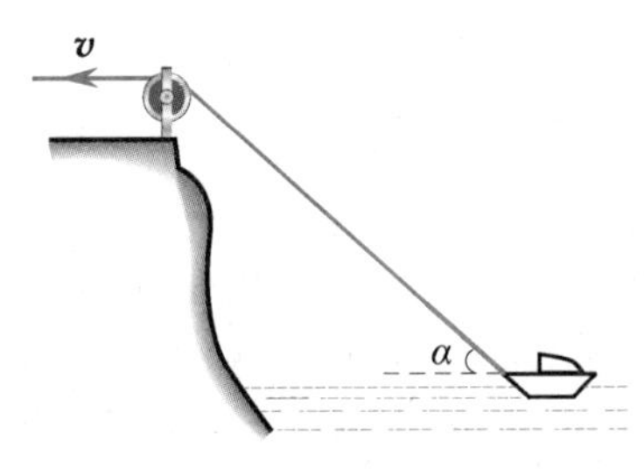

图 1-18　思考题 1-7 图

1-8　一质点做曲线运动,问 $|\Delta\boldsymbol{r}|$ 与 Δr, $|\Delta\boldsymbol{v}|$ 与 Δv 是否相同?试作图说明.

习题1

一、选择题

1-1　一质点的运动方程为 $x=3t-5t^3+6$(SI)，则该质点做(　　).

A. 匀加速直线运动，其加速度沿 x 轴正方向

B. 匀加速直线运动，其加速度沿 x 轴负方向

C. 变加速直线运动，其加速度沿 x 轴正方向

D. 变加速直线运动，其加速度沿 x 轴负方向

1-2　一质点在平面内运动，已知质点的运动方程为 $\boldsymbol{r}=at^2\boldsymbol{i}+bt^2\boldsymbol{j}$($a,b$ 为常量)，则该质点做(　　).

A. 匀速直线运动　　B. 变速直线运动

C. 抛物线运动　　D. 一般曲线运动

1-3　一物体从某一确定高度以 $\boldsymbol{v}_0$ 的速度水平抛出，已知它落地时的速度为 $\boldsymbol{v}_t$，那么它运动的时间为(　　).

A. $\dfrac{v_t-v_0}{g}$　　B. $\dfrac{v_t-v_0}{2g}$

C. $\dfrac{\sqrt{v_t^2-v_0^2}}{g}$　　D. $\dfrac{\sqrt{v_t^2-v_0^2}}{2g}$

1-4　一质点在做匀速圆周运动时，(　　).

A. 其切向加速度和法向加速度均改变

B. 其切向加速度不变，法向加速度改变

C. 其切向加速度和法向加速度均不变

D. 其切向加速度改变，法向加速度不变

1-5　一质点做半径为 R、周期为 t 的匀速圆周运动. 在 $2t$ 时间间隔中，质点平均速度的大小与平均速率的大小分别为(　　).

A. $\dfrac{2\pi R}{t},\dfrac{2\pi R}{t}$　　B. $0,\dfrac{2\pi R}{t}$

C. $0,0$　　D. $\dfrac{2\pi R}{t},0$

1-6　对于沿曲线运动的物体，以下几种说法中正确的是(　　).

A. 物体的切向加速度必不为零

B. 物体的法向加速度必不为零(拐点处除外)

C. 由于速度沿切线方向，物体的法向速度必为零，因此其法向加速度必为零

D. 若物体做匀速运动，其加速度必为零

E. 若物体的加速度 $\boldsymbol{a}$ 为常矢量，它一定做匀变速运动

1-7　一质点在平面内做一般曲线运动，其速度为 $\boldsymbol{v}$，速率为 v，某一段时间内的平均速度为 $\overline{\boldsymbol{v}}$，平均速率为 $\overline{v}$，它们之间满足(　　).

A. $|\boldsymbol{v}|=v,\ |\overline{\boldsymbol{v}}|=\overline{v}$

B. $|\boldsymbol{v}|\neq v,\ |\overline{\boldsymbol{v}}|=\overline{v}$

C. $|\boldsymbol{v}|\neq v,\ |\overline{\boldsymbol{v}}|\neq\overline{v}$

D. $|\boldsymbol{v}|=v,\ |\overline{\boldsymbol{v}}|\neq\overline{v}$

1-8　某物体的运动规律为 $\dfrac{dv}{dt}=-kv^2t$，式中 k 为大于零的常量. 当 $t=0$ 时，物体的速率为 v_0，则速率 v 与时间 t 的函数关系为(　　).

A. $v=\dfrac{1}{2}kt^2+v_0$

B. $v=-\dfrac{1}{2}kt^2+v_0$

C. $\dfrac{1}{v}=\dfrac{1}{2}kt^2+\dfrac{1}{v_0}$

D. $\dfrac{1}{v}=-\dfrac{1}{2}kt^2+\dfrac{1}{v_0}$

1-9　某人骑自行车以速率 v 向正西方行驶，遇到由北向南刮的风(设风的速率也为 v)，则此人感到风是从(　　).

A. 东北方向吹来　　B. 东南方向吹来

C. 西北方向吹来　　D. 西南方向吹来

1-10　某人骑自行车以速率 v 向正西方行驶，今有风以相同速率从北偏东 30° 方向吹来，则此人感到风是从(　　).

A. 北偏东 30° 方向吹来

B. 南偏东 30° 方向吹来

C. 北偏西 30° 方向吹来

D. 西偏南 30° 方向吹来

1-11　以下说法中正确的是(　　).

A. 一质点在某时刻的速率为 2 m/s，说明它在此后 1 s 内一定要经过 2 m 的路程

B. 斜向上抛的物体，在最高点处的速度最小，加速度最大

C. 物体做曲线运动时，在某时刻其法向加速度有可能为零

D. 物体加速度越大，则速度越大

1-12　一条河在某一段直线岸边有 A，B 两个码头，相距 1 km. 甲、乙两人需要从码头 A 前往码头 B，再立即由 B 返回 A. 甲划船前去，船相对于河水的速率为 4 km/h；而乙沿岸步行，步行速率也为 4 km/h，如河水流速为 2 km/h，方向从 A 到 B，则(　　).

A. 甲比乙晚 10 min 回到码头 A

B. 甲和乙同时回到码头 A

C. 甲比乙早 10 min 回到码头 A

D. 甲比乙早 2 min 回到码头 A

1-13 以下说法中正确的是(　　).

A. 加速度恒定不变时,物体运动方向也不变

B. 平均速率等于平均速度的大小

C. 不管加速度如何,平均速率的表达式总可以写成 $\bar{v}=\frac{v_1+v_2}{2}$

D. 运动物体速率不变时,其速度可以变化

二、填空题

1-14 已知质点的运动方程为

$$\boldsymbol{r}=\left(5+2t-\frac{1}{2}t^2\right)\boldsymbol{i}+\left(4t+\frac{1}{3}t^3\right)\boldsymbol{j}(\mathrm{SI}),$$

当 $t=2$ s 时,质点的加速度为 $\boldsymbol{a}=$________.

1-15 试说明质点做何种运动时,将出现下列两种情况($v\neq0$):

(1) $a_t\neq0, a_n\neq0$;________;

(2) $a_t\neq0, a_n=0$;________.

1-16 一质点做圆周运动,其轨迹半径为 $R=2$ m,速率为 $v=5t^2$(SI),则 t 时刻其切向加速度大小为 $a_t=$________,法向加速度大小为 $a_n=$________.

1-17 一质点做直线运动,其速率为 $v=3t^4+2$(SI),则 t 时刻其加速度为 $a=$________,位矢为 $x=$________.

1-18 某质点的运动方程为 $\boldsymbol{r}=A\cos\omega t\boldsymbol{i}+B\sin\omega t\boldsymbol{j}$,式中 A,B,ω 为常量,则该质点的轨迹方程为________.

三、计算题

1-19 一质点沿 x 轴运动,其加速度 a 与位置坐标 x 的关系为 $a=2+6x^2$(SI),如果质点在坐标原点处的速度为零,试求速度 v 与坐标 x 的函数关系.

1-20 一物体悬挂在弹簧上做竖直振动,其加速度为 $a=-ky$,式中 k 为常量,y 为以物体平衡位置为坐标原点所测得的坐标,假定振动的物体在坐标 y_0 处的速度为 v_0,试求速度 v 与坐标 y 的函数关系式.

1-21 一质点从静止初始做直线运动,初始加速度为 a,此后加速度随时间均匀增加,经过 τ 时间后,加速度增加为 $2a$,经过 2τ 时间后,加速度增加为 $3a$ ……求经过 $n\tau$ 时间后,该质点走过的路程.

1-22 如图 1-19 所示,一歼击机在高空 A 点时的速率为 1 940 km/h,沿近似圆弧曲线俯冲到 B 点,其速率变为 2 192 km/h,此过程历时 3 s,设弧 AB 的半径约为 3.5 km,歼击机从 A 到 B 的过程视为匀变速圆周运动,不计重力的影响.求:

(1) 歼击机在 B 点的加速度;

(2) 歼击机由 A 点到 B 点所经历的路程.

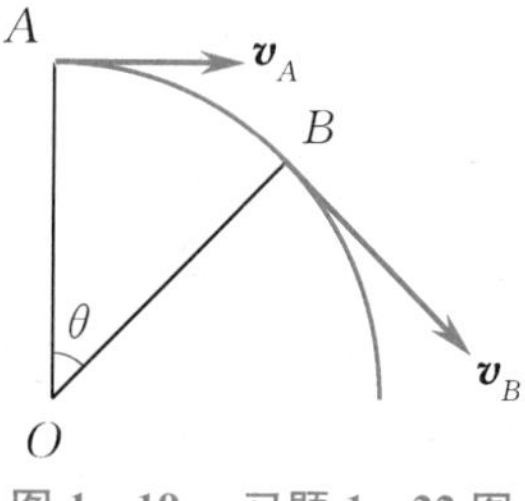

图 1-19　习题 1-22 图

1-23 实验者 A 在以 10 m/s 的速率沿水平轨道前进的平板车上控制一台射弹器,射弹器以与平板车前进的反方向成 60° 角斜向上射出一弹丸.此时站在地面上的另一实验者 B 看到弹丸竖直向上运动,求弹丸上升的高度.

第 2 章 质点动力学

“想一想”：在电影《流浪地球》中，地球为了逃离太阳系，利用木星给地球加速，这应用了引力弹弓效应. 在航天动力学和宇宙空间动力学中，引力弹弓利用行星或其他天体的相对运动和引力改变飞行器的轨道和速度，从而达到节省燃料、时间、成本的目的. 我们知道，飞行器接近行星时，在引力作用下可以加速，但离开时会减小相同的速度，那么飞行器是如何实现加速的？

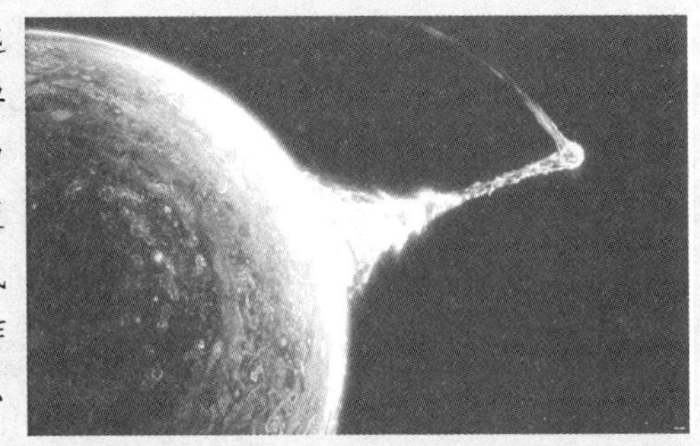

运动是物质的固有属性，物体如何运动，既与物体自身的内在因素有关，又取决于物体之间的相互作用. 研究物体在力的作用下运动的规律称为动力学.

本章将以牛顿运动定律为基础，考虑力的瞬时效应，研究物体运动状态发生变化的原因及其规律；同时考虑力在时间与空间的累积效应，学习动量守恒定律、机械能守恒定律等知识. 本章的讨论不只限于单个质点，也包括由多个质点组成的质点系.

2.1 牛顿运动定律

一、牛顿运动定律

1. 牛顿第一定律

牛顿第一定律：任何物体都要保持静止或匀速直线运动的状态，直到有其他物体对它的作用力迫使它改变这种状态为止.

如何理解牛顿第一定律呢？牛顿第一定律又称惯性定律，包含了力和惯性两个基本力学概念，并定义了惯性参考系.

牛顿第一定律把“物体间的相互作用”称为力，力可使物体改变其运动状态或使物体的形状发生变化，或两者兼备. 在国际单位制中，力的单位是牛[顿](N). 物体之间的相互作用按其性质可分为 4 类：① 引力相互作用. ② 电磁相互作用（带电粒子或带电体之间的相互作用），弹性力、摩擦力、浮力、黏性力等都是物体分子间（或原子间）电磁相互作用的宏观表现. ③ 强相互作用（强力），它广泛存在于质子、中子和介子之间. 两相邻质子之间的强力可达 10^4 N，强力的力程（作用可及的范围）非常短，小于 10^{-15} m. ④ 弱相互作用（弱力），它是微观粒子中存在的一种短程力，仅在某些粒子的反应（如 β^- 衰变）中才显示其重要性. 两相邻质子之间的弱力可达 10^{-2} N.

惯性是物体保持其运动状态不变的特性，是物体的固有属性，与是否受到其他物体的作用无关. 当作用在物体上的外力为零时，惯性表现为物体保持其运动状态不变，即保持静止或匀速直线运动;当作用在物体上的外力不为零时,惯性表现为外力改变物体运动状态的难易程度.惯性质量是物体惯性大小的量度.当物体运动速度远小于光速时,惯性质量不随速度改变.万有引力定律 $\boldsymbol{F}=-G\frac{m_1m_2}{r^2}\boldsymbol{e}_r$ 中的质量为引力质量,引力质量是物体间产生引力作用"能力"的量度.惯性质量、引力质量反映了物体的两种不同属性,实验表明它们在数值上成正比,选用适当单位后可使两者相等,经典力学的讨论中不必区分惯性质量和引力质量.

牛顿第一定律不是在任何参考系中都成立.例如,加速运动的列车中,乘客会向后倾倒,若以列车为参考系,未受向后作用力的乘客由静止变为运动,显然牛顿第一定律就失效了.根据牛顿第一定律,我们总可以找到一种特殊的参考系,在这种参考系中,不受任何作用力的物体将保持静止或匀速直线运动状态,我们把这样的参考系称为惯性参考系.研究天体运动时,常选用太阳等恒星作为惯性参考系;研究地面附近物体的运动时,地面也可近似为惯性参考系.

2. 牛顿第二定律

牛顿第二定律:物体的动量对时间的变化率与其所受的合外力成正比.

牛顿第二定律对物体(严格地讲是质点)的运动规律做了定量描述.物体在运动时具有速度,物体的质量 m 与其速度 $\boldsymbol{v}$ 的乘积称为物体的动量,用 $\boldsymbol{p}$ 表示,即

$$\boldsymbol{p}=m\boldsymbol{v}. \tag{2-1}$$

动量 $\boldsymbol{p}$ 是矢量,其方向与速度 $\boldsymbol{v}$ 的方向相同.与速度一样,动量也是描述物体运动状态的物理量.当外力作用于物体时,其动量会发生变化.牛顿第二定律阐明了作用于物体上的合外力与物体动量变化的关系.以 $\boldsymbol{F}$ 表示作用在物体上的合外力,牛顿第二定律可表述为

$$\boldsymbol{F}=\frac{\mathrm{d}\boldsymbol{p}}{\mathrm{d}t}=\frac{\mathrm{d}(m\boldsymbol{v})}{\mathrm{d}t}. \tag{2-2}$$

这是表达瞬时关系的矢量式,当物体的质量 m 不随时间或物体的运动状态改变时,式(2-2)可写为

$$\boldsymbol{F}=m\frac{\mathrm{d}\boldsymbol{v}}{\mathrm{d}t}=m\frac{\mathrm{d}^2\boldsymbol{r}}{\mathrm{d}t^2} \tag{2-3}$$

或

$$\boldsymbol{F}=m\boldsymbol{a}. \tag{2-4}$$

式(2-4)即为大家熟知的牛顿第二定律的数学表达式,称为质点动力学的基本方程.

注意 (1)式(2-3)和式(2-4)都是矢量式,在实际应用中,常用它们在选定坐标系中的分量式.在直角坐标系中,其分量式为

$$\begin{cases}F_x=ma_x=m\dfrac{\mathrm{d}v_x}{\mathrm{d}t}=m\dfrac{\mathrm{d}^2x}{\mathrm{d}t^2},\\ F_y=ma_y=m\dfrac{\mathrm{d}v_y}{\mathrm{d}t}=m\dfrac{\mathrm{d}^2y}{\mathrm{d}t^2},\\ F_z=ma_z=m\dfrac{\mathrm{d}v_z}{\mathrm{d}t}=m\dfrac{\mathrm{d}^2z}{\mathrm{d}t^2}.\end{cases} \tag{2-5}$$

物体做曲线运动时,常采用自然坐标系.在自然坐标系中,其分量式为

$$\begin{cases}F_{\mathrm{t}}=ma_{\mathrm{t}}=m\dfrac{\mathrm{d}v}{\mathrm{d}t},\\ F_{\mathrm{n}}=ma_{\mathrm{n}}=m\dfrac{v^2}{\rho},\end{cases} \tag{2-6}$$

式中 F_t 和 F_n 分别表示切向分力和法向分力的大小.

(2) 牛顿第二定律定量地说明了力和物体运动状态变化之间的关系. 由式(2-3)可知,将此微分方程逐次积分,就可得到物体的速度 $\boldsymbol{v}$、位矢 $\boldsymbol{r}$ 与时间 t 的函数关系. 一般来说,如果知道质点在一个给定时刻的位矢和速度,并知道质点的受力规律,由质点动力学的基本方程就可以求出加速度,从而求得质点在下一时刻的位矢和速度. 或者说,掌握了质点的受力规律,并知道初始条件,质点以后各时刻的运动情况就完全确定了. 这就是质点动力学基本方程的内在含义.

(3) 牛顿第二定律是瞬时关系式. 在一般的情况下,物体所受的力为变力,力的大小和方向都可能发生变化,相应物体的加速度也是变化的,这时的物体的加速度与力在时间上应表现为一一对应关系.

(4) 牛顿第二定律只适用于惯性参考系. 这是因为质量和力的量度都与物体的惯性有关.

3. 牛顿第三定律

牛顿第三定律:两个物体之间的作用力 $\boldsymbol{F}$ 和反作用力 $\boldsymbol{F}'$ 沿同一直线,它们大小相等,方向相反,分别作用在两个物体上. 其数学表达式为

$$\boldsymbol{F}=-\boldsymbol{F}'. \tag{2-7}$$

牛顿第三定律指明了一个真实存在的力的标志,在于总能找到它的反作用力,并且在其他物体的运动中表现出来. 物体之间的作用力具有成对性,即作用力与反作用力必须同时出现,且属于同种性质. 作用力与反作用力是相对的、无主从之分,各自产生的效果不会抵消. 作用力与反作用力与物体的运动状态无关,与参考系的选取无关. 无论在什么参考系中,也无论物体做什么运动,物体之间的相互作用力都遵守牛顿第三定律.

4. 牛顿运动定律的适用范围

从19世纪末到20世纪初,物理学的研究领域开始从宏观世界深入到微观世界,由低速运动(远小于光速的运动)扩展到高速运动. 物理学的发展表明,经典力学只适用于解决物体的低速运动问题,而不适用于处理物体的高速运动问题,物体的高速运动服从相对论力学的规律;经典力学只适用于宏观物体,一般不适用于微观粒子,微观粒子的运动遵循量子力学规律. 也就是说,经典力学只适用于宏观物体的低速运动.

应当指出的是,在天文学、大气科学、地质学、航空航天、材料、机械、建筑、水利等极其广阔的领域中,人们遇到的实际问题绝大多数都属于宏观、低速的范围,因此经典力学仍然是解决一般工程实际问题的重要理论基础.

二、几种常见的力

1. 重力

地球对地面附近的物体施加的引力称为重力,常用符号为 G. 在地面附近,可把重力看作竖直向下的恒力. 物体在重力作用下获得的加速度即为重力加速度 g. 在不同地区,g 的值略有差异,通常取 $g=9.8\ \mathrm{m/s^2}$. 质量为 m 的物体所受重力的大小为

$$G=mg, \tag{2-8}$$

方向竖直向下,作用点为物体的质心. 凡在地面附近的物体,均受重力作用. 分析物体受力时,一般首先考虑重力.

2. 弹性力

当弹性物体发生形变,如弹簧伸长或收缩时,其内部将产生阻碍其形变,试图恢复原来形状的力.

在弹性限度内,这种力的大小与弹性物体的形变程度成正比(遵从**胡克定律**),这种力称为**弹性力**.

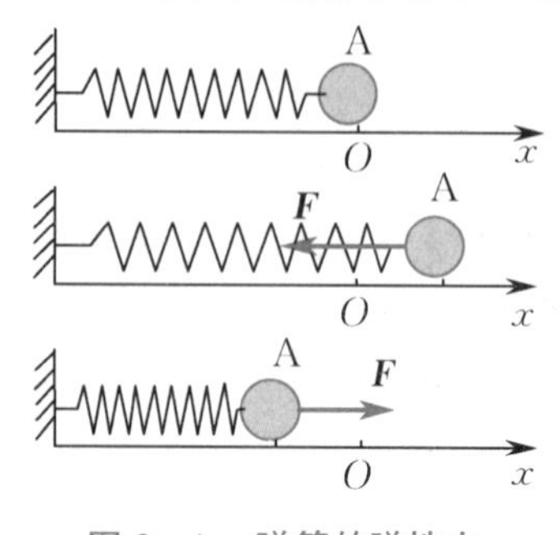

图 2-1 弹簧的弹性力

以弹簧为例,一水平放置的弹簧(见图 2-1),一端固定,另一端连接一物体 A,物体所处平面光滑. 弹簧处于自然长度时,对物体 A 无作用力,此时弹簧位置为平衡位置 O;若弹簧伸长,则对物体 A 产生向左的拉力;若弹簧收缩,则对物体 A 产生向右的推力. 实验证明,在弹性限度内,弹簧施加在物体 A 上的弹性力的大小满足胡克定律,即

$$F=-kx, \tag{2-9}$$

式中 k 为常量,称为弹簧的**劲度系数**(又称为**倔强系数**);x 为物体偏离平衡位置的位移;负号表示弹簧施加给物体的力总是与位移方向相反.

3. 压力和张力

相互接触并挤压的两个固体之间,通过接触面相互施以**压力**. 张紧的绳对所系物体施以**张力**(**拉力**).

压力和张力起源于物体间变形产生的弹性力,其本质是由接触面处的原子、分子之间的电磁相互作用引起的. 通常情况下物体与绳产生的形变很小,可以忽略不计,可将其视为不可变形的物体或不可伸长的绳. 本书不通过已知物体或绳的形变来求压力或张力的值. 我们把压力和张力当作未知的接触力,根据物体的受力情况和运动情况,应用静力学或动力学的基本方程来求解它们的值.

压力的方向与接触面垂直,指向受压的物体. 如图 2-2 所示,斜面上的物体所受压力分别来自斜面和挡板. 张紧的绳对所连物体的张力沿绳的方向,背离受此张力的物体,如图 2-3 所示. 应当注意的是,张紧的绳中任意一点都存在一对相互作用的张力. 在忽略绳本身质量的情况下,绳中各点张力大小相等.

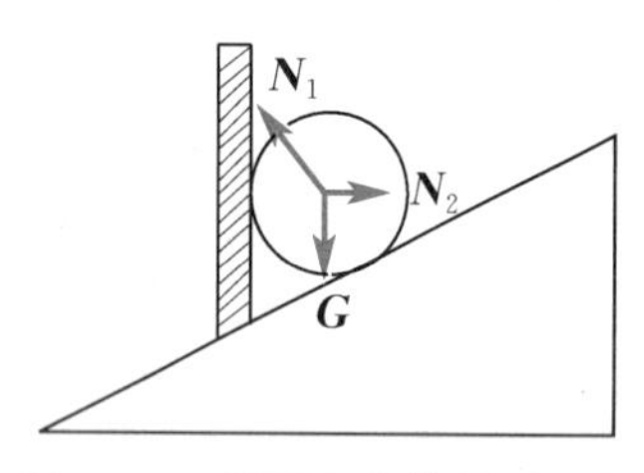

图 2-2 斜面上物体所受压力

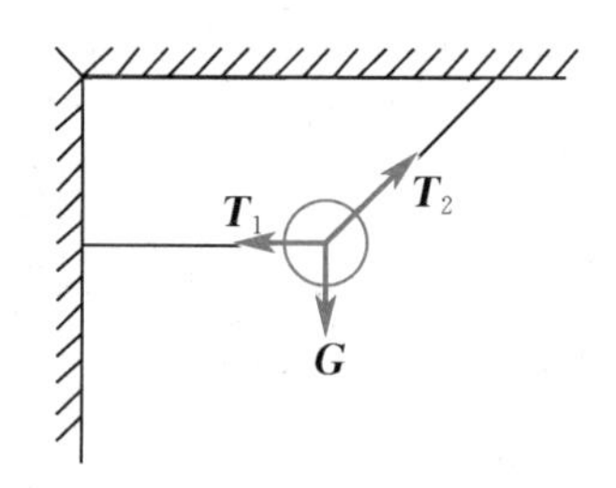

图 2-3 物体所受张力

4. 摩擦力

相互接触的物体之间,除了互相施加压力外,当物体之间有相对滑动或有相对滑动的趋势时,在与接触面相切的方向上还有相互作用力,以阻碍相对滑动或相对滑动的趋势,这种力称为**摩擦力**. 两物体有相对滑动时的摩擦力称为**滑动摩擦力**;两物体因受其他外力作用而具有相对滑动趋势,但仍保持相对静止时的摩擦力称为**静摩擦力**.

滑动摩擦力的方向与物体相对滑动的方向相反,大小与压力成正比,即

$$f=\mu N, \tag{2-10}$$

式中 μ 称为**滑动摩擦系数**. μ 的值与相互摩擦的两物体的材料、接触面的粗糙程度、干湿情况等因素有关,一般是由实验测定的常量.

静摩擦力的方向与相对滑动趋势的方向相反，一般通过受力分析计算. 随着引起相对滑动趋势的外力逐渐增大，物体在开始时保持静止，静摩擦力与外力大小相等，方向相反. 当外力大于某一数值后，物体就不能保持静止，进而运动起来. 这个能保持物体静止的最大限度静摩擦力称为**最大静摩擦力**. 最大静摩擦力的大小与压力成正比，即

$$f_{\mathrm{m}}=\mu_{\mathrm{s}}N, \tag{2-11}$$

式中 μ_s 称为**静摩擦系数**. 实验表明，两物体之间的静摩擦系数略大于滑动摩擦系数，即相同压力作用下，最大静摩擦力略大于滑动摩擦力. 这就是为什么我们将一个静止物体推动比保持该物体匀速运动所需的力要大一些.

三、牛顿运动定律的应用

牛顿第二定律只适用于质点，或可看作质点的物体，**只适用于惯性参考系**（没有加速度的参考系）. 常见的质点动力学问题与质点运动学类似，有以下两类：

（1）已知运动规律求力. 这类问题给出了物体的运动方程，或直接给出了物体的加速度，求作用于物体的合力或某一个力. 如果是求合力或物体只受单个力作用，则可直接利用牛顿第二定律求解. 若物体不只是受一个力作用，则应进行受力分析，再根据动力学的基本方程进行求解.

（2）已知力求运动规律，即已知作用于物体的力的变化规律，求解物体的运动规律. 首先找出力的表达式，再由牛顿第二定律确定物体的加速度的变化规律，然后利用积分运算确定物体的运动规律.

运用牛顿运动定律解题的基本步骤如下：

（1）选取研究对象. 实际问题中，相互作用的物体往往有几个，要具体分析某一物体的受力情况时，通常采用隔离法，即把研究对象从周围物体中分离出来，隔离体可以是一个物体或几个物体的组合，也可以是物体的一个部分.

（2）分析隔离体的受力情况，画出隔离体的受力图（也称示力图）. 在熟悉各类型力特点的基础上，找出隔离体受到的所有外力，在受力图上表示出来.

（3）建立坐标系，列方程. 根据问题的具体条件选取适当的坐标系，规定坐标轴的正方向. 列出牛顿第二定律的分量式，检查标量方程式的数目和未知量的数目是否相等.

（4）解方程，并对所得结果做讨论. 解方程一般先进行代数运算，然后再将具体数值代入. 运算中应注意使用统一的国际单位制.

例 2-1

如图 2-4(a) 所示，斜面倾角为 θ 的三棱柱以加速度 $\boldsymbol{a}$ 向右运动，在三棱柱的粗糙斜面上放有质量为 m 的物体，它与三棱柱保持相对静止.

（1）求三棱柱作用于物体的压力和静摩擦力；

（2）设物体与斜面之间的静摩擦系数为 μ_s，试求三棱柱的加速度大小 a 在什么范围内，物体才能与三棱柱保持相对静止.

解　（1）物体与三棱柱保持相对静止，有共同的加速度 $\boldsymbol{a}$，物体受到重力 $\boldsymbol{G}$、三棱柱施加的压力 $\boldsymbol{N}$、静摩擦力 $\boldsymbol{f}$，受力图如图 2-4(b) 所示.

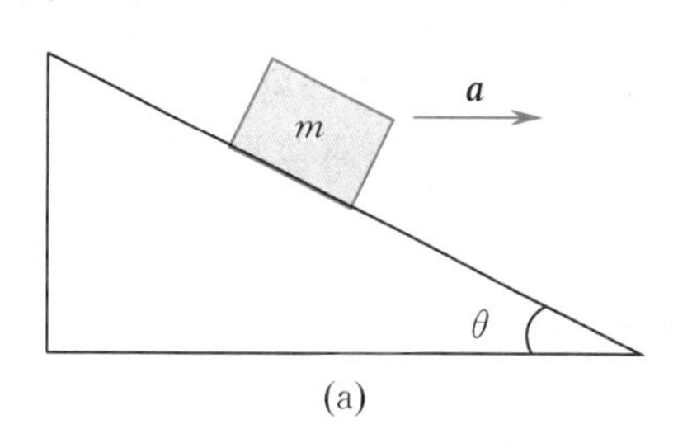

(a)

图 2-4　例 2-1 图

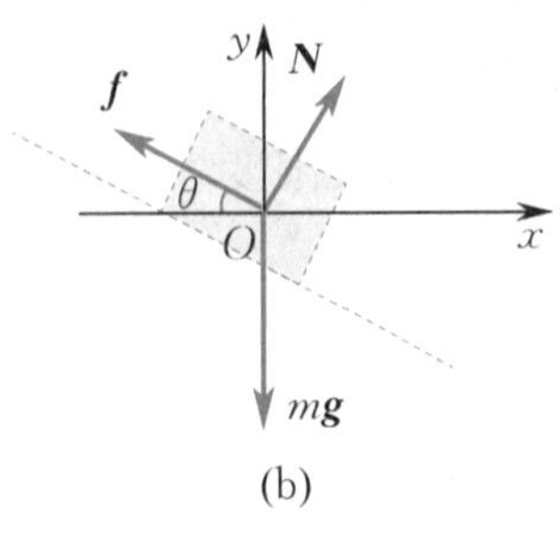

(b)

图 2-4　例 2-1 图(续)

由牛顿第二定律可得

$$N\sin\theta - f\cos\theta = ma,$$
$$-mg + N\cos\theta + f\sin\theta = 0.$$

联立上两式,解得物体所受支持力和静摩擦力分别为

$$N = m(a\sin\theta + g\cos\theta),$$
$$f = m(g\sin\theta - a\cos\theta).$$

从摩擦力的表达式可知,不同的a和θ,静摩擦力可能为正、负或零. 若$a < g\tan\theta$,则$f > 0$,静摩擦力方向沿斜面向上;若$a > g\tan\theta$,则$f < 0$,静摩擦力方向沿斜面向下;若$a = g\tan\theta$,则$f = 0$,斜面与三棱柱之间无相对滑动趋势,无静摩擦力作用于物体.

(2) 要保持物体与三棱柱相对静止,静摩擦力不能超过最大静摩擦力f_m,即

$$|f| \leqslant f_m = \mu_s N,$$
$$|m(g\sin\theta - a\cos\theta)| \leqslant \mu_s m(a\sin\theta + g\cos\theta).$$

若$a < g\tan\theta$,即$f > 0$,

$$a \geqslant \frac{g(\sin\theta - \mu_s\cos\theta)}{\cos\theta + \mu_s\sin\theta} = a_{min}.$$

若$a > g\tan\theta$,即$f < 0$,

$$a \leqslant \frac{g(\sin\theta + \mu_s\cos\theta)}{\cos\theta - \mu_s\sin\theta} = a_{max}.$$

综上,物体要能与三棱柱保持相对静止,三棱柱的加速度应满足$a_{min} \leqslant a \leqslant a_{max}$.

例 2-2

如图 2-5 所示,一质量为m_1的物体在外力$\boldsymbol{F}$的作用下,以加速度$\boldsymbol{a}_1$向右运动,与之相连的动滑轮带动另一质量为m_2的物体以加速度$\boldsymbol{a}_2$向右运动. 已知$F = 4$ N,$m_1 = 0.3$ kg,$m_2 = 0.2$ kg,两物体与水平面的摩擦系数均为 0.2. 求质量为m_2的物体的加速度及绳子对它的拉力(绳子和滑轮质量均不计).

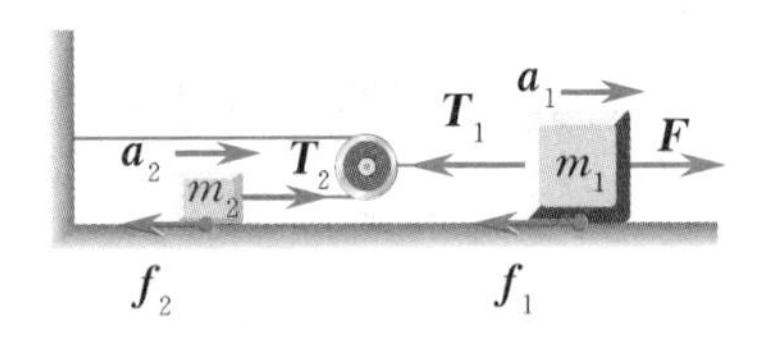

图 2-5　例 2-2 图

解　分别以两物体为研究对象,两物体水平方向受力如图 2-5 所示. 利用几何关系,可得两物体的加速度之间的关系为$a_2 = 2a_1$,而拉力的关系为$T_1 = 2T_2$.

由牛顿第二定律可得

$$T_2 - \mu m_2 g = m_2 a_2,$$
$$F - T_1 - \mu m_1 g = m_1 a_1.$$

由上两式解得质量为m_2的物体的加速度为

$$a_2 = \frac{F - \mu(m_1 + 2m_2)g}{m_1/2 + 2m_2} = 4.78\ \text{m/s}^2.$$

绳子对它的拉力为

$$T_2 = \frac{m_2}{m_1/2 + 2m_2}(F - \mu m_1 g/2) = 1.35\ \text{N}.$$

例 2-2 中,质点受到的合外力为恒力. 这类问题通常用隔离法求解,即隔离物体、分析受力、建立坐标系后列代数方程即可求解. 但很多情形下,物体受到的合外力是变力,在变力作用下将产生变加速度,这类问题通常要用到牛顿第二定律的微分形式,即列出的方程将是微分方程. 下面举例说明在一维变力作用下质点运动微分方程的求解.

例 2-3

一质量为m的小球以速率v_0从地面开始竖直向上运动. 在运动过程中,小球所受空气阻力的大小与速率成正比,比例系数为k. 求:

(1) 小球速率随时间的变化关系$v(t)$;

(2) 小球上升到最大高度所花的时间 T.

解　(1) 如图 2-6 所示,小球竖直上升时受到重力和空气阻力,两者方向均向下. 取竖直向上为正方向,由牛顿第二定律可得

$$-mg-kv=m\frac{\mathrm{d}v}{\mathrm{d}t},$$

分离变量得

$$\mathrm{d}t=-m\frac{\mathrm{d}v}{mg+kv}=-\frac{m}{k}\frac{\mathrm{d}(mg+kv)}{mg+kv}.$$

对上式两边进行积分,有

$$t=-\frac{m}{k}\ln(mg+kv)+C,$$

式中 C 为常量. 当 $t=0$ 时,$v=v_0$,所以

$$C=\frac{m}{k}\ln(mg+kv_0),$$

因此

$$t=-\frac{m}{k}\ln\frac{mg+kv}{mg+kv_0}.$$

小球速率随时间的变化关系为

$$v=\left(v_0+\frac{mg}{k}\right)\mathrm{e}^{-\frac{kt}{m}}-\frac{mg}{k}.\quad(2-12)$$

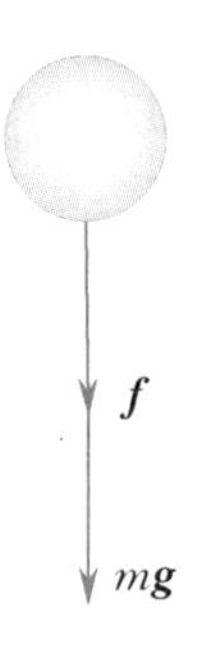

图 2-6　例 2-3 图

(2) 当小球运动到最高点时,$v=0$,所需要的时间为

$$T=\frac{m}{k}\ln\frac{mg/k+v_0}{mg/k}=\frac{m}{k}\ln\left(1+\frac{kv_0}{mg}\right).$$

讨论　(1) 如果还要求小球位置与时间的关系,可用如下步骤:

由于 $v=\frac{\mathrm{d}x}{\mathrm{d}t}$,因此

$$\mathrm{d}x=\left[\left(v_0+\frac{mg}{k}\right)\mathrm{e}^{-\frac{kt}{m}}-\frac{mg}{k}\right]\mathrm{d}t,$$

即

$$\mathrm{d}x=-\frac{m(v_0+mg/k)}{k}\mathrm{d}\left(\mathrm{e}^{-\frac{kt}{m}}\right)-\frac{mg}{k}\mathrm{d}t.$$

对上式两边进行积分,有

$$x=-\frac{m(v_0+mg/k)}{k}\mathrm{e}^{-\frac{kt}{m}}-\frac{mg}{k}t+C',$$

式中 C' 为常量. 当 $t=0$ 时,$x=0$,所以

$$C'=\frac{m(v_0+mg/k)}{k},$$

因此

$$x=\frac{m(v_0+mg/k)}{k}\left(1-\mathrm{e}^{-\frac{kt}{m}}\right)-\frac{mg}{k}t.$$

(2) 如果小球以 v_0 的初速度竖直向下做直线运动,则空气阻力方向向上. 取竖直向下为正方向,则微分方程变为

$$mg-kv=m\frac{\mathrm{d}v}{\mathrm{d}t}.$$

用同样的步骤可以解得小球速率随时间的变化关系为

$$v=\frac{mg}{k}-\left(\frac{mg}{k}-v_0\right)\mathrm{e}^{-\frac{kt}{m}}.$$

这个公式可将式(2-12)中的 g 改为 $-g$ 得出. 由此可见,不论小球初速度如何,其最终速率趋于常量 $v_\mathrm{m}=\frac{mg}{k}$.

例 2-4

如图 2-7 所示,质量为 $m=0.10$ kg 的小球,系在长度为 $l=0.5$ m 的轻绳的一端,构成一个摆. 当摆摆动时,其与竖直方向的最大夹角为 60°.

(1) 求小球通过竖直位置(B 点)时的速度,以及此时绳中的张力;

(2) 在 $\theta<60°$ 的任意位置时,求小球速度 v 与 θ 的关系式,以及此时小球的加速度和绳中的张力;

(3) 在 $\theta=60°$ 时,求小球的加速度和绳中的张力.

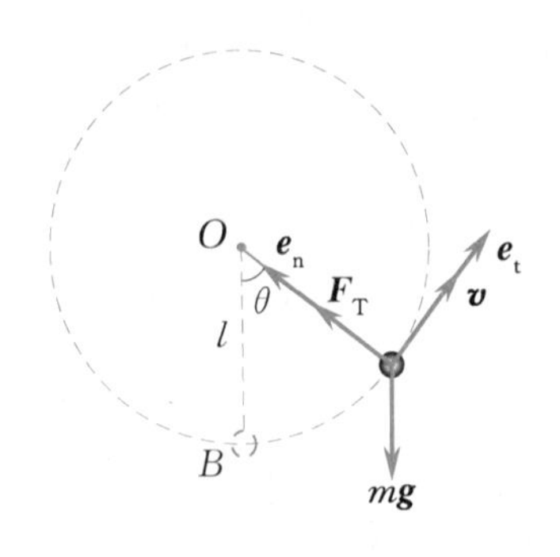

图 2-7　例 2-4 图

解　(1) 小球在运动中受到重力和绳子的拉力，由于小球沿圆弧运动，合力方向沿着圆弧的切线方向，即 $F_合 = -mg\sin\theta$，负号表示角度 θ 增加的方向为正方向.

由牛顿第二定律可得

$$F_合 = ma = m\frac{d^2s}{dt^2},$$

式中 s 表示弧长. 由于 $s = l\theta$，因此

$$v = \frac{ds}{dt} = l\frac{d\theta}{dt},$$

合力可写为

$$F_合 = m\frac{dv}{dt} = m\frac{dv}{d\theta}\frac{d\theta}{dt} = \frac{m}{l}v\frac{dv}{d\theta},$$

即

$$vdv = -gl\sin\theta d\theta. \qquad (2-13)$$

对式(2-13)两边进行积分，有

$$\int_0^{v_B} vdv = -gl\int_{60^\circ}^0 \sin\theta d\theta,$$

解得

$$\frac{1}{2}v_B^2 = gl\cos\theta\Big|_{60^\circ}^0,$$

即

$$v_B = \sqrt{gl} = 2.21\ \text{m/s}.$$

由于

$$F_{TB} - mg = m\frac{v_B^2}{l} = mg,$$

因此

$$F_{TB} = 2mg = 1.96\ \text{N}.$$

(2) 由式(2-13)积分可得

$$\frac{1}{2}v^2 = gl\cos\theta + C,$$

式中 C 为常量. 当 $\theta = 60^\circ$ 时，$v = 0$，得 $C = -gl/2$，因此小球在 $\theta < 60^\circ$ 的任意位置时，其速度为

$$v = \sqrt{gl(2\cos\theta - 1)}.$$

小球的切向加速度为

$$a_t = g\sin\theta,$$

法向加速度为

$$a_n = \frac{v^2}{l} = g(2\cos\theta - 1).$$

由于

$$F_T - mg\cos\theta = ma_n,$$

因此绳中的张力为

$$F_T = mg\cos\theta + ma_n = mg(3\cos\theta - 1).$$

(3) 当 $\theta = 60^\circ$ 时，切向加速度为

$$a_t = \frac{\sqrt{3}}{2}g = 8.49\ \text{m/s}^2,$$

法向加速度为

$$a_n = 0,$$

绳中的张力为

$$F_T = mg/2 = 0.49\ \text{N}.$$

注意　在学过机械能守恒定律之后，此题的求解会更方便.

2.2　惯性参考系与惯性力

一、惯性参考系

通过上一节的学习我们已经知道，要描述物体的运动，必须选定一个参考系. 牛顿第一定律给出

了惯性参考系的定义. 运动学中参考系的选取可以任意,但在动力学中,参考系的选取不能任意,因为牛顿第一定律和牛顿第二定律不是对任意参考系都成立,可用下面的简单例子来说明.

如图 2-8 所示,在车厢中光滑的水平台面上放一钢球,当车厢相对于地面静止或做匀速直线运动时,作用于钢球的合外力 $\boldsymbol{F}=\mathbf{0}$. 当车厢以加速度 $\boldsymbol{a}$ 向前运动时,站在地面的人以地面为参考系,他看到钢球仍然相对于他静止不动,钢球的加速度 $\boldsymbol{a}=\mathbf{0}$,所以对地面这个参考系,牛顿运动定律是成立的. 但在车厢内的观察者以车厢为参考系,他也看到钢球所受合外力为零,但钢球却以 $-\boldsymbol{a}$ 的加速度向着他运动,相对于车厢做加速运动,说明牛顿运动定律对加速运动的参考系(车厢)不成立.

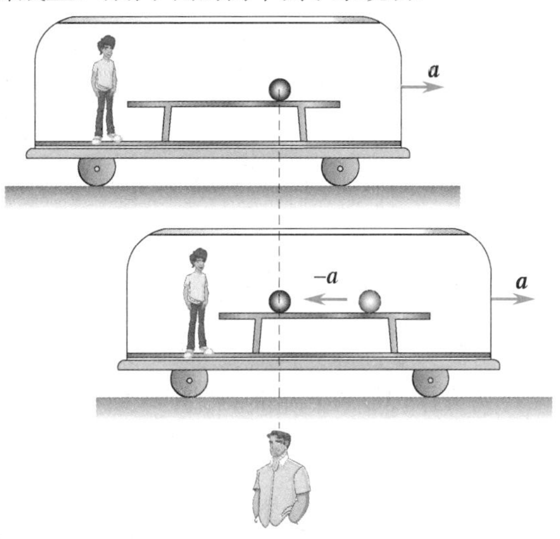

图 2-8　惯性参考系与非惯性参考系

我们把牛顿运动定律成立的参考系称为惯性参考系,而把牛顿运动定律不成立的参考系称为非惯性参考系. 一个参考系是否为惯性参考系,要靠实验来判定. 大量的实验表明,在相当高的实验精度内,地球是惯性参考系. 同时,相对于地面做匀速直线运动的参考系也都是惯性参考系. 但从更高精度来考察某些实验时发现,以地球为参考系,牛顿运动定律只是近似成立,因而地球并不是严格的惯性参考系. 对天体运动的研究表明,选择以太阳中心为坐标原点、坐标轴指向其他恒星的坐标系 —— 太阳参考系,观察到的结果更为精确地符合牛顿运动定律,因此,太阳参考系是更为精确的惯性参考系.

二、惯性力

地球是一个惯性参考系,因此相对于地面有加速度的参考系都是非惯性参考系. 为了在非惯性参考系中使牛顿运动定律在形式上"仍然"成立,需要引进惯性力的概念.

1. 加速直线运动参考系下的惯性力

相对于某一惯性参考系做加速直线运动的参考系,设其加速度为 $\boldsymbol{a}$,则非惯性参考系中任何物体都受到一个惯性力的作用,表示为

$$\boldsymbol{F}=-m\boldsymbol{a}, \tag{2-14}$$

即在加速直线运动参考系中,物体所受惯性力 $\boldsymbol{F}$ 的大小等于物体质量 m 与非惯性参考系加速度 a 的乘积,方向与非惯性参考系的加速度方向相反.

从上面惯性力的定义可知,惯性力有一个重要的特征:它总是与物体的质量成正比. 这一点与重力是一样的. 因此,重力会不会就是惯性力的一种呢?而万有引力或许就是我们没有选取正确的参考系而引起的.

以一个完全封闭的电梯为例. 如果此电梯静止于地球表面,电梯内一个观察者观察到一物体以加速度 $\boldsymbol{g}$ 自上而下运动,他认为此物体在地球重力作用下自由下落. 电梯内另一个观察者认为根本没有地球,是电梯以加速度 $-\boldsymbol{g}$ 在运动. 因此,电梯内的观察者无法断定究竟是电梯在做加速运动还是地球重力场在起作用. 如果电梯在重力场中自由下落,电梯内自由漂浮的物体,好像处于无重力场的太空一样. 爱因斯坦指出,若电梯下落的加速度恰好抵消了该处的重力场,那么电梯内的观察者也无法断定电梯是处于静止还是在重力场中自由下落.

还应当指出,惯性力没有施力者,也没有反作用力,它只不过反映了参考系不是惯性参考系这一事实.

2. 匀速转动参考系中的一种惯性力——惯性离心力

相对于惯性参考系做匀速转动的参考系是非惯性参考系.静止于匀速转动的参考系中的物体,在匀速转动参考系中的观察者看来,要加上一种惯性力才能应用牛顿运动定律来解释物体在匀速转动参考系中的静止状态.这种惯性力就称为惯性力离心力,表示为

$$\boldsymbol{F} = mr\omega^2 \boldsymbol{e}_r, \tag{2-15}$$

式中 r 为物体到转轴的垂直距离;$\boldsymbol{e}_r$ 为位矢 $\boldsymbol{r}$ 方向上的单位矢量,其指向为背离转轴向外;ω 为匀速转动参考系的转动角速度.我们应该注意惯性离心力与向心力反作用力离心力的区别,后者是一种有施力物体的真实的力,而惯性离心力完全由所选取参考系为非惯性参考系所致.

当物体的位矢 $\boldsymbol{r}$ 并不垂直于转轴时,惯性离心力可表示为

$$\boldsymbol{F} = -m\boldsymbol{\omega} \times (\boldsymbol{\omega} \times \boldsymbol{r}). \tag{2-16}$$

惯性离心力的特点:① 惯性离心力与转动参考系的转动角速度有关,与角速度是否随时间变化无关,即不管转动参考系的转动是匀速的还是非匀速的,惯性离心力都存在;② 惯性离心力与物体所在位置有关,与物体在转动参考系中是否运动无关.如果物体在转动参考系中运动,还会产生一种惯性力,称为科里奥利力.

3. 匀速转动参考系中的另一种惯性力——科里奥利力

当物体相对于转动参考系有速度时,要使牛顿运动定律“仍然”适用,除了需要惯性离心力外,还必须附加另外一种惯性力——科里奥利力.

我们具体讨论一下科里奥利力的来源.假如一个物体在匀速转动的平台上做半径为 r 的匀速圆周运动,平台的转动角速度为 ω,再设物体相对于转动平台的速度为 v',相对于静止参考系的速度为 v,则根据绝对速度、相对速度和牵连速度的关系,有

$$v = v' + \omega r. \tag{2-17}$$

然而,质量为 m 的物体受到的真实力指向圆心,大小为

$$F_r = m\frac{v^2}{r^2} = m\frac{v'^2}{r} + 2mv'\omega + m\omega^2 r. \tag{2-18}$$

在转动参考系中,式(2-18)可以改写为

$$F_r - 2mv'\omega - m\omega^2 r = m\frac{v'^2}{r}, \tag{2-19}$$

式中左边第一项为真实力,第三项为惯性离心力,第二项就是科里奥利力.我们可以用严格的方法给出科里奥利力的矢量表达式为

$$\boldsymbol{F}_{\mathrm{e}} = -2m\boldsymbol{\omega} \times \boldsymbol{v}', \tag{2-20}$$

式中 $\boldsymbol{v}'$ 为物体相对于转动参考系的速度.由其表达式可知,科里奥利力只在相对速度不为零时(确切地说,只有在相对速度在垂直于转轴方向上的分量不为零时)才存在,并且与转动参考系的转动是否匀速无关.

三、惯性力在解题上的应用

有了上面给出的3种惯性力,我们就可以在非惯性参考系中“运用”牛顿运动定律解决问题.

例 2-5

火车在平直轨道上以加速度 $\boldsymbol{a}$ 向前行驶，在火车中用细线悬挂一小球，悬线与竖直方向的夹角为 θ，且小球静止，如图2-9所示. 求 θ 角.

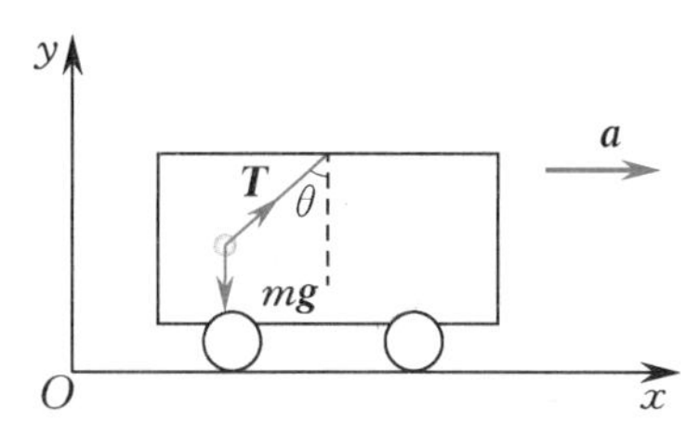

图 2-9　例 2-5 图

解法一　如果选取地面为参考系，那么可以直接运用牛顿运动定律. 对小球进行受力分析，根据牛顿第二定律，有

$$\begin{cases} T\sin\theta = ma, \\ T\cos\theta = mg, \end{cases}$$

式中 T 为细线对小球的拉力，解得

$$\tan\theta = \frac{a}{g},$$

即

$$\theta = \arctan\frac{a}{g}.$$

解法二　若选取火车为参考系，此时火车为非惯性参考系，那么就可以使用惯性力 $\boldsymbol{F}$，如图 2-10 所示.

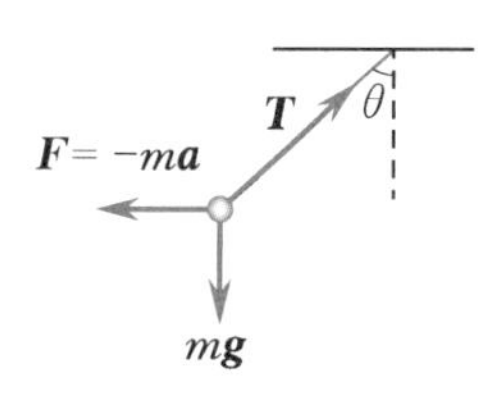

图 2-10　例 2-5 受力图

通过图 2-10，我们也可解得与以惯性参考系即地面为参考系时一样的结果.

通过例 2-5，我们知道了选取不同的参考系对于结果没有影响，说明运用惯性力解题是完全可行的.

例 2-6

如图 2-11 所示，质量为 m 的物体以水平初速度 v_0 滑上原来静止在水平光滑轨道上的木板，木板的质量为 M，物体和木板之间的滑动摩擦系数为 μ，木板足够长. 求：

(1) 物体滑上木板到相对于木板静止所用的时间；

(2) 物体相对于木板滑行的距离.

图 2-11　例 2-6 图

解　这里我们运用惯性力解题方法进行求解.

(1) 以物体为研究对象，选取木板为非惯性参考系，以水平向右为正方向，对物体进行受力分析，如图 2-12 所示，其中惯性力为 $F = -m^2 g\mu/M$，则在非惯性参考系中“运用”牛顿第二定律，有

$$ma = f + F = -mg\mu - m^2 g\mu/M,$$

式中 f 为物体所受摩擦力，解得物体的加速度为

$$a = -g\mu(m+M)/M.$$

再根据公式 $v = v_0 + at$，式中 $v = 0$，则得

$$t = \frac{Mv_0}{g\mu(m+M)}.$$

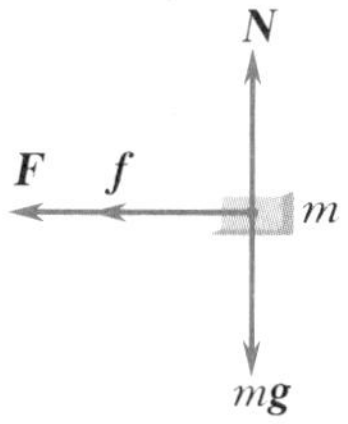

图 2-12　例 2-6 受力图

(2) 物体相对于木板滑行的距离为

$$L = -\frac{v_0^2}{2a} = \frac{Mv_0^2}{2g\mu(m+M)}.$$

非惯性参考系中运用惯性力解决某些问题还是比较方便的. 如本例中，选择了非惯性参考系后，我们就不用考虑相对性问题.

2.3 动量守恒定律

牛顿第二定律反映了物体所受外力与物体运动状态变化的关系，即力的瞬时作用效应. 事实上，在很多情况下，物体所受的力是持续的，因此，我们不仅要研究力的瞬时作用效应，还要研究在力的持续作用下，物体运动状态变化的情形，即研究力对物体产生的累积效应. 力的累积效应包括力的时间累积效应和力的空间累积效应. 本节讨论力的时间累积效应.

一、冲量

在很多力学问题中，我们只讨论运动物体一段时间内的某些变化而不需要考虑物体在每个时刻的运动，这时就会用到力在这段时间内的累积——冲量. 恒力的冲量定义为力与作用时间的乘积，用 $\boldsymbol{I}$ 表示，单位是牛[顿]秒(N·s). 而对于变力，从 t_1 到 t_2 的时间间隔内，其冲量为

$$\boldsymbol{I}=\int_{t_1}^{t_2}\boldsymbol{F}\mathrm{d}t.$$

例 2-7

如图 2-13 所示，一小球在弹簧弹性力的作用下运动. 已知弹性力为 $F=-kx$，而小球的位移为 $x=A\cos\omega t$，式中 k，A 和 ω 均为常量. 求在 $t=0$ 到 $t=\pi/2\omega$ 的时间间隔内弹性力的冲量.

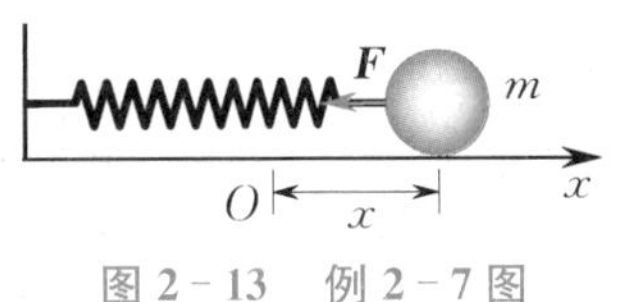

图 2-13　例 2-7 图

解　由冲量的定义可得

$$\mathrm{d}I=F\mathrm{d}t=-kA\cos\omega t\,\mathrm{d}t.$$

对上式两边进行积分，有

$$I=\int_0^{\pi/2\omega}(-kA\cos\omega t)\mathrm{d}t$$

$$=-\frac{kA}{\omega}\sin\omega t\Big|_0^{\pi/2\omega}=-\frac{kA}{\omega},$$

式中负号表示弹性力 F 的冲量的方向为 x 轴负方向.

二、质点的动量定理

由牛顿第二定律的动量形式 $\boldsymbol{F}=\frac{\mathrm{d}\boldsymbol{p}}{\mathrm{d}t}=\frac{\mathrm{d}(m\boldsymbol{v})}{\mathrm{d}t}$，可得

$$\boldsymbol{F}\mathrm{d}t=\mathrm{d}(m\boldsymbol{v})=\mathrm{d}\boldsymbol{p}.$$

如果合外力的作用时间为从 t_1 到 t_2，质点的动量从 $\boldsymbol{p}_1$ 变为 $\boldsymbol{p}_2$，对上式两边进行积分，有

$$\int_{t_1}^{t_2}\boldsymbol{F}\mathrm{d}t=\int_{\boldsymbol{p}_1}^{\boldsymbol{p}_2}\mathrm{d}\boldsymbol{p}=\boldsymbol{p}_2-\boldsymbol{p}_1,\qquad(2-21)$$

式中右边为质点动量的增量；左边 $\int_{t_1}^{t_2}\boldsymbol{F}\mathrm{d}t$ 为力对时间的积分，即冲量 $\boldsymbol{I}$.

式(2-21)表明，质点在 t_1 到 t_2 时间间隔内动量的增量等于合外力作用在质点上的冲量. 这一结论就是质点的动量定理. 式(2-21)称为质点动量定理的积分形式.

下面对质点的动量定理做几点说明：

(1) 动量和冲量都是矢量，动量与速度同方向，冲量沿动量增量的方向.

(2) 动量是物体运动的一种量度，具有矢量性、瞬时性和相对性.

(3) 冲量是物体运动状态发生变化的原因，是力的时间累积效应的量度.

(4) 动量定理是一个矢量方程,应用时可直接作矢量图求解,也可建立坐标系后列分量式求解. 在空间直角坐标系中,质点的动量定理的分量式为

$$\begin{cases} I_x = \int_{t_1}^{t_2} F_x \mathrm{d}t = p_{2x} - p_{1x}, \\ I_y = \int_{t_1}^{t_2} F_y \mathrm{d}t = p_{2y} - p_{1y}, \\ I_z = \int_{t_1}^{t_2} F_z \mathrm{d}t = p_{2z} - p_{1z}. \end{cases}$$

(5) 质点受恒力作用时,恒力的冲量为 $\boldsymbol{I} = \boldsymbol{F}(t_2 - t_1)$;质点受多个力作用时,合外力的冲量等于各分力冲量的矢量和,即

$$\boldsymbol{I} = \int_{t_1}^{t_2} \left(\sum_i \boldsymbol{F}_i\right) \mathrm{d}t = \sum_i \int_{t_1}^{t_2} \boldsymbol{F}_i \mathrm{d}t = \sum_i \boldsymbol{I}_i.$$

(6) 冲量可以用平均冲力与时间的乘积来表示. 在许多实际问题中,力随时间变化的规律不容易确定. 例如冲击、碰撞等问题中,物体之间的相互作用具有作用时间短、变化快、峰值大的特点,如图 2-14 所示,这种力称为冲力. 处理这类问题时常用平均冲力来代替变力. 这里的平均冲力是指力对时间的平均值,定义为

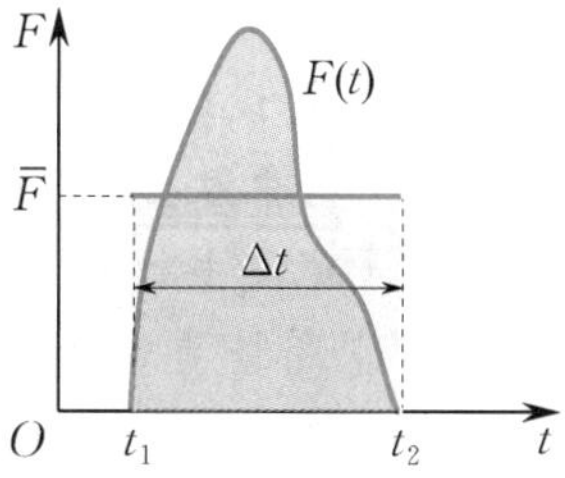

$$\overline{\boldsymbol{F}} = \frac{1}{t_2 - t_1} \int_{t_1}^{t_2} \boldsymbol{F} \mathrm{d}t.$$

图 2-14　冲力

力的冲量用平均冲力表示为

$$\boldsymbol{I} = \overline{\boldsymbol{F}}(t_2 - t_1). \tag{2-22}$$

例 2-8

一质量为 $m = 50$ g 的小球正以速率 $v = 20$ m/s 做匀速圆周运动,在 $\frac{1}{4}$ 周期内,求向心力对小球的冲量的大小.

解法一　小球做匀速圆周运动,其动量的大小保持不变,其值为

$$p = mv.$$

末动量与初动量相互垂直,由动量增量的定义 $\Delta \boldsymbol{p} = \boldsymbol{p}_2 - \boldsymbol{p}_1$,可得

$$\boldsymbol{p}_2 = \boldsymbol{p}_1 + \Delta \boldsymbol{p}.$$

由此可作矢量三角形(见图 2-15),得

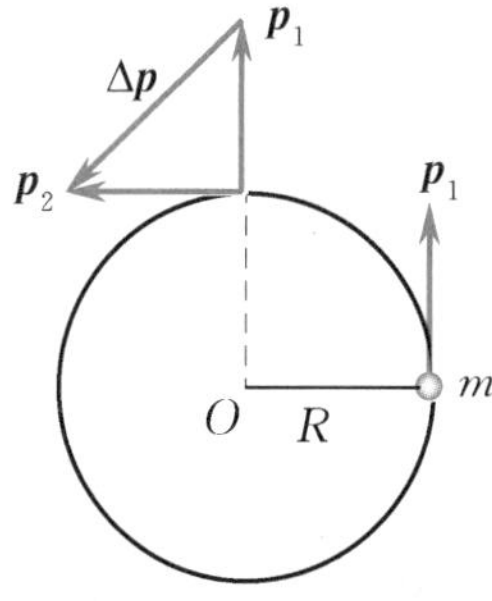

图 2-15　矢量三角形

$$\Delta p = \sqrt{2} p_1 = \sqrt{2} p = \sqrt{2} mv.$$

因此,向心力对小球的冲量大小为

$$I = \Delta p = \sqrt{2} \times 50 \times 10^{-3} \times 20 \text{ N} \cdot \text{s} = 1.41 \text{ N} \cdot \text{s}.$$

解法二　小球向心力的大小为 $F = mv^2/R$,方向指向圆心,其方向在不断地发生改变,所以不能用求恒力冲量的方法计算冲量.

假设小球被轻绳拉着以角速度 $\omega = v/R$ 运动,拉力的大小就等于向心力的大小,即

$$F = \frac{mv^2}{R} = m\omega v.$$

其分量(见图 2-16)分别为

$$F_x = F\cos\theta = F\cos\omega t,$$
$$F_y = F\sin\theta = F\sin\omega t.$$

两分力对小球的冲量大小分别为

$$\mathrm{d}I_x = F_x \mathrm{d}t = F\cos\omega t \mathrm{d}t,$$
$$\mathrm{d}I_y = F_y \mathrm{d}t = F\sin\omega t \mathrm{d}t.$$

对上两式两边进行积分有

$$I_x=\int_0^{T/4}F\cos\omega t\,\mathrm{d}t=\frac{F}{\omega}\sin\omega t\Big|_0^{T/4}=\frac{F}{\omega}=mv,$$

$$I_y=\int_0^{T/4}F\sin\omega t\,\mathrm{d}t=-\frac{F}{\omega}\cos\omega t\Big|_0^{T/4}=\frac{F}{\omega}=mv,$$

又周期 $T=\dfrac{2\pi}{\omega}$,则合冲量的大小为

$$I=\sqrt{I_x^2+I_y^2}=\sqrt{2}mv=1.14\ \mathrm{N\cdot s}.$$

与前面计算结果相同,但过程要复杂一些.

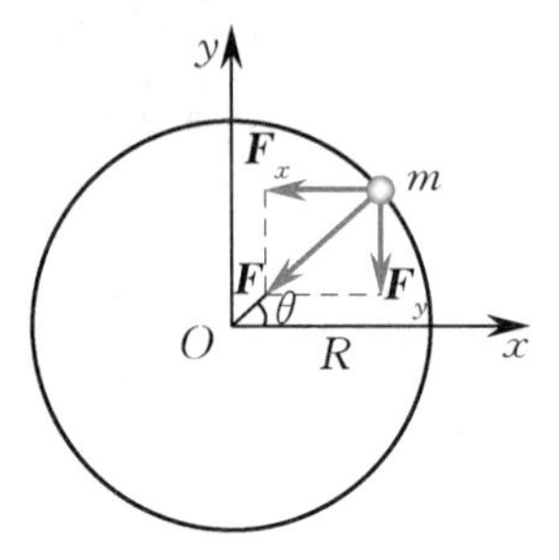

图 2-16 例 2-8 受力分解图

例 2-9

用棒击打质量为0.3 kg、速率为20 m/s的水平飞来的球,球竖直向上飞到10 m的高度. 求棒对球的冲量. 设球与棒的接触时间为0.02 s,求球受到的平均冲力.

解 球被击打后竖直向上飞,说明其被击打后的速度竖直向上,由球上升的高度 $h=10$ m,可得球上升的初速度为

$$v_y=\sqrt{2gh}=14\ \mathrm{m/s}.$$

其速度增量(见图 2-17) 的大小为

$$\Delta v=\sqrt{v_x^2+v_y^2}=24.4\ \mathrm{m/s}.$$

棒对球的冲量为

$$I=m\Delta v=7.32\ \mathrm{N\cdot s},$$

对球的平均冲力为(不计重力)

$$F=\frac{I}{t}=366.2\ \mathrm{N}.$$

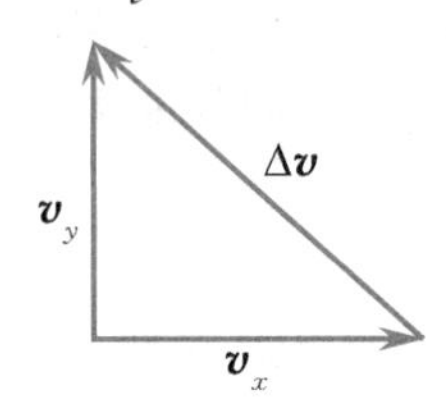

图 2-17 例 2-9 图

三、质点系的动量定理

前面讨论的是质点的动量定理,现在考虑由若干个质点组成的质点系的动量定理. 为简单起见,以两个质点组成的质点系为例. 设这两个质点的质量分别为 m_1,m_2,它们除受到相互作用的内力 $\boldsymbol{f}_{12},\boldsymbol{f}_{21}$ 外,还受到质点系外其他物体施加的外力 $\boldsymbol{F}_1,\boldsymbol{F}_2$,如图 2-18 所示,图中虚线为质点系的范围. 又设两个质点在 t_1 时刻的速度分别为 $\boldsymbol{v}_{11}$ 和 $\boldsymbol{v}_{21}$,在 t_2 时刻的速度分别为 $\boldsymbol{v}_{12}$ 和 $\boldsymbol{v}_{22}$. 对这两个质点应用质点的动量定理,有

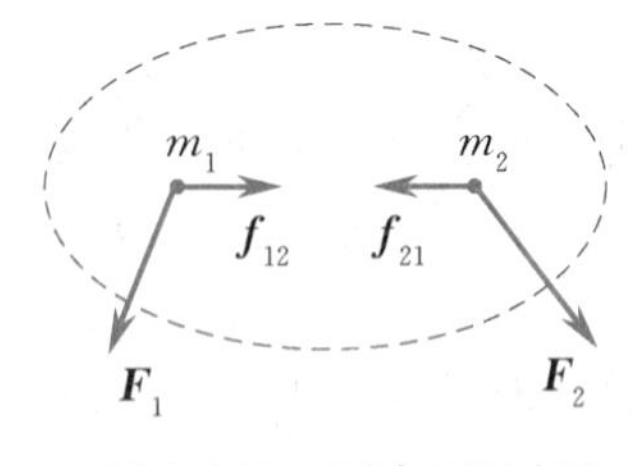

图 2-18 质点系受力图

$$\int_{t_1}^{t_2}(\boldsymbol{F}_1+\boldsymbol{f}_{12})\mathrm{d}t=m_1\boldsymbol{v}_{12}-m_1\boldsymbol{v}_{11},$$

$$\int_{t_1}^{t_2}(\boldsymbol{F}_2+\boldsymbol{f}_{21})\mathrm{d}t=m_2\boldsymbol{v}_{22}-m_2\boldsymbol{v}_{21}.$$

将上两式相加,由牛顿第三定律,$\boldsymbol{f}_{21}=-\boldsymbol{f}_{12}$,可得

$$\int_{t_1}^{t_2}(\boldsymbol{F}_1+\boldsymbol{F}_2)\mathrm{d}t=(m_1\boldsymbol{v}_{12}+m_2\boldsymbol{v}_{22})-(m_1\boldsymbol{v}_{11}+m_2\boldsymbol{v}_{21}).$$

将上式推广到 n 个质点组成的质点系,有

$$\int_{t_1}^{t_2}\Big(\sum_i\boldsymbol{F}_i\Big)\mathrm{d}t=\sum_i m_i\boldsymbol{v}_{i2}-\sum_i m_i\boldsymbol{v}_{i1}=\boldsymbol{p}_2-\boldsymbol{p}_1, \tag{2-23}$$

式中 $\boldsymbol{p}_1=\sum_i m_i\boldsymbol{v}_{i1}$ 和 $\boldsymbol{p}_2=\sum_i m_i\boldsymbol{v}_{i2}$ 分别表示受合外力作用前后质点系的总动量. 式(2-23) 表

明，质点系总动量的增量等于质点系所受合外力的冲量. 这一结论称为质点系的动量定理.

在空间直角坐标系中，式(2 - 23) 可表示为

$$\begin{cases} \mathrm{d}\left(\sum_i m_i v_{ix}\right) = \sum_i F_{ix}\,\mathrm{d}t, \\ \mathrm{d}\left(\sum_i m_i v_{iy}\right) = \sum_i F_{iy}\,\mathrm{d}t, \\ \mathrm{d}\left(\sum_i m_i v_{iz}\right) = \sum_i F_{iz}\,\mathrm{d}t. \end{cases}$$

在有限时间内，质点系的动量定理的积分形式为

$$\sum_i m_i \boldsymbol{v}_{i2} - \sum_i m_i \boldsymbol{v}_{i1} = \sum_i \int_{t_0}^{t} \boldsymbol{F}_i\,\mathrm{d}t = \int_{t_0}^{t} \left(\sum_i \boldsymbol{F}_i\right)\mathrm{d}t.$$

值得说明的是，质点系的动量变化，决定于合外力的冲量，而与质点系的内力无关. 根据质点的动量定理，质点系的内力的冲量，对于受此力作用的质点的动量变化是有贡献的. 但是，由于动量和冲量都是矢量，以作用力和反作用力出现的每一对内力的冲量，将引起相互作用的两个质点的动量发生等大反向的变化. 因此，由内力的冲量引起的各质点动量变化的矢量和必等于零，即质点系的内力对质点系的动量变化没有贡献.

四、动量守恒定律

对于单个质点，若作用于质点的合外力 $\boldsymbol{F} = \boldsymbol{0}$，则根据质点的动量定理，有 $m\boldsymbol{v}_2 = m\boldsymbol{v}_1$，即质点的动量保持不变(守恒)，这就是牛顿第一定律. 对于质点系，若作用于质点系的合外力 $\sum_i \boldsymbol{F}_i = \boldsymbol{0}$，则根据质点系的动量定理，有

$$\sum_i m_i \boldsymbol{v}_{i2} = \sum_i m_i \boldsymbol{v}_{i1} = \text{常矢量}. \tag{2-24}$$

式(2 - 24) 说明，对于质点系来说，若质点系不受外力或外力矢量和为零，虽然质点系内每个质点的动量可以变化，可以相互交换，但质点系的总动量不变. 这一结论称为动量守恒定律.

下面对动量守恒定律做几点说明：

(1) 动量守恒定律适用于惯性参考系.

(2) 式(2 - 24) 是矢量式，实际运用时常用分量式，动量守恒定律的直角坐标分量式为

$$\begin{cases} \text{若} \sum_i F_{ix} = 0, \text{则} \sum_i m_i v_{ix} = \text{常量}, \\ \text{若} \sum_i F_{iy} = 0, \text{则} \sum_i m_i v_{iy} = \text{常量}, \\ \text{若} \sum_i F_{iz} = 0, \text{则} \sum_i m_i v_{iz} = \text{常量}. \end{cases} \tag{2-25}$$

由式(2 - 25) 可知，即使质点系所受合外力不为零，但如果合外力在某一方向上的分量为零，则质点系的总动量在该方向上的分量就是守恒的.

(3) 动量守恒定律也适用于高速、微观领域. 我们是从牛顿第二定律出发，导出动量守恒定律的. 但在历史上，动量守恒定律是惠更斯以碰撞实验为基础得到的，其出现比牛顿运动定律还早. 大量实验表明，动量守恒定律对分子、原子等微观粒子也适用，而牛顿运动定律则不完全适用. 因此，动量守恒定律更具普遍性，是物理学中最重要的基本规律之一.

(4) 质点系的内力远大于外力时，外力对质点系动量的影响可忽略不计，质点系的动量可视为守恒. 例如，在处理碰撞、爆炸等问题时，因质点系相互作用的内力远大于它们所受到的外力，且作用时间极短，也可对质点系应用动量守恒定律求近似解.

例 2-10

如图 2-19 所示,一炮弹以速率 v_0 沿仰角 θ 的方向发射后,在轨道的最高点处爆炸为质量相等的两块碎片,一块沿 45° 仰角上飞,一块沿 45° 俯角下冲,求刚爆炸时两块碎片的速率.

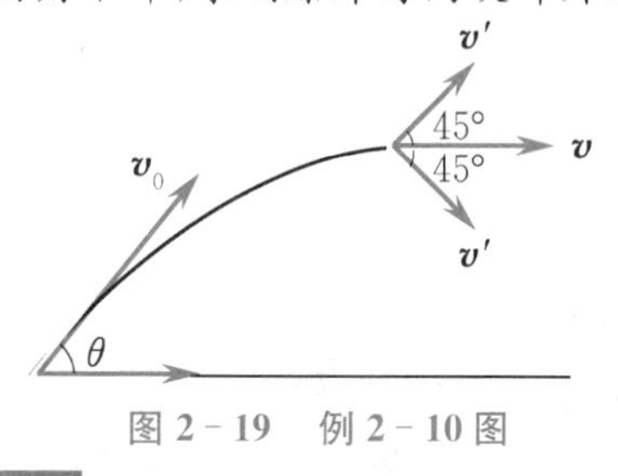

图 2-19　例 2-10 图

解　炮弹在轨道最高点处的速度大小为

$$v = v_0 \cos\theta,$$

方向沿水平向右.

根据动量守恒定律,可知两块碎片的总动量等于炮弹爆炸前的动量,列方程可得

$$mv = \frac{m}{2} v' \cos 45^\circ \times 2,$$

解得

$$v' = \frac{v}{\cos 45^\circ} = \sqrt{2} v_0 \cos\theta.$$

例 2-11

质量为 M、长为 L 的平板车停在平直的轨道上,一质量为 m 的人以时快时慢的不规则速率从车头走到车尾,问平板车相对于地面移动了多长距离(忽略平板车与轨道之间的摩擦)?

解　将人和平板车视为一个系统,由于平板车和轨道之间的摩擦忽略不计,系统在水平方向不受外力,系统水平方向动量守恒. 取水平向右为正方向,并以 $\boldsymbol{u}$ 和 $\boldsymbol{v}$ 分别表示平板车和人相对于地面在任一时刻的速度,由动量守恒定律可得

$$Mu - mv = 0 \quad 或 \quad Mu = mv.$$

设人从车头走到车尾的时间为 t,对上式两边进行积分,有

$$\int_0^t Mu\,\mathrm{d}t = \int_0^t mv\,\mathrm{d}t,$$

即

$$Ms' = ms,$$

式中 s' 和 s 分别为平板车和人相对于地面的路程. 由图 2-20 可以看出

$$s = L - s',$$

所以

$$Ms' = mL - ms',$$

解得

$$s' = \frac{mL}{M+m}.$$

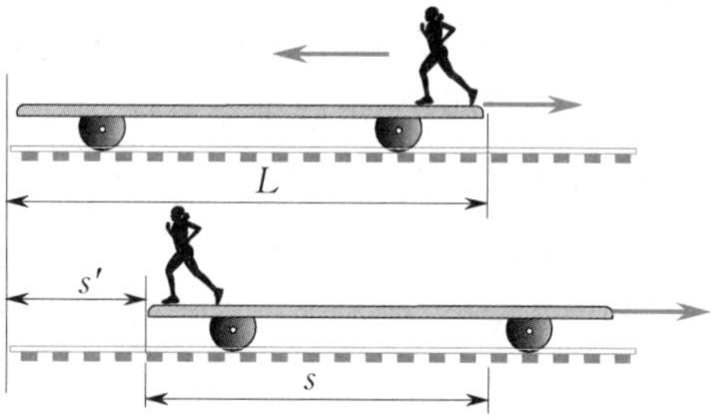

图 2-20　例 2-11 图

例 2-12

如图 2-21 所示,3 个物体 A,B,C 的质量均为 M. B 和 C 靠在一起,放在光滑水平桌面上,两者之间连有一段长为 0.4 m 的细绳,开始时绳放松. B 的另一侧连有另一细绳跨过桌边的定滑轮与 A 相连. 已知定滑轮轴上的摩擦可忽略,绳子长度一定. 问 A 和 B 运动多长时间后 C 也开始运动?C 开始运动时的速度是多少?(取 $g = 10\ \mathrm{m/s^2}$)

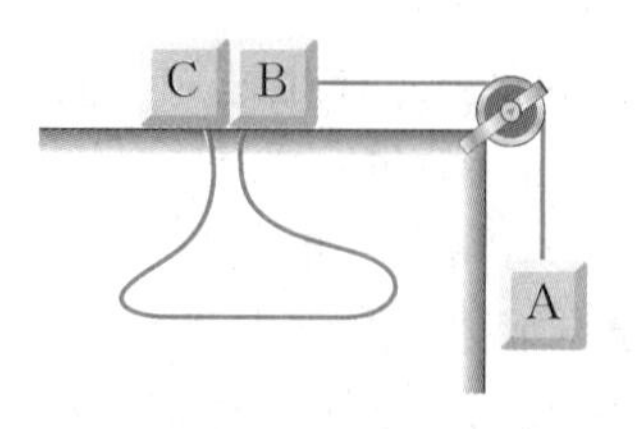

图 2-21　例 2-12 图

解　物体A受到重力和细绳的拉力，可列方程

$$Mg - T = Ma,$$

式中 a 为物体A的加速度.

物体B在没有拉动物体C之前在拉力 T 作用下做加速运动，加速度的大小为 a，可列方程

$$T = Ma.$$

联立上两式可得

$$a = \frac{g}{2} = 5\ \mathrm{m/s^2}.$$

根据运动学公式 $s = v_0 t + \frac{at^2}{2}$，可得B拉动C之前的运动时间为

$$t = \sqrt{\frac{2s}{a}} = 0.4\ \mathrm{s}.$$

此时B的速度大小为

$$v = at = 2\ \mathrm{m/s}.$$

A和B拉动C运动相当于一个碰撞过程，它们的动量守恒，可得

$$2Mv = 3Mv'.$$

因此，C开始运动时的速度为

$$v' = \frac{2v}{3} = 1.33\ \mathrm{m/s}.$$

2.4　机械能守恒定律

上一节讨论了力的时间累积效应，力对物体持续作用一段时间，其效果是使物体的动量发生变化. 那么一个力作用在物体上使物体移动一段空间距离，力对物体作用的效果会使物体的状态发生什么变化呢?本节讨论力的空间累积效应，介绍功和能的概念以及相关的定理、定律.

一、功

在力的持续作用过程中，如果力的作用点由初位置变化到末位置，就形成了力对空间的累积 —— 功，记为 W. 在国际单位制中，功的单位为焦[耳](J)，$1\ \mathrm{J} = 1\ \mathrm{N \cdot m}$.

一质点在恒力 $\boldsymbol{F}$ 的作用下沿直线由 A 点运动到 B 点，力的作用点的位移为 $\Delta\boldsymbol{r}$(见图2-22)，$\boldsymbol{F}$ 与 $\Delta\boldsymbol{r}$ 的夹角为 α，则恒力 $\boldsymbol{F}$ 的功定义为力沿位移方向的分量与位移大小的乘积，即

$$W = F\cos\alpha \cdot |\Delta\boldsymbol{r}| = \boldsymbol{F} \cdot \Delta\boldsymbol{r}. \tag{2-26}$$

式(2-26)表明，恒力的功等于力与质点位移的标积. 两矢量标积的结果为一标量，故功是标量.

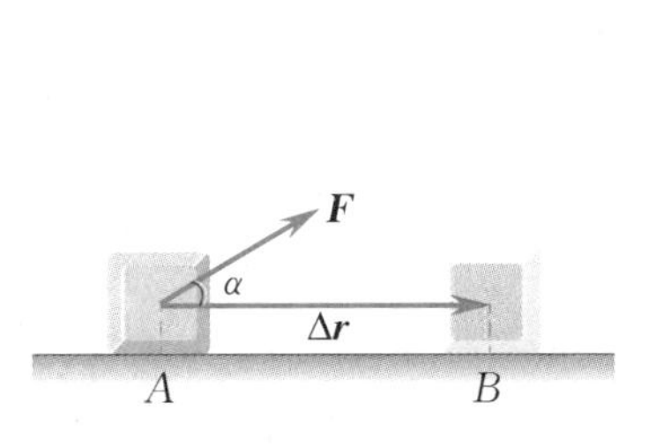

图2-22　恒力做功

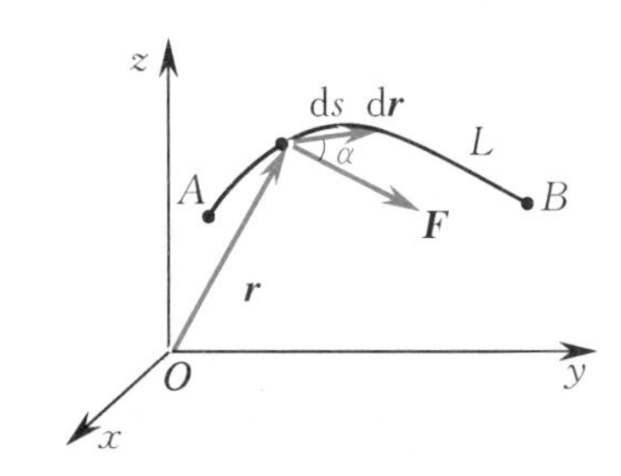

图2-23　变力做功

如果质点受到变力作用，则式(2-26)不能直接使用. 如图2-23所示，质点在变力 $\boldsymbol{F}$ 作用下沿任意曲线轨迹 L 由 A 点运动到 B 点，计算变力 $\boldsymbol{F}$ 对质点所做的功时，可先将轨迹 L 分成许多微小弧段，当弧段足够小时，弧长近似于弦长，物体在力 $\boldsymbol{F}$ 的作用下发生元位移 $\mathrm{d}\boldsymbol{r}$. 因为 $\mathrm{d}\boldsymbol{r}$ 无限小，可

认为在 $\mathrm{d}\boldsymbol{r}$ 上 $\boldsymbol{F}$ 的大小和方向均不变，则由式(2-26)得到力 $\boldsymbol{F}$ 在 $\mathrm{d}\boldsymbol{r}$ 上对质点做的元功为

$$\mathrm{d}W=\boldsymbol{F}\cdot\mathrm{d}\boldsymbol{r}.$$

质点从 A 点运动到 B 点变力 $\boldsymbol{F}$ 的总功等于所有元功的代数和. 若 $\boldsymbol{F}$ 在 L 上连续，上述求和就变成了积分，即

$$W=\int_{L_{AB}}\boldsymbol{F}\cdot\mathrm{d}\boldsymbol{r}=\int_{L_{AB}}F\cos\alpha\,|\mathrm{d}\boldsymbol{r}|=\int_{L_{AB}}F_{\mathrm{t}}\mathrm{d}s,\tag{2-27}$$

式中 $\mathrm{d}s=|\mathrm{d}\boldsymbol{r}|$，$F_{\mathrm{t}}$ 为力 $\boldsymbol{F}$ 在元位移 $\mathrm{d}\boldsymbol{r}$ 方向上的分量. 式(2-27)是计算变力做功的一般式. 在空间直角坐标系中，有

$$\boldsymbol{F}=F_x\boldsymbol{i}+F_y\boldsymbol{j}+F_z\boldsymbol{k},\quad \mathrm{d}\boldsymbol{r}=\mathrm{d}x\boldsymbol{i}+\mathrm{d}y\boldsymbol{j}+\mathrm{d}z\boldsymbol{k},$$

式(2-27)可表示为

$$W=\int_{L_{AB}}\boldsymbol{F}\cdot\mathrm{d}\boldsymbol{r}=\int_A^B(F_x\mathrm{d}x+F_y\mathrm{d}y+F_z\mathrm{d}z)=\int_A^BF_x\mathrm{d}x+\int_A^BF_y\mathrm{d}y+\int_A^BF_z\mathrm{d}z.\tag{2-28}$$

说明　(1) 功是标量，但有正负之分. 由式(2-27)可知，功的正负由夹角 α 决定，当 $0\leqslant\alpha<\frac{\pi}{2}$ 时，$W>0$，表示力对物体做正功；当 $\alpha=\frac{\pi}{2}$ 时，$W=0$，力对物体不做功；当 $\frac{\pi}{2}<\alpha\leqslant\pi$ 时，$W<0$，力对物体做负功.

(2) 若质点同时受到 n 个力 $\boldsymbol{F}_1,\boldsymbol{F}_2,\cdots,\boldsymbol{F}_n$ 的作用，一般先求各分力的功，然后相加即得合力的功，即合力所做的功等于各分力所做的功的代数和：

$$\begin{aligned}W&=\int_{L_{AB}}\boldsymbol{F}\cdot\mathrm{d}\boldsymbol{r}=\int_{L_{AB}}(\boldsymbol{F}_1+\boldsymbol{F}_2+\cdots+\boldsymbol{F}_n)\cdot\mathrm{d}\boldsymbol{r}\\&=\int_{L_{AB}}\boldsymbol{F}_1\cdot\mathrm{d}\boldsymbol{r}+\int_{L_{AB}}\boldsymbol{F}_2\cdot\mathrm{d}\boldsymbol{r}+\cdots+\int_{L_{AB}}\boldsymbol{F}_n\cdot\mathrm{d}\boldsymbol{r}.\end{aligned}\tag{2-29}$$

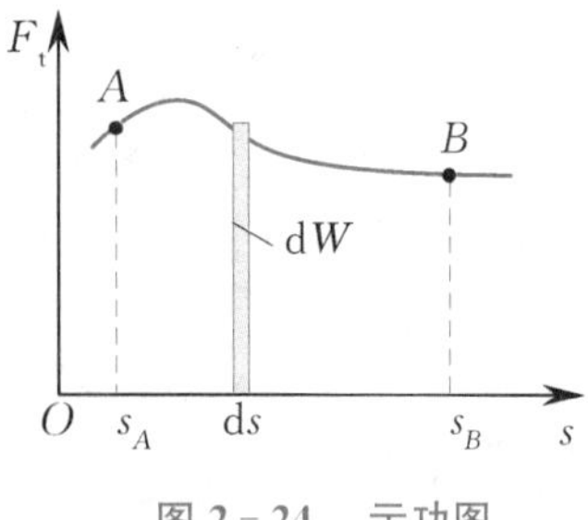

图 2-24　示功图

(3) 一般来说，功与质点的运动路径有关. 式(2-28)中的积分是线积分，一般与路径有关，故功是一个过程量.

(4) 功也可以用图解法计算. 以路程 s 为横坐标，变力 F_{t} 为纵坐标，设 F_{t} 随路程 s 变化的关系如图 2-24 所示，则元功 $\mathrm{d}W$ 在数值上等于图中小矩形的面积，总功 W 在数值上等于 F_{t} 曲线中 AB 段与横轴所围的面积. 图 2-24 称为示功图，工程上常用此法来计算变力做的功.

例 2-13

如图 2-25 所示，一匹马拉着雪橇沿着冰雪覆盖的圆弧形路面极缓慢地匀速移动，圆弧形路面的半径为 R. 设马对雪橇的拉力总是平行于路面. 雪橇的质量为 m，它与路面的滑动摩擦系数为 μ. 当把雪橇由底端拉上 45° 圆弧时，马对雪橇做了多少功？重力和摩擦力各做了多少功？

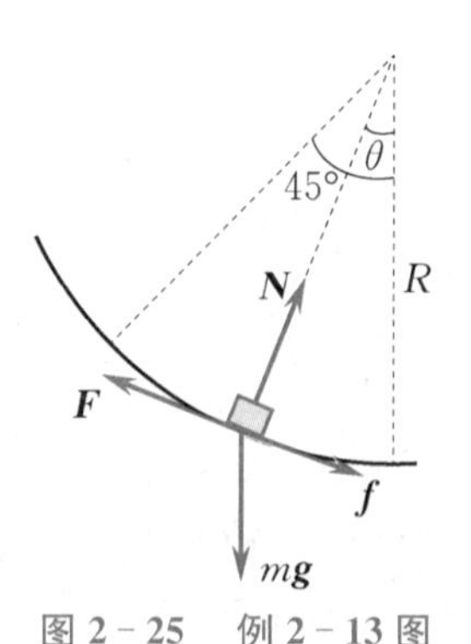

图 2-25　例 2-13 图

解　取弧长增加的方向为正方向，元位移 $\mathrm{d}\boldsymbol{r}$ 的大小为

$$\mathrm{d}s = R\mathrm{d}\theta.$$

重力的大小为

$$G = mg,$$

方向竖直向下，与元位移的夹角为 $\frac{\pi}{2}+\theta$，所做的元功为

$$\mathrm{d}W_1 = \boldsymbol{G}\cdot\mathrm{d}\boldsymbol{r} = G\cos(\theta+\pi/2)\mathrm{d}s = -mgR\sin\theta\mathrm{d}\theta.$$

对上式两边进行积分，可得重力所做的功为

$$W_1 = \int_0^{45^\circ}(-mgR\sin\theta)\mathrm{d}\theta = mgR\cos\theta\Big|_0^{45^\circ} = -\left(1-\frac{\sqrt{2}}{2}\right)mgR.$$

摩擦力的大小为

$$f = \mu N = \mu mg\cos\theta,$$

方向与元位移的方向相反，所做的元功为

$$\mathrm{d}W_2 = \boldsymbol{f}\cdot\mathrm{d}\boldsymbol{r} = f\cos\pi\mathrm{d}s = -\mu mg\cos\theta R\mathrm{d}\theta.$$

对上式两边进行积分，可得摩擦力所做的功为

$$W_2 = \int_0^{45^\circ}(-\mu mgR\cos\theta)\mathrm{d}\theta = -\mu mgR\sin\theta\Big|_0^{45^\circ} = -\frac{\sqrt{2}}{2}\mu mgR.$$

要使雪橇缓慢地匀速移动，雪橇受的支持力 $\boldsymbol{N}$、重力 $\boldsymbol{G}$、摩擦力 $\boldsymbol{f}$ 和拉力 $\boldsymbol{F}$ 就是平衡力，即

$$\boldsymbol{N}+\boldsymbol{F}+\boldsymbol{G}+\boldsymbol{f} = \boldsymbol{0}$$

或

$$\boldsymbol{F} = -(\boldsymbol{G}+\boldsymbol{f}+\boldsymbol{N}).$$

于是拉力所做的元功为

$$\mathrm{d}W = \boldsymbol{F}\cdot\mathrm{d}\boldsymbol{r} = -(\boldsymbol{G}\cdot\mathrm{d}\boldsymbol{r}+\boldsymbol{f}\cdot\mathrm{d}\boldsymbol{r}+\boldsymbol{N}\cdot\mathrm{d}\boldsymbol{r}) = -(\mathrm{d}W_1+\mathrm{d}W_2),$$

拉力所做的功为

$$W = -(W_1+W_2) = \left(1-\frac{\sqrt{2}}{2}+\frac{\sqrt{2}}{2}\mu\right)mgR.$$

由此可见，重力和摩擦力都做负功，拉力做正功.

例 2-14

一质点从坐标原点 O 出发，受到一个二维力 $\boldsymbol{F} = 2y^2\boldsymbol{i}+2x\boldsymbol{j}$ (SI) 的作用，沿图 2-26 所示的两路径到达同样的终点 B. 求：

(1) 质点沿路径 OAB 运动过程中力 $\boldsymbol{F}$ 所做的功；

(2) 质点沿路径 OB 运动过程中力 $\boldsymbol{F}$ 所做的功.

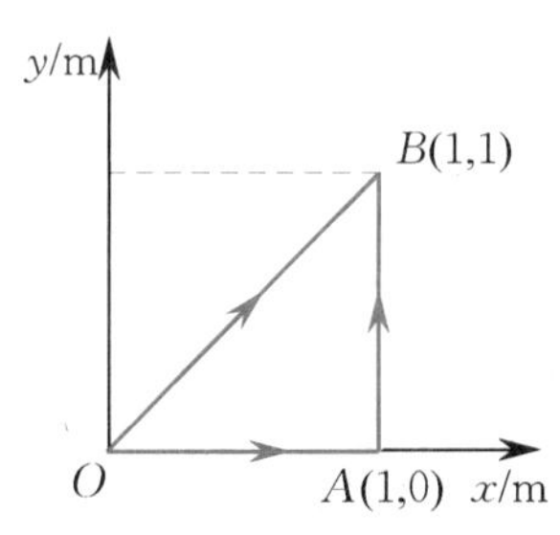

图 2-26　例 2-14 图

解　由式(2-28)，从坐标原点 O 经任意路径到达 P 点，力 $\boldsymbol{F}$ 所做的功为

$$W_{OP} = \int_O^P\boldsymbol{F}\cdot\mathrm{d}\boldsymbol{r} = \int_0^x F_x\mathrm{d}x+\int_0^y F_y\mathrm{d}y.$$

本例中，

$$F_x = 2y^2,\quad F_y = 2x,$$

所以

$$W_{OP} = \int_0^x 2y^2\mathrm{d}x+\int_0^y 2x\mathrm{d}y.$$

(1) 质点沿路径 OAB 运动过程中力 $\boldsymbol{F}$ 所做的功.

因为在线段 OA 上，$y=0$，$\mathrm{d}y=0$；在线段 AB 上，$x=1$，$\mathrm{d}x=0$，所以

$$W_{OAB} = W_{OA}+W_{AB} = 0+\int_0^1 2\times 1\mathrm{d}y = 2\ \mathrm{J}.$$

(2) 质点沿路径 OB 运动过程中力 $\boldsymbol{F}$ 所做的功.

因为在线路 OB 上，$x=y$，所以

$$W_{OB} = \int_0^1 2x^2\mathrm{d}x+\int_0^1 2y\mathrm{d}y = \left(\frac{2}{3}+1\right)\mathrm{J} = \frac{5}{3}\ \mathrm{J}.$$

结果表明,质点沿不同路径到达 B 点,力 $\boldsymbol{F}$ 所做的功不相等(功是一个过程量),与力的性质有关. 后面将看到,有些力做功与路径无关,只与质点的始、末位置有关.

二、动能定理

下面从牛顿运动定律出发,考虑力的空间累积效应,即讨论力对物体做功后,物体的运动状态将发生怎样的变化.

在质点质量恒定的情况下,牛顿第二定律的动量形式 $\boldsymbol{F}=\dfrac{\mathrm{d}\boldsymbol{p}}{\mathrm{d}t}$ 可以写成

$$\boldsymbol{F}=m\frac{\mathrm{d}\boldsymbol{v}}{\mathrm{d}t},$$

上式两边点乘元位移 $\mathrm{d}\boldsymbol{r}$,可得

$$\boldsymbol{F}\cdot\mathrm{d}\boldsymbol{r}=m\frac{\mathrm{d}\boldsymbol{v}}{\mathrm{d}t}\cdot\mathrm{d}\boldsymbol{r}=m\boldsymbol{v}\cdot\mathrm{d}\boldsymbol{v}.$$

因为 $\boldsymbol{v}\cdot\mathrm{d}\boldsymbol{v}=v|\mathrm{d}\boldsymbol{v}|\cos\alpha=v\mathrm{d}v$(见图 2-27),所以

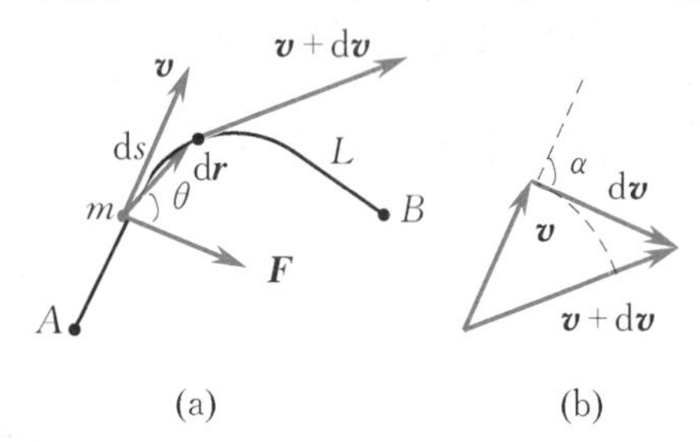

图 2-27　变力 $\boldsymbol{F}$ 作用下质点的运动

$$\boldsymbol{F}\cdot\mathrm{d}\boldsymbol{r}=mv\mathrm{d}v=\mathrm{d}\left(\frac{1}{2}mv^2\right).$$

若质点在合外力 $\boldsymbol{F}$ 作用下沿曲线 L 从 A 点运动到 B 点,质点在始、末两点的速率分别为 v_1 和 v_2,则对上式两边进行积分,有

$$W=\int_{L_{AB}}\boldsymbol{F}\cdot\mathrm{d}\boldsymbol{r}=\int_{v_1}^{v_2}\mathrm{d}\left(\frac{1}{2}mv^2\right)=\frac{1}{2}mv_2^2-\frac{1}{2}mv_1^2. \tag{2-30}$$

由式(2-30)可知,如果把$\frac{1}{2}mv^2$ 看作一个独立的物理量,就可发现$\frac{1}{2}mv^2$ 与力的空间累积效应有关,称$\frac{1}{2}mv^2$ 为质点的动能,用 E_k 表示,即

$$E_\mathrm{k}=\frac{1}{2}mv^2. \tag{2-31}$$

动能的单位与功一致,即焦[耳](J). 动能是 1695 年由莱布尼茨首先提出,当时称它为"活力",意即动力学的力. 引入动能后,式(2-30)又可写成

$$W=E_{\mathrm{k}2}-E_{\mathrm{k}1}. \tag{2-32}$$

式(2-30)或式(2-32)称为质点的动能定理,即合外力对质点做的功等于质点动能的增量.

例 2-15

如图 2-28 所示,一质量为 m 的质点拴在细绳的一端,绳的另一端固定,此质点在粗糙水平面上做半径为 r 的圆周运动. 设质点初速率为 v_0,当它运动 1 周后,其速率变为$\frac{v_0}{2}$. 求:

(1) 摩擦力所做的功;

(2) 滑动摩擦系数;

(3) 在静止前质点运动的圈数.

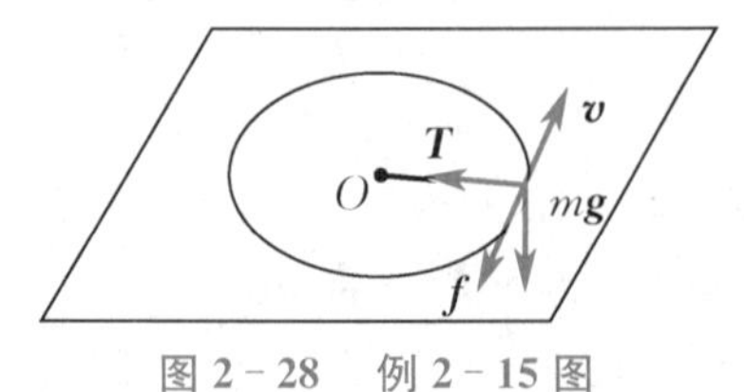

图 2-28　例 2-15 图

解　(1) 质点的初动能为

$$E_{k1}=\frac{mv_0^2}{2},$$

末动能为

$$E_{k2}=\frac{mv_0^2}{8},$$

因此质点动能的增量为

$$\Delta E_k=E_{k2}-E_{k1}=-\frac{3mv_0^2}{8}.$$

这就是摩擦力所做的功.

(2) 由于

$$dW=-f\,ds=-\mu N\,ds=-\mu mgr\,d\theta,$$

对上式两边进行积分,有

$$W=\int_0^{2\pi}(-\mu mgr)\,d\theta=-2\pi\mu mgr.$$

由于 $W=\Delta E_k$,可得滑动摩擦系数为

$$\mu=\frac{3v_0^2}{16\pi gr}.$$

(3) 在自然坐标系中,质点的切向加速度为

$$a_t=\frac{f}{m}=-\mu g.$$

由运动学公式 $v_t^2-v_0^2=2a_t s$,可得质点运动的弧长为

$$s=-\frac{v_0^2}{2a_t}=\frac{v_0^2}{2\mu g}=\frac{8\pi r}{3},$$

圈数为

$$n=\frac{s}{2\pi r}=\frac{4}{3}\text{ r}.$$

根据动能定理,摩擦力所做的功等于质点动能的增量,即 $-fs=\Delta E_{kt}=-\frac{1}{2}mv_0^2$,可得

$$s=-\frac{\Delta E_{kt}}{f}.$$

由此也能计算弧长和圈数.

例 2-16

如图 2-29 所示,用质量为 m_0 的铁锤把质量为 $m(m_0\gg m)$ 的钉子敲入木板. 设木板对钉子的阻力与钉子进入木板的深度成正比. 在铁锤进行第一次敲打时,能够把钉子敲入 1 cm 深,若铁锤第二次敲打钉子的速度情况与第一次完全相同,问第二次能把钉子敲入多深?

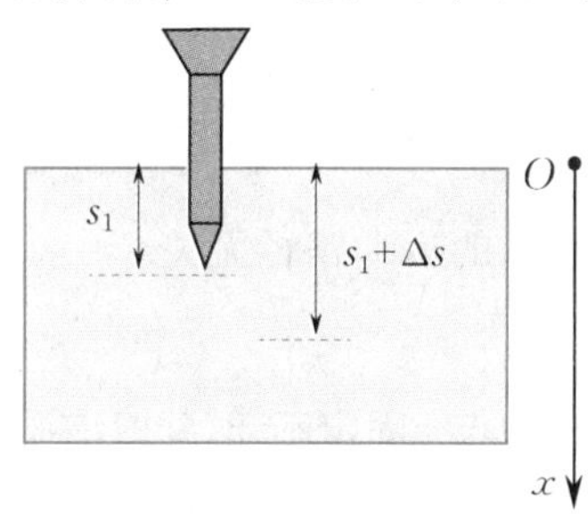

图 2-29　例 2-16 图

解　设铁锤敲打钉子前的速度为 v_0,敲打后两者的共同速度为 v,敲打作用时间极短,内力远大于外力,由动量守恒定律可得

$$m_0v_0=(m_0+m)v,$$

解得

$$v=\frac{m_0v_0}{m_0+m}.$$

因为 $m_0\gg m$,所以

$$v\approx v_0.$$

铁锤第一次敲打钉子时,克服阻力做功,设钉子所受阻力为

$$f=-kx,$$

式中 x 为钉子进入木板的深度. 由动能定理可得

$$0-\frac{1}{2}mv_0^2=\int_0^{s_1}-kx\,dx=-\frac{1}{2}ks_1^2.$$

设铁锤第二次敲打钉子时能敲入的深度为 Δs,则有

$$0-\frac{1}{2}mv_0^2=\int_{s_1}^{s_1+\Delta s}-kx\,dx$$

$$=-\left[\frac{1}{2}k\,(s_1+\Delta s)^2-\frac{1}{2}ks_1^2\right].$$

由上两式解得第二次能敲入的深度为

$$\Delta s=\sqrt{2}s_1-s_1=0.41\text{ cm}.$$

三、保守力做功

1. 重力做功

质量为 m 的质点在重力 $m\boldsymbol{g}$ 的作用下，沿任意路径 L 由 A 点运动到 B 点，如图 2－30 所示，计算重力所做的功.

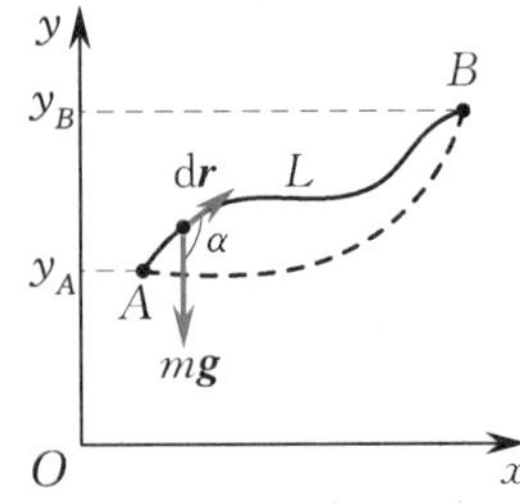

图 2－30　重力做功

在路径上任取元位移 d$\boldsymbol{r}$，重力在 d$\boldsymbol{r}$ 上做的元功为

$$\mathrm{d}W=\boldsymbol{F}\cdot\mathrm{d}\boldsymbol{r}=-mg\boldsymbol{j}\cdot(\mathrm{d}x\boldsymbol{i}+\mathrm{d}y\boldsymbol{j})=-mg\mathrm{d}y.$$

对上式两边进行积分，可得质点沿任意路径由 A 点运动到 B 点重力所做的总功为

$$W_{AB}=\int_{y_A}^{y_B}-mg\mathrm{d}y=-(mgy_B-mgy_A).\tag{2-33}$$

由于路径是任意的，只要质点由 A 点运动到 B 点，即始、末位置一定，不论沿哪一条路径，重力对质点所做的功都是相同的，即重力做功与路径无关，仅与质点的始、末位置有关. 如果质点沿任一闭合路径绕行一周再回到起点，则重力做功为零.

2. 弹性力做功

如图 2－31 所示，一轻弹簧置于光滑水平面上，一端固定，另一端系一质量为 m 的小球. 小球在弹簧弹性力的作用下，沿直线从 A 点运动到 B 点，计算此过程中弹性力所做的功.

以弹簧无形变时小球所在位置为坐标原点 O，水平向右为 x 轴正方向建立坐标轴 Ox，小球在 A 点和 B 点的位置用坐标 x_A 和 x_B 表示. 在 AB 上 x 处取元位移 d$\boldsymbol{r}$ = d$x\boldsymbol{i}$，作用于小球的弹性力为 $\boldsymbol{F}=-kx\boldsymbol{i}$，式中 k 为弹簧的劲度系数. 弹性力在 d$\boldsymbol{r}$ 上做的元功为

$$\mathrm{d}W=\boldsymbol{F}\cdot\mathrm{d}\boldsymbol{r}=-kx\mathrm{d}x.$$

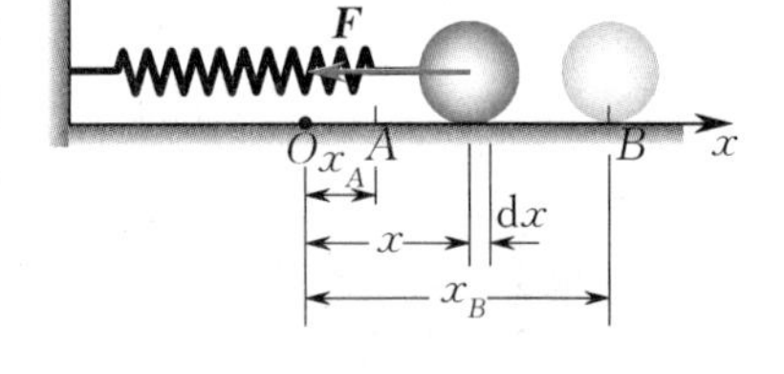

图 2－31　弹性力做功

对上式两边进行积分，可得小球在弹性力作用下由 A 点运动到 B 点弹性力对小球做的总功为

$$W_{AB}=\int_{x_A}^{x_B}-kx\mathrm{d}x=-\left(\frac{1}{2}kx_B^2-\frac{1}{2}kx_A^2\right).\tag{2-34}$$

可见，弹性力对小球做的功也只与小球的始、末位置有关，与小球的运动路径无关.

3. 万有引力做功

质点 1，2 的质量分别为 m_0 和 m，彼此之间存在万有引力. 设质点 1 固定不动，并取该质点所在位置为坐标原点. 质点 2 在质点 1 的引力场中从 A 点（矢径为 $\boldsymbol{r}_A$）沿任意路径运动到 B 点（矢径为 $\boldsymbol{r}_B$），如图 2－32 所示，计算质点 1 对质点 2 的万有引力所做的功.

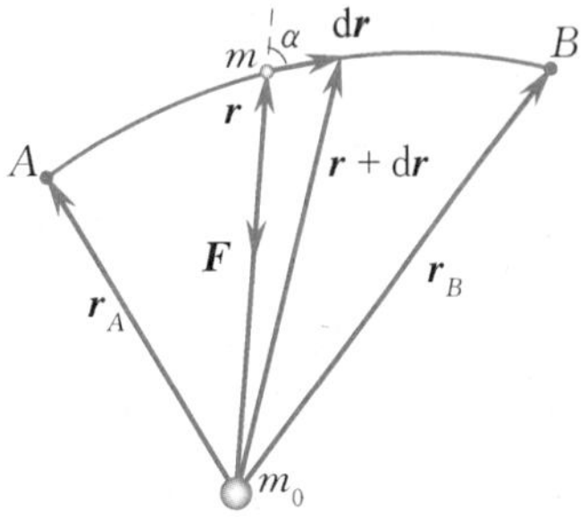

图 2－32　万有引力做功

在 AB 上任取元位移 d$\boldsymbol{r}$，质点 1 作用于质点 2 的万有引力为

$$\boldsymbol{F}=-G\frac{m_0m}{r^3}\boldsymbol{r}.$$

万有引力 $\boldsymbol{F}$ 在 d$\boldsymbol{r}$ 上做的元功为

$$\mathrm{d}W=\boldsymbol{F}\cdot\mathrm{d}\boldsymbol{r}=-G\frac{m_0m}{r^3}\boldsymbol{r}\cdot\mathrm{d}\boldsymbol{r}.$$

由图 2－32 可以看出

$$\boldsymbol{r}\cdot\mathrm{d}\boldsymbol{r}=r|\mathrm{d}\boldsymbol{r}|\cos\alpha=r\mathrm{d}r.$$

对元功表达式两边进行积分，可得质点2由A点沿任意路径运动到B点万有引力做的总功为

$$W_{AB}=\int_{r_A}^{r_B}-G\frac{m_0m}{r^2}\mathrm{d}r=G\frac{m_0m}{r_B}-G\frac{m_0m}{r_A}=-\left[\left(-G\frac{m_0m}{r_B}\right)-\left(-G\frac{m_0m}{r_B}\right)\right].\quad(2-35)$$

可见，万有引力做功也仅与两质点始、末状态的相对位置有关，而与质点经过的路径无关.

综上所述，重力、弹性力、万有引力有一共同的特点，即做功与路径无关，仅与系统始、末状态的相对位置有关；或者说这些力沿任意闭合路径做功均为零. 一般地，如果一力场$\boldsymbol{F}(r)$对质点所做的功仅取决于质点运动的始、末位置，这种力就称为保守力，相应的力场称为保守力场. 所以，重力、弹性力、万有引力都是保守力. 此外，静电力、分子力等也是保守力. 如果一个力做功不仅与质点运动的始、末位置有关，还与运动路径有关，这种力就称为非保守力. 摩擦力、空气阻力、磁力等都是非保守力.

四、势能

保守力做功与路径无关的性质，大大地简化了保守力做功的计算，并由此引出了势能的概念.

为了便于分析比较，把重力、弹性力和万有引力做功的结果重列如下：

$$W_{重}=-(mgy_B-mgy_A),$$

$$W_{弹}=-\left(\frac{1}{2}kx_B^2-\frac{1}{2}kx_A^2\right),$$

$$W_{引}=-\left[\left(-G\frac{m_0m}{r_B}\right)-\left(-G\frac{m_0m}{r_A}\right)\right].$$

不难看出，以上3式左边都是保守力的功，而右边都是两项之差，每一项都与系统的相对位置有关，其中一项与系统始态时的相对位置(y_A,x_A,r_A)相联系，另一项与系统末态时的相对位置(y_B,x_B,r_B)相联系. 因此，保守力做功改变的是与系统相对位置有关的一种能量. 我们把这种与系统相对位置有关的能量定义为系统的势能或势能函数，用E_p表示. 引入势能E_p后，上述3式可以统一用一个式子表示，即

$$W_{保}=\int_A^B\boldsymbol{F}_{保}\cdot\mathrm{d}\boldsymbol{r}=-(E_{\mathrm{p}B}-E_{\mathrm{p}A})=-\Delta E_\mathrm{p}.\quad(2-36)$$

式(2-36)表明，保守力所做的功等于系统势能增量的负值.

式(2-36)实际定义的是质点在两个位置的势能之差，要确定质点在某一位置的势能值，必须选定一参考位置，规定质点在这一位置的势能为零，即以该点为势能零点. 例如在式(2-36)中，选$E_{\mathrm{p}B}=0$，则有

$$E_{\mathrm{p}A}=\int_A^B\boldsymbol{F}_{保}\cdot\mathrm{d}\boldsymbol{r},\quad(2-37)$$

即质点在保守力场中某一位置的势能，数值上等于质点从该点经任意路径移动到势能零点时保守力所做的功. 势能是一个标量，在国际单位制中，势能的单位为焦[耳](J).

由式(2-37)可知，只要知道保守力的函数，选取势能零点后即可求出质点在指定点的势能. 例如已知万有引力的函数为$\boldsymbol{F}=-G\frac{m_0m}{r^3}\boldsymbol{r}$，若取$r$趋近于$\infty$时，$E_{\mathrm{p}\infty}=0$，即取两质点相距无限远时为引力势能的零点，则当两质点相距r时的引力势能为

$$E_{\mathrm{p}引}=-G\frac{m_0m}{r}.\quad(2-38)$$

同理可证，若取$y=0$处为重力势能的零点，则物体在高为$y=h$处的重力势能为

$$E_{\mathrm{p}重}=mgh.\quad(2-39)$$

若取弹簧的自由端为坐标原点 O 及弹性势能的零点,则弹簧伸长或压缩 x 时的**弹性势能**为

$$E_{p弹}=\frac{1}{2}kx^2. \tag{2-40}$$

将势能随相对位置变化的函数关系用一曲线表示,即得**势能曲线**. 图 2-33 给出了上述 3 种势能的势能曲线.

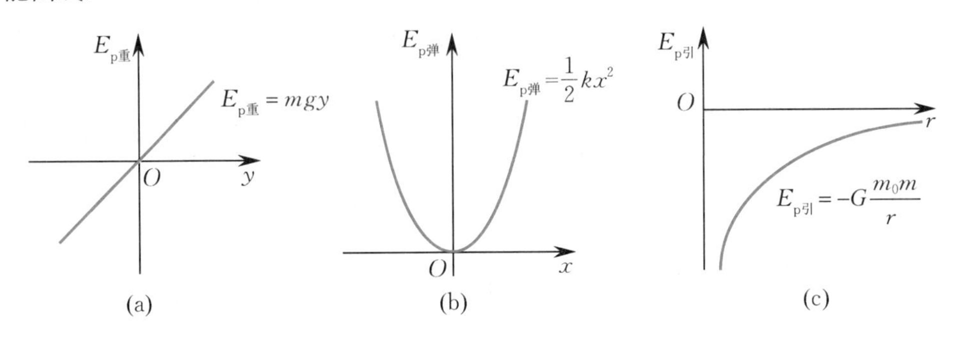

图 2-33　势能曲线

必须强调的是,势能是一个相对量,当选择不同的势能零点时,质点在同一位置的势能有不同的值,但势能差是个绝对量,即任意两个给定位置的势能差总是相同的,与势能零点的选择无关. 另需注意的是,势能是根据保守力的特点而引入的,只有在保守力场中才有与之相关的势能. 因此,势能应属于以保守力相互作用的物体所组成的系统,而不应把它看作属于某一物体. 例如,重力势能应属于质点和地球所组成的系统,弹性势能应属于弹簧和与弹簧连接的质点所组成的系统,引力势能应属于相互吸引的质点所组成的系统等.

五、机械能守恒定律

1. 质点系的动能定理与功能原理

前面介绍的动能定理式(2-30)或式(2-32)只适用于单个质点,实际问题中常常遇到几个物体组成的系统,故有必要把单个质点的动能定理推广到由若干个物体(质点)组成的系统(质点系).

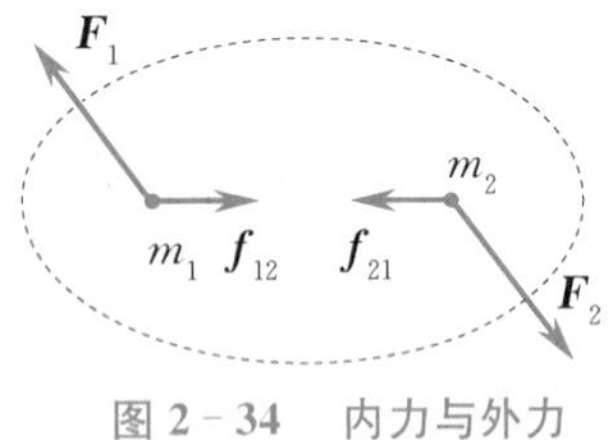

图 2-34　内力与外力

设质点系内有 n 个质点,质点系受到的作用力有内力和外力之分. 质点系内各质点之间的相互作用力称为**内力**,质点系外物体对质点系内各质点的作用力称为**外力**. 图 2-34 所示为由两个质点组成的质点系,虚线框为质点系的范围,$\boldsymbol{f}_{12}=-\boldsymbol{f}_{21}$ 为质点系内质点之间相互作用的内力,$\boldsymbol{F}_1,\boldsymbol{F}_2$ 为质点系外物体对质点系内质点作用的外力. 对质点系内任一质点(如第 i 个质点)应用质点的动能定理,有

$$W_i=E_{ki}-E_{ki0},$$

式中右边为第 i 个质点动能的增量,左边为合力对该质点所做的功. 这个功既包含外力的功,也包含内力的功,因此将上式左边的功写成两项之和,即

$$W_{i外}+W_{i内}=E_{ki}-E_{ki0}.$$

上式对质点系内所有质点求和,可得

$$\sum_i W_{i外}+\sum_i W_{i内}=\sum_i E_{ki}-\sum_i E_{ki0},$$

式中 $\sum_i E_{ki}$ 和 $\sum_i E_{ki0}$ 分别为质点系末态和始态的总动能,分别简记为 E_k 和 E_{k0};$\sum_i W_{i外}$ 和 $\sum_i W_{i内}$ 分别为外力和内力对质点系做的功的代数和,分别简记为 $W_外$ 和 $W_内$,上式可写成

$$W_{外}+W_{内}=E_k-E_{k0}, \tag{2-41}$$

即作用于质点系的一切外力及内力所做的功的代数和等于质点系总动能的增量,式(2-41)称为质点系的动能定理.该式表明,即使外力对质点系不做功,通过内力做功也可以改变质点系的总动能.

另外,质点系相互作用的内力还可分为保守内力和非保守内力.于是内力的功又可分为两部分,即保守内力的功和非保守内力的功,分别记为$W_{保内}$和$W_{非保内}$,则式(2-41)又可写成

$$W_{外}+W_{保内}+W_{非保内}=E_k-E_{k0}.$$

根据式(2-36),保守内力做功之和等于质点系势能增量的负值,即$W_{保内}=-(E_p-E_{p0})$,代入上式并整理可得

$$W_{外}+W_{非保内}=(E_k+E_p)-(E_{k0}+E_{p0}). \tag{2-42a}$$

质点系的动能E_k与势能E_p之和,称为质点系的机械能,用E表示,即

$$E=E_k+E_p,$$

因此式(2-42a)又可写成

$$W_{外}+W_{非保内}=E-E_0, \tag{2-42b}$$

即外力与非保守内力做功之和等于质点系机械能的增量.这一结论称为质点系的功能原理.

2. 机械能守恒定律

从质点系的功能原理式(2-42)可知,质点系的机械能可以通过外力做功而发生变化,也可以通过质点系内部的非保守内力做功而发生变化.如果一个质点系内只有保守内力做功,而非保守内力与外力都不做功,则质点系的机械能守恒,即当$W_{外}=0$且$W_{非保内}=0$时,有

$$E=E_k+E_p=常量. \tag{2-43}$$

式(2-43)称为质点系的机械能守恒定律.

在满足机械能守恒的条件时,质点系内各质点的动能可以相互传递,质点系的动能和势能之间,以及质点系的一种势能和另一种势能之间也都可以相互转化,但在运动过程中的任意时刻,或者说质点系处于任意状态,质点系的动能与势能的总和却保持不变.

例如当飞行器经过行星时,受到的引力弹弓效应可以实现飞行器的加速和减速.以飞行器和行星为研究对象,整个过程机械能守恒.飞行器在靠近行星和远离行星时,行星对飞行器的引力势能会减小和增大,产生对称的加速和减速,使得飞行器离开时与靠近时和行星保持一样的相对速度.但行星本身存在绕恒星公转的速度,当飞行器以与行星运动方向不同的方向靠近行星,然后以行星运动方向或其他方向离开时,就会得到天体的全部或部分公转速度.此过程飞行器增加的动能来自行星减小的动能.由于行星的质量比飞行器的质量大得多,因此它们的相遇不会对行星产生较大的影响.例如飞入星际空间的旅行者2号,其质量大约是木星的$\frac{1}{10^{24}}$,经过木星时利用引力弹弓效应其速度约增加10 km/s,而木星的速度约降低10^{-24} km/s.

应该指出的是,机械能守恒定律仅在惯性参考系内成立.应用机械能守恒定律处理问题的基本步骤与应用功能原理大致相同,但必须要仔细判断机械能守恒条件是否满足,即$W_{外}=0$和$W_{非保内}=0$是否同时成立,这是正确运用机械能守恒定律的关键.在自然界中,除了机械运动以外,还有其他运动过程发生,如电磁、光、热、化学反应等,不同的运动形态对应着不同形式的能量.大量实验表明,一个不受外界作用的系统(亦称孤立系统)经历任何变化时,系统中各种形式的能量的总和是不变的,能量仅从一种形式转化为另一种形式或从系统内的一个物体转移至另一个物体.这就是普遍的能量守恒定律.它是物理学中最具普遍性的定律之一,也是自然界最基本的规律之一,机械能守恒定律仅仅是它的一个特例.

例 2-17

如图 2-35 所示,物体 A 静止于光滑的斜面上,其质量为 $m=0.5$ kg. 物体 A 与固定在斜面 B 端的弹簧相距 $s=3$ m. 弹簧的劲度系数为 $k=400$ N/m,斜面倾角为 $\theta=45°$. 求当物体 A 由静止开始下滑时,能使弹簧长度产生的最大压缩量.

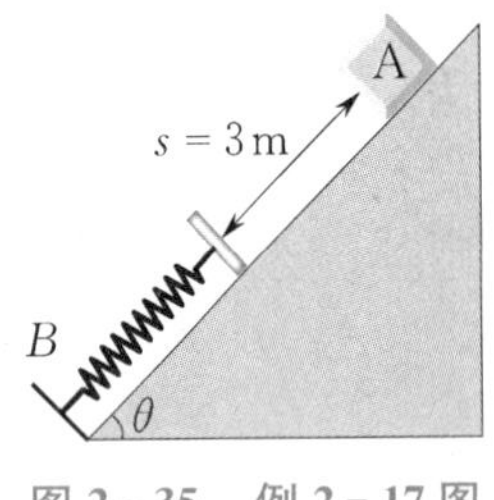

图 2-35　例 2-17 图

解　取弹簧自然伸长处为重力势能和弹性势能的零点,由于物体 A、弹簧和地球组成的系统只有保守力做功,因此机械能守恒,当弹簧压缩量最大时,可得

$$mgs\sin\theta=-mgx_{\max}\sin\theta+\frac{1}{2}kx_{\max}^2,$$

解得

$$x_{\max}=\frac{mg\sin\theta+\sqrt{(mg\sin\theta)^2+2kmgs\sin\theta}}{k}$$

$$=0.24\ \text{m}.$$

例 2-18

一质量为 m 的物体,从质量为 M 的圆弧形槽顶端由静止开始下滑,设圆弧形槽的半径为 R,张角为 $\frac{\pi}{2}$,如图 2-36 所示,所有摩擦都忽略. 求:

(1) 物体刚离开槽底端时,物体和槽的速度;

(2) 在物体从 A 点滑到 B 点的过程中,物体对槽所做的功;

(3) 物体滑到 B 点时对槽的压力.

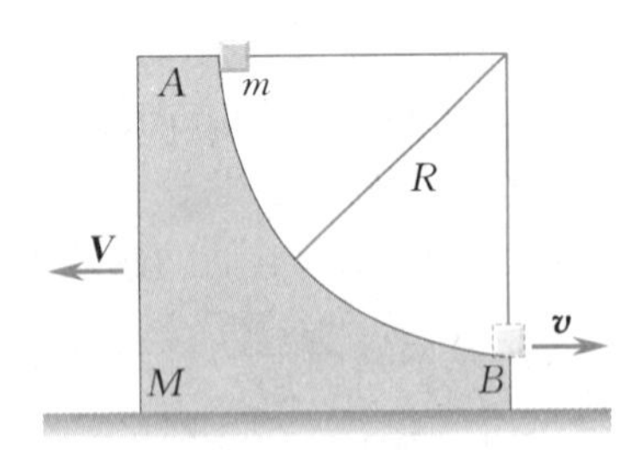

图 2-36　例 2-18 图

解　(1) 物体运动到槽底时,设槽和物体相对于地面的速度分别为 $\boldsymbol{V}$, $\boldsymbol{v}$. 由机械能守恒定律可得

$$mgR=\frac{1}{2}mv^2+\frac{1}{2}MV^2,$$

由动量守恒定律可得

$$0=mv-MV.$$

联立上两式,可得

$$v=\sqrt{\frac{2MgR}{M+m}},$$

从而解得

$$V=m\sqrt{\frac{2gR}{M(M+m)}}.$$

(2) 物体对槽所做的功等于槽动能的增量,即

$$W=\frac{1}{2}MV^2=\frac{m^2gR}{M+m}.$$

(3) 物体在槽底相对于槽的速度为

$$v'=v+V=\left(1+\frac{m}{M}\right)v$$

$$=\frac{M+m}{M}v=\sqrt{\frac{2(M+m)gR}{M}}.$$

设槽对物体的支持力为 N,则

$$N-mg=m\frac{v'^2}{R},$$

因此物体对槽的压力为

$$N=mg+m\frac{v'^2}{R}=\left(3+\frac{2m}{M}\right)mg.$$

2.5 碰撞

两个做相对运动的物体，在较短的时间内通过相互作用而使各自运动状态发生显著变化的过程称为碰撞. 两体碰撞问题是物理学中的一个有其特定含义的问题，两个物体碰撞过程中不受外力，或外力相较于两物体间的相互作用力很小，系统的动量守恒. 根据两物体碰撞前后是在一条直线上运动，还是在一个平面内运动，可将碰撞分为对心碰撞和非对心碰撞. 本节我们应用动量守恒定律及其他相关定律探讨对心碰撞问题.

根据碰撞过程中不同性质相互作用力的作用，可将碰撞分为弹性碰撞、完全非弹性碰撞和非完全弹性碰撞.

弹性碰撞时，两物体碰撞过程中的相互作用力是弹性力. 在碰撞的压缩阶段，两物体发生弹性形变，物体间的弹性力做负功，动能向弹性势能转化. 压缩阶段结束时，两物体的相对速度为零，系统有最大的势能和最小的动能. 随后系统进入恢复阶段，弹性力做正功，弹性势能转化为动能. 该过程没有非保守力做功，因此碰撞过程机械能守恒. 又因为两物体在碰撞前及分离后均无形变，故始、末势能均为零，所以碰撞过程中的机械能守恒表现为碰撞前后的动能相等.

设发生弹性碰撞的两物体如图 2-37 所示，质量分别为 m_1，m_2，碰撞前速度分别为 $\boldsymbol{v}_{10}$，$\boldsymbol{v}_{20}$，碰撞后速度分别为 $\boldsymbol{v}_1$，$\boldsymbol{v}_2$. 由动量守恒定律和机械能守恒定律，可得

$$m_1 v_{10} + m_2 v_{20} = m_1 v_1 + m_2 v_2, \tag{2-44a}$$

$$\frac{1}{2}m_1 v_{10}^2 + \frac{1}{2}m_2 v_{20}^2 = \frac{1}{2}m_1 v_1^2 + \frac{1}{2}m_2 v_2^2, \tag{2-44b}$$

解得碰撞后两物体的速度分别为

$$\begin{cases} v_1 = \dfrac{(m_1 - m_2)v_{10} + 2m_2 v_{20}}{m_1 + m_2}, \\ v_2 = \dfrac{(m_2 - m_1)v_{20} + 2m_1 v_{10}}{m_1 + m_2}. \end{cases} \tag{2-45}$$

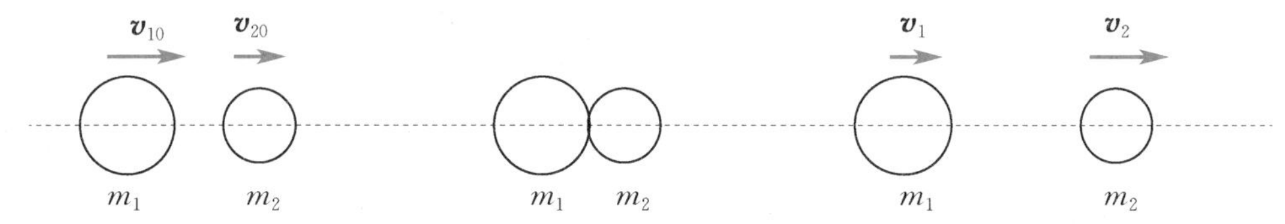

图 2-37　两物体的对心碰撞

由计算结果，我们讨论以下两种常见的特殊情况：

(1) 两物体质量相等，$m_1 = m_2$，由式(2-45) 可得 $v_1 = v_{20}$，$v_2 = v_{10}$，即两物体碰撞后进行了速度交换.

(2) 如果 $v_{20} = 0$，即质量为 m_1 的物体与静止的质量为 m_2 的物体相碰撞，由式(2-45) 可得

$$\begin{cases} v_1 = \dfrac{m_1 - m_2}{m_1 + m_2} v_{10}, \\ v_2 = \dfrac{2m_1}{m_1 + m_2} v_{10}. \end{cases} \tag{2-46}$$

如果 $m_1 \ll m_2$，则有 $v_1 \approx -v_{10}$，$v_2 \approx 0$，即当一质量很小的物体与质量很大的静止物体发生弹性碰撞时，质量大的物体仍保持静止，质量小的物体以同样的速率反弹回去. 如果 $m_1 \gg m_2$，则有

$v_1 \approx v_{10}, v_2 \approx 2v_{10}$,即当一质量很大的物体与质量很小的静止物体发生弹性碰撞时,质量大的物体的速度几乎保持不变,质量小的物体以近乎二倍大质量物体的速度运动.

完全非弹性碰撞时,两物体碰撞过程中的相互作用力是非弹性力,如黏性力,其表现为两物体碰撞后"连"成一体,以相同的速度运动,即 $v_1 = v_2 = v$. 由式(2-44a)可得

$$v = \frac{m_1 v_{10} + m_2 v_{20}}{m_1 + m_2}. \tag{2-47}$$

这类碰撞中,两物体间的相互作用力是非保守力,两物体碰撞后相互压缩,非保守内力做负功,使系统的动能转化为其他形式的能量(如热能). 压缩过程结束,两物体相对速度为零后,两物体保持压缩后的形状,以相同的速度运动. 由于完全非弹性碰撞只有压缩阶段,没有恢复阶段,因此机械能不守恒,损失的机械能等于碰撞前后动能的差值,即

$$\begin{aligned}\Delta E &= \frac{1}{2}m_1 v_{10}^2 + \frac{1}{2}m_1 v_{20}^2 - \frac{1}{2}(m_1 + m_2)v^2 \\ &= \frac{m_1 m_2 (v_{10} - v_{20})^2}{2(m_1 + m_2)}.\end{aligned} \tag{2-48}$$

由式(2-48)可知,在两物体发生完全非弹性碰撞时,两物体损失的机械能与其相对速率的平方成正比.

非完全弹性碰撞中,作用于物体间的相互作用力既有弹性力又有非保守力. 由于存在弹性力,碰撞过程有压缩和恢复两阶段,最后两物体分离,各自以一定速度运动. 同时,由于存在非保守内力,碰撞过程中有机械能损失.

为了求解非完全弹性碰撞问题,除了动量守恒外,还要利用一个实验性的定律——碰撞定律. 碰撞定律指当某两种材料的物体碰撞时,两物体分离时的相对速率 $(v_2 - v_1)$ 与接近时的相对速率 $(v_{10} - v_{20})$ 成正比,即

$$\frac{v_2 - v_1}{v_{10} - v_{20}} = e, \tag{2-49}$$

式中比例系数 e 称为恢复系数,它取决于两物体的材料性质,其值一般由实验测定. 一般材料的恢复系数在 0 到 1 之间,如铝与铝碰撞时,$e = 0.20$.

由式(2-44a)和式(2-49)可求出两物体碰撞后的速度分别为

$$\begin{cases} v_1 = v_{10} - \dfrac{m_2(1+e)(v_{10} - v_{20})}{m_1 + m_2}, \\ v_2 = v_{20} + \dfrac{m_1(1+e)(v_{10} - v_{20})}{m_1 + m_2}. \end{cases} \tag{2-50}$$

碰撞后,两物体损失的机械能为

$$\Delta E = \frac{1}{2}(1 - e^2)\frac{m_1 m_2}{m_1 + m_2}(v_{10} - v_{20})^2. \tag{2-51}$$

由此可见,碰撞后两物体的速度大小及机械能损失,均与恢复系数有关. 当 $e = 0$ 时,式(2-50)化为式(2-47),式(2-51)化为式(2-48),机械能损失最大,此时碰撞是完全非弹性碰撞. 当 $e = 1$ 时,式(2-50)化为式(2-45),没有机械能损失,此时碰撞是弹性碰撞. 除两种特殊情况外,当 e 介于 0 到 1 之间时,为非完全弹性碰撞,e 越接近于 1,机械能损失越小,碰撞越接近于弹性碰撞. 实际碰撞过程中总伴随着机械能损失,只是在 e 接近于 1 时,可忽略碰撞中的机械能损失,将碰撞视为弹性碰撞.

例 2-19

如图 2-38 所示，一球体从离地面 h_0 高处自由下落，触地后反弹的高度为 h. 不计空气阻力，求该球与地面碰撞的恢复系数.

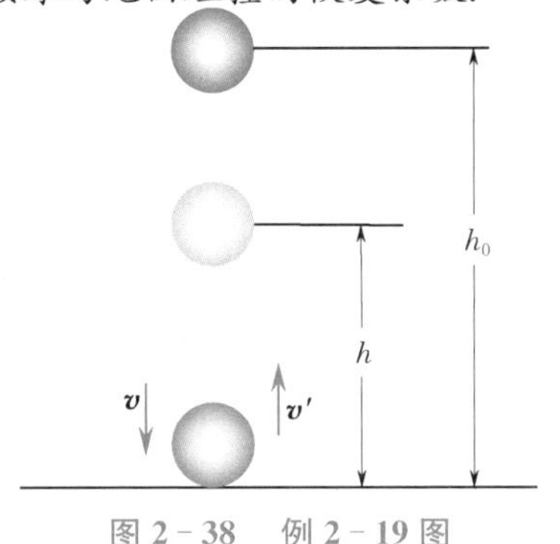

图 2-38　例 2-19 图

解　由题意可知，球体触地时的速率为

$$v=\sqrt{2gh_0},$$

地面保持静止，v 就是球体和地面碰撞时的相对速率. 球体反弹后的速率为

$$v'=\sqrt{2gh},$$

这就是球体和地面分离时的相对速率.

根据恢复系数的定义，恢复系数为

$$e=\frac{\sqrt{2gh}}{\sqrt{2gh_0}}=\sqrt{\frac{h}{h_0}}.$$

阅读材料2

火箭飞行原理

火箭是自带燃料和氧化剂的星际运载工具. 星际飞船、导弹均以火箭为动力. 为什么要用火箭作为人造卫星或其他人造天体的运载工具呢?第一，火箭自带燃料和氧化剂，在没有空气的地方也能飞行；第二，根据火箭的特点，它的推力和大气压有关，大气压低，气体在喷口处受到的阻力小，向后喷出的气体速度较大，从而使火箭得到较大的向前的动量. 因为高空的大气压低，火箭发动机在高空得到的推力比在地面上大，所以火箭发动机最适合星际航行.

在火箭运行过程中，燃料在火箭内燃烧，产生大量气体粒子，气体向火箭运动的反方向高速喷出，由于反冲，火箭获得向前的动量. 燃料不断燃烧，连续地向后喷出气体，火箭不断地受到向前的推力，从而得到很大的速度. 火箭飞行的基本原理就是动量守恒定律.

设火箭在外层空间飞行，空气的阻力和重力的影响忽略不计. 因为火箭是变质量系统(火箭不断喷出气体，燃料和氧化剂质量不断减少，气体质量增加，如把气体和火箭体看作一个整体，其质量是守恒的，但在不断转化)，不同时刻的喷气相对于地面的速度不同，所以不能从过程的始、末状态来考虑，只能从 $t\to t+\mathrm{d}t$ 的元过程来分析. 设 t 时刻火箭体的质量为 m'，速度为 $\boldsymbol{v}$. $\mathrm{d}t$ 时间内，火箭体喷出质量为 $\mathrm{d}m$ 的气体，其喷出速度相对于火箭体为 $\boldsymbol{u}$，在 $t+\mathrm{d}t$ 时刻，火箭体的质量为 $m'-\mathrm{d}m$，火箭体的速度增为 $\boldsymbol{v}+\mathrm{d}\boldsymbol{v}$，由动量守恒定律得

$$m'\boldsymbol{v}=(m'-\mathrm{d}m)(\boldsymbol{v}+\mathrm{d}\boldsymbol{v})+\mathrm{d}m(\boldsymbol{v}+\boldsymbol{u}).$$

对上式进行化简，略去二阶无穷小量可得

$$m'\mathrm{d}\boldsymbol{v}+\boldsymbol{u}\mathrm{d}m=\boldsymbol{0}. \tag{2-52}$$

我们关心的是火箭体最终达到的速度，以火箭体为研究对象，考虑到火箭体减少的质量等于气体增加的质量，即

$$\mathrm{d}m=-\mathrm{d}m'.$$

将上式代入式(2-52)，分离变量可得

$$\mathrm{d}\boldsymbol{v}=\frac{\mathrm{d}m'}{m'}\boldsymbol{u}.$$

设开始发射时，火箭体的质量为 m_0'，速度为零，燃料和氧化剂烧完后火箭体的质量为 m'，速度为 $\boldsymbol{v}$，对上式两边进行积分，有

$$\int_0^{v} \mathrm{d}\boldsymbol{v} = \int_{m'_0}^{m'} \frac{\mathrm{d}m'}{m'}\boldsymbol{u},$$

由此可得

$$\boldsymbol{v} = \boldsymbol{u}\ln\frac{m'}{m'_0} = -\boldsymbol{u}\ln\frac{m'_0}{m'},$$

式中$\frac{m'_0}{m'}$称为质量比,是火箭体的初始质量与燃料和氧化剂烧完后的质量之比.

考虑到 $\boldsymbol{v}$ 和 $\boldsymbol{u}$ 的方向相反,我们取火箭的运动方向为正,写出标量式,则有

$$v = u\ln\frac{m'_0}{m'}.$$

此式表明,火箭体在燃料和氧化剂烧完后所达到的速度与喷气速度成正比,与火箭质量比的自然对数成正比.

如果我们以喷出的气体为系统,则它在 $\mathrm{d}t$ 时间内的动量变化率为

$$\frac{(\boldsymbol{v}+\mathrm{d}\boldsymbol{v}+\boldsymbol{u})\mathrm{d}m-(\boldsymbol{v}+\mathrm{d}\boldsymbol{v})\mathrm{d}m}{\mathrm{d}t} = \boldsymbol{u}\frac{\mathrm{d}m}{\mathrm{d}t}.$$

系统动量的变化率等于其所受到的合外力,用 $\boldsymbol{F}$ 表示其合外力,则有

$$\boldsymbol{F} = \boldsymbol{u}\frac{\mathrm{d}m}{\mathrm{d}t}.$$

此力为气体与火箭体之间的作用力,由牛顿第三定律,火箭体受到一个相反方向的反作用力 $-\boldsymbol{F}$,因此

$$-\boldsymbol{F} = -\boldsymbol{u}\frac{\mathrm{d}m}{\mathrm{d}t} = \boldsymbol{u}\frac{\mathrm{d}m'}{\mathrm{d}t},$$

即火箭体获得的反作用力与喷气速度成正比,与燃料和氧化剂燃烧率成正比. $\boldsymbol{u}\frac{\mathrm{d}m'}{\mathrm{d}t}$ 称为火箭发动机的推力.

只有一个发动机的火箭称为单级火箭,在目前的技术条件下,一般火箭的喷气速度达到 2 500 m/s左右,要使火箭具有 7 900 m/s 的速度,所需的质量比约等于 24,这意味着 1 t 重的火箭必须具备 23 t 重的燃料和氧化剂. 这在技术上很难实现. 一般火箭的质量比为 6 左右,相应地,火箭所能达到的速度为 4 500 m/s 左右. 要使人造地球卫星绕地球运转,显然用单级火箭是无法达到的,为了有效地增大质量比,人们发明了多级火箭.

多级火箭由几个火箭首尾相连而成. 飞行时,当第一级火箭燃料用完后,第一级火箭壳体自动脱落,第二级火箭的发动机随即开始工作,如此逐级脱落,直到最后一级,就可以使火箭达到很高的速度.

设整个火箭在第一级火箭燃料和氧化剂烧尽时的质量比为 N_1,第一级火箭脱落后,火箭组与第二级火箭燃料和氧化剂烧尽时的质量比为 N_2,依此类推. 在第一级火箭脱离时,火箭组所获得的速度为

$$v_1 = u\ln N_1.$$

当第二级火箭的燃料和氧化剂烧尽时,火箭组所获得的速度为 v_2,显然

$$v_2 - v_1 = u\ln N_2,$$

所以

$$v_2 = u\ln N_1 + u\ln N_2 = u\ln(N_1 N_2).$$

对于 n 级火箭,有

$$v_n = u\ln(N_1 N_2 \cdots N_n).$$

由于所有的质量比都大于 1,因而当火箭的级数增加时,就可以获得较高的速度. 例如,一个三级火箭的质量比为 $N_1 = N_2 = N_3 = 5$,喷气速度为 $u = 2\ 000$ m/s,那么这个火箭的最终速度为 $v = u\ln N^3 = 9\ 660$ m/s. 即使考虑空气阻力和地球引力的影响,其实际速度仍可以达到发射人造地球卫星所需的速度.

火箭飞行是涉及航天、电子、材料、系统控制等多个领域的系统工程. 在这里,我们从原理上对火箭飞行进行了讨论,实际的发射过程考虑到空气阻力、地球引力等因素的影响,计算过程要复杂得多. 有兴趣的读者可以参阅相关资料.

思考题2

2-1　如图2-39所示，用一沿水平方向的外力 $\boldsymbol{F}$ 将质量为 m 的物体压在竖直墙上．若墙与物体之间的静摩擦系数为 μ_s，则物体与墙之间的静摩擦力为多大？如果外力 $\boldsymbol{F}$ 增大一倍，静摩擦力将如何变化？

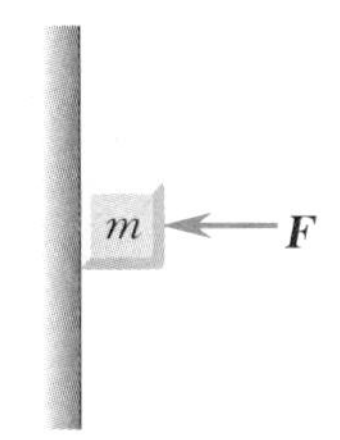

图2-39　思考题2-1图

2-2　一辆静止的车被后面开来的车追尾，两车的驾驶员都受了点伤，你能否根据驾驶员受伤的情况来判断哪一辆车是停着的，哪一辆车是开动的？

2-3　列车司机要开动很重的列车时，总是先开倒车，使列车往后退一下，然后再往前开，为什么这样做可使列车容易开出？

2-4　在天平的两秤盘中，一边放着电磁铁和铁块，另一边放着砝码，天平恰好平衡，如图2-40所示．当电磁铁电路（图中未画出）接通的一瞬间（铁块被吸离了盘底又未到达电磁铁），天平是否失去平衡？

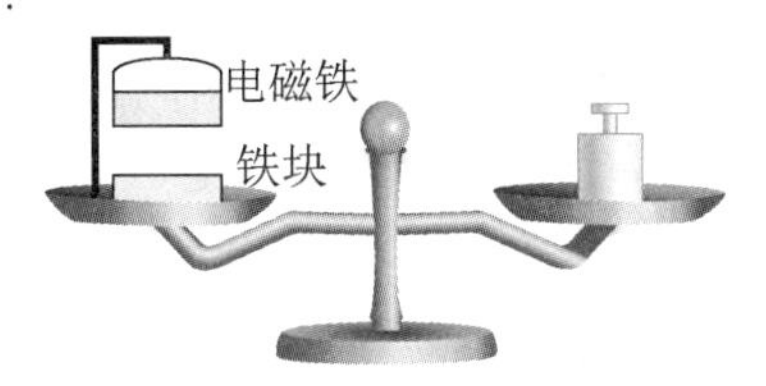

图2-40　思考题2-4图

2-5　跨过两个定滑轮的绳子，两端各挂一质量为 m 的完全相同的小球．开始时两球处于同一高度，忽略定滑轮的质量及滑轮与轴间的摩擦．

（1）将右边小球约束，使之保持静止，使左边小球在水平面上做匀速圆周运动，如图2-41(a)所示．去掉右边小球的约束时，其能否保持平衡？说明理由．

（2）用两个质量均为 $\frac{1}{2}m$ 的小球代替左边的小球，同样将右边小球约束住，使左边两个小球绕竖直轴对称匀速地旋转，如图2-41(b)所示．去掉右边小球的约束时，其能否保持平衡？说明理由．

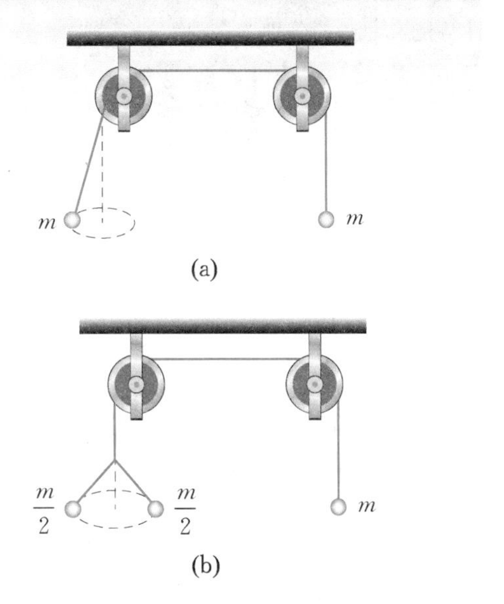

图2-41　思考题2-5图

2-6　试述惯性力与物体间的相互作用力的主要相同点和不同点．

2-7　如图2-42所示，行星绕太阳S做椭圆运动，从近日点 P 向远日点 A 运动的过程中，太阳对行星的引力做正功还是做负功？从远日点 A 向近日点 P 运动的过程中，太阳对行星的引力做正功还是做负功？由此功判断行星的动能以及行星和太阳组成的系统的引力势能在这两个阶段中是增加还是减少．

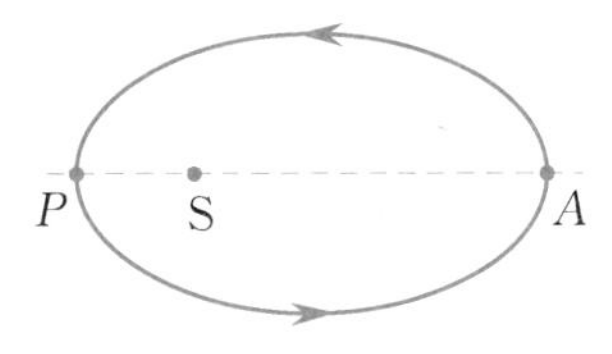

图2-42　思考题2-7图

2-8　某人把一物体由静止开始举高到 h，使物体获得速度 v，在此过程中，人对物体做功为 W，则有 $W=\frac{1}{2}mv^2+mgh$．这一结果正确吗？可以理解为"合外力对物体做的功等于物体动能与势能的增量之和"吗？为什么？

2-9　保守力有什么特点？保守力做功与势能的关系如何？

2-10　如图2-43所示，劲度系数为 k 的弹簧，上端固定，下端悬挂重物．当弹簧伸长 x_0 时，重物在

O点处达到平衡.如取重物在O点处时各种势能均为零,则当弹簧长度为原长时,系统的重力势能、弹性势能和总势能分别为多少?

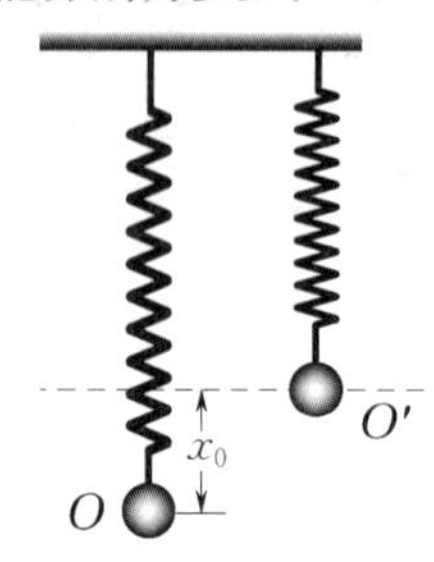

图 2-43　思考题 2-10 图

2-11　两个大小、质量均相同的小球,一个是弹性球,另一个是非弹性球.它们从同一高度自由下落与地面碰撞后,为什么弹性球跳得较高?地面对它们的冲量是否相同?为什么?

2-12　某人用力$\boldsymbol{F}$推静止于地面的木箱,经历Δt时间未能推动木箱,此推力的冲量等于多少?木箱既然受到$\boldsymbol{F}$的冲量,为什么它的动量没有改变?

2-13　动量定理和动能定理可以理解为牛顿第二定律的推广,做这样的推广后,有何好处?

2-14　一物体能否只具有机械能而无动量?一物体能否只具有动量而无机械能?试举例说明.

2-15　忽略相对论效应,力、质量、动量、冲量、动能、势能和功这些物理量中,哪些量与参考系的选取有关?

2-16　根据系统机械能守恒的条件判断下列结论哪些是对的:

(1) 系统不受外力和非保守内力的作用;

(2) 系统所受的合外力为零,无非保守内力的作用;

(3) 系统所受的外力做功之和为零,非保守内力做功之和为零;

(4) 系统所受的合外力做功和非保守内力做功之和为零.

2-17　动量守恒的条件是系统所受的合外力为零,为什么不说合外力的冲量为零呢?如果系统所受的合外力的冲量为零,系统的动量是否守恒?

2-18　试分别就图 2-44 所示的两个力学系统,讨论它们在运动过程中,动能、动量、机械能是否守恒.

(1) 弹簧的一端固定,另一端系一质量为m的物体,物体获得初速度后在光滑水平面上运动,如图(a)所示.

(2) 弹簧两端分别连接质量为m_1和m_2的物体,在光滑水平面上沿弹簧纵向来回运动,如图(b)所示.

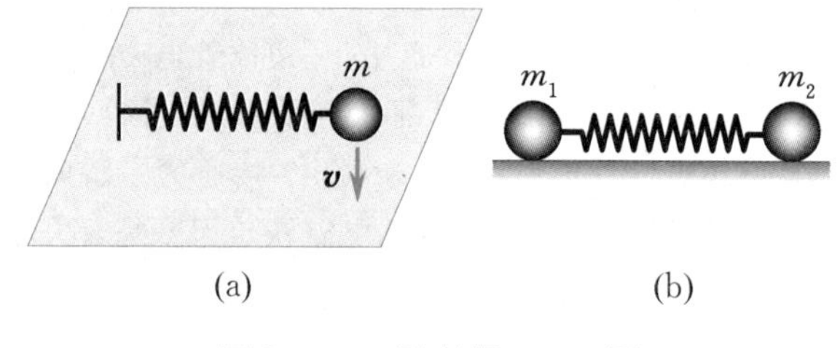

图 2-44　思考题 2-18 图

习题2

一、选择题

2-1　两滑块 A,B 的质量分别为m_1和m_2,与图 2-45 所示斜面间的滑动摩擦系数分别为μ_1和μ_2,今将 A,B 黏合在一起,并使它们的底面共面构成一个大滑块,则该滑块与斜面之间的滑动摩擦系数为(　　).

A. $\dfrac{1}{2}(\mu_1+\mu_2)$　　B. $\dfrac{\mu_1\mu_2}{\mu_1+\mu_2}$

C. $\sqrt{\mu_1\mu_2}$　　D. $\dfrac{\mu_1 m_1+\mu_2 m_2}{m_1+m_2}$

2-2　质量相等的两个物体 A 和 B,分别固定在弹簧两端,竖直放在光滑水平面C上,如图 2-46 所示.忽略弹簧的质量.若把支持面C迅速移去,则在移开C的瞬间,A 的加速度a_A和 B 的加速度a_B各为(　　).

A. $a_A=a_B=g$　　B. $a_A=0,a_B=2g$

C. $a_A=g,a_B=0$　　D. $a_A=0,a_B=g$

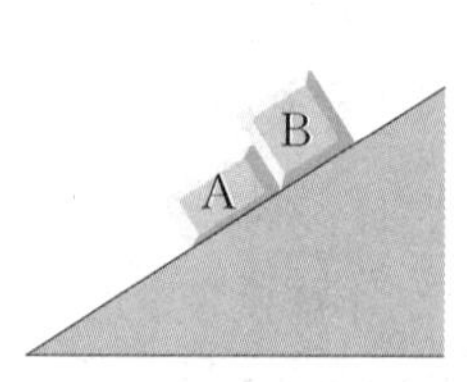

图 2-45　习题 2-1 图

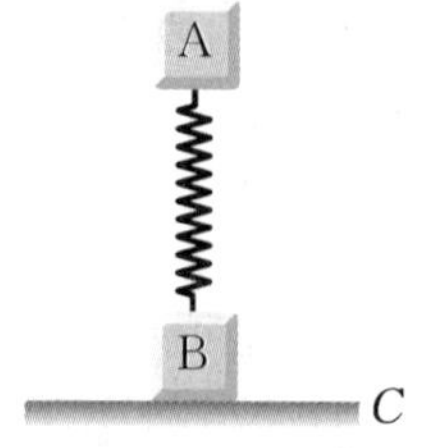

图 2-46　习题 2-2 图

2-3　如图 2-47 所示,质量为m的物体用细绳水平系于墙体上,使其静止在倾角为θ的固定光滑斜面上，则斜面给物体的支持力为(　　).

A. $mg\cos\theta$　　　　B. $mg\sin\theta$

C. $\dfrac{mg}{\cos\theta}$　　　　D. $\dfrac{mg}{\sin\theta}$

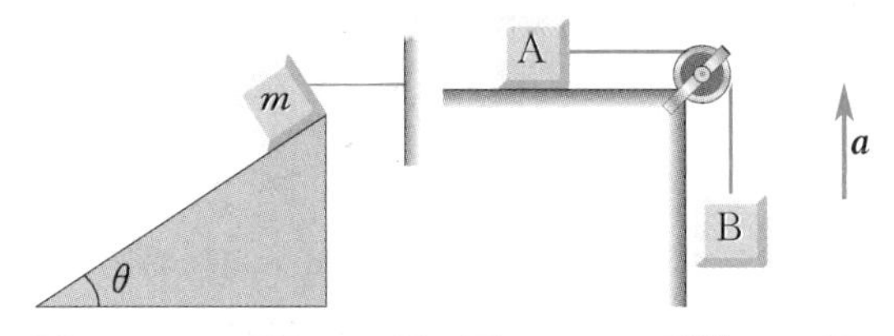

图 2-47　习题 2-3 图　图 2-48　习题 2-4 图

2-4　系统置于以 $a=\dfrac{1}{2}g$ 的加速度上升的升降机内，如图 2-48 所示. A，B 两物体的质量均为 m，A 所在的桌面是水平的，绳子和定滑轮质量均不计，忽略一切摩擦，则绳中张力为(　　).

A. mg　　　　B. $\dfrac{1}{2}mg$

C. $2mg$　　　　D. $\dfrac{3}{4}mg$

2-5　如图 2-49 所示，用一斜向上的力 $\boldsymbol{F}$(与水平方向夹角为 30°)，将一重量为 $\boldsymbol{G}$ 的木块压靠在竖直墙面上，若不论用多大的力 $\boldsymbol{F}$，都不能使木块向上滑动，则说明木块与墙面之间的静摩擦系数满足(　　).

A. $\mu_s \geqslant \dfrac{1}{2}$　　　　B. $\mu_s \geqslant \dfrac{\sqrt{3}}{3}$

C. $\mu_s \geqslant 2\sqrt{3}$　　　　D. $\mu_s \geqslant \sqrt{3}$

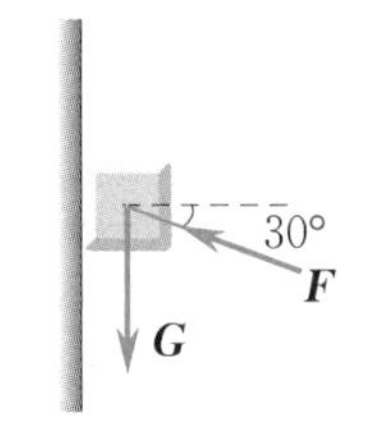

图 2-49　习题 2-5 图

2-6　关于功有以下几种说法：

(1) 保守力做正功时，系统内相应的势能增加.

(2) 质点经一闭合路径运动，保守力对质点做的功为零.

(3) 作用力和反作用力大小相等、方向相反，所以两者所做功的代数和必为零.

在上述说法中，(　　).

A. (1)，(2) 是正确的

B. (2)，(3) 是正确的

C. 只有(2) 是正确的

D. 只有(3) 是正确的

2-7　已知两个物体 A 和 B 的质量以及它们的速率都不相同，若物体 A 的动量在数值上比物体 B 的大，则 A 的动能 E_{kA} 与 B 的动能 E_{kB} 之间的关系为(　　).

A. $E_{kB} > E_{kA}$　　　　B. $E_{kB} < E_{kA}$

C. $E_{kB} = E_{kA}$　　　　D. 不能判定

2-8　A，B 两弹簧的劲度系数分别为 k_A 和 k_B，其质量均忽略不计，今将两弹簧连接起来并竖直悬挂，如图 2-50 所示. 当系统静止时，两弹簧的弹性势能 E_{pA} 与 E_{pB} 之比为(　　).

A. $\dfrac{k_A}{k_B}$

B. $\dfrac{k_A^2}{k_B^2}$

C. $\dfrac{k_B}{k_A}$

D. $\dfrac{k_B^2}{k_A^2}$

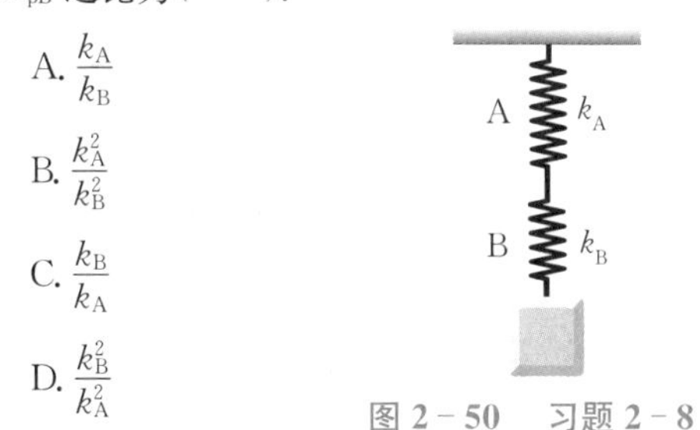

图 2-50　习题 2-8 图

2-9　一艘质量为 m 的宇宙飞船关闭发动机返回地球时，可认为该飞船只在地球的引力场中运动. 已知地球的质量为 M，引力常量为 G. 当它从距地心 R_1 处下降到 R_2 处时，飞船增加的动能应为(　　).

A. $\dfrac{GMm}{R_2}$　　　　B. $\dfrac{GMm}{R_2^2}$

C. $GMm\dfrac{R_1-R_2}{R_1R_2}$　　　　D. $GMm\dfrac{R_1-R_2}{R_1^2}$

E. $GMm\dfrac{R_1-R_2}{R_1^2R_2^2}$

2-10　一水平放置的轻弹簧，劲度系数为 k，其一端固定，另一端系一质量为 m 的滑块 A，A 旁有一质量相同的滑块 B，如图 2-51 所示. 设两滑块与桌面之间无摩擦. 若用外力将 A，B 一起推压使弹簧压缩距离为 d 而静止，然后撤去外力，则 B 离开时的速度为(　　).

A. $\dfrac{d}{2k}$　　　　B. $d\sqrt{\dfrac{k}{m}}$

C. $d\sqrt{\dfrac{k}{2m}}$　　　　D. $d\sqrt{\dfrac{2k}{m}}$

图 2-51　习题 2-10 图

2-11　如图 2-52 所示，在光滑平面上有一运动物体 P，在 P 的正前方有一连有弹簧和挡板 M 的静止物体 Q，弹簧和挡板 M 的质量均不计，P 与 Q 的质量相同，物体 P 与 Q 碰撞后 P 停止，Q 以 P 的初速度运动. 在此碰撞过程中，弹簧压缩量最大的时刻是(　　).

A. P 的速度正好变为零时

B. P 与 Q 速度相等时

C. Q 正好开始运动时

D. Q 正好达到原来 P 的速度时

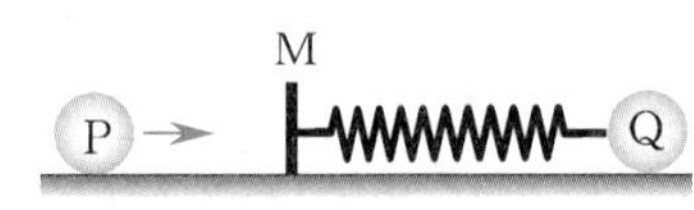

图 2-52　习题 2-11 图

2-12　一轻弹簧竖直固定于水平桌面上. 如图 2-53 所示,小球从距离桌面高为 h 处以初速率 v_0 下落,撞击弹簧后跳回到高为 h 处时的速率仍为 v_0. 以小球为系统,则在这一整个过程中,小球的(　　).

A. 动能和动量均不守恒

B. 动能守恒,动量不守恒

C. 机械能不守恒,动量守恒

D. 机械能和动量均守恒

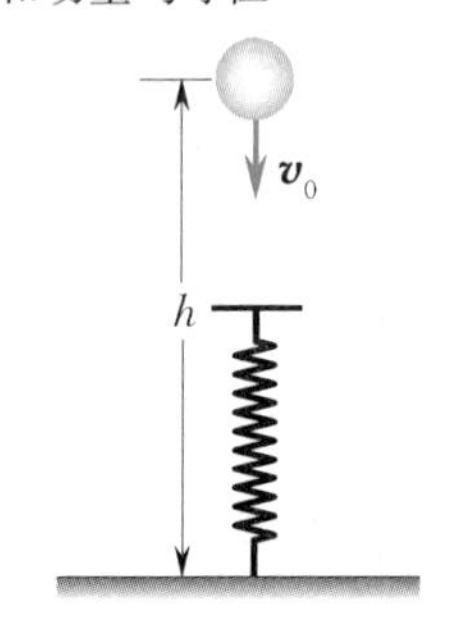

图 2-53　习题 2-12 图

二、填空题

2-13　长为 l 的绳子的一端拴着半径为 a、质量为 m 的小球,另一端拴在倾角为 α 的光滑斜面的 A 点上,如图 2-54 所示. 当小球静止在斜面上时,绳中张力的大小为 $T=$________.

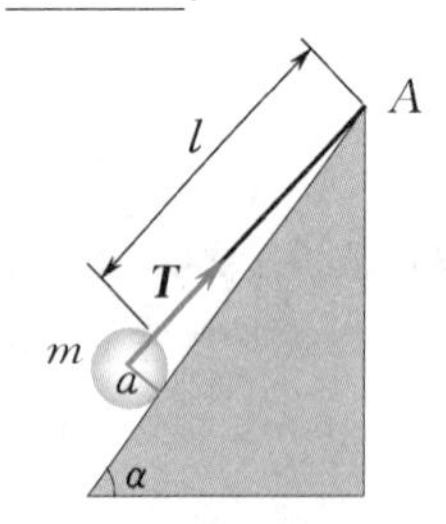

图 2-54　习题 2-13 图

2-14　质量为 m 的小球,用轻绳 AB,BC 连接,如图 2-55 所示. 剪断绳 AB 前后的瞬间,绳 BC 中相应的张力之比为________.

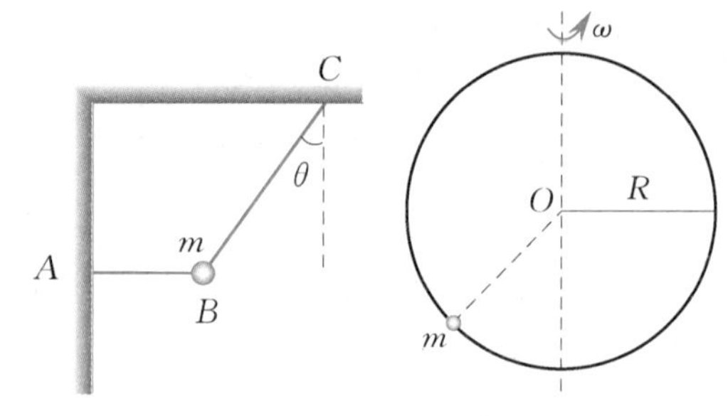

图 2-55　习题 2-14 图　图 2-56　习题 2-15 图

2-15　如图 2-56 所示,一小珠可以在半径为 R 的铅直圆环上做无摩擦滑动,今使圆环以角速度 ω 绕过环心 O 的竖轴转动. 要使小珠离开圆环的底部而停在圆环上某一点,则角速度 ω 应大于________.

2-16　一质量为 0.25 kg 的质点,受力 $\boldsymbol{F}=t\boldsymbol{i}$(SI) 的作用,式中 t 为时间. $t=0$ 时该质点以 $\boldsymbol{v}=2\boldsymbol{j}$ m/s 的速度通过坐标原点,则该质点 t 时刻的位矢为________.

2-17　如图 2-57 所示,一质量为 m 的小球自高度为 y_0 处沿水平方向以速率 v_0 抛出,与地面碰撞后弹起的最大高度为 $\frac{y_0}{2}$,水平速率为 $\frac{v_0}{2}$,则碰撞过程中,

(1) 地面对小球的竖直冲量的大小为________;

(2) 地面对小球的水平冲量的大小为________.

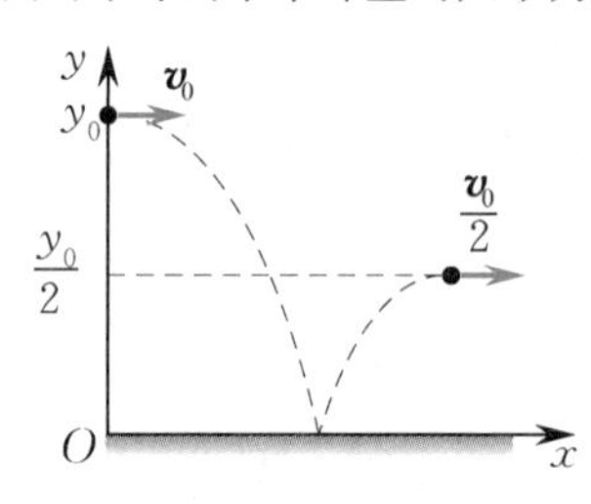

图 2-57　习题 2-17 图

2-18　一质量为 m 的物体,以速度 $\boldsymbol{v}_0$ 从地面抛出,抛射角为 $\theta=30°$,忽略空气阻力,则物体从抛出到刚要接触地面的过程中,

(1) 动量增量的大小为________;

(2) 动量增量的方向为________.

2-19　一质量为 $m=1$ kg 的物体在坐标原点处从静止出发在水平面内沿 x 轴运动,其所受合外力方向与运动方向相同,合外力的大小为 $F=3+2x$(SI),那么在物体开始运动的 3 m 内,合外力所做的功为 $W=$________;当物体的位置坐标为 $x=3$ m 时,其速率为 $v=$________.

2-20　如图 2-58 所示,一人造地球卫星绕地球做椭圆运动,近地点为 A,远地点为 B. A,B 两点距地

心分别为r_1,r_2. 设卫星的质量为m,地球的质量为M,引力常量为G. 卫星在A,B两点处的引力势能之差为$E_{pB}-E_{pA}=$________;卫星在A,B两点处的动能之差为$E_{kB}-E_{kA}=$________.

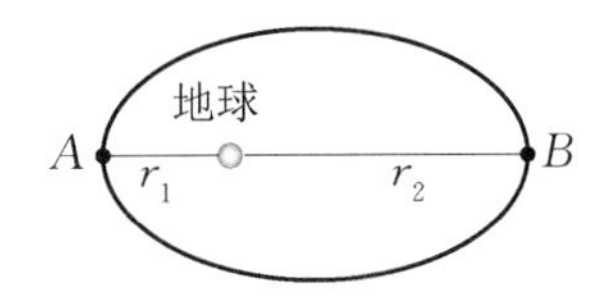

图2-58 习题2-20图

2-21 一力F作用在质量为1.0 kg的质点上,使其沿x轴运动. 已知在此力作用下质点的运动方程为$x=3t-4t^2+t^3$(SI). 在0到4 s的时间间隔内,

(1) 力F的冲量大小为$I=$________;

(2) 力F对质点所做的功为$W=$________.

2-22 如图2-59所示,用轻弹簧连着两个滑块A和B,滑块A的质量为$\frac{m}{2}$,B的质量为m,弹簧的劲度系数为k,A,B静止在光滑的水平面上(弹簧为原长). 若滑块A被水平方向射来的质量为$\frac{m}{2}$、速率为v的子弹射中,则在射中后,滑块A及嵌在其中的子弹共同运动的速率为$v_A=$________,此时滑块B的速率为$v_B=$________,在以后的运动过程中,滑块B的最大速率为$v_{Bmax}=$________.

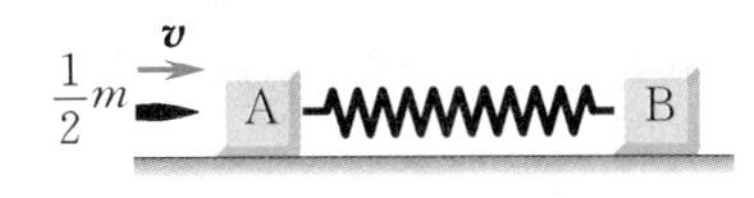

图2-59 习题2-22图

三、计算题

2-23 如图2-60所示,一质量为m的小球,在水中所受浮力为恒力F,当它从静止开始沉降时,受到水的黏性力为$f=kv$(k为常量). 证明:小球在水中竖直沉降的速度v与t的关系为$v=\frac{mg-F}{k}(1-e^{-kt/m})$,式中$t$为从沉降开始计算的时间.

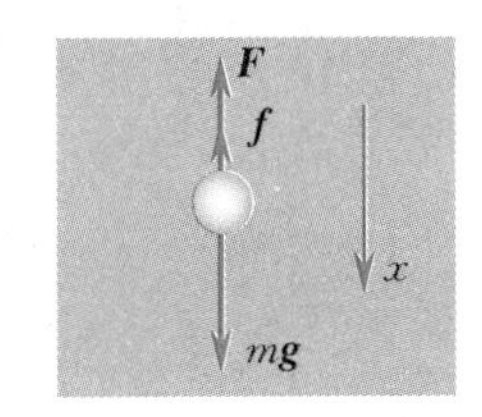

图2-60 习题2-23图

2-24 一质量为m的质点在光滑的固定斜面(倾角为α)上以初速度$\boldsymbol{v}_0$运动,$\boldsymbol{v}_0$的方向与斜面底边的水平线AB平行,如图2-61所示,求该质点的轨迹方程.

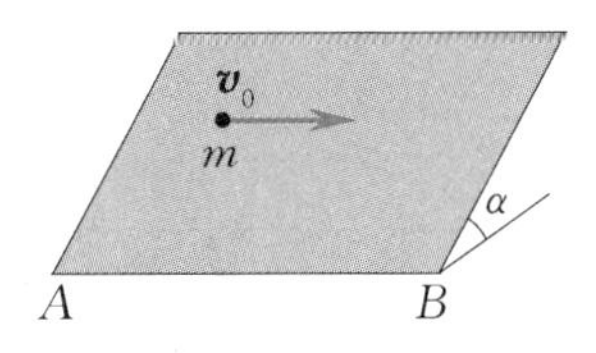

图2-61 习题2-24图

2-25 两弹簧的劲度系数分别为k_1和k_2,求证:

(1) 它们串联起来时,总劲度系数k与k_1和k_2满足$\frac{1}{k}=\frac{1}{k_1}+\frac{1}{k_2}$;

(2) 它们并联起来时,总劲度系数为$k'=k_1+k_2$.

2-26 如图2-62所示,光滑的水平桌面上放置一固定的圆环带,内径为R. 一物体贴着圆环带内侧运动,物体与圆环带之间的滑动摩擦系数为μ. 设物体在某时刻经A点时速率为v_0,求经t时间间隔后物体的速率,以及从A点开始所经过的路程.

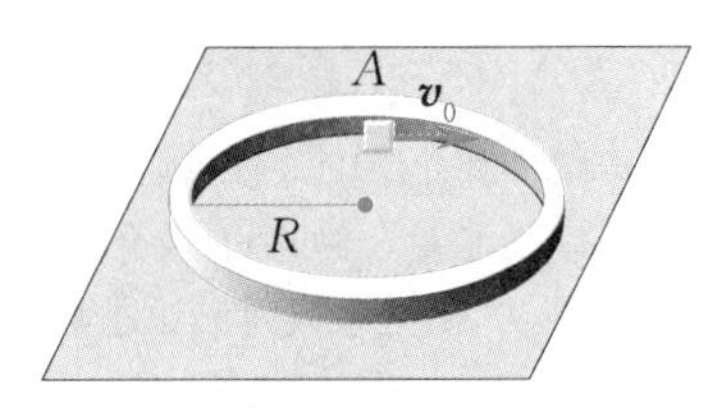

图2-62 习题2-26图

2-27 如图2-63所示,一半径为R的金属光滑圆环可绕过环心的竖直轴转动. 在圆环上套有一珠子. 逐渐增大圆环转动的角速度ω,试求在不同转动角速度下珠子能静止在圆环上的位置(以珠子所停处的半径与竖直直径的夹角θ表示).

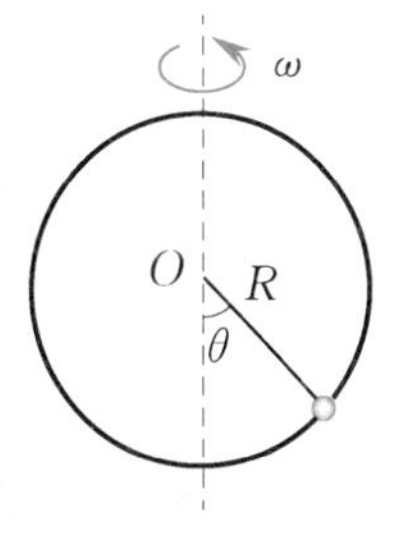

图2-63 习题2-27图

2-28 如图2-64所示,传送带以3 m/s的速率水平向右运动,物体从高为$h=0.8$ m处落到传送带上. 求传送带给物体的作用力的方向(利用动量定理求解,取$g=10\ \mathrm{m/s^2}$).

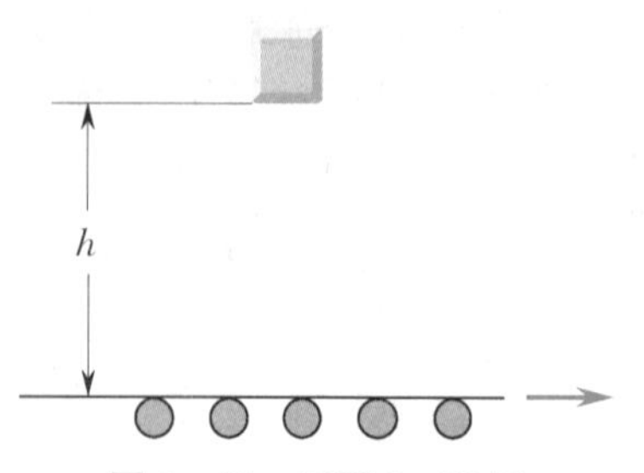

图 2-64　习题 2-28 图

2-29　如图 2-65 所示,一质量为 m 的木块在光滑的固定斜面上由 A 点从静止开始下滑,当经过路程 l 运动到 B 点时,木块被一颗水平飞来的子弹射中,子弹立即嵌入木块内.设子弹的质量为 m_0,速度为 $\boldsymbol{v}$,求子弹射中木块后,子弹与木块的共同速度.

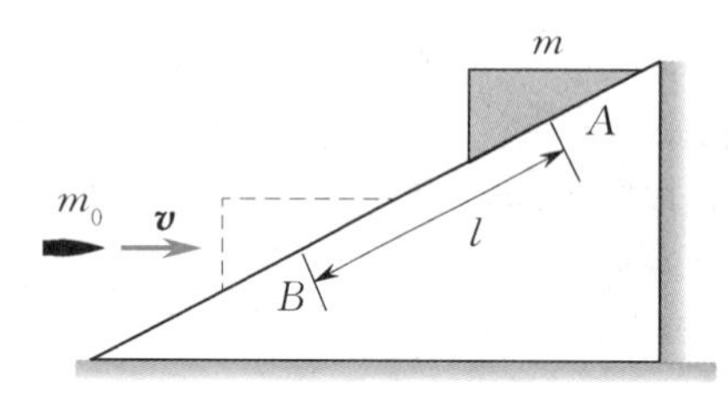

图 2-65　习题 2-29 图

2-30　一物体在介质中做直线运动,其运动方程为 $x = ct^3$,式中 c 为常量,t 为时间.设介质对物体的阻力正比于速度的平方,阻力系数为 k,试求物体由 $x = 0$ 运动到 $x = l$ 的过程中,阻力所做的功.

2-31　一物体与斜面之间的滑动摩擦系数为 $\mu = 0.20$,斜面固定,倾角为 $\alpha = 45°$.现使物体以初速率 $v_0 = 10$ m/s 沿斜面向上滑,如图 2-66 所示.求:

(1) 物体能够上升的最大高度 h;

(2) 物体到达最高点后,沿斜面返回到原出发点时的速率 v.

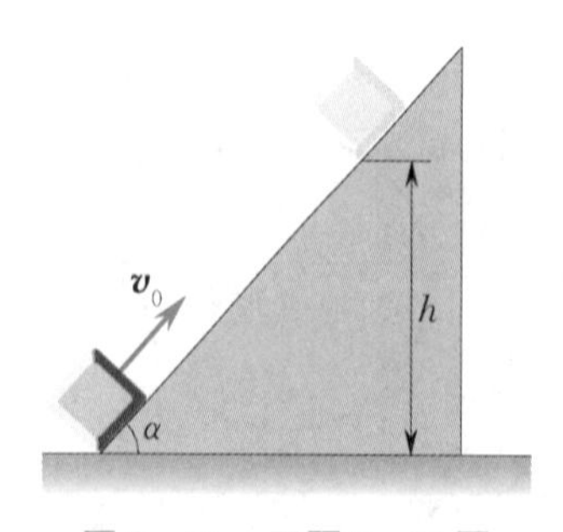

图 2-66　习题 2-31 图

2-32　一弹簧下端挂质量为 0.1 kg 的砝码时长度为 0.07 m,挂质量为 0.2 kg 的砝码时长度为 0.09 m.现将弹簧平放在光滑桌面上,并沿水平方向将其长度从 0.10 m 缓慢拉长到 0.14 m,外力需做功多少?

2-33　如图 2-67 所示,水平小车的 B 端固定一弹簧,弹簧自然伸长时,靠在弹簧上的滑块与小车 A 端的距离为 L,已知小车的质量为 $M = 10$ kg,滑块的质量为 $m = 1$ kg,弹簧的劲度系数为 $k = 110$ N/m,$L = 1.1$ m,现将弹簧和滑块压缩 $\Delta l = 0.05$ m 并维持小车静止,然后同时释放滑块与小车.忽略一切摩擦.

(1) 滑块与弹簧刚刚分离时,小车及滑块相对于地面的速度各为多少?

(2) 滑块与弹簧分离后,又经多少时间从小车上掉下来?

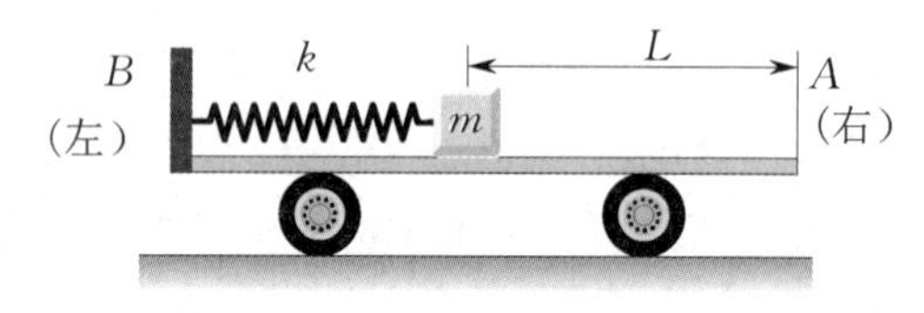

图 2-67　习题 2-33 图

2-34　一质量为 M、半径为 R 的半圆形光滑槽放在光滑的桌面上,一质量为 m 的小物体可在槽内自由滑动.初始位置如图 2-68 所示,半圆槽静止,小物体静止于与圆心 O 同高的 A 点处.

(1) 小物体滑到任意位置 C 点处时,其相对于半圆槽及半圆槽相对于地面的速度各为多少?

(2) 当小物体滑到半圆槽最低点 B 点处时,半圆槽移动了多少距离?

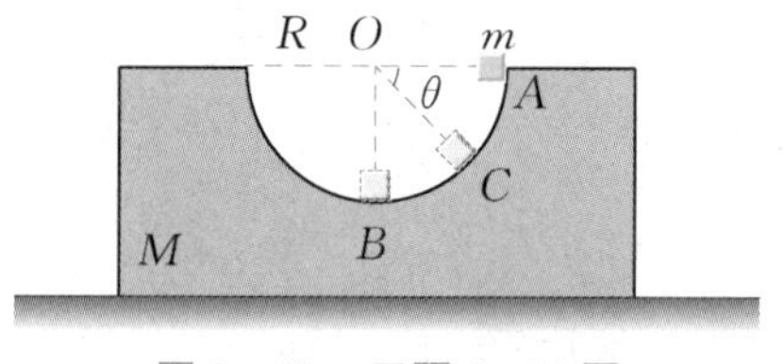

图 2-68　习题 2-34 图

第3章 刚体的定轴转动

"想一想":跳水是一项优美的水上运动,运动员从跳台或跳板上起跳,在空中完成一定动作,并以特定姿势入水.在整个过程中,运动员的身体姿态要做不同程度的调整才能顺利完成整个动作,为什么?

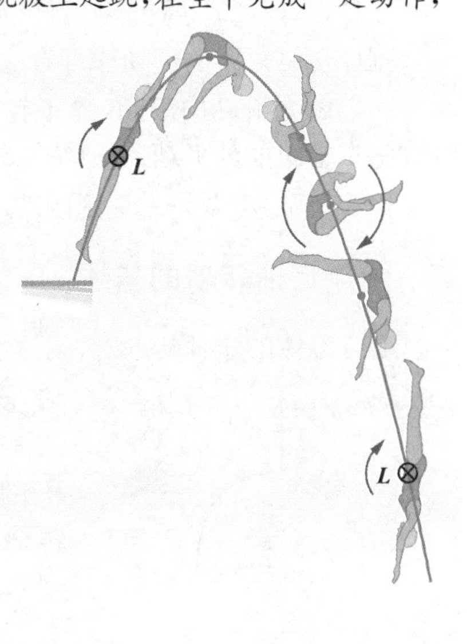

前面主要讨论了物体机械运动中的平动问题,并将研究对象简化为质点,但在很多情况下,物体的形状和大小不能忽略.例如物体的转动,由于物体中每个点的运动情况均不相同,因此不能再把物体简化成质点.本章研究物体的转动,研究对象将从质点扩大为由离散分布的质点组成的或由无数连续分布的质点组成的有固定形状和固定大小的刚体,在质点力学的基础上研究刚体的定轴转动(最简单的刚体转动).首先依据牛顿第二定律导出刚体定轴转动定律,并相应地引入转动的两个重要物理量:力矩和转动惯量,进而讨论力矩的时间累积效应——角动量定理和角动量守恒定律,以及力矩的空间累积效应——转动动能定理,最后介绍刚体的进动.

3.1 刚体及刚体定轴转动的描述

一、刚体的运动

刚体——实际物体的理想化模型,是在外力作用下形状和大小都不改变的物体.实际物体在外力作用下,或多或少会发生形变,如果在讨论一个物体的运动时,其形状和大小的改变可忽略不计,我们就把这个物体看作刚体.一个物体能否看作刚体,要根据具体情况而定.同一物体,根据问题的不同性质,往往要采用不同的模型.例如,我们在研究地球绕太阳的公转运动时,把地球看作质点;在研究地球本身的自转运动时,把地球看作刚体;而在研究地震波的传播时,就不能把地球看作质点或刚体.刚体是为简化实际问题而引入的一个理想化模型.

把刚体分割成许多微小部分,称为质元,每一质元均视作质点.这样,刚体就是一个任意两质元间相对位置保持不变的特殊质点系.

刚体最基本的运动形式是平动和转动.如果刚体在运动中,连接内部任意两质元的直线在空间的指向始终保持平行(见图3-1),这种运动称为刚体的平动.例如,汽缸中活塞的运动、铁轨上火车车厢的运动等.对于平动的刚体,各质元的运动情况(速度、加速度)完全相同,显然在描述刚体的平动时,可将其当作质点处理.

如果刚体在运动时,其上各质元都绕同一条直线做圆周运动,这种运动就称为刚体的转动,这一直线称为刚体的转轴.刚体的转动根据转轴的情况可以分为两类:如果转轴相对于所选的参考系固定不动,则称为绕固定轴转动,简称定轴转动,例如,机器上飞轮的运动、各种定滑轮的运动等;否则,称为非定轴转动,例如,骑行中自行车车轮的运动、陀螺的运动等.

刚体的平动

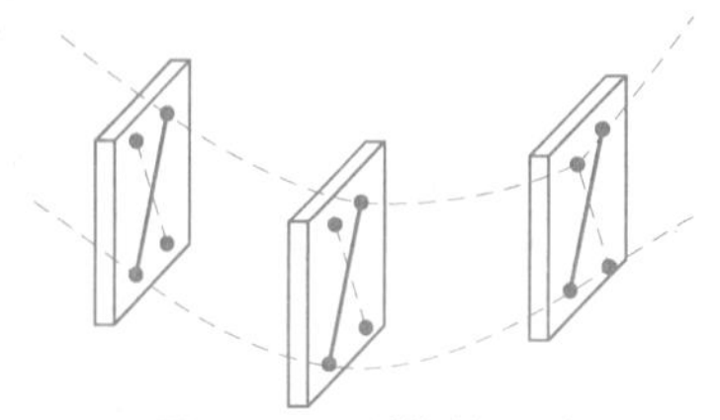

图 3-1　刚体的平动

图 3-2　骑行中车轮的运动可看成平动与转动的合成运动

刚体任何复杂的运动均可看成平动和转动的合成. 如图 3-2 所示,车轮在水平面上做无滑动的滚动,除车轮的车轴沿直线向前移动外,车轮上其他各点既有随车轴向前的平动,又有绕车轴的转动.

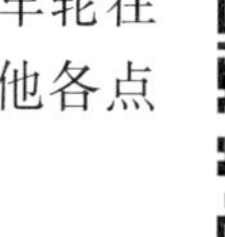

刚体的复杂运动

作为基础,本章只讨论刚体的定轴转动.

二、刚体定轴转动的描述

研究刚体的定轴转动时,刚体上不在转轴上的任一质元都在与转轴垂直的平面内做圆周运动,该平面称为转动平面. 描述刚体的定轴转动时,可以任取一个转动平面(通常取质心所在的转动平面)来讨论,图 3-3 中画出了质元 P 的转动平面 β. 如果以转轴 z 与转动平面的交点 O 为坐标原点,则转动平面上的所有质元都绕 O 点做圆周运动. 显然,用角量来描述刚体的定轴转动较方便. 刚体做定轴转动时,具有如下基本特征:① 转轴上各点始终静止不动;② 转轴外刚体上各质元都在转动平面内做圆周运动,角量相同,线量不同.

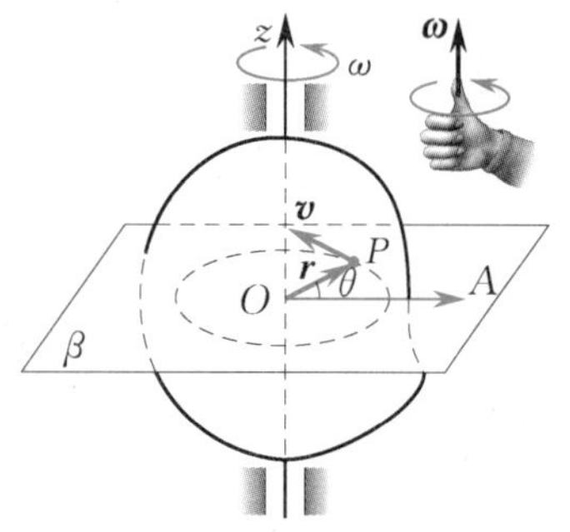

图 3-3　刚体的定轴转动

在转动平面内过坐标原点作一射线 OA 并以此为参考方向,转动平面上任一质元 P 对 O 点的位矢 $\boldsymbol{r}$ 与 OA 的夹角 θ 称为角坐标. 当刚体绕 z 轴转动时,角坐标随时间改变,即角坐标是时间的函数 $\theta(t)$. 根据第 1 章中的规定,当 $\boldsymbol{r}$ 从 OA 轴开始沿逆时针方向转动时,角坐标 θ 为正;当 $\boldsymbol{r}$ 从 OA 轴开始沿顺时针方向转动时,角坐标 θ 为负. 按照此规定,刚体定轴转动的正方向为逆时针方向. 于是,对于定轴转动的刚体,可由角坐标的正负来表示其转动方向.

如图 3-4 所示,一刚体绕 z 轴转动. 在 t 时刻,刚体上质元 P 的位矢 $\boldsymbol{r}$ 相对于 x 轴的角坐标为 θ. 经过 $\mathrm{d}t$ 时间,质元 P 的角坐标为 $\theta+\mathrm{d}\theta$. $\mathrm{d}\theta$ 称为刚体在 $\mathrm{d}t$ 时间内的角位移. 于是,可以定义刚体定轴转动的角速度为

$$\omega=\frac{\mathrm{d}\theta}{\mathrm{d}t}. \tag{3-1}$$

按照角坐标的正负规定,当 $\mathrm{d}\theta>0$ 时,有 $\omega>0$,此时刚体绕 z 轴逆时针转动;当 $\mathrm{d}\theta<0$ 时,有 $\omega<0$,此时刚体绕 z 轴顺时针转动. 因此,我们可以用角速度的正负来表示刚体定轴转动的方向,这表明角速度是一个有方向的物理量. 对于一般的情况,刚体的转轴在空间的取向随时间变化(如陀螺的转动),这时刚体的转动方向就不能用角速度的正负来描述. 为了充分反映刚体转动的情况,常把刚体的角速度定义为矢量,用 $\boldsymbol{\omega}$ 表示,其大小由式(3-1)确定,其方向沿转轴,指向由右手螺旋法则确定,如图 3-5 所示,右手的拇指与其余四指垂直,使四指的弯曲方向与刚体的转动方向一致,这时拇指所指的方向就是角速度 $\boldsymbol{\omega}$ 的方向. 确定了角速度的方向后,刚体上任一质元 P 的线速度 $\boldsymbol{v}$ 与角速度 $\boldsymbol{\omega}$ 的关系为

$$\boldsymbol{v}=\boldsymbol{\omega}\times\boldsymbol{r}, \tag{3-2}$$

式中 $\boldsymbol{r}$ 为质元 P 的位矢.

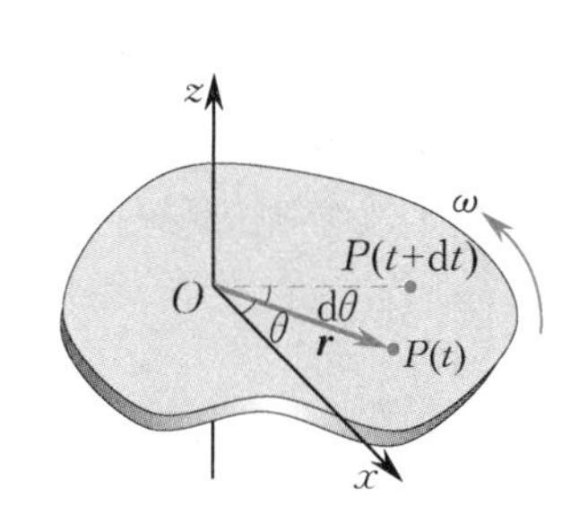

图 3-4　刚体定轴转动的描述

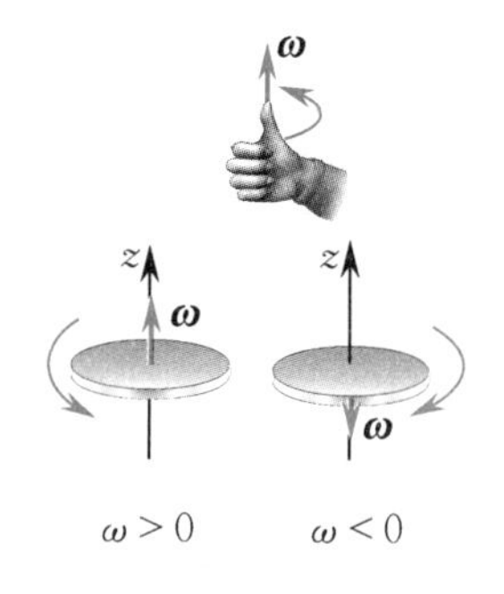

图 3-5　角速度

当刚体定轴转动时,如果其角速度发生变化,则刚体具有角加速度.设在 t 时刻,刚体的角速度为 $\boldsymbol{\omega}$,经过 $\mathrm{d}t$ 时间后角速度的增量为 $\mathrm{d}\boldsymbol{\omega}$,刚体的角加速度定义为

$$\boldsymbol{\alpha}=\frac{\mathrm{d}\boldsymbol{\omega}}{\mathrm{d}t}. \tag{3-3}$$

当刚体定轴转动时,$\boldsymbol{\omega}$ 和 $\boldsymbol{\alpha}$ 的方向都沿转轴,两者同向时,ω 变大,两者反向时,ω 变小.

当刚体定轴转动时,如果在任意相等的时间间隔内,角速度的增量都相等,这种变速转动称为匀变速转动.匀变速转动的角加速度为一常量,即 $\alpha=$ 常量.设 $t=0$ 时,$\theta=0$,$\omega=\omega_0$,可得刚体绕固定轴做匀变速转动的运动方程为

$$\begin{cases}\omega=\omega_0+\alpha t,\\ \theta=\omega_0 t+\dfrac{1}{2}\alpha t^2,\\ \omega^2=\omega_0^2+2\alpha\theta.\end{cases} \tag{3-4}$$

例 3-1

一圆柱形转子可绕垂直其横截面且通过中心的轴高速转动,其初角速度为 $\omega_0=0$,经 $t=300\ \mathrm{s}$ 后其转速达到 $n=18\,000\ \mathrm{r/min}$,转子的角加速度与时间成正比.问在这段时间内,转子转过多少转?

解　令 $\alpha=ct$,即 $\dfrac{\mathrm{d}\omega}{\mathrm{d}t}=ct$,分离变量并两边积分,可得

$$\int_0^{\omega}\mathrm{d}\omega=\int_0^t ct\,\mathrm{d}t,$$

解得

$$\omega=\frac{1}{2}ct^2.$$

当 $t=300\ \mathrm{s}$ 时,$\omega=2\pi n=600\pi\ \mathrm{rad/s}$,可得

$$c=\frac{2\omega}{t^2}=\frac{\pi}{75}\ \mathrm{rad/s^3},$$

即

$$\omega=\frac{1}{2}ct^2=\frac{\pi}{150}t^2.$$

由 $\omega=\dfrac{\mathrm{d}\theta}{\mathrm{d}t}=\dfrac{\pi}{150}t^2$ 可得

$$\int_0^{\theta}\mathrm{d}\theta=\int_0^t\frac{\pi}{150}t^2\,\mathrm{d}t,$$

即

$$\theta=\frac{\pi}{450}t^3.$$

在 300 s 内转子转过的转数为

$$N=\frac{\theta}{2\pi}=\frac{\pi}{2\pi\times450}\times300^3\ \mathrm{r}=3\times10^4\ \mathrm{r}.$$

3.2 刚体定轴转动定律

牛顿第二定律指出,刚体平动时(可视为质点),外力使刚体产生加速度,由此改变刚体的平动状态. 那么刚体定轴转动时,是什么原因使其转动状态发生改变呢?要想回答此问题,我们首先要明确力矩的概念.

一、力矩

经验告诉我们,开关门窗需要力的作用,但同样大小的力作用于门窗上的不同位置,其效果不同,力的作用点离转轴越远,门窗的转动效果越好,反之效果越差,若力作用于转轴上,无论力多大都不能使门窗发生转动. 此外,门窗的转动还与力的方向有关,垂直于转轴的力可以转动门窗,但平行于转轴的力不能转动门窗. 由此可见,对做定轴转动的刚体来说,外力对刚体转动的影响,不仅与力的大小有关,而且与力的作用点位置和方向有关. 我们用力矩这个物理量来描述力对刚体转动的作用.

设一刚体可绕 z 轴转动,在与 z 轴垂直的平面(转动平面)内,有一力 $\boldsymbol{F}$ 作用在刚体上,力的作用点在 P 点,如图 3-6(a) 所示,O 点为转轴与力 $\boldsymbol{F}$ 所在平面的交点,力 $\boldsymbol{F}$ 对转轴的力矩 M 定义为力 $\boldsymbol{F}$ 的大小与力的作用线到 O 点垂直距离 d(称为力臂)的乘积,即

$$M = Fd = Fr\sin\varphi = rF\sin\varphi, \tag{3-5}$$

式中 r 为力 $\boldsymbol{F}$ 的作用点位矢 $\boldsymbol{r}$ 的大小,φ 为位矢 $\boldsymbol{r}$ 与力 $\boldsymbol{F}$ 之间的夹角. 当 $\varphi = 0$ 或 $\varphi = 180^\circ$ 时,力的作用线通过转轴,其力矩为零,力 $\boldsymbol{F}$ 对刚体的转动不起作用. 如果力 $\boldsymbol{F}$ 不在转动平面内,如图 3-6(b) 所示,可将 $\boldsymbol{F}$ 分解为垂直于转动平面的分量(与转轴平行的分量)$F_{\perp}$ 和平行于转动平面的分量(与转轴垂直的分量)$F_{/\!/}$,只有平行于转动平面的分量 $F_{/\!/}$ 对转轴的力矩才有贡献.

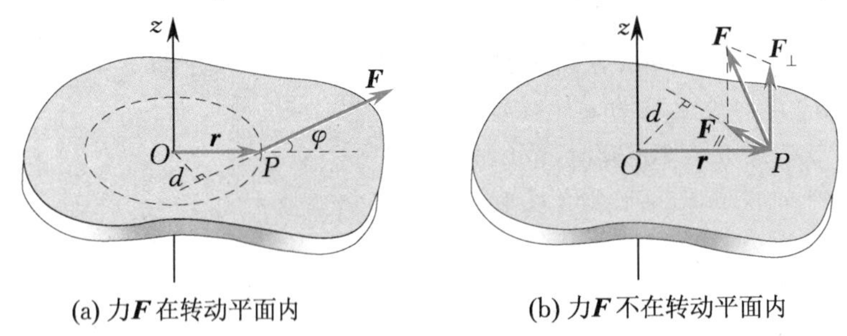

图 3-6　力对转轴的力矩

应当指出,力矩不仅有大小,而且有方向. 图 3-7(a) 中,力矩驱使圆盘沿转动正方向即逆时针方向转动,此时力矩定义为正;而在图 3-7(b) 中,力矩驱使圆盘沿转动负方向即顺时针方向转动,此时力矩定义为负. 对于定轴转动的刚体,力矩的正负反映了力矩的矢量性.

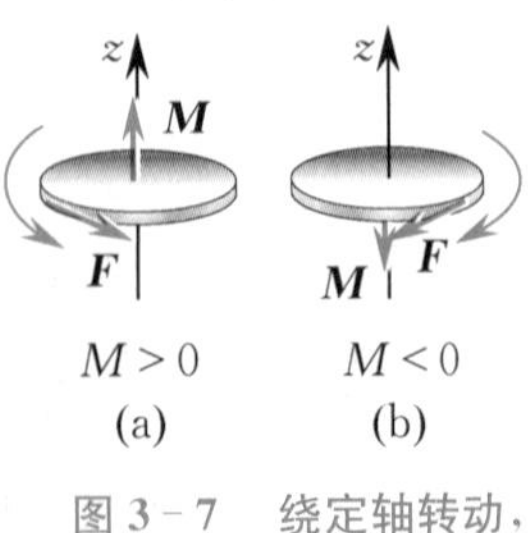

图 3-7　绕定轴转动,力矩的正负

由矢积的定义可知,力矩 $\boldsymbol{M}$ 可以用 $\boldsymbol{r}$ 和 $\boldsymbol{F}$ 的矢积表示,即

$$\boldsymbol{M} = \boldsymbol{r} \times \boldsymbol{F}, \tag{3-6}$$

其方向垂直于转动平面,与 $\boldsymbol{r}$ 和 $\boldsymbol{F}$ 成右手螺旋关系. 当刚体定轴转动时,力矩 $\boldsymbol{M}$ 的方向沿转轴. 在规定了正方向后,就可用正负号来表示 $\boldsymbol{M}$ 的方

向. 在国际单位制中，力矩的单位为牛[顿]米(N·m).

如果几个力同时作用在一定轴转动的刚体上，则刚体所受的合力矩等于各个力对转轴力矩的矢量和. 但要注意，大小相等、方向相反且不在同一直线上的一对力，它们对同一转轴的力矩之和不为零，如图 3-8 所示.

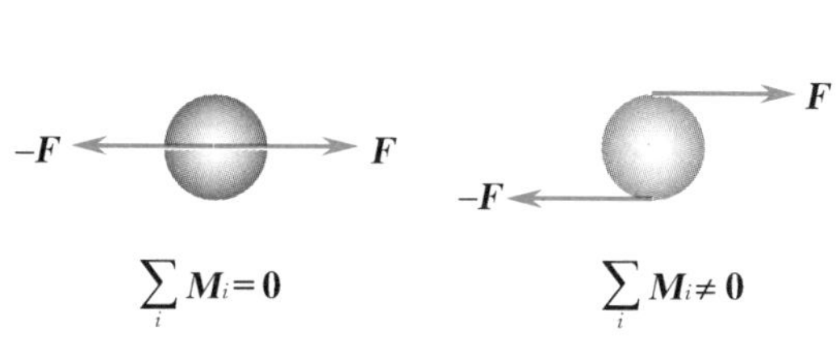

图 3-8　大小相等、方向相反的一对力的力矩

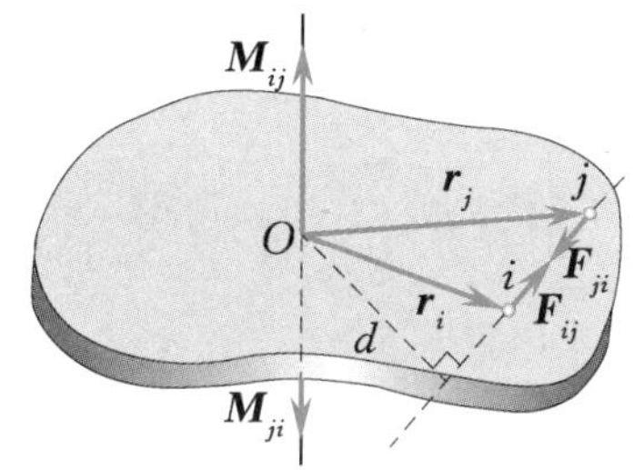

图 3-9　一对相互作用力的力矩的矢量和为零

上面我们仅讨论了作用于刚体的外力的力矩，实际上，刚体内各质元之间还有内力作用，那么在讨论刚体的定轴转动时，这些内力的力矩要不要考虑呢？答案是否定的. 因为一对相互作用力对同一转轴的力矩的矢量和一定为零(见图 3-9).

例 3-2

有一大型水坝长 1 000 m、高 110 m，水深 100 m，水面与大坝表面垂直，如图 3-10 所示. 求作用在大坝上的力，以及这个力对通过大坝基点 Q 且与 x 轴平行的轴的力矩(已知大气压为 1.01×10^5 Pa，重力加速度为 $g=9.8\ \mathrm{m/s^2}$，水的密度为 1 000 kg/m³).

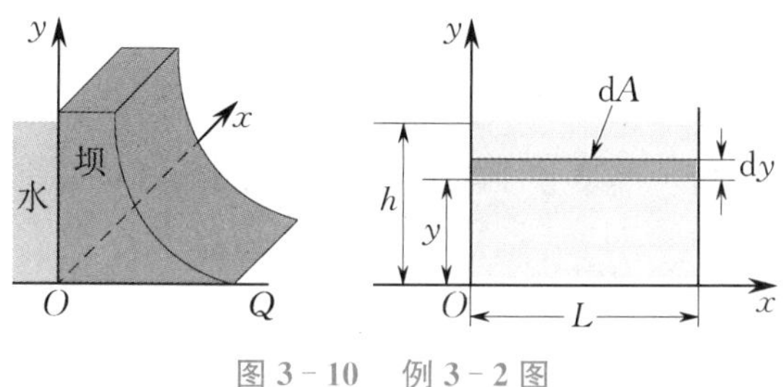

图 3-10　例 3-2 图

解　建立如图 3-10 所示的坐标系. 设水深 h，坝长 L，在坝面上取面积元 $\mathrm{d}A$，作用在此面积元上的力为

$$\mathrm{d}F = p\mathrm{d}A = pL\mathrm{d}y,$$

式中 p 为作用在该面积元上的压强. 令大气压为 p_0，则

$$p = p_0 + \rho g(h-y),$$

式中 ρ 为水的密度. 因此

$$\mathrm{d}F = p\mathrm{d}A = [p_0 + \rho g(h-y)]L\mathrm{d}y.$$

对上式两边进行积分，有

$$F = \int_0^h [p_0 + \rho g(h-y)]L\mathrm{d}y = p_0Lh + \frac{1}{2}\rho gLh^2.$$

将数据代入上式，可得

$$F = 5.91\times10^{10}\ \mathrm{N}.$$

$\mathrm{d}F$ 对通过 Q 点且与 x 轴平行的轴的力矩为

$$\mathrm{d}M = y\mathrm{d}F,$$

对上式两边进行积分，有

$$M = \int_0^h y[p_0 + \rho g(h-y)]L\mathrm{d}y = \frac{1}{2}p_0Lh^2 + \frac{1}{6}g\rho Lh^3.$$

将数据代入上式，可得

$$M = 2.14\times10^{12}\ \mathrm{N\cdot m}.$$

二、转动定律

在外力矩作用下，定轴转动的刚体的角速度会发生变化而具有角加速度. 那么，外力矩和角加速度之间有什么关系呢？

先考虑简单的质点定轴转动的情况(见图 3-11). 质量为 m 的质点与 z 轴刚性连接,在力 $\boldsymbol{F}$ 的作用下,质点绕 z 轴转动. 根据力矩的定义,力 $\boldsymbol{F}$ 对 O 点的力矩的方向沿 z 轴向上,大小为

$$M = rF\sin\theta = rF_{\mathrm{t}}, \tag{3-7}$$

式中 F_{t} 为力 $\boldsymbol{F}$ 在切线方向的分力. 根据牛顿第二定律,有

$$F_{\mathrm{t}} = ma_{\mathrm{t}} = mr\alpha. \tag{3-8}$$

将式(3-8) 代入式(3-7),可得

$$M = mr^2\alpha. \tag{3-9}$$

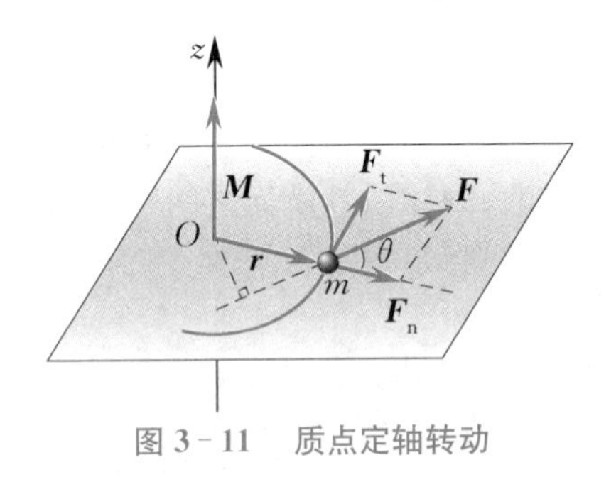

图 3-11　质点定轴转动

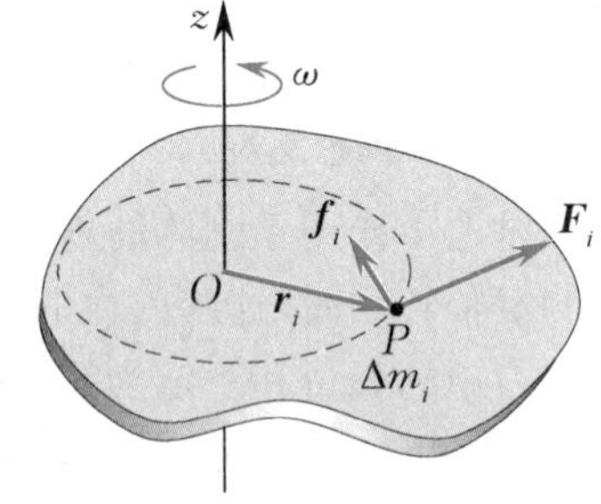

图 3-12　刚体定轴转动的转动定律

刚体是由许多质元组成的特殊质点系. 如图 3-12 所示,在刚体上任取一质元 P,质量为 Δm_i,此质元到转轴的距离为 r_i. 作用在质元 P 上的力分为两类:一类是合外力 $\boldsymbol{F}_i$,对 O 点的力矩称为合外力矩,用 M_i^{ex} 表示;另一类是刚体内其他质元对质元 P 的合内力,合内力 $\boldsymbol{f}_i$ 对 O 点的力矩称为合内力矩,用 M_i^{in} 表示. 对于质元 P 来说,两类力都属于外力,可以直接使用式(3-9),有

$$M_i^{\mathrm{ex}} + M_i^{\mathrm{in}} = \Delta m_i r_i^2 \alpha.$$

对刚体中的所有质元求和,可得

$$\sum_i M_i^{\mathrm{ex}} + \sum_i M_i^{\mathrm{in}} = \left(\sum_i \Delta m_i r_i^2\right)\alpha.$$

由于内力总是成对出现,大小相等、方向相反且在同一直线上,因此内力对 z 轴的力矩的总和为零,即 $\sum_i M_i^{\mathrm{in}} = 0$,上式变为

$$\sum_i M_i^{\mathrm{ex}} = \left(\sum_i \Delta m_i r_i^2\right)\alpha. \tag{3-10}$$

在式(3-9) 和式(3-10) 中,mr^2 和 $\sum_i \Delta m_i r_i^2$ 在定轴转动中是不变的,称为刚体对转轴的转动惯量,用 J 表示,即

$$J = \sum_i \Delta m_i r_i^2. \tag{3-11}$$

式(3-9) 和式(3-10) 可统一写成

$$\boldsymbol{M} = J\boldsymbol{\alpha}. \tag{3-12}$$

式(3-12) 表明,刚体在合外力矩的作用下,获得的角加速度与合外力矩的大小成正比,与刚体的转动惯量成反比. 这个结论称为刚体定轴转动的转动定律,它是解决刚体定轴转动动力学问题的基本方程.

将转动定律 $\boldsymbol{M} = J\boldsymbol{\alpha}$ 与牛顿第二定律 $\boldsymbol{F} = m\boldsymbol{a}$ 进行比较,两者不仅形式相似,而且地位相当. 物体的质量是物体平动惯性大小的度量,转动惯量是刚体转动惯性大小的度量.

例 3-3

一长为 l、质量为 m 的匀质细杆竖直放置，其下端与一固定铰链相接，并可绕 O 轴转动，细杆对 O 轴的转动惯量为 $J=\frac{1}{3}ml^2$. 由于竖直放置的细杆处于非稳定平衡状态，当其受到微小扰动时，细杆将在重力作用下由静止开始绕 O 轴转动. 试求细杆转动到与竖直线成 θ 角时的角加速度和角速度.

解　细杆受重力和铰链对细杆的约束力 $\boldsymbol{F}_N$ 的作用，受力分析如图 3-13 所示，由转动定律可得

$$\frac{1}{2}mgl\sin\theta=J\alpha=\frac{1}{3}ml^2\alpha,$$

解得

$$\alpha=\frac{3g}{2l}\sin\theta.$$

由角加速度的定义可得

$$\alpha=\frac{\mathrm{d}\omega}{\mathrm{d}t}=\frac{\mathrm{d}\omega}{\mathrm{d}\theta}\frac{\mathrm{d}\theta}{\mathrm{d}t}=\omega\frac{\mathrm{d}\omega}{\mathrm{d}\theta},$$

分离变量得

$$\omega\mathrm{d}\omega=\frac{3g}{2l}\sin\theta\mathrm{d}\theta.$$

对上式两边进行积分，有

$$\int_0^\omega\omega\mathrm{d}\omega=\int_0^\theta\frac{3g}{2l}\sin\theta\mathrm{d}\theta,$$

解得

$$\omega=\sqrt{\frac{3g}{l}(1-\cos\theta)}.$$

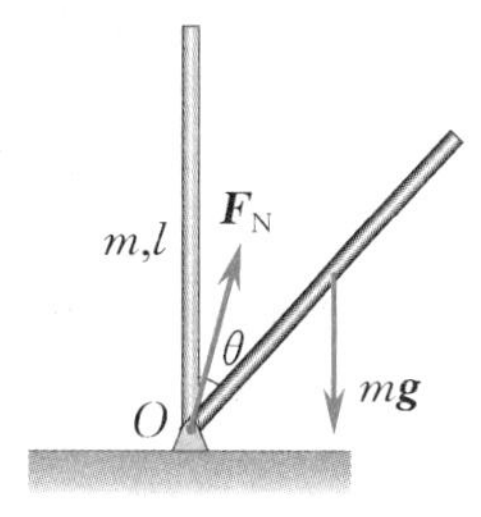

图 3-13　例 3-3 图

三、转动惯量及其计算

从转动惯量的定义式 $J=\sum_i\Delta m_ir_i^2$ 可以看出，刚体转动惯量 J 的大小不仅与刚体的总质量有关，而且与质量相对于转轴的分布有关. 在总质量一定的情况下，质量分布离转轴越远，转动惯量越大；同时，转动惯量还与转轴的位置有关，同一刚体对不同的转轴有不同的转动惯量. 因此，说到刚体转动惯量的时候，必须明确是对哪个转轴而言. 在国际单位制中，转动惯量的单位为千克二次方米($\mathrm{kg\cdot m^2}$).

转动惯量的计算是一个纯数学问题，下面对转动惯量的计算做简要介绍.

单个质点对转轴的转动惯量为

$$J=mr^2.$$

离散质点系对转轴的转动惯量为

$$J=\sum_i m_ir_i^2.$$

质量连续分布的刚体对转轴的转动惯量为

$$J=\int r^2\mathrm{d}m,\tag{3-13}$$

式中 r 为质元 $\mathrm{d}m$ 到转轴的垂直距离，积分应遍及整个刚体.

例 3-4

求质量为 m、长为 l 的匀质细杆，对下列转轴的转动惯量：

(1) 转轴通过细杆的中心，并与细杆垂直；

(2) 转轴通过细杆的一端，并与细杆垂直.

解　(1) 如图 3-14(a) 所示，在 x 处取一长度为 $\mathrm{d}x$ 的线元，其质量为

$$\mathrm{d}m=\frac{m}{l}\mathrm{d}x.$$

该线元对 O 轴的转动惯量为

$$\mathrm{d}J=x^2\mathrm{d}m=\frac{m}{l}x^2\mathrm{d}x,$$

对上式两边进行积分，可得整个细杆对 O 轴的转动惯量为

$$J=\int\mathrm{d}J=\int_{-\frac{l}{2}}^{\frac{l}{2}}\frac{m}{l}x^2\mathrm{d}x=\frac{1}{12}ml^2.$$

(2) 如图 3-14(b) 所示，当转轴过细杆一端并与细杆垂直时，整个细杆对 O 轴的转动惯量为

$$J=\int\mathrm{d}J=\int_0^l\frac{m}{l}x^2\mathrm{d}x=\frac{1}{3}ml^2.$$

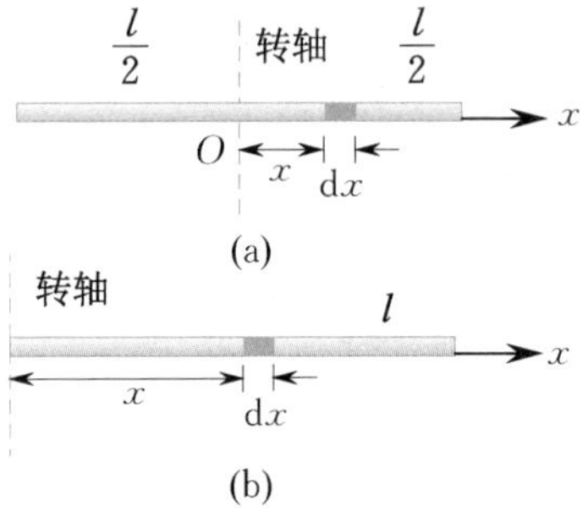

图 3-14　例 3-4 图

由本例可以看到，对于同一刚体，如果转轴的位置不同，其转动惯量也不同.

例 3-5

求质量为 m、半径为 R 的匀质圆盘对过圆盘中心并与盘面垂直的轴的转动惯量.

解　如图 3-15 所示，圆盘的面质量密度为 $\sigma=\frac{m}{\pi R^2}$，将圆盘视为由许多细圆环组成，在 r 处取宽度为 $\mathrm{d}r$ 的细圆环，其质量为

$$\mathrm{d}m=\sigma\cdot2\pi r\mathrm{d}r=\frac{m}{\pi R^2}\cdot2\pi r\mathrm{d}r=\frac{2m}{R^2}r\mathrm{d}r.$$

该细圆环对 O 轴的转动惯量为

$$\mathrm{d}J=r^2\mathrm{d}m=\frac{2m}{R^2}r^3\mathrm{d}r,$$

对上式两边进行积分，可得整个圆盘对 O 轴的转动惯量为

$$J=\int\mathrm{d}J=\int_0^R\frac{2m}{R^2}r^3\mathrm{d}r=\frac{1}{2}mR^2.$$

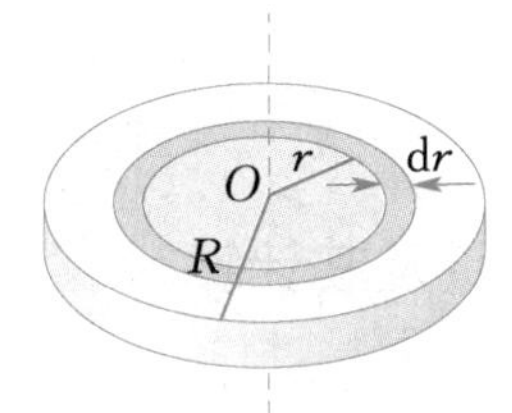

图 3-15　例 3-5 图

由本例可以看到，视不同的情况，选取适当的质元 $\mathrm{d}m$，可以简化转动惯量的计算.

从上面的讨论可知，对于同一个刚体，当转轴改变时，刚体的转动惯量也会发生改变，因此改变转轴就要重新计算. 在实际应用中，有两个非常简单、方便的定理：平行轴定理和垂直轴定理. 下面仅简单介绍一下平行轴定理.

如图 3-16 所示，如果已知刚体对质心轴(C 轴) 的转动惯量为 J_C，过 O 点的轴(O 轴) 与 C 轴平行，且相距为 d，那么刚体对 O 轴的转动惯量为

$$J_O=J_C+md^2. \tag{3-14}$$

这就是平行轴定理. 此定理我们不做证明，仅用匀质细杆的例子(例 3-4) 进行验证.

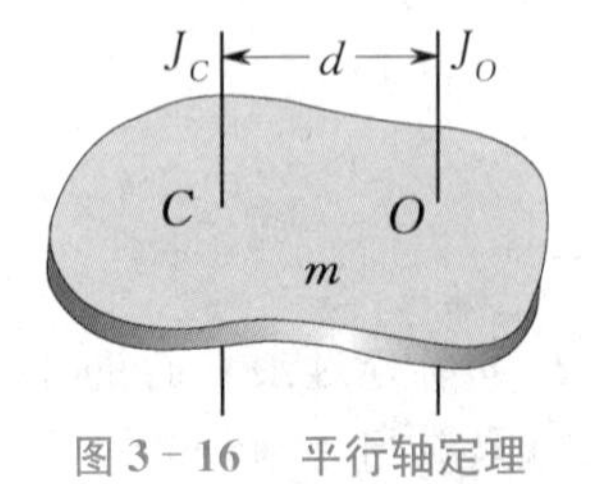

图 3-16　平行轴定理

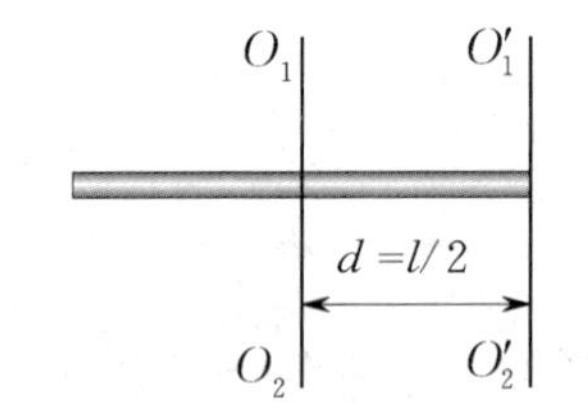

图 3-17　平行轴定理的验证

如图3-17所示，如果已知细杆对O_1O_2轴的转动惯量为$J=\frac{1}{12}ml^2$，那么细杆对$O_1'O_2'$轴的转动惯量J'可以用平行轴定理简单地得出，即

$$J'=\frac{1}{12}ml^2+m\left(\frac{l}{2}\right)^2=\frac{1}{3}ml^2,$$

结果与例3-4的计算结果一致.

对于形状不规则或质量分布不均匀的刚体，用理论计算方法求转动惯量较困难，通常用实验方法测定.

表3-1列出了几种匀质刚体的转动惯量.

表3-1 几种匀质刚体的转动惯量

刚体	转轴的位置	转动惯量
细杆	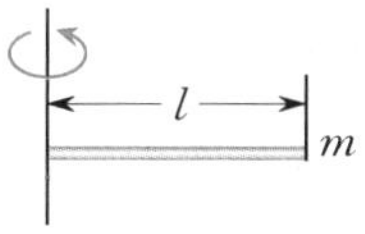 通过细杆的一端与细杆垂直	$\frac{1}{3}ml^2$
细杆	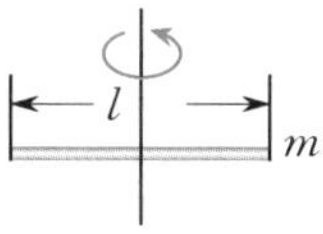 通过细杆的中点与细杆垂直	$\frac{1}{12}ml^2$
薄圆环（或薄圆筒）	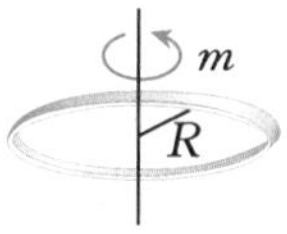 通过圆环中心与环面垂直（或通过中心轴）	mR^2
圆盘（或圆柱体）	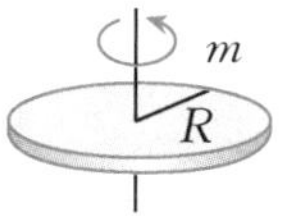 通过圆盘中心与盘面垂直（或通过中心轴）	$\frac{1}{2}mR^2$
薄球壳	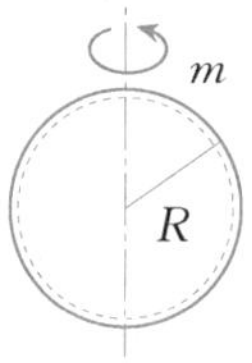 质心轴	$\frac{2}{3}mR^2$
球体	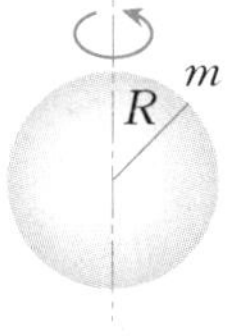 质心轴	$\frac{2}{5}mR^2$

四、刚体定轴转动定律的应用

刚体定轴转动定律描述了刚体定轴转动中角加速度与其所受合外力矩的瞬时对应关系.式(3-12)中各量均是对同一时刻、同一刚体、同一转轴而言，否则没有意义.应用转动定律解题的步骤与应用牛顿第二定律解题的步骤基本相似.不过要特别注意转轴的位置以及力矩、角加速度的正负.

刚体定轴转动定律的应用

例 3-6

一轻绳跨过一定滑轮,绳子两端分别悬挂质量为 m_1 和 $m_2(m_2>m_1)$ 的两物体,如图 3-18(a) 所示.滑轮可看作半径为 R、质量为 m 的匀质圆盘;忽略轮轴处的摩擦,绳子不可伸长,绳子与滑轮之间无相对滑动.求两物体的加速度以及绳中的张力.

解　分别隔离两物体和定滑轮,画出它们的受力图,如图 3-18(b) 所示.定滑轮受的重力及轮轴对定滑轮的支撑力是一对平衡力,对定滑轮的运动不起作用,故受力图中未画出.

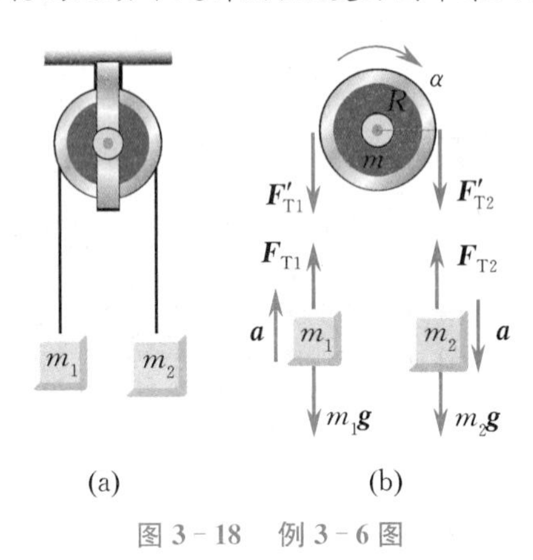

图 3-18　例 3-6 图

因 $m_2>m_1$,可假设质量为 m_2 的物体向下加速运动,而质量为 m_1 的物体则向上加速运动,定滑轮沿顺时针方向转动;又因绳子长度不变,故两物体的加速度大小相等,以 a 表示.

两物体平动,可视为质点,对两物体应用牛顿第二定律列方程;而定滑轮是刚体,应用转动定律列方程,有

$$F_{T1}-m_1g=m_1a,$$
$$m_2g-F_{T2}=m_2a,$$
$$(F'_{T2}-F'_{T1})R=\frac{1}{2}mR^2\alpha.$$

上述 3 个方程中共有 4 个未知量($F_{T1}=F'_{T1}$,$F_{T2}=F'_{T2}$,a,α),考虑到绳子与定滑轮之间无相对滑动,因而物体的加速度 a 与定滑轮的角加速度 α 满足

$$a=R\alpha.$$

联立以上 4 个方程,解得

$$a=\frac{(m_2-m_1)g}{m_1+m_2+\frac{m}{2}},$$

$$F_{T1}=\frac{m_1\left(2m_2+\frac{m}{2}\right)g}{m_1+m_2+\frac{m}{2}},$$

$$F_{T2}=\frac{m_2\left(2m_1+\frac{m}{2}\right)g}{m_1+m_2+\frac{m}{2}}.$$

通过例3-6可以看到,定滑轮的质量、形状和大小不可忽略时,定滑轮两边绳子的张力 F_{T1} 和 F_{T2} 不相等.类似的问题在中学物理中,通常忽略定滑轮的质量及轮轴处的摩擦,此时绳子张力处处相同,两物体做平动,可视为质点,应用牛顿第二定律对两物体各列一个方程即可求得结果.

例 3-7

转动着的飞轮,其转动惯量为 J,$t=0$ 时角速度为 ω_0,此后飞轮经历制动过程,阻力矩 M 的大小与角速度 ω 的平方成正比,比例系数为 $-k$.求:

(1) 飞轮的角速度 $\omega=\frac{\omega_0}{3}$ 时的角加速度;

(2) 飞轮从开始制动到角速度变为 $\frac{\omega_0}{3}$ 经历的时间.

解　(1) 由题意可得阻力矩为 $M=-k\omega^2$,故由转动定律有

$$-k\omega^2=J\alpha,\quad 即\quad \alpha=-\frac{k\omega^2}{J}.$$

将 $\omega=\frac{\omega_0}{3}$ 代入上式,求得此时飞轮的角加速度为

$$\alpha=-\frac{k\omega_0^2}{9J}.$$

(2) 因飞轮在制动过程中受到变阻力矩的作用,为求制动的时间,需用转动定律的微分

形式列微分方程求解，即

$$-k\omega^2=J\alpha=J\frac{\mathrm{d}\omega}{\mathrm{d}t},$$

分离变量，得

$$\frac{\mathrm{d}\omega}{\omega^2}=-\frac{k}{J}\mathrm{d}t.$$

当 $t=0$ 时，$\omega=\omega_0$，对上式两边进行积分，有

$$\int_{\omega_0}^{\frac{\omega_0}{3}}\frac{\mathrm{d}\omega}{\omega^2}=-\frac{k}{J}\int_0^t\mathrm{d}t,$$

解得从开始制动到角速度为$\frac{\omega_0}{3}$经历的时间为

$$t=\frac{2J}{k\omega_0}.$$

3.3　角动量定理和角动量守恒定律

一、质点的角动量

角动量又称动量矩，是描述物体做旋转运动的一个物理量. 对于质点在有心力场中的运动，如行星绕太阳的运动、人造地球卫星绕地球的运动以及原子中电子绕原子核的运动等，角动量都是一个很重要的概念.

一质量为 m 的质点以速度 $\boldsymbol{v}$ 运动，其动量为 $\boldsymbol{p}=m\boldsymbol{v}$. 质点的动量对惯性参考系中某一固定点 O 的矩，称为角动量或动量矩，用 $\boldsymbol{L}$ 表示，类似于力矩的定义，角动量定义为

$$\boldsymbol{L}=\boldsymbol{r}\times\boldsymbol{p}=\boldsymbol{r}\times m\boldsymbol{v},\tag{3-15}$$

式中 $\boldsymbol{r}$ 为质点相对于固定点 O 的位矢（见图 3-19）.

角动量 $\boldsymbol{L}$ 是一个矢量，它的大小为

$$L=rp\sin\varphi=mvr\sin\varphi,$$

式中 φ 为 $\boldsymbol{r}$ 与 $\boldsymbol{p}$ 的夹角. $\boldsymbol{L}$ 的方向垂直于 $\boldsymbol{r}$ 和 $\boldsymbol{p}$ 构成的平面，其指向由右手螺旋法则确定，如图 3-19 所示. 在国际单位制中，角动量的单位为千克二次方米每秒（$\mathrm{kg\cdot m^2/s}$）.

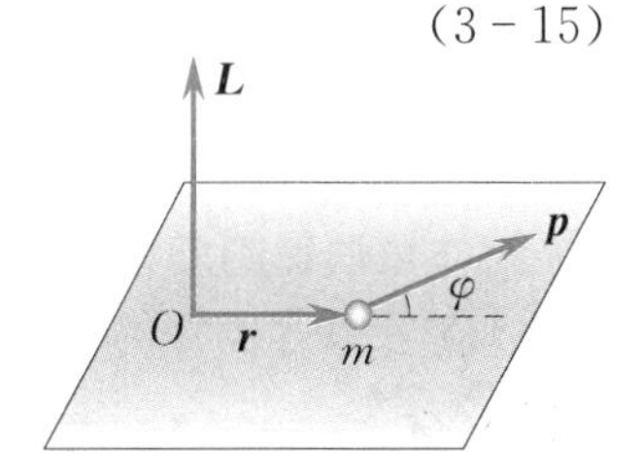

图 3-19　质点的角动量

由式（3-15）可知，质点的角动量与质点的位矢 $\boldsymbol{r}$ 有关，即与所选固定点的位置有关，同一质点相对于不同的固定点，它的角动量是不同的. 因此，在说明一个质点的角动量时，必须明确是对哪一固定点而言的.

若质点绕某固定点 O 做半径为 r 的圆周运动，因为质点的速度 $\boldsymbol{v}$ 始终垂直于 $\boldsymbol{r}$，所以质点角动量的大小为 $L=mvr$. 又由于 $v=r\omega$，质点绕 O 点转动的转动惯量为 mr^2，因此质点对 O 点角动量的大小又可以表示为

$$L=mvr=mr^2\omega=J\omega.$$

$\boldsymbol{L}$ 的方向与质点的角速度 $\boldsymbol{\omega}$ 的方向相同，上式可以写成矢量式，即

$$\boldsymbol{L}=J\boldsymbol{\omega}.\tag{3-16}$$

二、刚体对定轴的角动量

刚体可以看成由许多质元组成，刚体对定轴的角动量就是刚体中各质元对此定轴角动量的总和. 设刚体以角速度 ω 绕定轴（z 轴）转动，则刚体中任意质元（质量为 Δm_i，到 z 轴的距离为 r_i）

对 z 轴角动量的大小为

$$L_i = \Delta m_i r_i^2 \omega,$$

方向沿 z 轴. 整个刚体对 z 轴的角动量为

$$L_z = \sum_i L_i = (\sum_i \Delta m_i r_i^2)\omega = J_z \omega.$$

上式可写成矢量式

$$\boldsymbol{L}_z = J_z \boldsymbol{\omega}, \tag{3-17}$$

式中 J_z 为刚体对 z 轴的转动惯量. 刚体定轴转动时,$\boldsymbol{L}_z$ 的方向与 $\boldsymbol{\omega}$ 的方向一致. 在设定了正方向后,计算中可用正负号表示 $\boldsymbol{L}_z$ 的方向.

三、刚体定轴转动的角动量定理

质点的动量定理可由牛顿第二定律导出,类似地,刚体定轴转动的角动量定理也可由转动定律导出. 由于刚体对定轴的转动惯量 J 不随时间变化,转动定律 $\boldsymbol{M} = J\boldsymbol{\alpha} = J\dfrac{\mathrm{d}\boldsymbol{\omega}}{\mathrm{d}t}$ 可写成

$$\boldsymbol{M} = J\frac{\mathrm{d}\boldsymbol{\omega}}{\mathrm{d}t} = \frac{\mathrm{d}(J\boldsymbol{\omega})}{\mathrm{d}t} = \frac{\mathrm{d}\boldsymbol{L}}{\mathrm{d}t}, \tag{3-18}$$

即

$$\boldsymbol{M}\mathrm{d}t = \mathrm{d}\boldsymbol{L}.$$

设刚体在合外力矩 $\boldsymbol{M}$ 的作用下,角动量从 t_1 时刻的 $\boldsymbol{L}_1$ 变化到 t_2 时刻的 $\boldsymbol{L}_2$,对上式两边进行积分,有

$$\int_{t_1}^{t_2} \boldsymbol{M}\mathrm{d}t = \int_{\boldsymbol{L}_1}^{\boldsymbol{L}_2} \mathrm{d}\boldsymbol{L} = \boldsymbol{L}_2 - \boldsymbol{L}_1, \tag{3-19}$$

式中 $\int_{t_1}^{t_2} \boldsymbol{M}\mathrm{d}t$ 为合外力矩对时间的积分,称为冲量矩;$\boldsymbol{L}_2 - \boldsymbol{L}_1$ 为刚体角动量的增量. 式(3-19)表明,刚体角动量的增量等于刚体所受合外力矩的冲量矩. 这就是刚体定轴转动的角动量定理(积分形式),它反映了力矩的时间累积效应. 式(3-18)也称为刚体定轴转动的角动量定理的微分形式.

例 3-8

如图 3-20 所示,一半径为 R 的光滑圆环置于竖直平面内,一质量为 m 的小球穿在圆环上,并可在圆环上滑动. 小球开始时静止于圆环上的 A 点(该点在通过环心 O 的水平面上),然后从 A 点开始下滑,小球与圆环之间的摩擦力可忽略不计. 求小球滑到与 OA 夹角为 θ 的 B 点时对环心 O 的角动量和角速度.

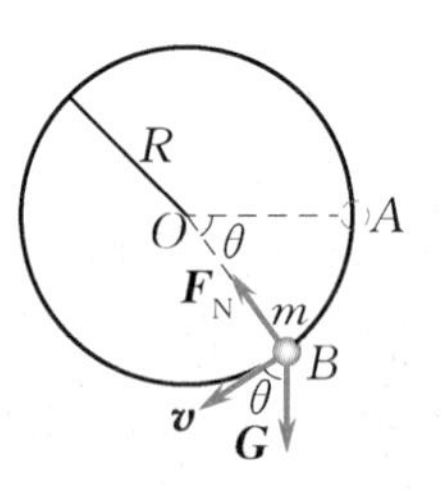

图 3-20 例 3-8 图

解 以小球为研究对象,小球主要受重力 $\boldsymbol{G}$ 和支持力 $\boldsymbol{F}_\mathrm{N}$ 的作用,$\boldsymbol{F}_\mathrm{N}$ 的力矩为零,重力矩垂直纸面向里,大小为

$$M = mgR\cos\theta.$$

由质点的角动量定理可得

$$M = mgR\cos\theta = \frac{\mathrm{d}L}{\mathrm{d}t},$$

即

$$\mathrm{d}L = mgR\cos\theta\mathrm{d}t.$$

由于 $\omega = \dfrac{\mathrm{d}\theta}{\mathrm{d}t}$,$L = mRv = mR^2\omega$,上式可写为

$$L\mathrm{d}L = m^2 gR^3 \cos\theta\mathrm{d}\theta.$$

对上式两边进行积分,有

$$\int_0^L L\mathrm{d}L = m^2 gR^3 \int_0^\theta \cos\theta\mathrm{d}\theta,$$

解得

$$L = m\sqrt{2gR^3\sin\theta}.$$

因为 $L = mR^2\omega$,所以

$$\omega = \sqrt{\frac{2g}{R}\sin\theta}.$$

四、刚体定轴转动的角动量守恒定律

若刚体所受合外力矩 $\boldsymbol{M} = \mathbf{0}$,则由式(3-18)可得

$$\boldsymbol{L} = \boldsymbol{r}\times m\boldsymbol{v} = 常矢量. \tag{3-20}$$

式(3-20)说明,若刚体所受合外力矩为零,则刚体的角动量保持不变.这一关系称为刚体定轴转动的角动量守恒定律.

角动量守恒常有以下几种情况:

(1) 对于定轴转动的刚体,在转动过程中,若转动惯量 J 始终保持不变,当刚体所受合外力矩为零时,刚体将以恒定的角速度 ω 定轴转动.例如,飞机、火箭、轮船上用作导航定向的回转仪就是利用这一原理制成的.

刚体的角动量守恒在现代技术中的一个重要应用是惯性导航,所用的装置称为回转仪或陀螺仪.图3-21所示为陀螺仪的原理,它的核心装置是常平架上的一个质量较大的转子.常平架由套在一起分别具有竖直轴和水平轴的两个圆环(外平衡环和内平衡环)组成.转子装在内平衡环上,其轴与内平衡环的轴垂直.转子是精确地对称于其转轴的圆柱,各轴承均高度润滑.这样转子就具有可以绕其自由转动的3个互相垂直的轴.因此,不管常平架如何移动或转动,转子都不会受到任何力矩的作用.转子一旦高速转动起来,根据角动量守恒定律,其对称轴在空间的指向就可保持不变.陀螺仪保持自转轴方向不变的特性被用于飞机的自动驾驶或卫星、火箭及导弹的导航.以陀螺仪自转轴方向为标准,可随时纠正飞行中可能发生的方向偏离和飞机姿态,控制其航向.例如,飞机在空间的方位可以用3个角度来确定.机头的上下摆动可以用俯仰角来说明,机头的左右摆动可以用偏航角来说明,机身绕自身纵向中轴线的转动可以用侧滚角来说明.要测出这3个角度,常用3个陀螺仪并让它们的对称轴相互垂直,提供3条绝对的基准线.相对于基准线测出上述3个角度,并将测出的信号送入计算机,就能够发出适当的信号,随时调整飞机的飞行方向和姿态,以实现导航的目的.

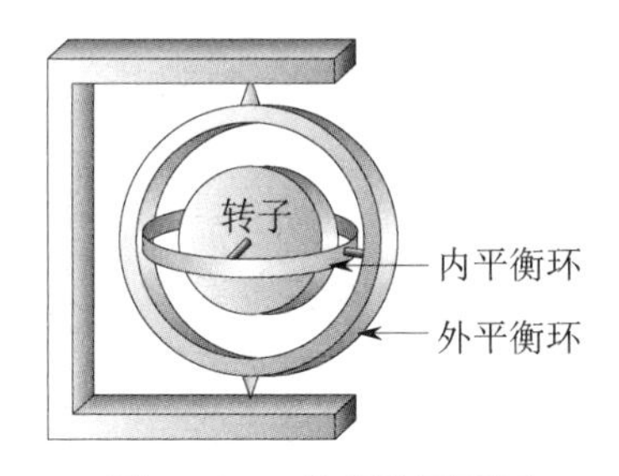

图3-21 陀螺仪原理图

图3-22 滑冰者改变转速

角动量守恒实例

(2) 对于定轴转动的非刚体,物体上各质元相对于转轴的距离可变,即转动惯量可变.当转动系统所受合外力矩为零时,虽然转动惯量 J 可变,但 $J\omega = 常量$. ω 与 J 成反比,即 J 增大则 ω 变小, J 减小则 ω 增大.例如,花样滑冰运动员(见图3-22)或芭蕾舞演员,绕通过质心的竖直轴旋转时,可以通过伸展或收回四肢来改变其对转轴的转动惯量,进而调节旋转的角速度.

(3) 当研究对象是相互关联的质点和刚体所组成的系统时,只要系统满足对某一固定轴的合外力矩等于零,则整个系统对该转轴的角动量守恒.例如,由两个物体组成的系统,原来静止,总角动量为零,当通过内力使一个物体转动时,另一物体必沿反方向转动,以使系统的总角动量保持不变.直

升机的螺旋桨叶片旋转时,为防止机身的反向转动,必须在飞机尾部附加一侧向旋叶,以防机身发生不稳定转动. 鱼雷尾部左右两螺旋桨是沿相反方向旋转的,以保证鱼雷本身不会转动. 对于本章开始提出的问题,跳水运动员在起跳后受到的合外力矩为零,角动量守恒,运动员如果想在起跳到入水这段特定时间内完成复杂的动作,就需要控制不同阶段身体的转动速度. 根据角动量守恒定律,运动员可以通过改变身体的姿势来改变自身的转动惯量,从而改变身体的转动速度,进而完成整套动作.

角动量守恒定律,与前面介绍的动量守恒定律和能量守恒定律一样,是自然界中的普遍规律. 大到宇宙中的天体,小到原子内部的粒子,物体的运动都严格地遵守这三条定律. 这三条定律,我们都是在不同的理想化条件下(如质点、刚体、定轴转动……)用经典力学原理"推导证明"出来的,但是它们的适用范围却远远超出了原有条件的限制. 它们不仅适用于经典力学所研究的宏观、低速领域,而且通过相应的扩展和修正后,也适用于微观、高速领域,即量子力学和相对论情况. 这充分说明,上述三条守恒定律是近代物理理论的基础,是更为普遍的物理定律.

例 3-9

一质量为 M、半径为 R 的水平匀质转台可绕通过中心的竖直光滑轴 OO' 转动. 质量为 m 的人站在转台的边缘,如图 3-23 所示. 人和转台原来都静止,如果人沿转台的边缘绕行一周,问相对于地面而言,转台转过了多少角度?

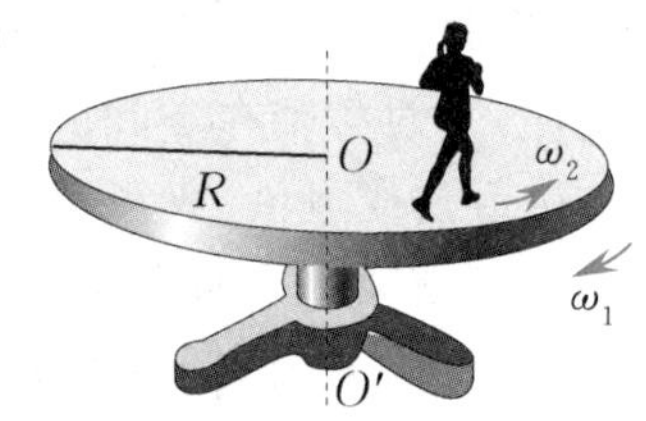

图 3-23　例 3-9 图

解　将人和转台看作一系统. 系统没有受到外力矩作用,因此系统对 OO' 轴的角动量守恒. 已知开始时系统的角动量为零,设在人走动的某一时刻,转台相对于地面的角速度为 ω_1,人相对于地面的角速度为 ω_2. 转台和人对 OO' 轴的转动惯量分别为 $J_1=\frac{1}{2}MR^2$ 和 $J_2=mR^2$. 由角动量守恒定律可得

$$J_1\omega_1+J_2\omega_2=0.$$

设 ω' 为人相对于转台的角速度,ω',ω_1 和 ω_2 满足

$$\omega_2=\omega'+\omega_1.$$

由以上两式解得

$$\omega_1=-\frac{J_2}{J_1+J_2}\omega'=-\frac{2m}{M+2m}\omega'.$$

上式两边对人在转台上绕行一周的时间(设为 t)积分,有

$$\int_0^t\omega_1\,\mathrm{d}t=-\frac{2m}{M+2m}\int_0^t\omega'\,\mathrm{d}t,$$

式中 $\int_0^t\omega_1\,\mathrm{d}t$ 为 t 时间内转台转过的角度 $\Delta\theta$,而 $\int_0^t\omega'\,\mathrm{d}t=2\pi$ 为人相对于转台转过的角位移,所以

$$\Delta\theta=\int_0^t\omega_1\,\mathrm{d}t=-\frac{2m}{M+2m}\cdot 2\pi=-\frac{4\pi m}{M+2m},$$

负号表示转台转动的方向与人沿转台绕行的方向相反.

3.4　刚体定轴转动的功和能

一、力矩的功

质点在外力作用下发生位移时,力对质点做了功. 当刚体在外力矩的作用下定轴转动而发生角位移时,力矩对刚体做了功,这就是力矩的空间累积效应.

如图 3-24 所示，刚体受到一个在转动平面内的外力 $\boldsymbol{F}$ 作用，力的作用点在 P 点. 刚体在此外力作用下转过一微小角位移 $\mathrm{d}\theta$，P 点的位移为 $\mathrm{d}\boldsymbol{r}(|\mathrm{d}\boldsymbol{r}|=r\mathrm{d}\theta)$，由功的定义，$\boldsymbol{F}$ 在 $\mathrm{d}\boldsymbol{r}$ 上的元功为

$$\mathrm{d}W=\boldsymbol{F}\cdot\mathrm{d}\boldsymbol{r}=F\cos\alpha|\mathrm{d}\boldsymbol{r}|=Fr\cos\alpha\mathrm{d}\theta.$$

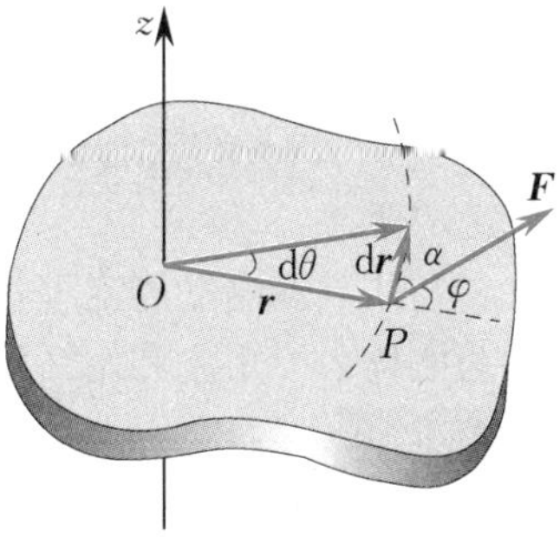

由图可见，$\cos\alpha=\sin\varphi$，又因为力矩 $M=Fr\sin\varphi$，所以上式可写为

$$\mathrm{d}W=M\mathrm{d}\theta. \tag{3-21}$$

式(3-21)称为力矩的元功. 刚体在外力矩 M 的作用下角坐标由 θ_1 变为 θ_2，外力矩 M 做的总功为

$$W=\int\mathrm{d}W=\int_{\theta_1}^{\theta_2}M\mathrm{d}\theta. \tag{3-22}$$

图 3-24　力矩的功

若 M 为恒力矩，则

$$W=\int_{\theta_1}^{\theta_2}M\mathrm{d}\theta=M(\theta_2-\theta_1)=M\Delta\theta,$$

即恒力矩对刚体所做的功等于力矩 M 乘以力矩作用下刚体转过的角度 $\Delta\theta$.

若刚体同时受到几个外力矩的作用，则合外力矩的功等于各分力矩的功的代数和，即

$$W=\int_{\theta_1}^{\theta_2}(M_1+M_2+\cdots+M_n)\mathrm{d}\theta=W_1+W_2+\cdots+W_n=\sum_{i=1}^{n}W_i. \tag{3-23}$$

单位时间内力矩对刚体所做的功称为力矩的功率，用 P 表示. 设刚体在力矩作用下做定轴转动，在 $\mathrm{d}t$ 时间内转过 $\mathrm{d}\theta$，则力矩的功率为

$$P=\frac{\mathrm{d}W}{\mathrm{d}t}=M\frac{\mathrm{d}\theta}{\mathrm{d}t}=M\omega, \tag{3-24}$$

即力矩的功率等于力矩与角速度的乘积. 当功率一定时，角速度越小，力矩越大；反之，角速度越大，力矩越小.

二、转动动能和转动动能定理

1. 刚体的转动动能

刚体定轴转动的转动动能就是刚体中各质元动能的总和. 设刚体以角速度 ω 绕定轴转动，则刚体中任一质元(质量为 Δm_i，到转轴的距离为 r_i，速度为 $v_i=r_i\omega$)的动能为

$$\Delta E_{\mathrm{k}i}=\frac{1}{2}\Delta m_i v_i^2=\frac{1}{2}\Delta m_i(r_i\omega)^2,$$

整个刚体的转动动能为

$$E_{\mathrm{k}}=\sum_i\Delta E_{\mathrm{k}i}=\frac{1}{2}\Big(\sum_i\Delta m_i r_i^2\Big)\omega^2=\frac{1}{2}J\omega^2. \tag{3-25}$$

式(3-25)表明，刚体对某一转轴的转动动能等于刚体对该转轴的转动惯量与角速度平方乘积的一半. 这与质点的动能 $E_{\mathrm{k}}=\frac{1}{2}mv^2$ 在形式上是完全相似的. 由式(3-25)可知，刚体的转动惯量和角速度越大，其转动动能就越大.

2. 刚体定轴转动的动能定理

质点的动能定理可由牛顿第二定律导出，类似地，刚体定轴转动的动能定理可由转动定律导出. 由转动定律可得

$$M=J\alpha=J\frac{\mathrm{d}\omega}{\mathrm{d}t}=J\frac{\mathrm{d}\omega}{\mathrm{d}\theta}\frac{\mathrm{d}\theta}{\mathrm{d}t}=J\omega\frac{\mathrm{d}\omega}{\mathrm{d}\theta},\quad 即\quad M\mathrm{d}\theta=J\omega\mathrm{d}\omega.$$

设刚体在合外力矩 M 的作用下，角坐标由 θ_1 变为 θ_2，相应的角速度由 ω_1 变为 ω_2，将上式两边

进行积分,有

$$\int_{\theta_1}^{\theta_2} M\mathrm{d}\theta = \int_{\omega_1}^{\omega_2} J\omega\,\mathrm{d}\omega = \frac{1}{2}J\omega_2^2 - \frac{1}{2}J\omega_1^2. \tag{3-26}$$

式(3-26)表明,合外力矩对刚体所做的功等于刚体转动动能的增量.这就是刚体定轴转动的动能定理.

与质点系的动能定理相比,刚体转动动能的增量只与合外力矩的功有关,而与内力矩无关.因为刚体内力矩之和始终为零,不做功.

例 3-10

留声机的转盘绕通过盘心且垂直于盘面的轴以角速度 ω 做匀速转动.放上唱片后,唱片将在摩擦力作用下随转盘一起转动.设唱片的半径为 R,质量为 m,它与转盘之间的摩擦系数为 μ.求:

(1) 唱片与转盘之间的摩擦力矩;

(2) 唱片角速度达到 ω 需要的时间;

(3) 在这段时间内摩擦力矩做的功.

解 (1) 如图 3-25 所示,取面积元 $\mathrm{d}S=\mathrm{d}r\mathrm{d}l$,该面积元所受的摩擦力的大小为

$$\mathrm{d}f = \frac{\mu mg}{\pi R^2}\mathrm{d}r\mathrm{d}l,$$

此力对 O 点的力矩为

$$r\mathrm{d}f = \frac{\mu mg}{\pi R^2} r\mathrm{d}r\mathrm{d}l.$$

于是,在宽为 $\mathrm{d}r$ 的圆环上,唱片所受的摩擦力矩为

$$\mathrm{d}M = \frac{\mu mg}{\pi R^2} r\mathrm{d}r\int_0^{2\pi r}\mathrm{d}l = \frac{2\mu mg}{R^2} r^2\mathrm{d}r.$$

对上式两边进行积分,可得总的摩擦力矩为

$$M = \frac{2\mu mg}{R^2}\int_0^R r^2\mathrm{d}r = \frac{2}{3}\mu Rmg.$$

(2) 由转动定律可得唱片的角加速度为

$$\alpha = \frac{M}{J} = \frac{4\mu g}{3R},$$

式中 $J=\frac{1}{2}mR^2$,联立 $\omega=\omega_0+\alpha t$,可求得

$$t = \frac{3\omega R}{4\mu g}.$$

(3) 由 $\omega^2=\omega_0^2+2\alpha\theta$,可得在 0 到 t 的时间内,唱片转过的角度为

$$\theta = \frac{3\omega^2 R}{8\mu g}.$$

因此,摩擦力矩做的功为

$$W = M\theta = \frac{1}{4}mR^2\omega^2.$$

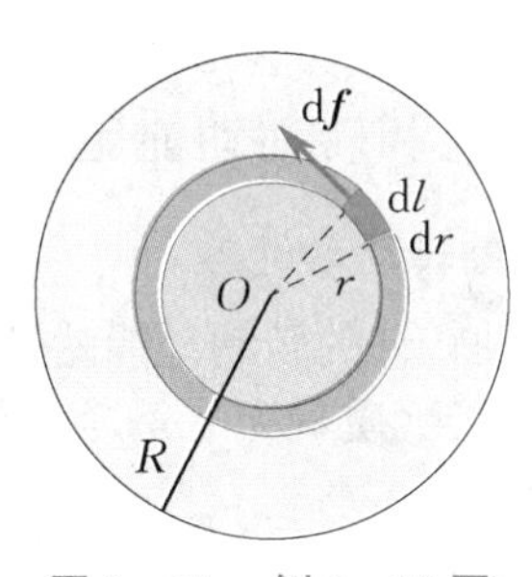

图 3-25 例 3-10 图

三、刚体的重力势能

构成刚体的所有质元与地球所组成的系统的重力势能之和,称为刚体的重力势能.刚体中质量为 Δm_i 的质元的重力势能为

$$\Delta E_{pi} = \Delta m_i g y_i,$$

式中 y_i 为该质元相对于势能零点的高度(见图 3-26).设刚体质心相对于势能零点的高度为 y_C,因为

$$y_C = \frac{\sum_i \Delta m_i y_i}{\sum_i \Delta m_i} = \frac{\sum_i \Delta m_i y_i}{m},$$

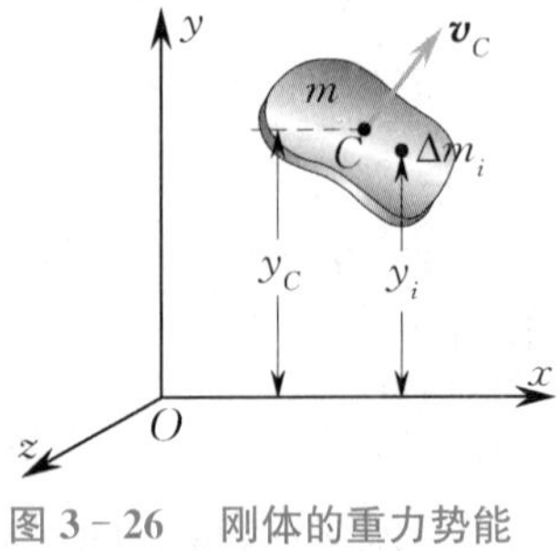

图 3-26 刚体的重力势能

所以一个质量为 m 的刚体的重力势能为

$$E_p = \sum_i \Delta E_{pi} = mgy_C, \tag{3-27}$$

即刚体的重力势能等于刚体的质量全部集中在质心处的质点的重力势能.

考虑到刚体的功和能的上述特点,关于质点系的功能原理、机械能守恒定律等,都可方便地用于刚体的定轴转动.

例 3-11

一质量为 M、长为 l 的匀质细杆,可绕过 O 端的水平光滑轴(O 轴)在竖直平面内自由转动,如图 3-27 所示. 在细杆自由下垂时,有一质量为 m 的小球在离细杆下端距离为 a 处垂直击中细杆. 设小球与细杆碰撞后速度为零,因而自由下落. 细杆被碰撞后的最大偏转角为 θ. 求小球击中细杆前的速率 v.

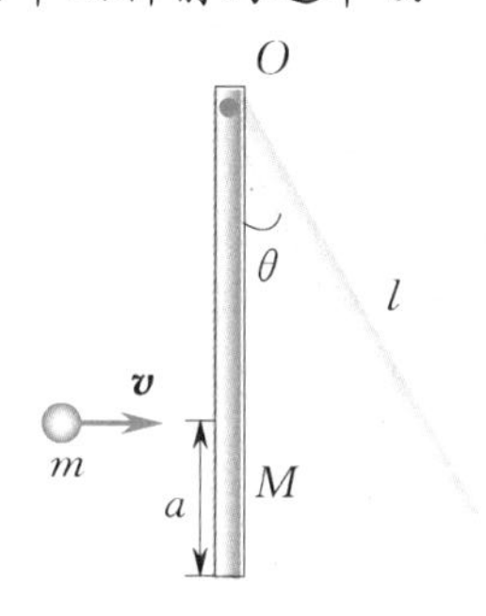

图 3-27　例 3-11 图

解　全过程分为两个阶段:第一阶段,小球与细杆碰撞,使细杆获得一初角速度;第二阶段,细杆以一定的初角速度摆动,直至偏转到最大偏转角 θ 处.

第一阶段:把小球和细杆看作一个系统. O 轴对细杆的力通过转轴,其力矩为零. 碰撞时,细杆与小球所受的重力都通过转轴,其力矩也都为零. 因此,碰撞时,整个系统所受合外力矩为零,系统对 O 轴的角动量守恒,但系统的动量不守恒.

设细杆碰撞后获得的初角速度为 ω,小球可视为质点,取逆时针转动的方向为正方向. 由角动量守恒定律,有

$$mv(l-a) = J\omega, \tag{3-28}$$

式中 $J = \frac{1}{3}Ml^2$.

第二阶段:把细杆和地球看作一个系统. 细杆以初角速度 ω 摆动,摆动过程中只有保守内力做功,故系统机械能守恒. 以细杆在竖直位置时的质心位置为重力势能的零点,有

$$\frac{1}{2}J\omega^2 = Mg\frac{l}{2}(1-\cos\theta). \tag{3-29}$$

联立式(3-28)和式(3-29)解得

$$v = \frac{Ml}{m(l-a)}\sqrt{\frac{gl(1-\cos\theta)}{3}}.$$

例 3-12

如图 3-28(a)所示,一质量为 m、半径为 R 的定滑轮(视为匀质圆盘)上绕有一轻绳,绳的一端挂有质量为 m_1 的重物. 设绳子不可伸长且与定滑轮之间无相对滑动,求重物由静止开始下落高度 h 时的速度.

解　隔离定滑轮和重物,画出它们的受力图,如图 3-28(b)所示.

解法一　用动能定理求解.

由刚体定轴转动的动能定理和质点的动能定理分别对定滑轮和重物列方程如下:

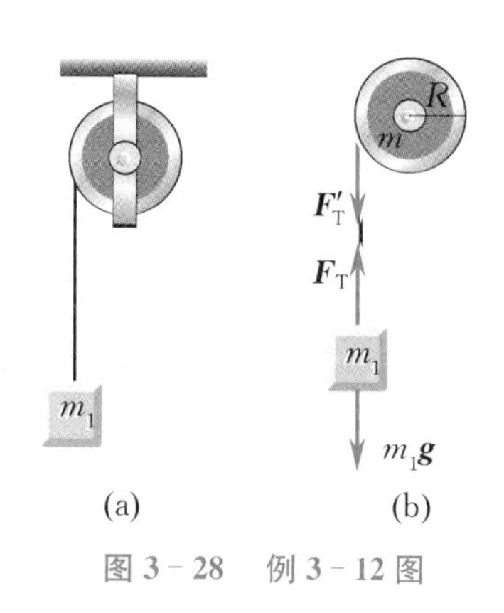

图 3-28　例 3-12 图

$$F'_{\mathrm{T}}R\Delta\theta=\frac{1}{2}J\omega^2-\frac{1}{2}J\omega_0^2,$$

$$(m_1g-F_{\mathrm{T}})h=\frac{1}{2}m_1v^2-\frac{1}{2}m_1v_0^2,$$

式中

$$h=R\Delta\theta,\ v=R\omega,\ F'_{\mathrm{T}}=F_{\mathrm{T}},$$

$$v_0=0,\ \omega_0=0,\ J=\frac{1}{2}mR^2,$$

解得

$$v=2\sqrt{\frac{m_1gh}{m+2m_1}}.$$

解法二　用机械能守恒定律求解.

将定滑轮、重物和地球看作一系统，重力成为保守内力，外力(轴承处的力)和非保守内力(绳子张力)均不做功，故系统机械能守恒.

系统始态的机械能为

$$E_1=m_1gh,$$

末态的机械能为

$$E_2=\frac{1}{2}m_1v^2+\frac{1}{2}J\omega^2.$$

由

$$m_1gh=\frac{1}{2}m_1v^2+\frac{1}{2}J\omega^2,$$

解得

$$v=2\sqrt{\frac{m_1gh}{m+2m_1}}.$$

例 3-13

一长为 l、质量为 m 的匀质细杆可绕通过其端点 O 并与细杆垂直的水平光滑轴(O 轴)在竖直平面内转动，今使细杆从水平位置开始自由下摆. 求：

(1) 细杆在水平位置和竖直位置时的角加速度；

(2) 细杆摆到竖直位置时端点 A 的速度.

解　杆的受力分析如图 3-29 所示，轴的支持力对 O 轴的力矩为零.

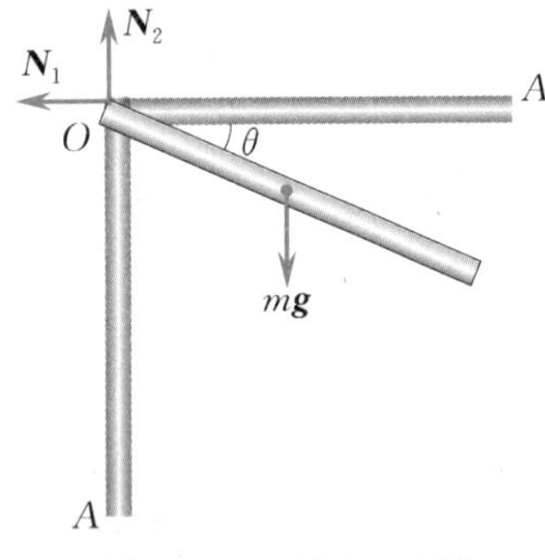

图 3-29　例 3-13 图

(1) 由转动定律可求得

$$\alpha_1=\frac{M_1}{J}=\frac{mg\dfrac{l}{2}}{\dfrac{1}{3}ml^2}=\frac{3g}{2l}\quad(\text{水平位置}),$$

$$\alpha_2=\frac{M_2}{J}=\frac{0}{\dfrac{1}{3}ml^2}=0\quad(\text{竖直位置}),$$

式中 $J=\dfrac{1}{3}ml^2$.

(2) 求细杆摆到竖直位置时端点 A 的速度，有多种解法，下面用转动动能定理求解.

任意 θ 处，细杆所受合外力矩(重力矩)的大小为 $M=mg\dfrac{l}{2}\cos\theta$，细杆在此位置再下摆 $\mathrm{d}\theta$，合外力矩的元功为

$$\mathrm{d}W=M\mathrm{d}\theta=mg\frac{l}{2}\cos\theta\mathrm{d}\theta.$$

由刚体定轴转动的动能定理可得

$$\int_0^{\frac{\pi}{2}}mg\frac{l}{2}\cos\theta\mathrm{d}\theta=\frac{1}{2}J\omega^2-\frac{1}{2}J\omega_0^2,$$

解得

$$mg\,\frac{l}{2}=\frac{1}{2}\left(\frac{1}{3}ml^2\right)\omega^2-0,$$

$$\omega=\sqrt{\frac{3g}{l}}.$$

因此，当细杆下摆至竖直位置时细杆端点 A 的速度大小为

$$v_A=l\omega=\sqrt{3gl}.$$

本题也可用转动定律或机械能守恒定律求解，请读者自行比较几种解法的特点及繁简程度.

*3.5 进动

在介绍刚体定轴转动的转动定律 $\boldsymbol{M}=\frac{\mathrm{d}\boldsymbol{L}}{\mathrm{d}t}$ 时，曾强调刚体只有在定轴转动的情况下，作用在刚体上的外力矩 $\boldsymbol{M}$ 的方向才与刚体角动量 $\boldsymbol{L}$ 的方向平行，且在同一轴线上. 从本质上来说，刚体的定轴转动属于一维运动. 本节介绍一种刚体转轴不固定的情况. 大家知道，玩具陀螺不旋转时，在重力矩作用下会倾倒在地，但当陀螺绕自身对称轴（z' 轴）高速旋转时，尽管同样受到重力矩的作用，却不会倒下来. 此时陀螺高速自转的同时，自转轴还将绕竖直轴（z 轴）回转，如图 3-30 所示，这种回转现象称为进动（旋进）.

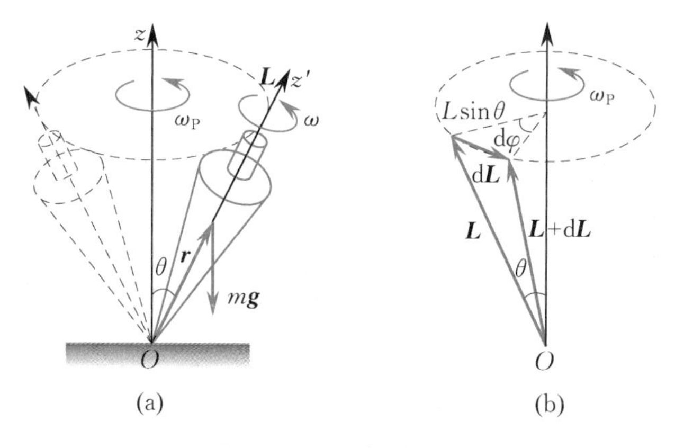

图 3-30 陀螺的进动

进动现象可用角动量定理来解释. 如图 3-30(a) 所示，设 t 时刻陀螺绕 z' 轴以角速度 ω 旋转，z' 轴与 z 轴的夹角为 θ，这时陀螺的角动量 $\boldsymbol{L}$ 沿 z' 轴方向. 陀螺的重力对 O 点产生的力矩为

$$\boldsymbol{M}=\boldsymbol{r}\times m\boldsymbol{g},$$

式中 $\boldsymbol{r}$ 为由 O 点指向陀螺质心的矢量. $\boldsymbol{M}$ 的大小为 $mgr\sin\theta$，其方向垂直于 $\boldsymbol{r}$ 与 $m\boldsymbol{g}$ 确定的平面. 根据角动量定理，陀螺在重力矩 $\boldsymbol{M}$ 的作用下，$\mathrm{d}t$ 时间内，角动量的增量为

$$\mathrm{d}\boldsymbol{L}=\boldsymbol{M}\mathrm{d}t.$$

$\mathrm{d}\boldsymbol{L}$ 的方向与 $\boldsymbol{M}$ 的方向一致. 因为 $\boldsymbol{M}$ 的方向垂直于 $\boldsymbol{L}$，所以 $\mathrm{d}\boldsymbol{L}$ 的方向也与 $\boldsymbol{L}$ 垂直，结果使 $\boldsymbol{L}$ 的大小不变而方向发生变化，如图 3-30(b) 所示. 陀螺的自转轴（z' 轴）绕 z 轴旋转，从上往下看，其自转轴的回转方向是逆时针的. 这样，陀螺就不会倒下，而沿一锥面转动.

下面，我们进一步讨论陀螺进动的角速度 ω_{P} 与什么因素有关. 由图 3-30(b) 可知，$\mathrm{d}t$ 时间内，角动量增量 $\mathrm{d}\boldsymbol{L}$ 的大小为

$$|\mathrm{d}\boldsymbol{L}|=L\sin\theta\mathrm{d}\varphi,$$

式中 $\mathrm{d}\varphi$ 为 z' 轴在 $\mathrm{d}t$ 时间内绕 z 轴转过的角度. 又由于 $|\mathrm{d}\boldsymbol{L}|$ 满足

$$|\mathrm{d}\boldsymbol{L}|=|\boldsymbol{M}|\mathrm{d}t,$$

比较上两式，可得陀螺进动的角速度为

$$\omega_{\mathrm{P}}=\frac{\mathrm{d}\varphi}{\mathrm{d}t}=\frac{M}{L\sin\theta}=\frac{M}{J\omega\sin\theta},$$

式中 J 为陀螺对自转轴的转动惯量. 上式表明，陀螺进动的角速度与外力矩成正比，与自转角动量成反比. 可见，一个绕自身对称轴高速旋转的物体，当自转轴受到与其垂直的外力矩作用时，自转轴就在此外力矩的作用下产生进动，进动的方向与外力矩的方向一致.

进动效应在工程实践中有着广泛的应用. 例如，炮弹在飞行时受空气阻力的作用，阻力的方向总是与炮弹质心的速度方向相反，但其力线不一定通过质心，阻力对质心的力矩就会使炮弹在空中翻转. 这样，当炮弹击中目标时，就有可能弹尾先击中目标而不引爆. 为了避免这种事故，常在炮膛内壁刻出螺旋线，使炮弹出膛后，还能绕自

身对称轴高速旋转.这样飞行中的空气阻力矩将不再使它翻转,而使炮弹绕其质心前进的方向进动(见图 3-31).

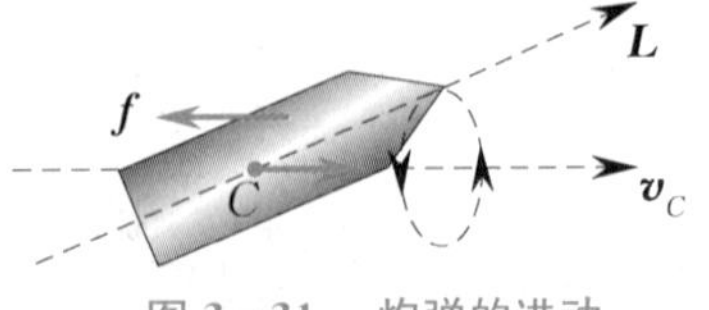

图 3-31　炮弹的进动

进动的概念在微观领域中也常用到.例如,原子中的电子同时参与绕核运动和电子本身的自旋,都具有角动量.又如,在外磁场中,电子将以外磁场方向为轴线做进动.

进动效应有时也是有害的,例如,轮船转弯时,由于进动效应,涡轮机的轴承将受到附加的力,这在设计和使用中是必须要考虑的.

阅读材料3

守恒量与对称性

一、对称性与对称操作

对称的概念源于生活,生活中的对称随处可见.如人体的外形就是左右对称的;雪花有对称的六角形花样;吃饭用的碗、圆盘都有对称的外形,上面的花纹也呈对称分布.凡此种种,都属于物体在空间中具有的几何对称性.这类对称性有下面 3 种常见的形式:

(1) 空间反射对称性.

如果形体被某平面分成两半,其中一半正好是另一半的镜像(镜面在该平面处),那么这一形体就具有空间反射对称性,也称为镜像对称性.人体的外形就具有空间反射对称性.

(2) 空间平移对称性.

如果形体做一平移后,仍与原形体重合,该形体就具有空间平移对称性.无穷大的平面坐标纸沿横向或纵向平移一个单位格后,能与原坐标纸重合;一条直线沿直线方向平移任意大小,总能与原直线重合.因此,坐标纸、直线都具有空间平移对称性.

(3) 空间转动对称性.

形体绕固定轴旋转某一角度后,能与原形体重合,这一形体就具有空间转动对称性.六边形的雪花绕其垂直中心轴转动 60° 后,会与原形体重合;球体绕直径转动任意角度后,总会与原球体重合.它们都具有空间转动对称性,且后者比前者转动对称的级次更高.

对称观念被提炼之后,渗透到物理学领域.物理学的对称性有如下含义:若物理规律(或物理量)在某种变换或操作下能保持不变,则这个物理规律(或物理量)对该操作是对称的,而这种操作称为对称操作.从这一意义上讲,物理规律(或物理量)的对称性又称为不变性.

以两质点组成的孤立质点系为例,把整个质点系做空间平移,两质点的相对间距保持不变,则质点系遵从的物理规律不因平移而变化.这说明质点系的物理规律具有空间平移对称性,空间平移操作是物理规律的对称操作.与此类似,空间转动操作也是物理规律的对称操作.

时间平移对称也是最常见的对称形式之一.例如,牛顿运动定律在过去、现在和将来都是成立的,不会因时间平移而改变.因此,时间平移操作也是物理规律的对称操作.

二、对称性与守恒定律

20 世纪初叶,对称性与守恒定律的关联被揭示出来.可以证明,一种对称性必然导致一条守恒定律.能量守恒定律、动量守恒定律和角动量守恒定律分别与下面 3 种对称性密切相关.

1. 时间平移对称性与能量守恒定律

时间平移对称性(时间均匀性)导致了能量守恒定律.现在讨论由两质点组成的孤立质点系,设两质点的质量分别为 m_1,m_2,t 时刻的速度分别为 v_1,v_2,位置坐标分别为 x_1,x_2.将质点系进行时间平移,从 t 时刻平移到 $t+\Delta t$ 时刻,时间平移对称性意味着质点系的势能与时间无关,即

$$E_p(x_2, x_1, t+\Delta t) = E_p(x_2, x_1, t).$$

将上式左边用泰勒级数展开，可得

$$E_p(x_2, x_1, t+\Delta t) = E_p(x_2, x_1, t) + \frac{\partial E_p}{\partial t}\Delta t + \cdots.$$

若要上两式右边对任意 Δt 都相等，必有$\frac{\partial E_p}{\partial t} = 0$，即势能函数不能显含时间 t，于是势能函数表示为 $E_p = E_p(x_2, x_1)$.

系统的能量(这里仅限机械能) 可表示为

$$E = \frac{1}{2}m_1 v_1^2 + \frac{1}{2}m_2 v_2^2 + E_p(x_2, x_1).$$

上式对时间求导，有

$$\frac{dE}{dt} = m_1 v_1 \frac{dv_1}{dt} + m_2 v_2 \frac{dv_2}{dt} + \frac{\partial E_p}{\partial x_1}\frac{dx_1}{dt} + \frac{\partial E_p}{\partial x_2}\frac{dx_2}{dt}.$$

考虑到 $v_1 = \frac{dx_1}{dt}, v_2 = \frac{dx_2}{dt}$ 和两质点受到的力(保守力)$F_1 = -\frac{\partial E_p}{\partial x_1} = m_1\frac{dv_1}{dt}, F_2 = -\frac{\partial E_p}{\partial x_2} = m_2\frac{dv_2}{dt}$，于是上式可写为

$$\frac{dE}{dt} = \left(m_1\frac{dv_1}{dt} - F_1\right)v_1 + \left(m_2\frac{dv_2}{dt} - F_2\right)v_2 = 0, \quad 即 \quad E = 常量.$$

因此，质点系的能量守恒.

2. 空间平移对称性与动量守恒定律

空间平移对称性(空间均匀性) 导致了动量守恒定律. 仍以两质点组成的孤立质点系为例，如图3-32所示，考虑质点系沿 x 轴正方向平移 Δx，两质点的位置坐标分别从 x_1, x_2 变为 $x_1' = x_1 + \Delta x, x_2' = x_2 + \Delta x$. 因为空间平移操作是对称操作，空间平移对称性意味着质点系的势能保持不变，势能值与质点的具体位置坐标无关，只与两质点的间距有关，即

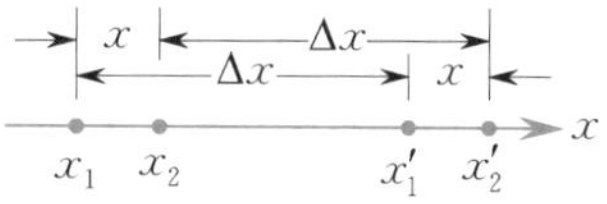

图3-32 空间平移对称性与动量守恒定律

$$E_p(x_2, x_1) = E_p(x_2', x_1') = E_p(x),$$

式中 $x = x_2 - x_1 = x_2' - x_1'$.

两质点受到的力(保守力) 分别为

$$F_1 = -\frac{\partial E_p(x)}{\partial x_1} = -\frac{\partial E_p(x)}{\partial x}\cdot\frac{\partial x}{\partial x_1} = \frac{\partial E_p(x)}{\partial x},$$

$$F_2 = -\frac{\partial E_p(x)}{\partial x_2} = -\frac{\partial E_p(x)}{\partial x}\cdot\frac{\partial x}{\partial x_2} = -\frac{\partial E_p(x)}{\partial x},$$

因此

$$F = F_1 + F_2 = 0.$$

利用动量定理的微分形式 $F = \frac{dp}{dt}$，上式可写为

$$\frac{dp}{dt} = \frac{dp_1}{dt} + \frac{dp_2}{dt} = 0, \quad 即 \quad p = p_1 + p_2 = 常量.$$

因此，质点系的动量守恒.

3. 空间转动对称性与角动量守恒定律

空间转动对称性(空间各向同性) 导致了角动量守恒定律. 如果把两质点组成的孤立质点系绕任意轴(如柱坐标系的 z 轴) 转动 $\Delta\theta$，两质点的角坐标分别从 θ_1, θ_2 变为 $\theta_1' = \theta_1 + \Delta\theta, \theta_2' = \theta_2 + \Delta\theta$，转动前后质点系的势能函数分别用 $E_p(\theta_1, \theta_2), E_p(\theta_1 + \Delta\theta, \theta_2 + \Delta\theta)$ 表示. 空间转动对称性意味着质点系的势能函数与转动的角度无关，即

$$E_p(\theta_1 + \Delta\theta, \theta_2 + \Delta\theta) = E_p(\theta_1, \theta_2).$$

将上式左边用泰勒级数展开，可得

$$E_p(\theta_1 + \Delta\theta, \theta_2 + \Delta\theta) = E_p(\theta_1, \theta_2) + \left(\frac{\partial E_p}{\partial\theta_1} + \frac{\partial E_p}{\partial\theta_2}\right)\Delta\theta + \cdots.$$

若要上两式右边对于任意的 $\Delta\theta$ 都相等,必有$\frac{\partial E_p}{\partial\theta_1}+\frac{\partial E_p}{\partial\theta_2}=0$. 为了简化问题,在柱坐标系中讨论该问题,如图 3-33 所示,有

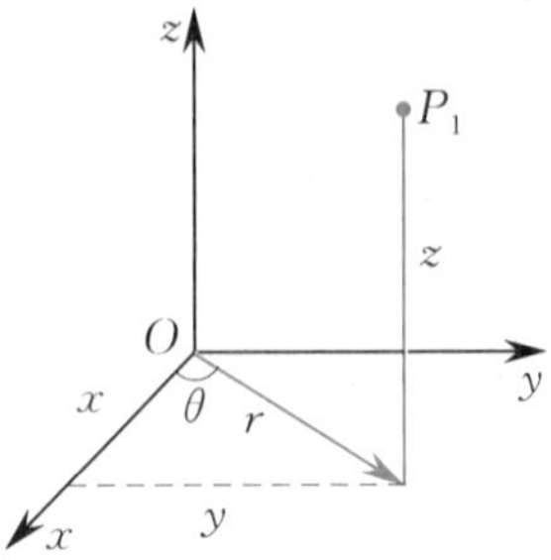

$$\begin{cases}x=r\cos\theta,\\ y=r\sin\theta,\\ z=z.\end{cases}$$

图 3-33　柱坐标系

又考虑到 $F_x=-\frac{\partial E_p}{\partial x}$,$F_y=-\frac{\partial E_p}{\partial y}$,对于质点 1,有

$$\frac{\partial E_p}{\partial\theta_1}=\frac{\partial E_p}{\partial x_1}\cdot\frac{\partial x_1}{\partial\theta_1}+\frac{\partial E_p}{\partial y_1}\cdot\frac{\partial y_1}{\partial\theta_1}=\frac{\partial E_p}{\partial x_1}(-r_1\sin\theta_1)+\frac{\partial E_p}{\partial y_1}(r_1\cos\theta_1)$$
$$=y_1F_{1x}-x_1F_{1y}=-M_{1z},$$

式中 M_{1z} 为质点 1 相对于 z 轴所受的力矩. 同理,对于质点 2,有$\frac{\partial E_p}{\partial\theta_2}=-M_{2z}$.

质点系所受力矩为

$$M_z=M_{1z}+M_{2z}=-\left(\frac{\partial E_p}{\partial\theta_1}+\frac{\partial E_p}{\partial\theta_2}\right)=0,$$

又由刚体定轴转动的转动定律可得$\frac{\mathrm{d}L_z}{\mathrm{d}t}=M_z$,于是相对于 z 轴,质点系的角动量满足

$$L_z=\text{常量}.$$

由于空间的各向同性,z 轴可以取任意方向. 这就是说,对任何轴转动,质点系的角动量都守恒.

能量守恒定律、动量守恒定律及角动量守恒定律的根源在于时空的均匀性和各向同性,它不依赖于物质的具体内容. 不论是微观的还是宏观的,是粒子还是场,在均匀和各向同性的时空中运动的所有物质都必须遵从能量守恒定律、动量守恒定律和角动量守恒定律.

除了以上 3 种时空对称性外,量子力学中还有多种对称变换与守恒定律相关联. 如电磁规范变换导致电荷守恒,空间反演变换导致宇称守恒(近似的),色规范变换导致色荷守恒,等等. 由于对称性与守恒定律有如此紧密的联系,又是跨越物理学各领域的普通法则,因此可以利用它去探索人类知之甚少的微观领域,寻找物质结构更深层次的奥妙.

三、对称破缺

如果说对称性反映了自然界的统一性,那么对称破缺就反映了自然界的多样性. 在具体了解对称破缺之前,先来看两个对称破缺的例子. 正方形沿其对角线具有空间反射对称性,如果这一正方形某一边的中点有一黑点,它的空间反射对称性就遭受破坏,产生了对称破缺;原本具有时间平移对称性的质点系中,若从某时刻起,外力对系统做功,系统的能量就显含时间,系统的时间平移对称性就遭受破坏,导致系统的能量不再守恒,这也是对称破缺.

物理学中存在两类重要的对称破缺:明显破缺和自发破缺.

1. 明显破缺

由于较弱的相互作用不具备某种对称性,它能引起较强的相互作用的对称性的破坏,这类对称破缺称为明显破缺. 在这种情况下,将较弱的相互作用和较强的相互作用作为整体,对称性是近似的,它只有在可以忽略较弱相互作用时才近似成立.

明显破缺最显著的例子是李政道和杨振宁提出的弱相互作用下宇称不守恒. 自然界的力不外乎 4 类:强相互作用、弱相互作用、电磁相互作用和引力相互作用. 前两类力是短程力,在原子核内部起作用,后两类力是长程力. 而宇称是量子力学中用来描述微观粒子特征的物理量,这里的"宇称"可以理解为空间反射对称性. 量子力学中,微观粒子的运动状态用波函数 $\psi(x,y,z)$ 描述. 如果微观粒子的运动规律具有空间反演不变性,则粒子的波函数不是偶函数就是奇函数,波函数为偶函数的粒子具有偶宇称,波函数为奇函数的粒子具有奇宇称. 如果粒子的波函数既不是偶函数也不是奇函数,它就没有确定的宇称,当然就不具有空间反射对称性. 可以证明,只要微观粒子的运动规律具有空间反演不变性,由这种微观粒子组成的孤立系统就具有确定的宇称,且奇偶性保持不变. 这就是宇称守恒定律.

在研究粒子衰变的过程中,李政道和杨振宁提出,原本在强相互作用和电磁相互作用中粒子所具有的空间左右对称性遭受弱相互作用的破坏,产生了明显破缺,粒子系的宇称不再守恒. 这一预言不久被物理学家吴健雄用

实验证实，这一结论对物理学产生了深远的影响.

2. 自发破缺

明显破缺不依赖于系统所处的状态，而自发破缺则依赖于系统的状态. 随着某些条件(如温度)的变化，处于自发破缺状态的系统常常可以通过相变过渡到对称的状态.

铁磁体的相变就是这方面最好的例子. 常温下的铁磁体处于自发破缺状态，当温度升到临界温度(居里温度)以上时，它恢复到对称状态；反之，当温度降到临界温度以下时，系统又过渡到自发破缺状态. 这是因为在温度高于临界温度时，铁磁体的分子磁矩是无序的，总磁矩为零，磁矩的取向分布呈各向同性，满足空间转动对称性. 如果温度降到临界温度以下，分子磁矩在单一磁畴范围内取某一方向的有序排列，体系的基态不满足空间转动对称性，而在空间选择了一个特定的方向，产生了自发破缺.

电饭锅正是利用铁磁体自发破缺来控制电路. 锅内感温磁钢(镍锌铁氧体)的临界温度为103 ℃±2 ℃，常温下感温磁钢是铁磁体，能吸引硬磁体，接通电路，给电饭锅加热. 当饭好水干，锅内温度超过103 ℃时，磁钢恢复对称性，为顺磁体，不再被硬磁体吸引，加热电路断开.

概而言之，对称与破缺是不同物质形态运动特征的两个方面，对称体现了它们的共性，而破缺则体现了各自的个性，两者一起构成了既和谐统一又丰富多彩的世界.

思考题3

3-1　两半径不同的飞轮用皮带相连. 两飞轮转动时，大飞轮和小飞轮边缘上各点的线速度大小和角速度大小是否相同?

3-2　刚体定轴转动时，每秒内角速度都增加2π rad/s，能否肯定刚体做匀加速转动?

3-3　绕定轴做匀变速转动的刚体，其上各点都绕转轴做圆周运动. 问刚体上任一质元是否有切向加速度?是否有法向加速度?切向加速度和法向加速度的大小是否变化?为什么?

3-4　计算一刚体对某转轴的转动惯量时，能不能认为它的质量集中于其质心，成为一个质点，然后计算这个质点对该转轴的转动惯量，为什么?试举例说明.

3-5　一匀质细杆可绕通过其一端的光滑固定轴在竖直平面内转动. 使细杆从水平位置开始自由下摆，细杆是否做匀变速转动?为什么?

3-6　两质点的动量相同，相对于同一固定点来说，它们的角动量是否相同?

3-7　一质点绕一固定点做匀速圆周运动时，其动量、角动量、动能、机械能是否守恒?为什么?

3-8　一半径为R、质量为m的轮子，可绕通过轮心O且与轮面垂直的水平光滑固定轴转动. 轮子开始时静止，一质量为m_0、速度为$\boldsymbol{v}_0$的子弹，沿与水平方向成α角的角度入射轮缘并留在A点处，如图3-34所示. 设子弹与轮子撞击的时间极短. 以轮子、子弹为系统，撞击前后系统的动量是否守恒?为什么?动能是否守恒?为什么?角动量是否守恒?为什么?

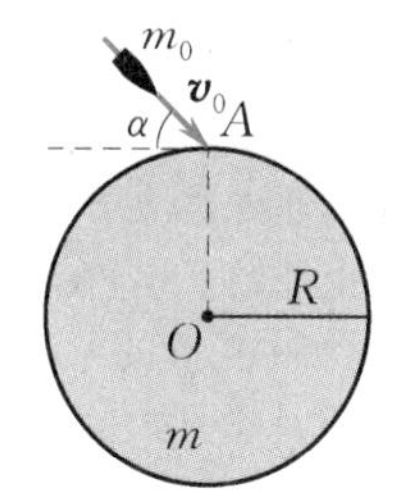

图3-34　思考题3-8图

3-9　旋转着的芭蕾舞演员要加速旋转时，总是把两臂收拢，靠近身体. 这样做的目的是什么?当旋转加快时，芭蕾舞演员的转动动能有无变化?为什么?

习题3

一、选择题

3-1　已知地球的质量为m，太阳的质量为M，地心与日心的距离为R，引力常量为G，则地球绕太阳做圆周运动的轨道角动量为(　　).

A. $m\sqrt{GMR}$　　B. $\sqrt{\dfrac{GMm}{R}}$

C. $Mm\sqrt{\dfrac{G}{R}}$　　D. $\sqrt{\dfrac{GMm}{2R}}$

3-2　体重相同的甲、乙两人，分别用双手握住跨过无摩擦轻滑轮的绳子两端. 当他们向上爬时，在某同一高度,相对于绳子,甲的速率是乙的 2 倍,则到达顶点的情况是( ).

A. 甲先到达　　B. 乙先到达

C. 同时到达　　D. 谁先到达不能确定

3-3　如图 3-35 所示,一小物体置于一光滑水平桌面上,一绳子的一端连接此物体,另一端穿过桌面中心的小孔,该物体原以角速度 ω 在距孔为 R 的圆周上转动,今将绳子从小孔缓慢往下拉,则物体( ).

A. 动能不变,动量改变

B. 动量不变,动能改变

C. 角动量和动量均不变

D. 角动量和动量均改变

E. 角动量不变,动能和动量均改变

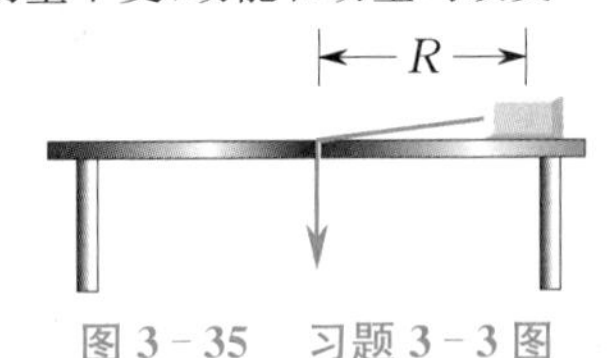

图 3-35　习题 3-3 图

3-4　一刚体以 1 r/s 绕 z 轴做匀速转动,设某时刻刚体上一点 P 的位矢为 $\boldsymbol{r} = 3\boldsymbol{i} + 4\boldsymbol{j} + 5\boldsymbol{k}$,其单位为"$10^{-2}$ m",若以"10^{-2} m/s"为速度单位,则该时刻 P 点的速度为( ).

A. $\boldsymbol{v} = 94.2\boldsymbol{i} + 125.6\boldsymbol{j} + 157.0\boldsymbol{k}$

B. $\boldsymbol{v} = -25.1\boldsymbol{i} + 18.8\boldsymbol{j}$

C. $\boldsymbol{v} = 25.1\boldsymbol{i} + 18.8\boldsymbol{j}$

D. $\boldsymbol{v} = 31.4\boldsymbol{k}$

3-5　均匀细棒 OA 可绕通过其端点 O 且与细棒垂直的水平光滑固定轴转动,如图 3-36 所示.今使细棒从水平位置由静止开始下摆,在细棒摆动到竖直位置的过程中,下述说法中正确的是( ).

A. 细棒的角速度从小到大变化,角加速度从大到小变化

B. 细棒的角速度从小到大变化,角加速度从小到大变化

C. 细棒的角速度从大到小变化,角加速度从大到小变化

D. 细棒的角速度从大到小变化,角加速度从小到大变化

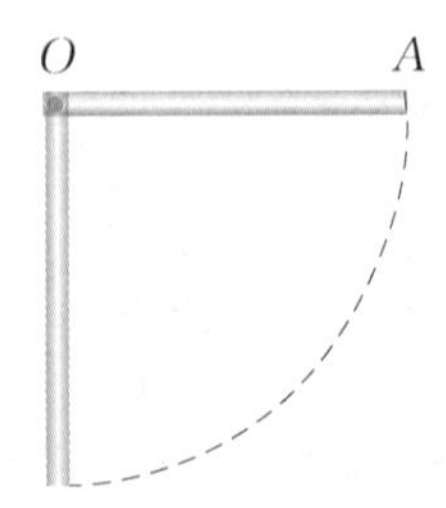

图 3-36　习题 3-5 图

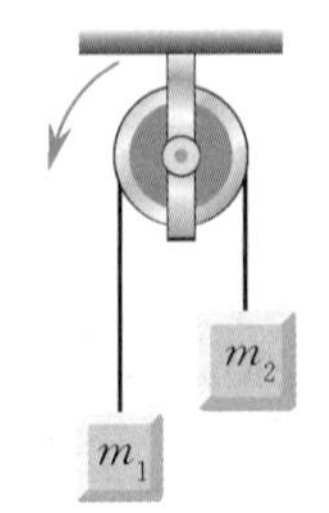

图 3-37　习题 3-6 图

3-6　一轻绳跨过一具有水平光滑轴、质量为 M 的定滑轮,绳子的两端分别悬有质量为 m_1 和 m_2 的物体($m_1 < m_2$),如图 3-37 所示.绳子与定滑轮之间无相对滑动.若某时刻定滑轮沿逆时针方向转动,则绳中张力( ).

A. 处处相等　　B. 左边大于右边

C. 右边大于左边　　D. 无法判断

3-7　如图 3-38 所示,一质量为 m 的匀质细杆 AB,其 A 端靠在粗糙的竖直墙壁上,B 端置于粗糙的水平地面上.细杆静止,杆身与竖直方向成 θ 角,则 A 端对墙壁的压力的大小为( ).

A. $\frac{1}{4}mg\cos\theta$　　B. $\frac{1}{2}mg\tan\theta$

C. $mg\sin\theta$　　D. 不能确定

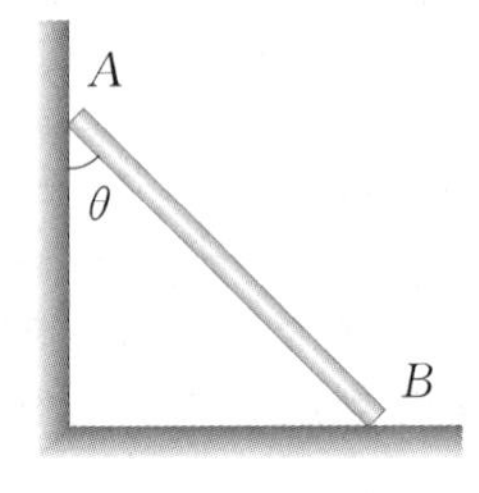

图 3-38　习题 3-7 图

3-8　刚体角动量守恒的充要条件是( ).

A. 刚体不受外力矩的作用

B. 刚体所受合外力矩为零

C. 刚体所受的合外力和合外力矩均为零

D. 刚体的转动惯量和角速度均保持不变

3-9　一方板可绕通过其一个水平边的光滑固定轴自由转动.开始时方板自由下垂,今有一小团黏土沿垂直于板面的方向撞击方板,并粘在方板上.对黏土和方板系统来说,如果忽略空气阻力,在碰撞过程中守恒的量是( ).

A. 动能　　B. 对方板转轴的角动量

C. 机械能　　D. 动量

3-10　一质量为 m 的小孩站在半径为 R 的水平平台边缘上.平台可以绕通过其中心的竖直光滑固定轴自由转动,转动惯量为 J.平台和小孩开始时均静止.当小孩突然以相对于地面为 v 的速率在平台边缘沿逆时针方向走动时,此平台相对于地面旋转的角速度和旋转方向分别为( ).

A. $\omega = \frac{mR^2}{J}\left(\frac{v}{R}\right)$,顺时针

B. $\omega = \frac{mR^2}{J}\left(\frac{v}{R}\right)$,逆时针

C. $\omega = \frac{mR^2}{J + mR^2}\left(\frac{v}{R}\right)$,顺时针

D. $\omega=\frac{mR^2}{J+mR^2}\left(\frac{v}{R}\right)$，逆时针

3-11　光滑的水平桌面上有一长为 $2l$、质量为 m 的匀质细杆，可绕过其中点 O 且垂直于桌面的竖直固定轴自由转动，转动惯量为 $\frac{1}{3}ml^2$，起初细杆静止. 有一质量为 m 的小球在垂直于细杆的方向上，以速率 v 正对着细杆的一端运动，如图 3-39 所示. 当小球与细杆发生碰撞后，就与细杆粘在一起随杆转动，则这一系统发生碰撞后的转动角速度为(　　).

A. $\frac{lv}{12}$　　B. $\frac{2v}{3l}$

C. $\frac{3v}{4l}$　　D. $\frac{3v}{l}$

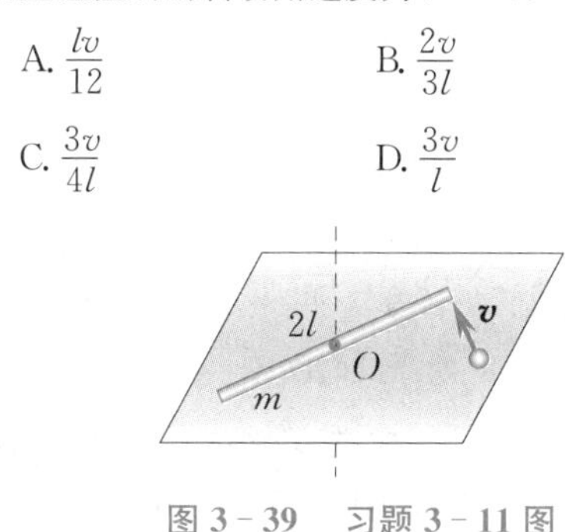

图 3-39　习题 3-11 图

3-12　有一半径为 R 的水平圆转台，可绕通过其中心的竖直光滑固定轴转动，转动惯量为 J，开始时圆转台以恒定角速度 ω_0 转动，此时有一质量为 m 的人站在圆转台中心. 随后人沿径向向外跑去，当人到达圆转台边缘时，圆转台的角速度为(　　).

A. $\frac{J}{J+mR^2}\omega_0$　　B. $\frac{J}{(J+m)R^2}\omega_0$

C. $\frac{J}{mR^2}\omega_0$　　D. ω_0

3-13　如图 3-40 所示，一静止的匀质细棒长为 L、质量为 M，可绕通过细棒的一端且垂直于细棒的光滑固定轴(O 轴)在水平面内转动，转动惯量为 $\frac{1}{3}ML^2$. 一质量为 m、速率为 v 的子弹在水平面内沿与细棒垂直的方向射入并穿过细棒的自由端，设穿过细棒后子弹的速率为 $\frac{v}{2}$，则此时细棒的角速度应为(　　).

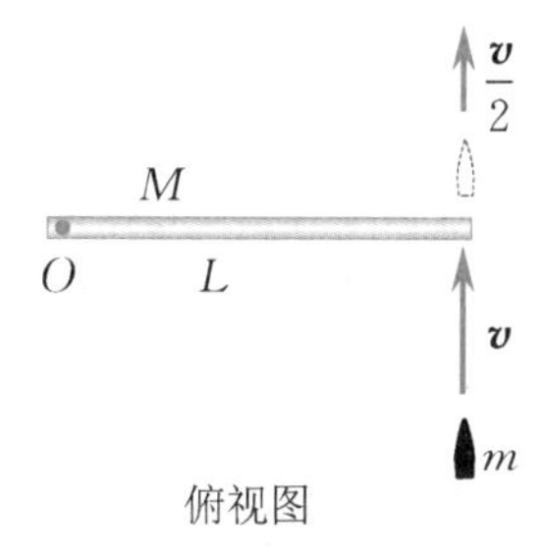

图 3-40　习题 3-13 图

A. $\frac{mv}{ML}$　　B. $\frac{3mv}{2ML}$

C. $\frac{5mv}{3ML}$　　D. $\frac{7mv}{4ML}$

3-14　一物体绕光滑固定轴自由转动，则(　　).

A. 它受热或遇冷时，角速度不变

B. 它受热时角速度变大，遇冷时角速度变小

C. 它受热或遇冷时，角速度均变大

D. 它受热时角速度变小，遇冷时角速度变大

二、填空题

3-15　一质量为 m 的质点以速度 $\boldsymbol{v}$ 沿直线运动，则它对直线上任意一点的角动量为________.

3-16　一质量为 m 的质点以速度 $\boldsymbol{v}$ 沿直线运动，则它对直线外垂直距离为 d 的一点的角动量的大小为________.

3-17　一半径为 $r=1.5$ m 的飞轮，初角速度为 $\omega_0=10$ rad/s，角加速度为 $\beta=-5$ rad/s^2，若初始时刻角坐标为零，则在 $t=$______ 时角坐标再次为零，而此时飞轮边缘上的点的线速度为 $v=$________.

3-18　一飞轮做匀减速转动，在 5 s 内角速度由 40π rad/s 减到 10π rad/s，则飞轮在这 5 s 内总共转过了________转，飞轮再经________的时间才能停止转动.

3-19　一半径为 20 cm 的主动轮通过皮带拖动一半径为 50 cm 的从动轮，皮带与轮之间无相对滑动. 主动轮从静止开始做匀加速转动. 在 4 s 内从动轮的角速度达到 8π rad/s，则主动轮在这段时间内转过了________转.

3-20　如图 3-41 所示，一长为 l、质量为 m 的匀质梯子靠墙放置. 梯子下端连一劲度系数为 k 的弹簧，当梯子靠墙竖直放置时，弹簧处于自然长度. 墙和地面都是光滑的. 当梯子靠在墙上而与地面成 θ 角且处于平衡状态时，

(1) 地面对梯子的作用力的大小为________；

(2) 墙对梯子的作用力的大小为________；

(3) m,k,l,θ 应满足的关系式为________.

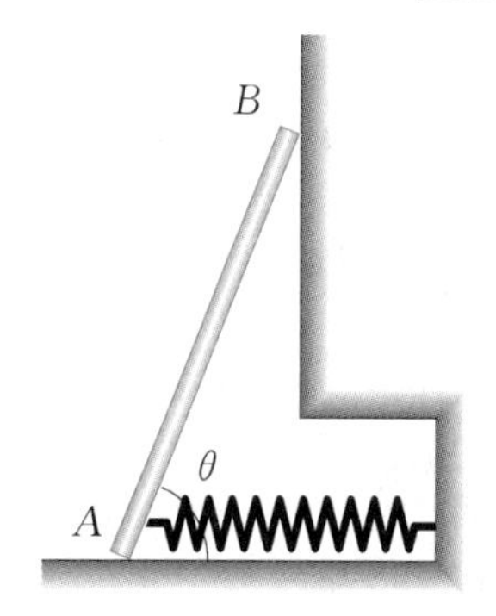

图 3-41　习题 3-20 图

3-21 如图3-42所示,有一半径为R的匀质圆形水平转台,可绕通过台心O且垂直于台面的竖直固定轴(OO'轴)转动,转动惯量为J.转台上有一质量为m的人,当她站在距OO'轴为r处时($r<R$),转台和人一起以ω_1的角速度转动.若转轴处摩擦可以忽略,当人走到转台边缘时,转台和人一起转动的角速度为$\omega_2=$________.

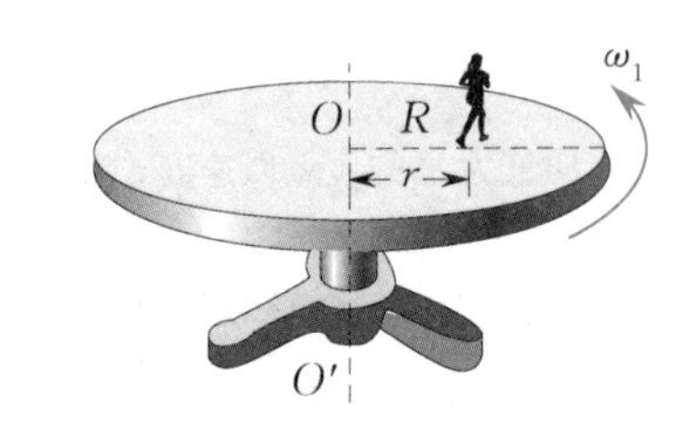

图3-42 习题3-21图

3-22 一质量为M、半径为R的圆柱体可绕通过其中心轴线的光滑固定轴转动,原来处于静止,现有一质量为m、速率为v的子弹,沿圆周切线方向射入圆柱体边缘.子弹嵌入圆柱体后的瞬间,圆柱体与子弹一起转动的角速度为$\omega=$________.

3-23 一质量为m、长为l的棒可绕通过棒中心且与其垂直的竖直光滑固定轴(O轴)在水平面内自由转动.开始时棒静止,现有一质量为m的子弹以速度$\boldsymbol{v}_0$垂直射入棒端并嵌在其中,则子弹嵌入棒后,棒的角速度为$\omega=$________.

3-24 一根长为l的细绳的一端固定于光滑水平面上的O点,另一端系一质量为m的小球,开始时绳子是松弛的,小球与O点的距离为h.使小球以某个初速率沿该光滑水平面上一直线运动,该直线垂直于小球初始位置与O点的连线.当小球与O点的距离达到l时,绳子绷紧从而使小球沿以O点为圆心的圆形轨迹运动,则小球做圆周运动时的动能E_k与初动能E_{k0}的比值为$E_k/E_{k0}=$________.

三、计算题

3-25 一质量为$M=15$ kg、半径为$R=0.30$ m的圆柱体可绕与其中心轴重合的水平固定轴转动.现以一不能伸长的轻绳绕于圆柱体上,而在绳子的下端悬一质量为$m=8.0$ kg的物体.不计圆柱体与转轴之间的摩擦.求:

(1) 物体由静止开始下落,5 s内下降的距离;

(2) 绳子中的张力.

3-26 如图3-43所示,一圆盘形工件套装在一根可转动的轴上,它们的中心线相互重合,圆盘形工件的内、外直径分别为D和D_1,该工件在外力矩的作用下获得角速度ω_0,这时撤掉外力矩,工件在轴所受的阻力矩的作用下最后停止转动,其间经过了t时间.试求轴所受的平均阻力$\overline{f}$(圆盘形工件绕其中心轴转动的转动惯量为$m(D^2+D_1^2)/8$,式中m为工件的质量,轴的转动惯量可忽略不计).

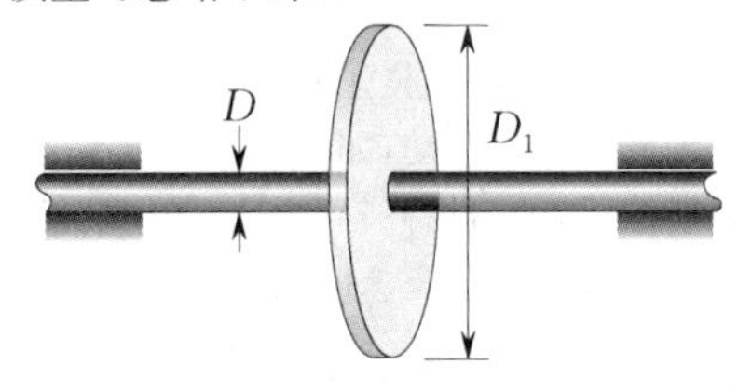

图3-43 习题3-26图

3-27 一转动惯量为J的圆盘做定轴转动,其初角速度为ω_0.设它所受阻力矩与角速度成正比,比例系数为$-k$,即$M=-k\omega$(k为正的常量),求圆盘的角速度从ω_0变为$\frac{1}{2}\omega_0$所需的时间.

3-28 如图3-44所示,一半径为R的匀质小木球固接在一长度为l的匀质细棒的下端,以小木球和细棒为系统,此系统可绕水平光滑固定轴(O轴)转动.今有一质量为m、速度为$\boldsymbol{v}_0$的子弹沿着与水平方向成α角的方向射向球心,且嵌于球心.已知小木球、细棒对O轴的转动惯量为J.求子弹嵌于球心后系统的共同角速度.

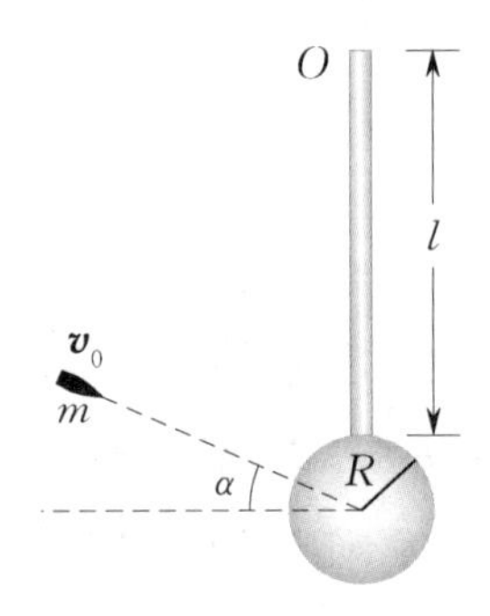

图3-44 习题3-28图

3-29 一质量为75 kg的人站在一半径为2 m的水平转台边缘,转台的固定转轴竖直且通过台心,转台绕固定转轴的转动惯量为3 000 kg·m²,初始时整个系统静止,现人以相对于地面1 m/s的速率沿转台边缘行走,求人沿转台边缘行走一周所用的时间.

第 2 篇

热学

科学家简介

阅读材料

热学是物理学的一个重要分支学科，它研究热现象的宏观特征及微观本质．按研究角度和研究方法的不同，热学可分为热力学和统计物理学．热现象（与物体冷热程度有关的物理性质的变化）无处不在．例如，物体受热以后，温度升高，体积膨胀；水加热到 100 ℃ 就会变成水蒸气；软的钢件经过淬火，可以提高硬度；硬的钢件经过退火，可以降低硬度．由观察和实验总结出来的热现象规律，构成热现象的宏观理论，这些宏观理论称为热力学．微观理论则是从物质的微观结构出发，即从分子、原子的运动和它们之间的相互作用出发，去研究热现象的规律．热现象的微观理论称为统计物理学．

虽然热力学和统计物理学的研究对象是一致的，都是热现象，但是它们的研究角度和研究方法是不同的．热力学根据严密的逻辑推理方法，从宏观热现象所遵循的基本规律来研究物体的热性质，其总结的规律具有很大的普遍性和可靠性．统计物理学则是从物质的微观结构出发，依据每个粒子所遵循的力学规律，用统计方法研究物体的性质．热力学和统计物理学，在对热现象的研究上，起到了相辅相成的作用．热力学给出热现象的宏观规律，可以验证微观理论的正确性；统计物理学则从物质的微观结构出发来解

释物质表现出的宏观热现象的本质,并可求出决定宏观测量的因素,从而为控制物质性质起理论指导作用.本书不全面讨论统计物理学,仅讨论其中的气体动理论部分.

本篇中我们研究的对象主要是气体的热现象,主要包括两部分内容:研究微观粒子热运动的气体动理论和研究热现象宏观规律的热力学基础.

第4章 气体动理论

"想一想"：众所周知，地球周围有一个富含氧气的大气层，地球生命的诞生离不开大气层中氧气的作用，但宇宙中含量占绝对优势的氢气和氦气却在地球大气层中含量稀少，这是什么原因造成的呢？

近代物理理论告诉我们，自然界中的所有物质都是由大量分子组成的. 通过实验观测到的物理量（如温度、压强、体积等）反映的不是个别分子的信息，而是大量分子的集体特征信息. 物理学家对个别分子的运动用运动定律进行研究，对大量分子的运动用统计方法进行研究，从而寻找微观量的统计平均值与相应宏观量之间的关系.

本章简要介绍气体动理论的基本概念，用微观量来解释相应的宏观现象. 本章主要内容包括理想气体物态方程、物质的微观模型、理想气体的压强和温度的微观本质、能量均分定理、气体分子的速率分布律，以及气体分子的平均碰撞频率和平均自由程等.

4.1 状态参量 平衡态 理想气体物态方程

一、气体的状态参量

热力学研究的对象是由大量微观粒子组成的宏观物质体系，通常称为热力学系统，简称系统. 在研究一个热力学系统的热现象规律时，不仅要注意系统内部的各种因素，同时也要注意外部环境对系统的影响. 在热力学中，把研究对象以外的物质称为外界.

根据热力学系统与外界之间的物质和能量交换情况，通常把系统分成 3 类. 与外界既没有物质交换又没有能量传递的系统称为孤立系统；与外界既有物质交换又有能量传递的系统称为开放系统；与外界没有物质交换但有能量传递的系统称为封闭系统.

用来描述热力学系统宏观状态的物理量称为状态参量. 常用的状态参量有以下几类：力学参量（如压强）、几何参量（如体积）、热学参量（如温度）、化学参量（如质量、物质的量等）、电磁参量（如电场强度、磁场强度等）.

对于一定量的气体系统，如果所研究的问题不涉及电场性质和磁场性质，则不必引入电磁参量；如果所研究的系统不发生化学反应，不涉及与化学成分有关的性质，则不必引入化学参量. 此时，只需要温度 T、体积 V 和压强 p 就可以确定气体系统的状态. T,V,p 称为气体系统的状态参量. 它们都是宏观量，而气体分子的质量、速度、能量等则为微观量.

气体的压强 p 是指单位面积受力的大小. 在容器内表面表现为容器壁单位面积的正压力，即 $p=F/S$. 在国际单位制中，压强的单位为帕[斯卡]（Pa），$1\ \mathrm{Pa}=1\ \mathrm{N/m^2}$. 通常，我们把 45° 纬度海平面处测得 0 ℃ 时大气压的值（1.013×10^5 Pa）称为标准大气压（用 atm 表示）. 生活中还会用到

毫米汞柱(mmHg),表示 1 mm 的汞柱在单位面积上的正压力. 3 个压强单位之间的换算关系为

$$1\ \mathrm{atm} = 760\ \mathrm{mmHg} = 1.013 \times 10^5\ \mathrm{Pa}.$$

气体的体积 V 是指气体分子所能到达的最大空间. 由于气体由大量随机运动的分子构成,气体分子能到达容器的所有空间,所以气体的体积就是容器的容积. 体积 V 的单位为立方米($\mathrm{m^3}$). 有时也用立方分米,即升,符号为 L. $1\ \mathrm{L} = 1\ \mathrm{dm^3} = 10^{-3}\ \mathrm{m^3}$.

气体的温度 T 与气体分子的热运动有密切关系,温度的高低反映了分子热运动的剧烈程度. 在宏观上,温度可以表示物体的冷热程度. 温度的数值表示方法叫作温标. 常用的温标有热力学温标、摄氏温标和华氏温标等. 热力学温标为最基本的温标. 在国际单位制中,热力学温度是 7 个基本量之一. 热力学温度的符号为 T,单位为开[尔文](K).

在工程和日常生活中,常使用摄氏温标,摄氏温标中温度的符号为 t,单位为摄氏度(℃). 摄氏温标这样规定,用酒精(或水银) 做测温物质时,在标准大气压下,纯水的冰点为 0 ℃,沸点为 100 ℃,中间分为 100 等份,每份 1 ℃,并认定液柱高度(体积) 随温度做线性变化. 摄氏温度 t 与热力学温度 T 之间的关系为

$$T/\mathrm{K} = t/℃ + 273.15.$$

二、平衡态

热力学系统在不受外界影响(外界对系统不做功、不传热) 的条件下,其所有可观测的热现象的宏观性质不随时间变化的状态叫作平衡态. 如果系统通过做功或传热的方式与外界交换能量,它就不可能达到并保持在平衡态. 当然,在实际中并不存在完全不受外界影响的系统,系统总是不可避免地会与外界发生不同程度的能量和物质的交换,所以平衡态只是一个理想概念. 若系统的状态随时间变化很微小,可以忽略不计,就可以把气体的状态近似为平衡态. 在本书热学部分,如果没有特别说明,所讨论的气体系统状态都是指平衡态.

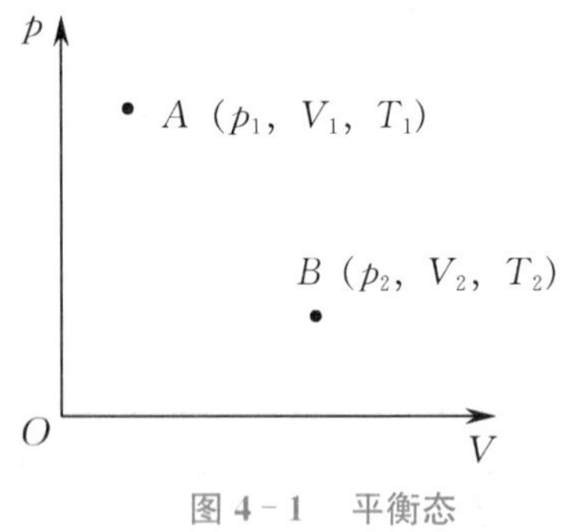

图 4-1 平衡态

平衡态是气体系统状态的宏观表现,但在微观上,处于平衡态下的气体分子仍在不停地运动,在分子相互碰撞时分子的微观量仍发生改变,交换动量与能量,但在宏观上,系统中分子热运动的平均效果不变,因此这种平衡态也称为热动平衡.

气体系统的一个平衡态,可以用一组状态参量(p,V,T) 来描述,也可以用以 p 为纵轴,V 为横轴的 $p-V$ 图中的一个确定的点来表示,如图 4-1 中的点 $A(p_1,V_1,T_1)$ 或点 $B(p_2,V_2,T_2)$.

三、热力学第零定律

温度在宏观上表现为气体的冷热程度,在微观上表现为分子热运动的剧烈程度. 假设两个热力学系统均处在一定的平衡态,现使这两个系统相互接触,使它们之间发生热传递. 这种接触叫作热接触. 热的系统变冷,冷的系统变热. 经过一段时间后,两个系统的宏观性质不再发生变化,两个系统达到一个新的平衡态. 我们说这两个系统达到了热平衡(温度相同).

关于热平衡有一个很重要的实验定律. 如图 4-2(a) 所示,B,C 两个物体用绝热壁隔开,但使它们同时与物体 A 热接触,经过一段时间后,A 和 B 以及 A 和 C 都将达到热平衡. 这时如果再使 B 和 C 热接触,如图 4-2(b) 所示,则可发现 B 和 C 的状态都不发生变化. 这说明 B 和 C 也处于热平衡. 由此可以得到一个重要的结论,如果两个热力学系统分别与第三个热力学系统处于热平衡,则它们彼此也必定处于热平衡,这就是热力学第零定律. 热力学第零定律不仅给出了温度的概

念，也指出了比较和测量温度的方法. 由于一切互为热平衡的系统都具有相同的温度，因此我们可以选定一种合适的物质(称为测温物质) 来作为系统，通过这个系统与温度的特性来测量其他系统的温度. 这个合适的系统就成了一个温度计.

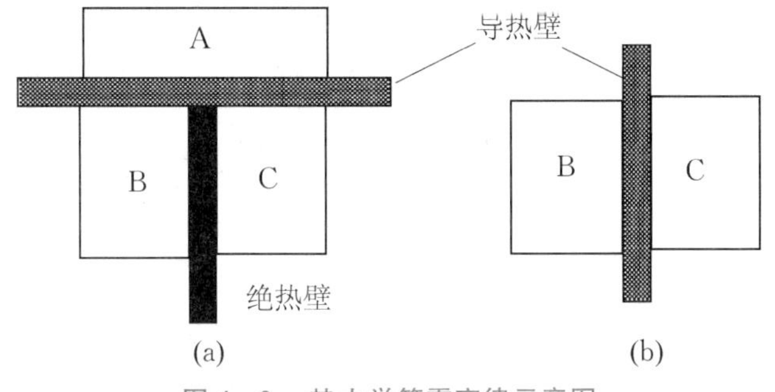

图 4-2　热力学第零定律示意图

四、理想气体物态方程

气体系统的平衡态可以用几何参量、力学参量、化学参量、电磁参量、热学参量来描述. 在不考虑电磁场和非混合气体时，只需要三个状态参量就可以描述一个气体系统. 对处于平衡态的一定量气体来说，当其任意一个状态参量发生变化时，其他两个状态参量一般也将随之改变. 这三个状态参量具有一定的关系，即其中一个状态参量是其他两个状态参量的函数，用数学表达式可表示为

$$T = f(p,V) \quad \text{或} \quad F(T,p,V) = 0.$$

上述方程就是一定量的气体处于平衡态时的物态方程，它的具体形式需要由实验确定，这里我们只讨论理想气体物态方程.

1. 理想气体

在中学物理中，我们已经知道玻意耳定律(一定量的气体，在温度保持不变时，$pV=$ 常量)、盖吕萨克定律(一定量的气体，在压强保持不变时，$V/T=$ 常量) 和查理定律(一定量的气体，在体积保持不变时，$p/T=$ 常量) 都是在温度不太低(与室温相比)、压强不太大(与大气压相比) 的实验条件下总结出来的. 可以设想有这样一种气体，它在任何情况下都遵守上述 3 条实验定律和阿伏伽德罗定律(在同样的温度和压强下，相同体积的气体含有相同数量的分子)，这种气体叫作理想气体.

理想气体是一种理想模型. 一般气体在温度不太低、压强不太大时，都可近似为理想气体. 因此，研究理想气体各状态参量之间的关系即理想气体物态方程，具有重要意义.

2. 理想气体物态方程

由玻意耳定律、盖吕萨克定律和查理定律可知，在温度不太低、压强不太大的条件下，一定量的气体的状态发生改变，从一个平衡态 (p_1,V_1,T_1) 变化到另一个平衡态(p_2,V_2,T_2)，两平衡态的状态参量满足

$$\frac{p_1V_1}{T_1} = \frac{p_2V_2}{T_2} = C, \tag{4-1}$$

式中 C 为常量，其值可以由该气体系统在标准状态(压强为 $p_0 = 1\ \text{atm}$，温度为 $T_0 = 273.15\ \text{K}$) 下的值来确定，即

$$\frac{p_0V_0}{T_0}=C.$$

已经证明,1 mol 气体中都包含有阿伏伽德罗常量($N_A=6.02\times10^{23}\ \text{mol}^{-1}$)个分子.在标准状态下,气体摩尔体积为$V_m=22.4\times10^{-3}\ \text{m}^3/\text{mol}$.因此,在相同的压力、温度条件下,相同体积的任何气体,其C值都相等.对于不同体积的气体,其C值满足如下条件:在标准状态下,对于质量为m、摩尔质量为M的气体,由于其物质的量为$\nu=\frac{m}{M}$,因此

$$V_0=\nu V_m=\frac{m}{M}V_m,$$

则

$$C=\frac{p_0V_0}{T_0}=\frac{m}{M}\frac{p_0V_m}{T_0}=\frac{m}{M}R=\nu R,$$

式中R为普适气体常量,

$$R=\frac{p_0V_m}{T_0}=\frac{1.013\times10^5\times22.4\times10^{-3}}{273.15}\ \text{J/(mol·K)}=8.31\ \text{J/(mol·K)}.$$

引入普适气体常量R后,可得任一平衡态下气体各状态参量之间满足的关系为

$$pV=\frac{m}{M}RT=\nu RT. \tag{4-2}$$

式(4-2)称为理想气体物态方程,它是从实验中总结出来的.实验表明,在温度不太低、压强不太大的情况下,一切真实气体都能较好地服从这个方程.

3. 混合理想气体物态方程

若气体由n种理想气体混合而成,已知第$i(i=1,2,\cdots,n)$种气体的物质的量为ν_i,则混合气体的总压强p与混合气体的体积V、温度T之间应满足

$$pV=(\nu_1+\nu_2+\cdots+\nu_n)RT=\nu_{总}RT. \tag{4-3}$$

对式(4-3)进行整理,可得

$$p=\nu_1\frac{RT}{V}+\nu_2\frac{RT}{V}+\cdots+\nu_n\frac{RT}{V}=p_1+p_2+\cdots+p_n. \tag{4-4}$$

式(4-4)称为道尔顿混合理想气体分压定律,式中p_i为假设把容器中的其他气体都排走,仅留下第i种气体时的压强,称为第i种气体的分压强.

例 4-1

一容器内储有0.100 kg氧气,已知其压强为10 atm,温度为47 ℃,摩尔质量为3.2×10^{-2} kg/mol.因容器漏气,过一段时间后,压强降为原来的5/8,温度降为27 ℃.若将氧气看作理想气体,求:

(1) 容器的容积;

(2) 此过程中漏掉的氧气的质量.

解 (1) 由理想气体物态方程$pV=\frac{m}{M}RT$,可得容器的容积为

$$V=\frac{mRT}{pM}$$
$$=\frac{0.100\times8.31\times(47+273.15)}{10\times1.013\times10^5\times3.2\times10^{-2}}\ \text{m}^3$$
$$=8.21\times10^{-3}\ \text{m}^3.$$

(2) 容器漏气后,设氧气的压强降为p',温度降为T',质量减为m',由理想气体物态方程可得

$$m'=\frac{Mp'V}{RT'}=0.067\ \text{kg},$$

则此过程中漏掉的氧气的质量为

$$\Delta m = m - m' = (0.100 - 0.067)\ \text{kg} = 0.033\ \text{kg}.$$

4.2　理想气体的压强与温度

一、分子动理论

人们在长期观察和总结大量实验的基础上，总结出物质结构的微观模型有下列特点：宏观物体是由大量微观粒子 —— 分子（或原子）组成的，分子之间存在空隙；物体内的分子在永不停歇地做热运动，其剧烈程度与物体的温度有关；分子之间存在相互作用力. 这些就是气体动理论的基本观点，已经被近代科学完全证实. 统计物理学就是从这些基本观点出发，去研究热现象的规律. 下面我们对这些基本观点做一些说明.

1. 宏观物体由大量分子（或原子）组成，分子之间存在空隙

一些常见的实验现象，如气体很容易被压缩，酒精与水混合之后的体积小于原体积之和，这些现象都说明分子之间存在空隙. 有人曾用 2×10^9 Pa 的压强压缩钢筒中的油，结果发现油可以通过钢筒壁渗出，这说明钢的分子之间也有空隙. 现代科技的发展使我们能用高分辨电子显微镜直接观察到某些晶体横截面内的原子结构图像，这些图像证明了宏观物体由分子（或原子）组成.

前面我们已经知道，1 mol 任何物质所含有的微观粒子数均相等，称为阿伏伽德罗常量，用 N_A 表示. 组成宏观物质的分子数非常巨大. 不同物质的分子大小不同，但整体看来，分子线度都很小，数量级为 10^{-10} m. 分子的质量很轻，以氮分子为例，氮分子的质量为

$$m_{N_2} = \frac{M}{N_A} = \frac{2.8\times10^{-2}}{6.02\times10^{23}}\ \text{kg} = 4.65\times10^{-26}\ \text{kg}.$$

实验表明，在标准状态下，气体分子的间距约为分子直径 d_0 的 10 倍.

2. 分子在永不停息地做热运动，其剧烈程度与所在系统的温度有关

屋子角落里的人打开一瓶香水，几秒钟之后门口的人可以闻到香气；在清水中滴入几滴红墨水，经过一段时间后，清水变成淡红色；把两块不同的金属紧压在一起，经过较长的一段时间后，在每块金属的接触面内部都可以发现另一种金属成分. 这些现象说明一切物体（气体、液体、固体）的分子都在不停地运动.

分子的线度很小，很难直接观察到它们的运动情况，但却可以从一些间接的实验中了解到它们的运动特点. 在显微镜下观察悬浮在液体中的小颗粒（如悬浮在水中的藤黄粉或花粉），可以看到这些颗粒都在不停地做无规则运动. 如果把任一颗粒当作研究对象，就可以发现它不停地做短促的跳跃，方向不断改变，毫无规则. 图 4-3 画出了一个颗粒的位置变化情况，这种悬浮颗粒的运动最早是由英国植物学家布朗发现的.

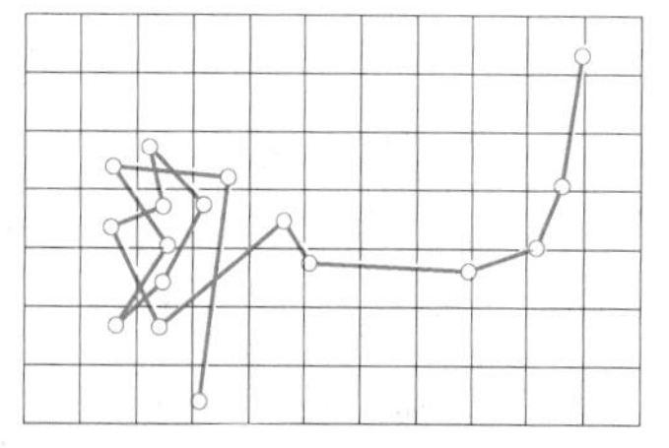

图 4-3　布朗运动

1827 年，布朗在用显微镜观察悬浮在水中的花粉颗粒时，发现花粉颗粒不停地运动，而且没有任何规则，后人将这种无规则运动称为布朗运动. 布朗运动是由杂乱运动的水分子碰撞花粉颗

粒引起的，对于线度较大的花粉颗粒而言，其受到的碰撞较多，在受力方向上趋于均衡，所以没有表现出明显的布朗运动；而线度较小的花粉颗粒在受到碰撞时出现了不平衡的情况，所以表现出明显的布朗运动. 这说明布朗运动虽然不是水分子本身的运动，却如实地反映了水分子的运动情况. 水的温度越高，水分子的无规则运动越剧烈，说明大量分子的无规则运动的剧烈程度与温度有关，因此把这种分子的无规则运动称为分子的热运动.

3. 分子之间存在相互作用力

既然分子在永不停息地做热运动，那么为什么固体和液体的分子不会散开而能保持一定的体积，并且固体还能保持一定的形状呢?这是因为固体和液体的分子之间存在相互吸引力. 例如，切削一块金属或锯开一段木材时必须用力，要使钢材发生形变也需要很大的力. 这都说明物体各部分之间存在吸引力. 固体和液体很难被压缩，这说明分子之间除了吸引力，还有排斥力，排斥力阻止分子相互靠近.

分子之间存在相互作用力，作用力 f 是分子间吸引力和排斥力共同作用的结果，它与分子间距 r 的关系如图 4-4 所示. 图中 r_0 为吸引力和排斥力相等时两分子的间距，称为平衡位置.

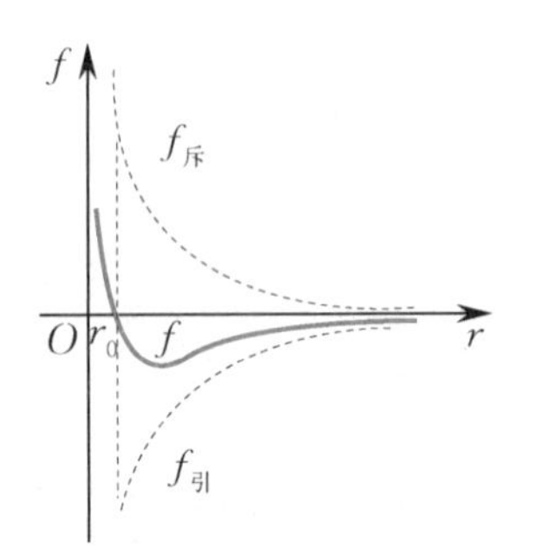

图 4-4　分子间的相互作用力 f 与分子间距 r 的关系曲线

当 $r < r_0$ 时，吸引力小于排斥力，分子间的相互作用力主要表现为排斥力，阻碍两分子的间距缩小；

当 $r > r_0$ 时，吸引力大于排斥力，分子间的相互作用力主要表现为吸引力，阻碍两分子的间距增大；

当 r 大于 10^{-9} m 时，分子间的相互作用力减小到可以忽略不计，可见分子间的相互作用力的作用范围是很小的. 分子间的相互作用力是短程力，在气体分子数密度很低的情况下可以忽略不计.

二、统计规律

1. 统计规律的概念

分子在做热运动时，每个分子的运动都遵守牛顿运动定律，但由于分子之间的频繁碰撞(常温常压下，1 s 内一个分子和其他分子的平均碰撞次数约为 10^9 次)，使得分子在某一时刻所处的位置、具有的速度都有一定的偶然性，因此分子的运动状态表现出极大的随机性，但大量分子的整体表现却有一定的规律性. 例如，系统处于平衡态时，虽然每个分子的运动是杂乱无章、瞬息万变的，但系统的宏观性质却表现出稳定性. 这表明，在大量偶然、无序的分子热运动中，包含着一种规律，这种规律来自大量偶然事件的集合，故称为统计规律.

为了对热现象的统计规律有一定的感性认识，我们来了解伽尔顿板实验. 如图 4-5 所示，在一块竖直固定的木板上部钉有许多排列整齐的铁钉，木板下部用等长的竖直隔板隔成许多等宽的狭槽，从顶部中央的入口处可以投入小球，木板前盖有玻璃板，使小球能留存在狭槽内. 从入口处投入一个小球，小球在下落过程中将与一些铁钉碰撞，最后落入某一狭槽中. 重复上述实验，结果发现小球每次落入的狭槽不尽相同，无法预测.

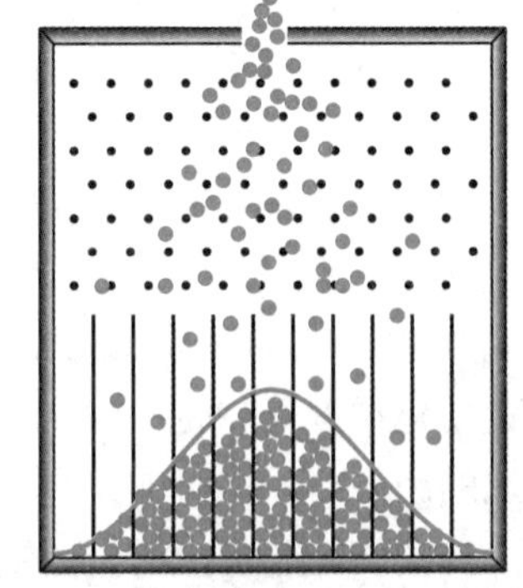
图 4-5　伽尔顿板演示实验分布

如果同时投入足够多的小球，结果发现落在中间狭槽中的小球最多，距离中间狭槽越远的狭槽，落入的小球越少. 进行多次重复实验，每次实验所得的结果都近似相同. 如果将大量小球单个投入，上千次的投入累计结果也与上述分布类似. 这表明，尽管一个小球落入哪个狭槽是偶然的，但大量小球的分布规律是确定的，即遵从统计分布规律.

在研究气体分子的运动时，应将经典力学的决定性和统计力学的概率性相统一，缺一不可. 本章将要研究理想气体的压强公式和温度公式、能量均分定理、麦克斯韦速率分布律、分子碰撞频率等，这些都是大量分子统计规律的表现.

2. 涨落现象

涨落就是对稳定的统计结果的偏差. 例如掷硬币实验，按照统计规律，抛出硬币后有字的面向上和有花的面向上的机会各占一半. 但这并不表示我们掷硬币 1 000 次，一定是有花的面向上 500 次，有字的面向上 500 次. 有可能有字的面向上 498 次，有花的面向上 502 次. 这就是统计的涨落现象.

一切与热现象有关的宏观量的数值都是统计平均值. 在任意给定的瞬间或在系统中任一局部范围内，观测值都与统计平均值有偏差，它们都在统计平均值附近变化.

三、理想气体的微观模型和统计假设

1. 理想气体的微观模型

从分子动理论的观点来看，理想气体对应于一定的微观模型，称为理想气体的分子模型. 气体很容易被压缩，当气体凝结成液体时，体积将缩小上千倍，而液体中的分子几乎是紧密排列的. 气体分子的平均间距，就数量级来讲，大约是分子本身线度的 10 倍，所以可以把气体分子看作平均间距很大的分子的集合. 理想气体的分子模型具有以下特点：

(1) 气体分子可看作质点，其大小相对于分子的平均间距可以忽略. 气体分子的直径约为 10^{-10} m，而在标准状态下气体分子的平均间距约为 10^{-9} m，相差一个数量级，因此可将气体分子看作质点，其本身的大小忽略不计.

(2) 除碰撞外，气体分子间的相互作用力可以忽略不计，同一分子两次碰撞之间做匀速直线运动. 分子相互作用力的作用半径的数量级为 10^{-10} m，明显小于分子的平均间距，所以除碰撞瞬间外，分子之间以及分子与容器壁之间的距离较远，分子间的相互作用力可忽略不计.

(3) 处于平衡态的气体系统中，分子之间以及分子与容器壁之间的碰撞是弹性碰撞，即碰撞前后气体分子的动量和动能都守恒.

2. 理想气体的统计假设

处于平衡态的气体系统，虽然不同气体分子的物理状态是不同的，但就大量分子的统计平均来看，分子均匀地分布在系统空间中，且没有哪一个方向的运动比其他方向的运动更占优势，分子沿各个方向运动的机会是均等的. 因此，对平衡态下的气体系统可做如下统计假设：

(1) 气体分子的分布是均匀的. 若以 N 表示体积为 V 的容器内的总分子数，则分子数密度 n 处处相等，有

$$n=\frac{\mathrm{d}N}{\mathrm{d}V}=\frac{N}{V}.$$

(2) 气体分子沿各个方向运动的概率是一样的. 因此，在空间直角坐标系中，速度沿坐标轴方向的分量的平均值为

$$\overline{v}_x=\overline{v}_y=\overline{v}_z=0,$$

而速度分量的平方的平均值应该相等，即

$$\overline{v_x^2}=\overline{v_y^2}=\overline{v_z^2}.$$

由于每个分子的速率 v_i 和其速度分量有下述关系：

$$v_i^2=v_{ix}^2+v_{iy}^2+v_{iz}^2,$$

取平均后，有

$$\overline{v^2}=\overline{v_x^2}+\overline{v_y^2}+\overline{v_z^2},$$

因此

$$\overline{v_x^2}=\overline{v_y^2}=\overline{v_z^2}=\frac{1}{3}\overline{v^2}.$$

四、理想气体压强公式

在宏观上容器中气体施于容器壁的压强，是大量气体分子对容器壁不断碰撞的结果.气体分子不断地与容器壁相碰，就某一个分子来说，它对容器壁的碰撞是离散的，而且它每次给容器壁多大的冲量，碰在什么地方都是偶然的.但对大量分子整体来说，每一时刻都有许多分子与容器壁相碰，所以在宏观上就表现出一个恒定的、持续的压强.就像雨点打在伞上，单个雨点打在伞上是离散的，大量密集的雨点打在伞上就产生持续向下的压力.

由于涉及大量分子的碰撞，因此下面用统计平均的方法推导理想气体压强公式.

设储有理想气体的容器的容积为 V，气体分子的质量为 m_0，总分子数为 N.不考虑外力场作用，平衡态下，分子均匀分布在容器内，分子数密度为 $n=\dfrac{N}{V}$，容器壁上各处的压强相等.为了方便讨论，将分子分成若干组，每组内的分子具有大小相同、方向一致的速度.将单位体积内速度分别为 $\boldsymbol{v}_1,\boldsymbol{v}_2,\cdots,\boldsymbol{v}_i,\cdots$ 的分子数表示为 $n_1,n_2,\cdots,n_i,\cdots$，则有 $n=n_1+n_2+\cdots+n_i+\cdots=\sum\limits_i n_i$.

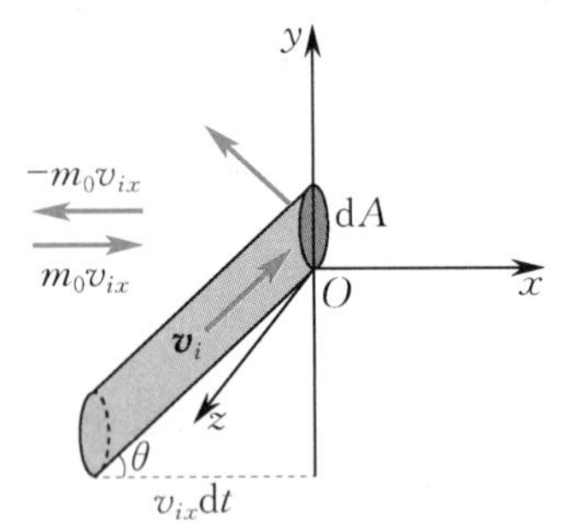

图 4-6　气体压强公式推导

如图 4-6 所示，建立空间直角坐标系，在垂直于 x 轴的容器壁上任取一面积元 $\mathrm{d}A$，计算其所受压强.

设第 i 组气体分子以速度 $\boldsymbol{v}_i$ 与 $\mathrm{d}A$ 碰撞.由于碰撞是弹性的，所以 y,z 方向的速度分量 v_{iy},v_{iz} 不变，而 x 方向的速度分量由 v_{ix} 变为 $-v_{ix}$，即大小不变，方向相反.碰撞一次，分子的动量增量为

$$(-m_0v_{ix})-m_0v_{ix}=-2m_0v_{ix}.$$

由牛顿第三定律可知，分子施于面积元 $\mathrm{d}A$ 的冲量为 $2m_0v_{ix}$.

$\mathrm{d}t$ 时间内，由于速度的限制，与面积元 $\mathrm{d}A$ 垂直距离大于 $v_{ix}\mathrm{d}t$ 的分子不能在 $\mathrm{d}t$ 时间内与面积元 $\mathrm{d}A$ 碰撞，因此第 i 组气体分子中，在 $\mathrm{d}t$ 时间内能够与面积元 $\mathrm{d}A$ 发生碰撞的分子都分布在以 $\mathrm{d}A$ 为底、$v_{ix}\mathrm{d}t$ 为高、v_{ix} 为轴线的柱体内，分子数为 $n_iv_{ix}\mathrm{d}t\mathrm{d}A$，于是 $\mathrm{d}t$ 时间内，第 i 组气体分子施于面积元 $\mathrm{d}A$ 的冲量为

$$2m_0v_{ix}\cdot n_iv_{ix}\mathrm{d}t\mathrm{d}A=2m_0n_iv_{ix}^2\mathrm{d}t\mathrm{d}A.$$

所有组的气体分子施于面积元 $\mathrm{d}A$ 的总冲量为

$$\mathrm{d}I=\sum_{v_{ix}>0}2m_0n_iv_{ix}^2\mathrm{d}t\mathrm{d}A,$$

式中限制了 $v_{ix}>0$，这是因为 $v_{ix}<0$ 的分子实际上是远离 $\mathrm{d}A$ 的，不可能和 $\mathrm{d}A$ 碰撞.考虑到平衡态下容器内的气体分子沿各个方向运动的概率是一样的，即 $v_{ix}>0$ 和 $v_{ix}<0$ 的分子数是相等的，均为总数的一半.因此对于上式，只要除以 2 即可去掉 $v_{ix}>0$ 的限制，于是有

$$\mathrm{d}I=\sum_i m_0n_iv_{ix}^2\mathrm{d}t\mathrm{d}A.$$

根据压强及冲量的定义，有

$$p=\frac{\mathrm{d}F}{\mathrm{d}A}=\frac{\mathrm{d}I}{\mathrm{d}A\mathrm{d}t}=\sum_i m_0 n_i v_{ix}^2.$$

由平均值的定义可得

$$\overline{v_x^2}=\frac{n_1 v_{1x}^2+n_2 v_{2x}^2+\cdots+n_i v_{ix}^2+\cdots}{n_1+n_2+\cdots+n_i+\cdots}=\frac{\sum_i n_i v_{ix}^2}{\sum_i n_i}=\frac{\sum_i n_i v_{ix}^2}{n},$$

得出理想气体压强公式

$$p=nm_0\overline{v_x^2}.$$

由统计假设有$\overline{v_x^2}=\frac{1}{3}\overline{v^2}$，于是上式可写为

$$p=\frac{1}{3}nm_0\overline{v^2} \tag{4-5a}$$

或

$$p=\frac{2}{3}n\left(\frac{1}{2}m_0\overline{v^2}\right). \tag{4-5b}$$

如果以 $\bar{\varepsilon}_t$ 表示气体分子的平均平动动能，有 $\bar{\varepsilon}_t=\frac{1}{2}m_0\overline{v^2}$，则式(4－5b) 可写为

$$p=\frac{2}{3}n\bar{\varepsilon}_t. \tag{4-5c}$$

式(4－5c) 称为理想气体压强公式. 该式揭示了宏观量 p 与微观量统计平均值n，$\bar{\varepsilon}_t$ 之间的关系. 气体作用于容器壁的压强既与分子数密度 n 有关，又与分子的平均平动动能 $\bar{\varepsilon}_t$ 有关. 在式(4－5a) 中，$nm_0=\rho$ 为气体的密度，故理想气体压强公式也可写为

$$p=\frac{1}{3}\rho\overline{v^2}.$$

五、温度的微观本质

1. 温度公式

根据理想气体压强公式和理想气体物态方程，可以导出气体的温度与分子的平均平动动能之间的关系，从而阐明温度的微观本质. 根据理想气体物态方程(4－2)，处于平衡态下的气体的压强可表示为

$$p=\frac{m}{M}\frac{R}{V}T=\frac{Nm_0}{N_A m_0}\frac{R}{V}T=\frac{N}{V}\frac{R}{N_A}T=nkT, \tag{4-6}$$

式中 $k=\frac{R}{N_A}$ 称为玻尔兹曼常量，一般计算时，取其值为

$$k=1.38\times10^{-23}\ \mathrm{J/K}.$$

联立式(4－5c) 与式(4－6)，可得

$$\bar{\varepsilon}_t=\frac{3}{2}kT. \tag{4-7}$$

式(4－7) 是从气体动理论的角度对温度进行定义的，称为温度公式. 它从微观角度阐明了温度的本质，即温度表明了系统内分子热运动的剧烈程度. 温度越高，分子的平均平动动能越大，系统内分子热运动越剧烈. 应当注意，温度是大量分子热运动的集体表现，具有统计意义，对单个分子或少数几个分子谈温度毫无意义.

式(4-7)给出了温度和分子的平均平动动能的关系,由此式可知,在 $T=0$ K时,$\bar{\varepsilon}_t=0$,这表明分子停止运动了,这是不可能实现的,原因有二:其一,热力学第三定律(下章讨论)给出,热力学零度(也称绝对零度)无法达到;其二,此公式描述的是理想气体的状态,当气体温度还未达到0 K时,物质已经变为液态或固态了,所以式(4-7)已不再适用. 因此,使用此公式时要注意其适用范围,不能违背物理学基本原理.

例 4-2

一容器内储有氧气,其压强为 $p=1.013\times10^5$ Pa,温度为 27 ℃,摩尔质量为 3.2×10^{-2} kg/mol. 求:

(1) 氧气的分子数密度;

(2) 氧分子的质量;

(3) 氧分子的平均平动动能;

(4) 1 mol 氧气的总平动动能.

解　(1) 由 $p=nkT$ 可得

$$n=\frac{p}{kT}=\frac{1.013\times10^5}{1.38\times10^{-23}\times(27+273.15)}\ \text{m}^{-3}=2.45\times10^{25}\ \text{m}^{-3}.$$

(2) 氧分子的质量为

$$m_0=\frac{M}{N_A}=\frac{3.2\times10^{-2}}{6.02\times10^{23}}\ \text{kg}=5.32\times10^{-26}\ \text{kg}.$$

(3) 氧分子的平均平动动能为

$$\bar{\varepsilon}_t=\frac{3}{2}kT=\frac{3}{2}\times1.38\times10^{-23}\times(27+273.15)\ \text{J}=6.21\times10^{-21}\ \text{J}.$$

(4) 计算 1 mol 氧气的总平动动能有以下两种方法:

$$\bar{E}_t=N_A\bar{\varepsilon}_t=6.02\times10^{23}\times6.21\times10^{-21}\ \text{J}=3.74\times10^3\ \text{J};$$

$$\bar{E}_t=N_A\bar{\varepsilon}_t=N_A\cdot\frac{3}{2}kT=\frac{3}{2}RT=\frac{3}{2}\times8.31\times(27+273.15)\ \text{J}=3.74\times10^3\ \text{J}.$$

2. 气体分子的方均根速率

在式(4-7)中,如果把 $\bar{\varepsilon}_t$ 写作 $\frac{1}{2}m_0\overline{v^2}$,则可得到

$$\sqrt{\overline{v^2}}=\sqrt{\frac{3kT}{m_0}}=\sqrt{\frac{3RT}{M}}. \tag{4-8}$$

$\sqrt{\overline{v^2}}$ 为气体分子速率平方的平均值的平方根,叫作气体分子的方均根速率. 式(4-8)是一个统计意义上的关系式. 知道了宏观量 T 和 M,只能求出微观量 v 的一种统计平均值 $\sqrt{\overline{v^2}}$,而不能计算出每个气体分子的速率 v. 虽然如此,但是通过方均根速率,我们可以对气体分子的运动情况进行一些统计的了解. 例如计算出来的方均根速率越大,则气体中速率大的分子越多.

例 4-3

求 0 ℃ 时氢分子的方均根速率,已知氢气的摩尔质量为 2.02×10^{-3} kg/mol.

解　已知 $T=273.15$ K,由式(4-8)可得

$$\sqrt{\overline{v^2}}=\sqrt{\frac{3RT}{M}}=\sqrt{\frac{3\times8.31\times273.15}{2.02\times10^{-3}}}\ \text{m/s}=1\,836\ \text{m/s}.$$

用同样的方法可以计算出 0 ℃ 时其他气体分子的方均根速率. 表 4 - 1 列出了常见气体分子在 0 ℃ 时的摩尔质量及方均根速率.

表 4 - 1　常见气体分子在 0 ℃ 时的摩尔质量及方均根速率

气体	摩尔质量 $/(10^{-3}\ \mathrm{kg/mol})$	方均根速率 $/(\mathrm{m/s})$	气体	摩尔质量 $/(10^{-3}\ \mathrm{kg/mol})$	方均根速率 $/(\mathrm{m/s})$
氢气	2.02	1 836	一氧化碳	28	493
氦气	4.0	1 305	空气	28.8	486
水蒸气	18	615	氧气	32	461
氖气	20.1	582	二氧化碳	44	393
氮气	28	493			

4.3　能量均分定理　理想气体的内能

气体动理论中的理想气体就是将气体分子简化成自由的弹性质点，在讨论理想气体压强公式和温度公式时，只考虑了气体分子的平动对压强和温度的影响. 实际上气体分子是有结构和大小的，考虑到气体分子的这些实际特点，不能简单地将气体分子看成质点. 大量气体分子的热运动，不但有平动，还有转动和振动，因此分子的热运动能量包含平均平动动能、平均转动动能和平均振动动能等，只有综合考虑这些因素的影响，给出的气体分子的热运动能量的统计规律才更接近实际.

一、气体分子的自由度

确定一个物体空间位置所需要的独立坐标数，称为物体的自由度，用 i 表示.

例如，为了描述一个自由质点在空间直角坐标系中的位置，需要 x,y 和 z 这 3 个独立坐标，故自由质点的自由度为 $i=3$；若质点被限制在一平面或曲面上运动，根据该面满足的 3 个坐标之间的关系式，独立变化的变量将减少一个，故其自由度为 $i=2$；若质点进一步被限制在一直线或一曲线上运动，只需一个变量就能描述出质点的位置，故其自由度为 $i=1$.

对于自由运动的刚体，除平动外还有转动. 刚体的一般运动可分解为质心的平动和绕质心轴的转动. 为了描述刚体的平动，用 3 个独立变量 (x,y,z) 确定刚体质心的空间位置，即刚体有 3 个平动自由度；为了描述刚体的转动，需要确定过刚体质心的任一转轴（见图 4 - 7 中的 AC 轴）的方位，该转轴的确定需要 3 个方位角 (α,β,γ)，但由于 3 个方位角满足 $\cos^2\alpha+\cos^2\beta+\cos^2\gamma=1$，故只需要 2 个独立的变量（如 α, β）即可确定通过刚体质心的任一转轴的方位；确定了质心的位置和转轴的方位后，还需要确定刚体绕转轴的转动情况，因此还需要一个转动坐标 φ，如图 4 - 7 所示. 因此，自由刚体共有 6 个自由度：3 个平动自由度，3 个转动自由度. 如果刚体受到某种限制，其自由度就会减少. 例如，定轴转动的刚体只有 1 个自由度.

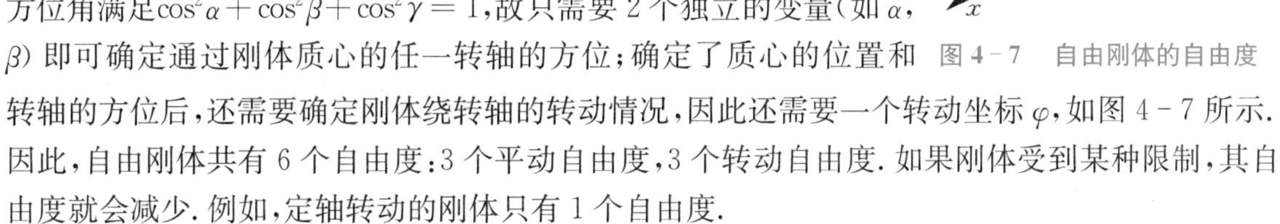

图 4 - 7　自由刚体的自由度

现在根据上述概念可以确定气体分子的自由度.

对于单原子分子气体，单原子分子可看成一个自由质点，不考虑转动自由度，故其有 3 个平动自由度，即 $i=3$，如图 4 - 8(a) 所示.

对于双原子分子气体，双原子分子中的 2 个原子由一个化学键连接(见图 4-8(b)). 由对分子光谱的研究可知，双原子分子除整体做平动和转动之外，两个原子还沿着化学键方向做微振动，因此需要 3 个独立坐标确定其质心的位置，2 个独立坐标确定化学键的方位，1 个独立坐标确定两原子的相对位置. 所以，双原子分子共有 6 个自由度：3 个平动自由度，2 个转动自由度和 1 个振动自由度.

对于多原子分子气体，多原子分子(由 3 个(见图 4-8(c)) 或 3 个以上原子组成的分子) 的自由度需要根据其结构进行具体分析才能确定. 一般地，如果分子由 n 个原子组成，则这个分子最多有 $3n$ 个自由度：3 个平动自由度，3 个转动自由度，其余的 $3n-6$ 个为振动自由度.

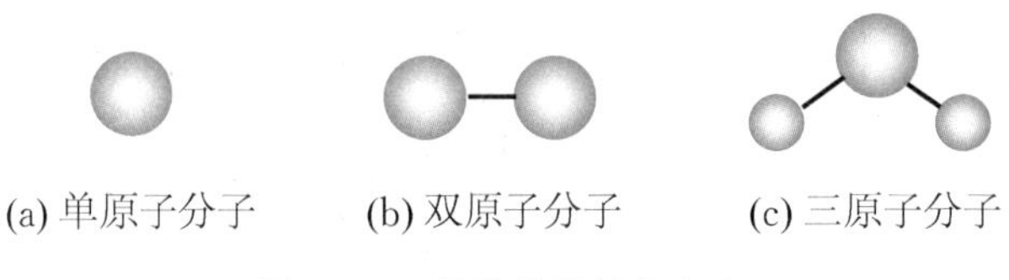

图 4-8　气体分子的自由度

二、能量均分定理

由式(4-7) 可知，气体分子的平均平动动能为

$$\bar{\varepsilon}_{\mathrm{t}}=\frac{1}{2}m_0\overline{v^2}=\frac{3}{2}kT.$$

又由平衡态理想气体的各向同性可知

$$\overline{v_x^2}=\overline{v_y^2}=\overline{v_z^2}=\frac{1}{3}\overline{v^2},$$

因此气体分子沿 x,y,z 这 3 个方向运动的平均平动动能相等，即

$$\frac{1}{2}m_0\overline{v_x^2}=\frac{1}{2}m_0\overline{v_y^2}=\frac{1}{2}m_0\overline{v_z^2}=\frac{1}{2}m_0\left(\frac{\overline{v^2}}{3}\right)=\frac{1}{3}\left(\frac{3}{2}kT\right)=\frac{1}{2}kT. \tag{4-9}$$

式(4-9) 表明，每个平动自由度分到的能量为 $\frac{1}{2}kT$，气体分子的平均平动动能 $\frac{3}{2}kT$ 均匀地分配到各个平动自由度上. 统计力学指出，以上结论可推广到分子的转动和振动，即在温度为 T 的平衡态下，气体分子的每一个自由度都具有相同的平均动能，其大小都等于 $\frac{1}{2}kT$. 这一结论称为能量按自由度均分定理，简称能量均分定理.

如果某气体分子的平动自由度为 t，转动自由度为 r，振动自由度为 s，则分子的平均平动动能、平均转动动能和平均振动动能分别为 $\frac{t}{2}kT$，$\frac{r}{2}kT$ 和 $\frac{s}{2}kT$，而分子的平均动能为

$$\bar{\varepsilon}_{\mathrm{k}}=\frac{1}{2}(t+r+s)kT. \tag{4-10}$$

由振动学可知，简谐振动在一个周期内的平均振动动能和平均振动势能是相等的. 分子内原子的微振动可近似看作简谐振动，所以对于每一个振动自由度，分子除了具有 $\frac{1}{2}kT$ 的平均振动动能外，还具有 $\frac{1}{2}kT$ 的平均振动势能. 因此，如果分子的振动自由度为 s，则分子的平均振动动能和平均振动势能均为 $\frac{s}{2}kT$，而分子的平均能量为

$$\bar{\varepsilon} = \frac{1}{2}(t + r + 2s)kT. \tag{4-11}$$

例如，对于单原子分子，$t = 3, r = s = 0$，所以 $\bar{\varepsilon} = \frac{3}{2}kT$；对于双原子分子，$t = 3, r = 2, s = 1$，所以 $\bar{\varepsilon} = \frac{7}{2}kT$.

能量均分定理是分子热运动的统计规律，是对大量分子统计平均所得的结果. 正是由于气体分子的大量性和碰撞的频繁性，才使能量在不同自由度之间转移，当达到平衡态时，能量按自由度均匀分配. 需要注意的是，对于个别分子，在某些时刻，能量均分定理不一定成立.

三、理想气体的内能

内能是系统内部状态所决定的能量，系统处在一定的状态，就有一定的内能，把内能与系统状态的这种对应关系表述为内能是系统状态的函数（简称态函数）. 从气体动理论的观点来说，系统的内能就是系统中所有气体分子热运动的动能和分子间相互作用的势能总和. 由于温度是分子平均平动动能的量度，而分子间相互作用的势能与分子的平均间距有关，或者说与气体的体积有关，所以气体的内能应是温度和体积的函数，即 $E = E(V, T)$.

对于理想气体，由于分子间的相互作用可以忽略，因而所有分子的总势能为零. 这样，理想气体的内能就是分子中各种形式的动能和分子内原子的振动势能的总和. 因为分子的平均能量为 $\bar{\varepsilon} = \frac{1}{2}(t + r + 2s)kT$，所以 1 mol 理想气体的内能为

$$E_m = N_A \cdot \frac{1}{2}(t + r + 2s)kT = \frac{1}{2}(t + r + 2s)RT. \tag{4-12}$$

对于质量为 m、摩尔质量为 M 的理想气体，其内能为

$$E = \frac{m}{M} \cdot \frac{1}{2}(t + r + 2s)RT = \nu \cdot \frac{i}{2}RT. \tag{4-13}$$

式(4-13)表明，一定量的理想气体的内能与气体的体积和压强无关，只取决于分子的自由度和温度. 当理想气体分子确定时，自由度就确定了，其内能为温度的单值函数，即 $E = E(T)$.

由实验可知，当温度不太高（低于 1 000 ℃）时，分子的运动方式主要为平动、转动，振动可以被忽略，因而通常都将气体分子看成是刚性的（$s = 0$）. 对于刚性气体分子，其自由度为 $i = t + r$.

常温时，气体分子通常可以看成是刚性的.

刚性单原子分子气体：自由度为 $i = 3$，分子的平均能量为 $\bar{\varepsilon} = \frac{3}{2}kT$，1 mol 气体的内能为 $E_m = \frac{3}{2}RT$；

刚性双原子分子气体：自由度为 $i = 5$，分子的平均能量为 $\bar{\varepsilon} = \frac{5}{2}kT$，1 mol 气体的内能为 $E_m = \frac{5}{2}RT$；

刚性多原子分子气体：自由度为 $i = 6$，分子的平均能量为 $\bar{\varepsilon} = 3kT$，1 mol 气体的内能为 $E_m = 3RT$.

当温度由 T_1 变为 T_2 时，气体内能的改变量为

$$\Delta E = E_2 - E_1 = \nu \cdot \frac{i}{2}R(T_2 - T_1), \tag{4-14}$$

式中E_1,E_2分别是气体温度为T_1,T_2时的内能.若$T_2 > T_1$,则$\Delta E > 0$,表示气体的内能增加;反之,若$T_2 < T_1$,则$\Delta E < 0$,表示气体的内能减少.

例 4-4

在300 K下,1 mol氧气和1 mol氮气的内能分别为多少?50 g氦气的内能为多少?

解　氧气和氮气均是双原子分子气体,300 K下可以看作刚性双原子分子,其自由度均为$i=5$,因此它们的内能相同,均为

$$E=\frac{i}{2}RT=\frac{5}{2}\times 8.31\times 300\ \text{J}=6.23\times 10^3\ \text{J}.$$

氦气为单原子分子气体,其自由度为$i=3$,因此50 g氦气的内能为

$$\begin{aligned}E&=\frac{m}{M}\frac{i}{2}RT\\&=\frac{50}{4}\times\frac{3}{2}\times 8.31\times 300\ \text{J}\\&=4.67\times 10^4\ \text{J}.\end{aligned}$$

例 4-5

水蒸气分解为同温度的氢气和氧气,问此过程中内能增加了多少(不计振动自由度)?

解　根据化学方程式

$$H_2O = H_2+\frac{1}{2}O_2,$$

a mol水蒸气可以分解为a mol氢气,$\frac{a}{2}$ mol氧气.水蒸气为三原子分子气体,a mol水蒸气的内能为$3aRT$,氢气和氧气均为双原子分子气体,a mol氢气的内能为$\frac{5}{2}aRT$,$\frac{a}{2}$ mol氧气的内能为$\frac{5}{4}aRT$,则内能的相对增加量为

$$\begin{aligned}\frac{E_{后}-E_{前}}{E_{前}}&=\frac{\frac{5}{2}aRT+\frac{5}{4}aRT-3aRT}{3aRT}\times 100\%\\&=25\%,\end{aligned}$$

即内能增加了25%.

例 4-6

容器内储有某种理想气体,气体温度为273 K,压强为1.01×10^5 Pa,密度为1.24 kg/m³.求:

(1) 气体分子的方均根速率;

(2) 气体的摩尔质量,并确定它是什么气体;

(3) 气体分子的平均平动动能和平均转动动能;

(4) 单位体积内所有分子的平均平动动能之和;

(5) 0.3 mol该气体的内能.

解　(1) 由$\sqrt{\overline{v^2}}=\sqrt{\frac{3RT}{M}}$,$pV=\frac{m}{M}RT$和$\rho=\frac{m}{V}$,可得

$$\begin{aligned}\sqrt{\overline{v^2}}&=\sqrt{\frac{3p}{\rho}}=\sqrt{\frac{3\times 1.01\times 10^5}{1.24}}\ \text{m/s}\\&=494\ \text{m/s}.\end{aligned}$$

(2) 由理想气体物态方程$pV=\frac{m}{M}RT$,可得

$$\begin{aligned}M&=\frac{m}{V}\frac{RT}{p}=\rho\frac{RT}{p}\\&=1.24\times\frac{8.31\times 273}{1.01\times 10^5}\ \text{kg/mol}\\&=2.8\times 10^{-2}\ \text{kg/mol}.\end{aligned}$$

因为氮气和一氧化碳的摩尔质量均为2.8×10^{-2} kg/mol,所以气体是氮气或一氧化碳.

(3) 根据能量均分定理,分子每个自由度都有$\frac{1}{2}kT$的动能.氮气和一氧化碳都是双原子分子气体,有3个平动自由度,2个转动自由度,所以气体分子的平均平动动能和平均转动动能分别为

$$\begin{aligned}\bar{\varepsilon}_t&=\frac{3}{2}kT=\frac{3}{2}\times 1.38\times 10^{-23}\times 273\ \text{J}\\&=5.65\times 10^{-21}\ \text{J},\end{aligned}$$

$$\bar{\varepsilon}_r = \frac{2}{2}kT = \frac{2}{2} \times 1.38 \times 10^{-23} \times 273\ \text{J} = 3.77 \times 10^{-21}\ \text{J}.$$

(4) 气体分子的平均平动动能为$\frac{3}{2}kT$,单位体积内所有分子的平均平动动能之和为$\overline{E}_k = n \cdot \frac{3}{2}kT$.又因为$p = nkT$,所以

$$\overline{E}_k = n \cdot \frac{3}{2}kT = \frac{3}{2}p = \frac{3}{2} \times 1.01 \times 10^5\ \text{J} = 1.52 \times 10^5\ \text{J}.$$

(5) 0.3 mol 该气体的内能为

$$E = \frac{m}{M}\frac{i}{2}RT = 0.3 \times \frac{5}{2} \times 8.31 \times 273\ \text{J} = 1.70 \times 10^3\ \text{J}.$$

4.4 麦克斯韦速率分布律

气体系统具有大量的分子,分子要么正在发生碰撞,要么在寻求碰撞,大量气体分子的频繁碰撞造成了气体分子以各种大小的速率沿各个方向运动,而且由于相互碰撞,每个分子的速度都在不断地改变.因此,某一气体分子在任一时刻的速度的大小和方向都是偶然的和不可预测的.然而从大量分子的整体上看,在平衡态下,分子的速度是否会遵循一定的规律呢?1859 年,麦克斯韦①用概率论证明了在平衡态下,理想气体分子的速度分布遵从一定的规律,这个规律叫作麦克斯韦速度分布律.若不考虑速度的方向,则叫作麦克斯韦速率分布律.

麦克斯韦

一、测定气体分子速率分布的实验

20 世纪 20 年代,由于高真空技术和测量技术的发展,特别是分子射线实验技术的迅速发展,麦克斯韦速率分布律得到了许多直接的实验证明.1920 年,德国物理学家施特恩用银蒸气分子束实验验证了银分子有着确定的速率分布,但未能给出定量的结果.1934 年,我国物理学家葛正权设计了测定铋(Bi)蒸气分子的速率分布的实验,铋蒸气中同时含有单原子 Bi、双原子 Bi_2 和三原子 Bi_3,葛正权经过多次实验,假定这三种组分的含量(指每种组分的物质的量与总物质的量的百分比)分别为 44%,54% 和 2%,得到的实验结果与麦克斯韦速率分布律符合得很好.国际上公认葛正权是第一个以精确的数据验证了麦克斯韦速率分布律的人.

1. 实验装置简介

测定气体分子速率分布的实验装置如图 4-9 所示.图中 A 为分子射线源;B 和 C 为用铝合金制成的共轴圆盘,圆盘上有相同的扇形狭缝,两圆盘同速转动,且两狭缝之间的夹角为 $\varphi = 4.8°$;D 为根据电离计原理制成的检测器,用来接收分子射线,并测定其强度.整个装置都放在抽成真空的容器内.

① 麦克斯韦,英国物理学家、数学家.电动力学的创始人,统计物理学的奠基人之一.他提出了感生电场和位移电流的概念,建立了经典电磁理论,并预言了以光速传播的电磁波.在气体动理论方面,他提出了气体分子按速率分布的统计规律.

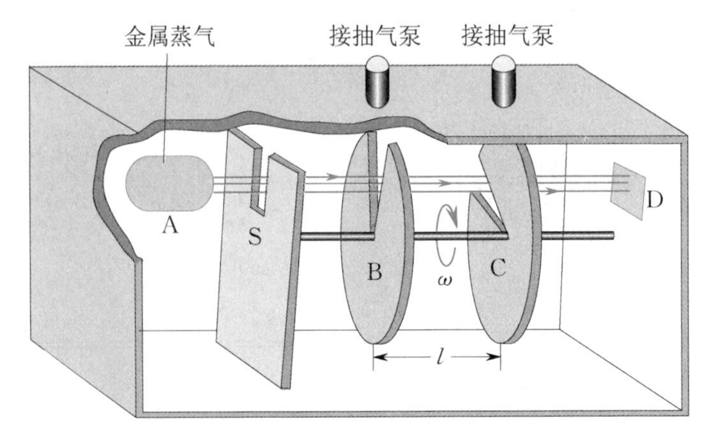

图 4-9　测定气体分子速率分布的实验装置

2. 实验原理

两圆盘以一定的角速度 ω 转动，由于不同速率的分子通过两圆盘之间的距离 l 所需的时间不同，各种速率的分子射入入口狭缝(圆盘 B 上)后，只有速率严格限定的分子才能通过出口狭缝(圆盘 C 上)，否则将会和出口圆盘面碰撞.

分子通过两圆盘之间的距离所需的时间为

$$t=\frac{l}{v}=\frac{\varphi}{\omega},$$

从而有

$$v=\frac{l\omega}{\varphi}.$$

可见，只有速率满足上述关系的分子才能穿过两圆盘，其他速率的分子将碰撞在出口圆盘面上，因此此实验装置起到了选择速率的作用. 圆盘上的狭缝有一定的宽度，两圆盘狭缝夹角 φ 有一定范围，当圆盘的角速度 ω 一定时，通过两圆盘狭缝的分子的速率并不严格相同，而是分布在一定的速率区间 $v\sim v+\Delta v$ 内. 不同的圆盘角速度选择相应速率的分子通过两圆盘，经过 D 的收集与测量，如果射线强度大，表明分布在该速率区间内的分子数所占的比率较大；如果射线强度小，表明分布在该速率区间内的分子数所占的比率较小.

3. 实验过程和结果

实验时，改变圆盘的角速度，使圆盘先后以不同的角速度 $\omega_1,\omega_2,\cdots$ 转动，依次测定相应分子射线的强度，就可以确定分子按速率分布的情况.

实验表明，射线强度随分子速率 v 的变化而发生变化，为速率 v 的函数；在相同条件下，相同区间间隔的不同速率区间内的分子数所占的比率不同，但多次实验得到同一速率区间内的分子数所占的比率大致相同，这说明分子速率确实存在一个恒定的分布律.

二、气体分子的速率分布

研究一般的分布问题(如粒度大小)，需要把粒度尺寸分成若干相等的区间，例如，$0\sim 1\ \mu\text{m}$，$1\sim 2\ \mu\text{m}$，$2\sim 3\ \mu\text{m}$ 等区间. 各区间间隔的选取，是为了比较分布的多少，因此把区间间隔取为相等，从而突出分布的意义. 显然，所取区间间隔越小，有关分布的信息就越详细，对分布情况的描述也越精确.

研究气体分子的速率分布规律，与研究一般的分布问题相似，也需要把速率分成若干区间，例如，0 ～ 100 m/s，100 ～ 200 m/s，200 ～ 300 m/s 等区间间隔相等的区间. 通过统计平衡态下分布在各个速率区间内的分子数 ΔN，计算出各占气体总分子数 N 的百分比为多少，以及哪一个速率区间的分子数最多，依次掌握气体分子的速率分布情况.

根据统计数据描述分布的方法通常有 3 种：① 根据统计数据列表 —— 分布表；② 作出曲线 —— 分布曲线；③ 找出函数关系 —— 分布函数.

表 4－2 列出了 0 ℃ 时氧分子速率分布的统计数据. 从表中数据可以看出，速率分布呈现中间大、两头小的趋势，中速的分子数占总分子数的百分比较大，高速和低速的分子数占总分子数的百分比较小. 此规律普遍适用于其他气体，即对任何温度下的任意一种气体，其大体上的分布趋势都如此，从而表现出了气体分子速率分布的规律性.

表 4－2　0 ℃ 时氧分子速率分布的统计数据

速率区间 /(m/s)	分子数的百分比$\left(\frac{\Delta N}{N}\right)$	速率区间 /(m/s)	分子数的百分比$\left(\frac{\Delta N}{N}\right)$
0 ～ 100	1.4%	500 ～ 600	15.1%
100 ～ 200	8.1%	600 ～ 700	9.2%
200 ～ 300	16.5%	700 ～ 800	4.8%
300 ～ 400	21.4%	800 ～ 900	2.0%
400 ～ 500	20.6%	900 以上	0.9%

若以速率 v 为横坐标，$\frac{\Delta N}{N\Delta v}$ 为纵坐标，则表 4－2 给出的分子速率分布统计数据可以表示成图 4－10(a) 所示的曲线，即在速率 v 附近，用速率区间 $v \sim v+\Delta v$ 的面积$\left(\frac{\Delta N}{N\Delta v}\cdot\Delta v\right)$表示速率在此区间的分子数占总分子数的百分比. 显然，选择的区间间隔越大，相应的区间数就越少，描述速率分布差异性的数据越少，整体描述越粗糙. 因此，为了将速率分布的真实情况更细致地反映出来，应当一方面把区间间隔 Δv 取得更小；另一方面增大总分子数 N，这样就可以增大不同速率区间的差异性，如图 4－10(b) 所示.

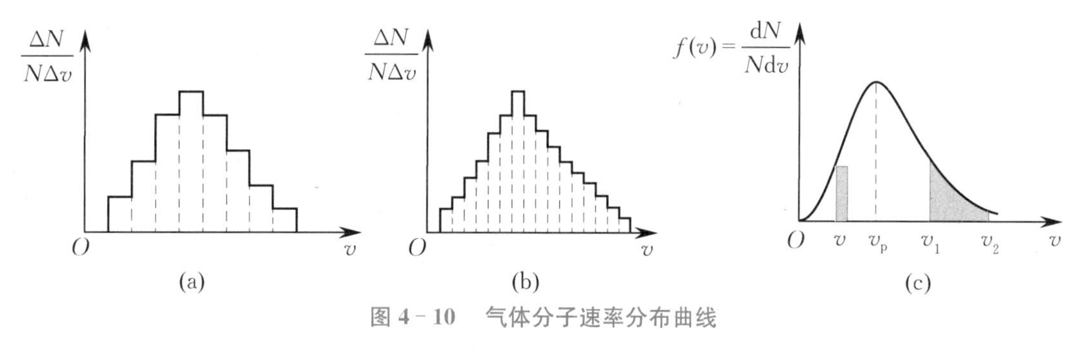

图 4－10　气体分子速率分布曲线

随着区间间隔 Δv 的减小，速率分布统计数据越来越接近某速度点的速率分布，当 Δv 趋近于零时，则可精确描述气体分子的速率分布，即取 dv 为区间间隔，这时，纵坐标为$\frac{dN}{Ndv}$，所得$\frac{dN}{Ndv}-v$ 曲线为一条平滑的曲线，该曲线称为**速率分布曲线**，如图 4－10(c) 所示.

令

$$f(v)=\lim_{\Delta v\to 0}\frac{\Delta N}{N\Delta v}=\frac{\mathrm{d}N}{N\mathrm{d}v} \tag{4-15}$$

表示速率 v 附近单位区间间隔内的分子数占总分子数的百分比,函数 $f(v)$ 称为气体分子的速率分布函数.

从图 4-10(c) 中我们可以看出,图中小矩形的面积为 $f(v)\mathrm{d}v$,该面积表示速率在速率区间 $v\sim v+\mathrm{d}v$ 内的分子数占总分子数的百分比;右边曲边梯形的面积为$\int_{v_1}^{v_2}f(v)\mathrm{d}v$,该面积表示速率介于 v_1 和 v_2 之间的分子数占总分子数的百分比. 由于分子的速率在零到无穷大的速率区间内的概率为 1,速率分布曲线下的总面积为各速率区间对应面积之和,结果为 1,或者说在整个速率区间内对速率分布函数积分的结果应为 1,即

$$\int_0^{\infty}f(v)\mathrm{d}v=1. \tag{4-16}$$

式(4-16) 称为速率分布函数的归一化条件. 归一化条件是分布函数必须满足的条件.

三、麦克斯韦速率分布函数

在气体分子速率分布的测定实验成功之前,麦克斯韦就已经于 1859 年从理论上推导出了气体分子按速率分布的规律. 麦克斯韦指出,当气体系统处于平衡态,忽略气体分子间的相互作用力时,速率分布在速率区间 $v\sim v+\mathrm{d}v$ 内的分子数占总分子数的百分比为

$$\frac{\mathrm{d}N}{N}=4\pi\left(\frac{m_0}{2\pi kT}\right)^{\frac{3}{2}}\mathrm{e}^{-\frac{m_0v^2}{2kT}}v^2\mathrm{d}v. \tag{4-17}$$

将式(4-17) 与式(4-15) 比较,可得麦克斯韦速率分布函数为

$$f(v)=\frac{\mathrm{d}N}{N\mathrm{d}v}=4\pi\left(\frac{m_0}{2\pi kT}\right)^{\frac{3}{2}}\mathrm{e}^{-\frac{m_0v^2}{2kT}}v^2, \tag{4-18}$$

式中 m_0 为单个气体分子的质量. 式(4-18) 表明,对于一定量的气体分子,其速率分布函数与温度 T、速率 v 有关. 对某一速率 v_1,速率分布函数 $f(v_1)$ 的值大,表示该速率附近单位区间间隔的分子数占总分子数的百分比大,或者说分子速率分布在该速率附近的单位区间间隔的概率大.

根据麦克斯韦速率分布函数,可以推导出以下 3 种常用的统计速率.

(1) 最概然速率 v_p.

由图 4-10(c) 可知,速率分布曲线有一极大值,与此极大值对应的速率称为最概然速率,用 v_p 表示. v_p 的物理意义是,将速率从零到无穷大范围分成许多相等的速率区间,则速率分布在 v_p 所在速率区间内的分子数占总分子数的百分比最大. 已知速率分布函数,可以用数学中求极值的方法求得最概然速率 v_p.

令

$$\left.\frac{\mathrm{d}f(v)}{\mathrm{d}v}\right|_{v=v_\mathrm{p}}=0,$$

将式(4-18) 代入上式,可求得

$$v_\mathrm{p}=\sqrt{\frac{2kT}{m_0}}=\sqrt{\frac{2RT}{M}}. \tag{4-19}$$

式(4-19) 表明,对于给定的气体(m_0 或 M 一定),温度越高,v_p 越大;对于给定温度(T 一定)的不同种类的气体,分子质量(或摩尔质量) 越小,v_p 越大.

(2) 平均速率 $\overline{v}$.

所有分子的速率的统计平均值称为分子的平均速率,用 $\overline{v}$ 表示,即

$$\overline{v}=\frac{\sum_i N_i v_i}{N}.$$

若用 $\mathrm{d}N$ 表示速率分布在速率区间 $v\sim v+\mathrm{d}v$ 内的分子数,当 v 连续分布时,平均速率可表示为

$$\overline{v}=\frac{\int_0^\infty v\mathrm{d}N}{N}=\frac{\int_0^\infty vNf(v)\mathrm{d}v}{N}=\int_0^\infty vf(v)\mathrm{d}v. \tag{4-20}$$

将式(4-18)代入式(4-20),积分整理后可得

$$\overline{v}=\sqrt{\frac{8kT}{\pi m_0}}=\sqrt{\frac{8RT}{\pi M}}. \tag{4-21}$$

(3) 方均根速率 $\sqrt{\overline{v^2}}$.

所有分子的速率的平方的统计平均值的平方根称为分子的方均根速率,用 $\sqrt{\overline{v^2}}$ 表示. 在讨论理想气体温度公式时,我们曾用分子动理论推导了气体分子的方均根速率与温度的关系式. 下面我们从速率分布函数出发推导方均根速率. 与推导平均速率类似,分子速率平方的平均值为

$$\overline{v^2}=\frac{\int_0^\infty v^2Nf(v)\mathrm{d}v}{N}=\int_0^\infty v^2f(v)\mathrm{d}v. \tag{4-22}$$

将式(4-18)代入式(4-22),积分整理后可得

$$\overline{v^2}=\frac{3kT}{m_0},$$

故方均根速率为

$$\sqrt{\overline{v^2}}=\sqrt{\frac{3kT}{m_0}}=\sqrt{\frac{3RT}{M}}.$$

上式与式(4-8)一致.

由上述讨论可知,同种气体的3种统计速率的大小关系为 $v_\mathrm{p}<\overline{v}<\sqrt{\overline{v^2}}$. 室温下,气体分子的3种统计速率的数量级一般为 10^2 m/s. 3种统计速率各有不同的含义和用途. 最概然速率 v_p 反映了气体分子按速率分布的特征;平均速率 $\overline{v}$ 用于讨论气体分子的碰撞;方均根速率 $\sqrt{\overline{v^2}}$ 则用于计算气体分子的平均平动动能.

例 4-7

试求温度为300 K时,氮分子的3种统计速率.

解 已知氮气的摩尔质量为 $M=2.8\times10^{-2}$ kg/mol. 由式(4-19)、式(4-21)和式(4-8),可得

$$v_\mathrm{p}=\sqrt{\frac{2RT}{M}}=\sqrt{\frac{2\times8.31\times300}{2.8\times10^{-2}}}\ \mathrm{m/s}=4.22\times10^2\ \mathrm{m/s},$$

$$\overline{v}=\sqrt{\frac{8RT}{\pi M}}=\sqrt{\frac{8\times8.31\times300}{3.14\times2.8\times10^{-2}}}\ \mathrm{m/s}=4.76\times10^2\ \mathrm{m/s},$$

$$\sqrt{\overline{v^2}}=\sqrt{\frac{3RT}{M}}=\sqrt{\frac{3\times8.31\times300}{2.8\times10^{-2}}}\ \mathrm{m/s}=5.17\times10^2\ \mathrm{m/s}.$$

例 4-8

设 N 个粒子的系统的速率分布情况为

$$f(v)=\begin{cases}Av & (0\leqslant v\leqslant v_0),\\ 0 & (v>v_0),\end{cases}$$

式中 A 为常量. 求:

(1) 常量 A;

(2) 粒子系统的平均速率和方均根速率;

(3) 速率大于$\frac{v_0}{2}$的粒子数;

(4) 速率小于$\frac{v_0}{2}$的粒子的平均速率.

解 (1) 由于速率只分布在速率区间 $0\sim v_0$ 内,根据速率分布函数的归一化条件 $\int_0^{v_0} f(v)\mathrm{d}v=1$,有

$$\int_0^{v_0} Av\mathrm{d}v=1,$$

解得

$$A=\frac{2}{v_0^2}.$$

(2) 粒子系统的平均速率和方均速率分别为

$$\bar{v}=\int_0^{v_0} vf(v)\mathrm{d}v=\int_0^{v_0} v\frac{2}{v_0^2}v\mathrm{d}v=\frac{2}{3}v_0,$$

$$\overline{v^2}=\int_0^{v_0} v^2 f(v)\mathrm{d}v=\int_0^{v_0} v^2\frac{2}{v_0^2}v\mathrm{d}v=\frac{v_0^2}{2},$$

故粒子系统的方均根速率为

$$\sqrt{\overline{v^2}}=\frac{\sqrt{2}}{2}v_0.$$

(3) 速率大于$\frac{v_0}{2}$的粒子数为

$$N_{v>\frac{v_0}{2}}=\int_{v_0/2}^{v_0} Nf(v)\mathrm{d}v=\int_{v_0/2}^{v_0} N\frac{2}{v_0^2}v\mathrm{d}v=\frac{3}{4}N.$$

(4) 由第(3)问可知,速率小于$\frac{v_0}{2}$的粒子数为

$$N_{v<\frac{v_0}{2}}=\int_0^{\frac{v_0}{2}} Nf(v)\mathrm{d}v,$$

因此速率小于$\frac{v_0}{2}$的粒子的平均速率为

$$\bar{v}_{0\sim v_0/2}=\frac{\int_0^{v_0/2} vNf(v)\mathrm{d}v}{\int_0^{v_0/2} Nf(v)\mathrm{d}v}=\frac{\int_0^{v_0/2} vf(v)\mathrm{d}v}{\int_0^{v_0/2} f(v)\mathrm{d}v}=\frac{\int_0^{v_0/2}\frac{2}{v_0^2}v^2\mathrm{d}v}{\int_0^{v_0/2}\frac{2}{v_0^2}v\mathrm{d}v}=\frac{v_0}{3}.$$

四、麦克斯韦速率分布曲线的性质

麦克斯韦速率分布曲线遵循以下两点:

(1) 归一化条件,即速率在从零到无穷大的区间内,有$\int_0^{\infty} f(v)\mathrm{d}v=1$;

(2) 最概然速率与$\sqrt{T}$成正比,与$\sqrt{M}$成反比.

麦克斯韦速率分布曲线下的总面积表示速率在零到无穷大的整个速率区间内的分子数占总分子数的百分比,或者说整个速率区间内百分比之和应为 1,即曲线与速率轴围成的面积为 1.

同一气体在不同温度条件下,其最概然速率随温度的升高而增大,由于曲线与速率轴围成的面积不变,所以速率分布区域变宽,低速区域的分布概率减小,高速区域的分布概率增大,分子处于最概然速率的概率随着温度的升高而降低(见图 4-11).

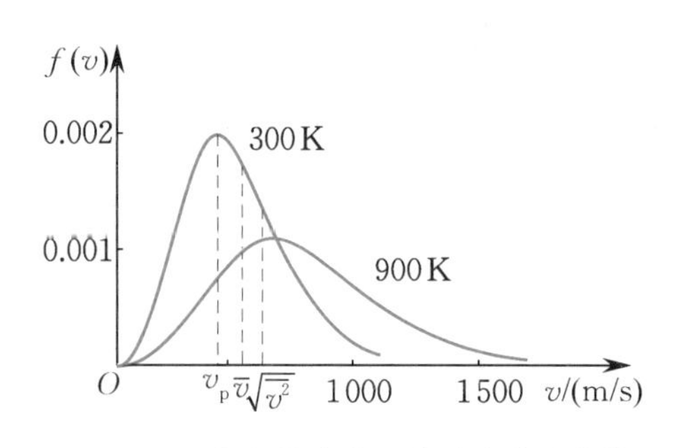

图 4-11　氮气的麦克斯韦速率分布曲线

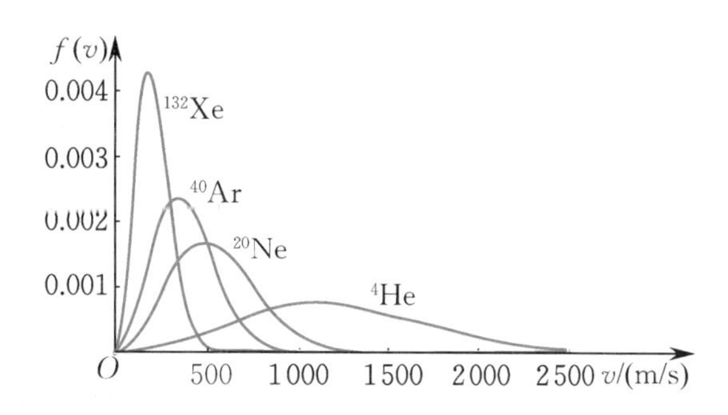

图 4-12　不同气体在相同温度下的麦克斯韦速率分布曲线

不同气体在相同温度条件下，其最概然速率随着气体摩尔质量(或分子质量)的升高而减小，由于曲线与速率轴围成的面积不变，因此速率分布区域变窄，低速区域的分布概率增大，高速区域的分布概率减小，分子处于最概然速率的概率随着气体摩尔质量的升高而增大(见图 4-12).

例 4-9

如图 4-13 所示，两条曲线分别表示氢气和氧气在相同温度下的麦克斯韦速率分布曲线，由图中所给数据求出两气体分子的最概然速率.

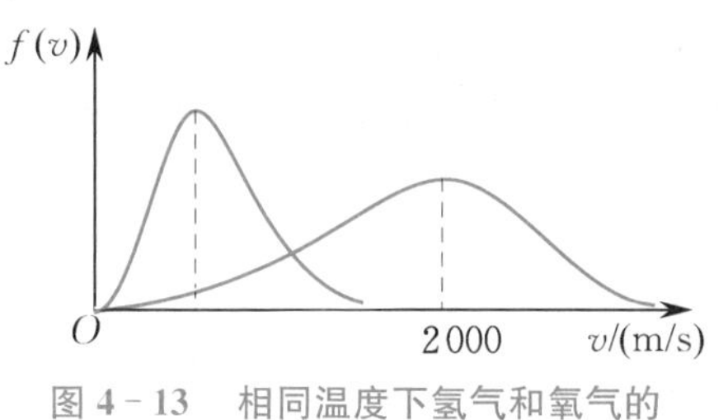

图 4-13　相同温度下氢气和氧气的麦克斯韦速率分布曲线

解　从图 4-13 中可以看出两种气体分子最概然速率的最大值为 2 000 m/s.

因为 $M(H_2) < M(O_2)$，$v_p = \sqrt{\dfrac{2RT}{M}}$，所以在相同温度下，有

$$v_p(H_2) > v_p(O_2),$$

因此

$$v_p(H_2) = 2\ 000\ \mathrm{m/s}.$$

由于

$$\frac{v_p(H_2)}{v_p(O_2)} = \sqrt{\frac{M(O_2)}{M(H_2)}} = \sqrt{\frac{32}{2}} = 4,$$

因此

$$v_p(O_2) = \frac{v_p(H_2)}{4} = 500\ \mathrm{m/s}.$$

地球表面附近的物体要想脱离地球引力的束缚，其速度要大于第二宇宙速度(11.2 km/s). 常温(300 K)下，氢气、氦气、氧气、氮气的方均根速率虽然都远小于第二宇宙速度，但是从麦克斯韦速率分布曲线中可以看出，存在部分速率远大于方均根速率的气体分子. 当这些气体分子的速度大于第二宇宙速度时，它们就能逃出地球大气层. 由于氢气和氦气的方均根速率比氧气和氮气大得多，因此它们更容易逃出地球大气层，故而经过漫长的岁月，在今天的地球大气层中，氢气和氦气的含量远低于氧气和氮气.

五、麦克斯韦速度分布律

速度作为矢量，有大小和方向，前面我们讨论了麦克斯韦速率分布律，但没有考虑到气体分子的速度方向，更详细的讨论应指出气体分子是如何按速度分布的. 当分子间的相互作用可以忽略时，麦克斯韦用概率论证明了在平衡态下，气体分子速度在空间直角坐标系中的 x 方向分量在 $v_x \sim v_x + \mathrm{d}v_x$ 区间内、y 方向分量在 $v_y \sim v_y + \mathrm{d}v_y$ 区间内、z 方向分量在 $v_z \sim v_z + \mathrm{d}v_z$ 区间内的分子数与总分子数的百分比为

$$\frac{\mathrm{d}N}{N}=\left(\frac{m_0}{2\pi kT}\right)^{\frac{3}{2}}\mathrm{e}^{-\frac{m_0}{2kT}(v_x^2+v_y^2+v_z^2)}\mathrm{d}v_x\mathrm{d}v_y\mathrm{d}v_z. \tag{4-23}$$

式(4-23)称为麦克斯韦速度分布律.

六、玻尔兹曼分布律

在麦克斯韦速率分布函数中,指数项只包含分子的平动动能 $\varepsilon_k=\frac{1}{2}m_0v^2$,这反映出研究的分子是不受外力作用的.玻尔兹曼研究了麦克斯韦速率分布律后,把它推广到分子在保守场(如重力场)中运动的情形.在这种情形下用总能量 $\varepsilon=\varepsilon_k+\varepsilon_p$ 代替 ε_k,其中 ε_p 为分子在保守场中的势能,一般来说势能依坐标而定,分子在空间的分布是不均匀的.玻尔兹曼讨论了分子在空间中的速率分布情况,并应用麦克斯韦速率分布律化简后得到分子数密度随势能的分布规律,称为玻尔兹曼分布律,即

$$n=n_0\mathrm{e}^{-\frac{\varepsilon_p}{kT}}, \tag{4-24}$$

式中 n 为空间中分子势能为 ε_p 处的分子数密度,n_0 为空间中分子势能 $\varepsilon_p=0$ 处的分子数密度.玻尔兹曼分布律是一个普遍的规律,它对任何微粒(气体分子、固体的原子和分子、布朗粒子等)在任何保守场(重力场、电场)中运动的情形都成立.

如果气体分子处在重力场中,分子同时受到两种作用,气体分子的热运动使分子均匀分布于它们所能达到的空间,而重力则会使气体分子靠近地面,这两种作用达到平衡时,气体分子在空间中呈现非均匀分布,分子数密度随高度的增加而减小.取 z 轴正方向竖直向上,并取 $z=0$ 处(地面上)$\varepsilon_p=0$,则在高度 z 处,分子的重力势能为 $\varepsilon_p=m_0gz$,设 n_0 为地面上的分子数密度,将此式代入式(4-24)可得在高度 z 处,分子数密度为

$$n=n_0\mathrm{e}^{-\frac{m_0gz}{kT}}. \tag{4-25}$$

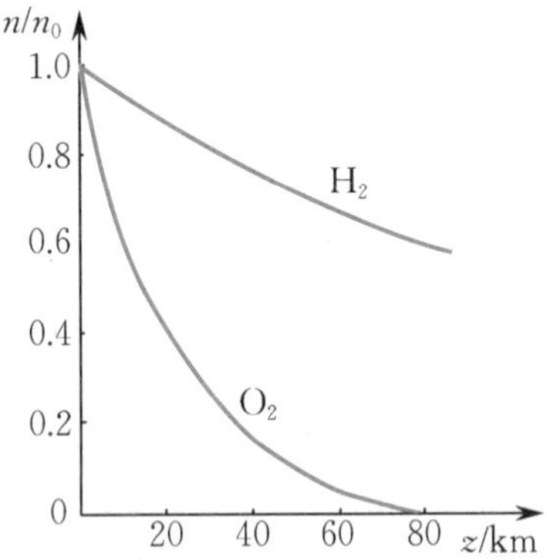

式(4-25)为重力场中粒子按高度分布的规律.在重力场中,气体的分子数密度 n 随高度的增大呈指数减小.分子的质量 m_0 越大(重力的作用越显著),n 就减小得越迅速.气体的温度 T 越高(分子的热运动越剧烈),n 就减小得越缓慢,图4-14所示为氢分子、氧分子分布随高度的衰减.较重的分子(氧分子)随高度衰减速率比轻分子(氢分子)快.在大气层极高的地方,氢分子数量占统治地位,因为当其他的物质都大幅度衰减时,分子质量最小的物质分子数密度最大.

图4-14 氢分子、氧分子分布随高度的衰减

将式(4-25)代入理想气体压强公式 $p=nkT$,可得

$$p=n_0kT\mathrm{e}^{-\frac{m_0gz}{kT}}=p_0\mathrm{e}^{-\frac{m_0gz}{kT}}=p_0\mathrm{e}^{-\frac{Mgz}{RT}}, \tag{4-26}$$

式中 $p_0=n_0kT$ 表示在 $z=0$ 处的压强.式(4-26)称为等温气压公式.当温度 T 一定时,压强随高度的增加按指数减小,其变化规律和分子数密度的变化规律一致.

利用式(4-26)可以近似地估算不同高度处的大气压,由于大气温度随高度变化,所以只有在高度相差不大的范围内计算结果才与实际相符.在爬山和航空过程中,应用这个公式可判断上升的高度,将式(4-26)两边取对数,可得

$$z=\frac{kT}{m_0g}\ln\frac{p_0}{p}=\frac{RT}{Mg}\ln\frac{p_0}{p}. \tag{4-27}$$

根据式(4-27),若测得地面和高空处的压强及地面处的温度(假设地面和高空处的温度相等),则可估算出所在高空离地面的高度.

例 4-10

已知海平面的大气压为 750 mmHg 时，某山顶的大气压为 590 mmHg，空气的摩尔质量为 28.8 g/mol，温度为 5℃，试求此山的高度.

解　假设从海平面到山顶温度不变，则根据式(4-27)，有

$$z=\frac{RT}{Mg}\ln\frac{p_0}{p}=\frac{8.31\times(5+273.15)}{2.88\times10^{-2}\times9.8}\ln\frac{750}{590}\ \mathrm{m}=1\ 965\ \mathrm{m}.$$

根据近代物理理论，粒子(分子或原子等)所具有的能量在有些情况下只能取一系列分立值 $E_1, E_2, \cdots$，将 $E_1, E_2, \cdots$ 依次称为第一、第二 …… 能级，这些粒子仍服从玻尔兹曼分布，即

$$N_i=Ce^{-\frac{E_i}{kT}},$$

式中 N_i 为粒子处于第 i 能级的粒子数，C 为常量. 对于任意两个特定的能级 E_j, E_k，在正常状态下，根据上式可得

$$\frac{N_k}{N_j}=e^{-\frac{E_k-E_j}{kT}}.$$

显然，如果 $E_j<E_k$，则 $N_j>N_k$. 可见，在正常状态下，能级越低，粒子数越多，即粒子总是优先占据低能级.

4.5 气体分子的平均碰撞频率和平均自由程

根据上一节的气体分子平均速率公式可计算出，常温下气体分子的平均速率为数百米每秒. 由于气体分子热运动的平均速率很大，因此气体的扩散过程也应该进行得很快. 但实际情况并非如此，例如，在房间的一侧打开香水瓶，另一侧的人并不能立即闻到香水味，需要几秒甚至几十秒的时间才能闻到香水味. 这是因为所有气体分子都在不停地热运动，运动过程中分子频繁地发生碰撞. 标准状态下，1 m^3 气体中有 2.69×10^{25} 个气体分子，这样大的分子数密度使气体分子每通过很短的一段距离，就会发生相互碰撞，碰撞改变了气体分子速度的大小和方向，所以气体分子前进的路线十分曲折.

图 4-15 所示为一个分子所通过路径的近似描述. 在两次碰撞之间，分子的运动轨迹是直线，碰撞之后改变运动方向. 所以，如果持续地观察某个分子的运动，我们会发现其运动轨迹必是一些折线. 这样分子从某一处运动到另一处所用时间自然比沿直线运动长得多，因此虽然气体分子的平均速率很大，但实际扩散过程却进行得很缓慢.

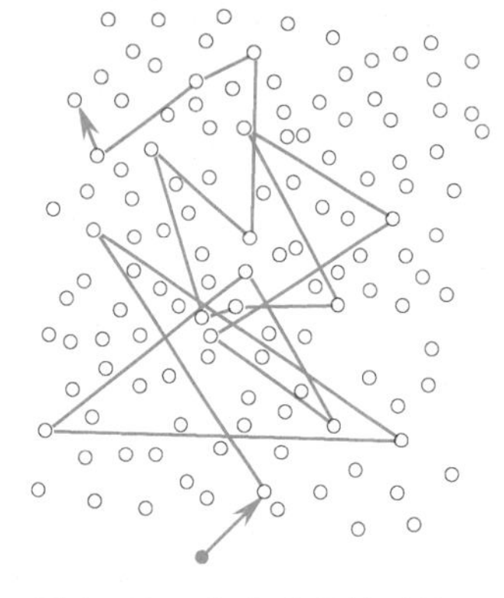

图 4-15　气体分子的碰撞

一、平均碰撞频率

在研究分子的碰撞时，为了简化问题，一般把分子看成刚性小球，把两分子之间的碰撞看成刚性小球之间的弹性碰撞. 将两分子质心之间的最小距离的平均值作为刚性小球的直径，称为分子的有效直径，用 d 表示.

对于大量气体分子构成的系统，单位时间内每个气体分子的平均碰撞次数称为气体分子的

平均碰撞频率,简称碰撞频率,用 $\overline{Z}$ 表示,$\overline{Z}$ 的大小反映了气体分子碰撞的频繁程度.

为了计算平均碰撞频率 $\overline{Z}$,假定分子 A 以平均相对速率 $\overline{u}$ 运动,其他分子均静止不动. 分子 A 的质心运动轨迹为一折线(见图 4-16),显然只有质心与 A 的质心之间的距离小于或等于分子有效直径 d 的分子才能与 A 碰撞. 因此,为了确定在一段时间内有多少个分子能与 A 碰撞,可设想以 A 质心的运动轨迹为轴线,以分子有效直径 d 为半径作一个曲折的圆柱体. 这样,凡是质心在此圆柱体内的分子都会与 A 碰撞. 圆柱体的截面积为 $\sigma = \pi d^2$,称为分子的碰撞截面.

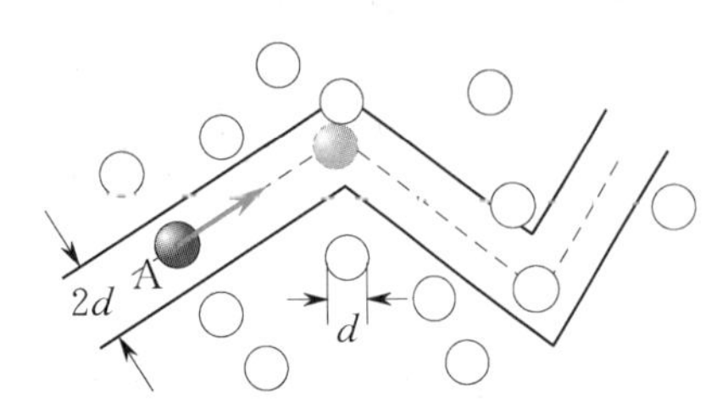

图 4-16　气体分子平均碰撞频率的研究

在 Δt 时间内,分子 A 所走过的路程为 $\overline{u}\Delta t$,相应的圆柱体的体积为 $\sigma\overline{u}\Delta t$. 以 n 表示分子数密度,则 Δt 时间内,分子 A 与其他分子的碰撞次数为 $n\sigma\overline{u}\Delta t$. 因此,分子的平均碰撞频率为

$$\overline{Z} = \frac{n\sigma\overline{u}\Delta t}{\Delta t} = n\pi d^2\overline{u}. \tag{4-28}$$

式(4-28)是在分子 A 运动而其他分子静止的前提下得到的,实际上所有的分子都在运动. 对于按麦克斯韦速率分布律运动的气体分子,分子的平均相对速率 $\overline{u}$ 与平均速率 $\overline{v}$ 之间存在下列关系:

$$\overline{u} = \sqrt{2}\,\overline{v}. \tag{4-29}$$

将式(4-29)代入式(4-28),即得分子的平均碰撞频率为

$$\overline{Z} = \sqrt{2}\,n\pi d^2\overline{v}. \tag{4-30}$$

可见,分子的平均碰撞频率 $\overline{Z}$ 与分子数密度 n、分子有效直径 d 的平方及平均速率 $\overline{v}$ 成正比.

二、平均自由程

一个分子在连续两次碰撞之间走过的路程叫作自由程. 由于分子的热运动,各分子的自由程有长有短,但处在一定状态下的某种气体,其分子自由程的统计平均值是一定的,称为气体分子的平均自由程,用 $\overline{\lambda}$ 表示.

$\overline{\lambda}$ 与 $\overline{Z}$ 之间存在简单的关系. 若以 $\overline{v}$ 代表分子的平均速率,则 Δt 时间内分子运动的距离为 $\overline{v}\Delta t$,平均碰撞次数为 $\overline{Z}\Delta t$,$\overline{\lambda}$ 与 $\overline{Z}$ 的关系为

$$\overline{\lambda} = \frac{\overline{v}\Delta t}{\overline{Z}\Delta t} = \frac{\overline{v}}{\overline{Z}} = \frac{1}{\sqrt{2}\,n\pi d^2}. \tag{4-31}$$

由式(4-31)可知,分子的平均自由程 $\overline{\lambda}$ 与分子的有效直径 d 的平方及分子数密度 n 成反比,而与平均速率 $\overline{v}$ 无关. 将理想气体压强公式 $p = nkT$ 代入式(4-31),还可得到 $\overline{\lambda}$ 与 p,T 的关系为

$$\overline{\lambda} = \frac{kT}{\sqrt{2}\,\pi d^2 p}. \tag{4-32}$$

由式(4-32)可知,气体分子的平均自由程 $\overline{\lambda}$ 与温度 T 成正比,与压强 p 成反比. 根据理想气体压强公式 $p = nkT$,当 p 一定时,温度 T 高则分子数密度 n 小,所以气体分子碰到其他气体分子的概率下降,其平均自由程 $\overline{\lambda}$ 增大.

由式(4-31)可知,n 与 $\overline{\lambda}$ 成反比. 工业生产中为了使保温瓶保温,通常将瓶胆用双层玻璃制成,把夹层抽成真空,使夹层内的分子数密度 n 很小. 由于分子数密度 n 很小,此时分子的平均碰撞频率是标准状态下的十万分之一,大大减小了分子与两边夹层壁碰撞的概率(夹层内的分子与夹层两壁碰撞,在内胆吸热,外胆放热),极大地降低了保温瓶中热量的损失,实现了保温的目的.

常温常压下,气体分子的平均自由程的数量级为 $10^{-8} \sim 10^{-7}$ m. 表 4-3 列出了 15 ℃,1 atm 时,几种气体分子的平均自由程 $\overline{\lambda}$ 和有效直径 d. 表 4-4 给出了 0 ℃ 时,不同压强下空

气分子的平均自由程.

表 4-3　15 ℃,1 atm 时,几种气体分子的平均自由程 $\overline{\lambda}$ 和有效直径 d

气体	氢气	氮气	氧气	二氧化碳
$\overline{\lambda}$ / m	11.8×10^{-8}	6.28×10^{-8}	6.79×10^{-8}	4.19×10^{-8}
d / m	2.7×10^{-10}	3.7×10^{-10}	3.6×10^{-10}	4.6×10^{-10}

表 4-4　0 ℃ 时,不同压强下空气分子的平均自由程 $\overline{\lambda}$

压强 /(1.33 kPa)	760	1	10^{-2}	10^{-4}	10^{-6}
$\overline{\lambda}$ / m	7×10^{-8}	5×10^{-5}	5×10^{-2}	5×10^{-1}	50

例 4-11

已知空气分子的有效直径为 $d=3.5\times10^{-10}$ m,摩尔质量为 $M=2.88\times10^{-2}$ kg/mol,求空气分子在标准状态下的平均自由程和平均碰撞频率.

解　由式(4-32)可得空气分子的平均自由程为

$$\overline{\lambda}=\frac{kT}{\sqrt{2}\pi d^2 p}=\frac{1.38\times10^{-23}\times273.15}{\sqrt{2}\times3.14\times(3.5\times10^{-10})^2\times1.013\times10^5}\ \text{m}=6.84\times10^{-8}\ \text{m}.$$

在标准状态下,空气分子的平均速率为

$$\overline{v}=\sqrt{\frac{8RT}{\pi M}}=\sqrt{\frac{8\times8.31\times273.15}{3.14\times2.88\times10^{-2}}}\ \text{m/s}=448.1\ \text{m/s},$$

则平均碰撞频率为

$$\overline{Z}=\frac{\overline{v}}{\overline{\lambda}}=\frac{448.1}{6.84\times10^{-8}}\ \text{s}^{-1}=6.6\times10^{9}\ \text{s}^{-1}.$$

由此可知,标准状态下,每个空气分子平均每秒要与其他分子碰撞 66 亿次.

*4.6　真实气体　范德瓦耳斯方程

一、真实气体

大多数真实气体近似看作理想气体的条件是温度不太低、压强不太大.而在此范围外,真实气体和理想气体的差别比较大,不能做近似处理.

图 4-17 所示为由实验测出的真实二氧化碳(CO_2)气体的几条等温线.下面我们通过分析这几条实验曲线,来看看真实气体和理想气体的差别.

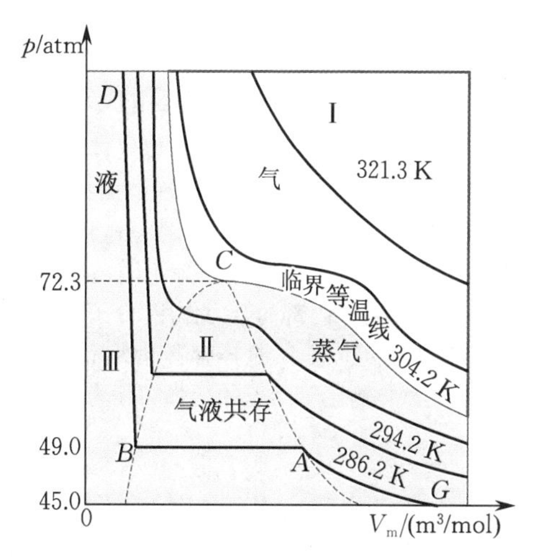

图 4-17　CO_2 等温线

按照状态可以将 CO_2 的 $p-V$ 图分成 3 个区域:区域 Ⅰ 的 CO_2 为气态和汽态,以临界等温线为界,其上为气体状态,其下为蒸气状态;区域 Ⅱ 的 CO_2 为气液共存状态,即虚线 ACB 所围的区域;区域 Ⅲ 的 CO_2 为液体状态.

先看温度为 $T=286.2$ K 的等温线,此等温线由 3 段组成,分别为 GA,AB,BD.GA 段与理想气体的等温线相似;AB 段为从 A 到 B 的一段平行于体积轴的线段,CO_2 气体在 A 点处开始液化,在压强 $p=49.0$ atm 保持不变的条件下,气体体积持续缩小,到

B 点时 CO_2 气体已经全部液化;由于液体不易压缩,所以 BD 段的压强直线上升,但体积几乎不变.从中我们可以看出在一定条件下,CO_2 的物性发生了改变,所以其部分等温线(ABD 部分)与理想气体的等温线相差很大,因此不再满足理想气体物态方程.

从整体看,真实 CO_2 的等温线与理想气体等温线有较明显的差别,其他真实气体也有类似情形,所以需要对理想气体物态方程进行适当的修正,才能描述真实气体的状态.

二、范德瓦耳斯方程

理想气体模型中将气体分子看作质点,并且忽略了分子间的相互作用力.实际气体分子是有大小、有相互作用力的,因此理想气体物态方程和实际是有偏差的.范德瓦耳斯考虑了上述因素,把气体分子看作有相互吸引作用的刚性小球,将理想气体压强加以修正,从而导出了范德瓦耳斯方程.

1. 分子体积所引起的修正

根据理想气体物态方程,1 mol 理想气体的压强为 $p=RT/V_m$.由于在理想气体模型中把分子看作没有体积的质点,所以 V_m 也就是每个分子可以自由活动的空间的体积.根据范德瓦耳斯模型,如果把分子看作有一定体积的刚性小球,则每个分子能自由活动的空间不再是 V_m,而应从 V_m 中减去一个气体分子所占有体积的修正量 b,如图 4-18(a) 所示.因此,理想气体的压强应修正为

$$p=\frac{RT}{V_m-b},$$

式中修正量 b 可用实验方法测定,从理论上可以证明 b 的数值约等于 1 mol 气体内所有分子体积总和的 4 倍.由于气体分子有效直径 d 的数量级为 10^{-10} m,所以可估算出 b 的大小为

$$b=4N_A\cdot\frac{4}{3}\pi\left(\frac{d}{2}\right)^3\approx 10^{-6}\ \mathrm{m^3/mol}.$$

在标准状态下,气体的摩尔体积为 $V_m=22.4\times10^{-3}\ \mathrm{m^3/mol}$,此时 b 可以忽略不计.但是,如果压强增大,如增大到 1.01×10^8 Pa,设想玻意耳定律仍然能用,则气体的摩尔体积将减小到 $V_m=22.4\times10^{-6}\ \mathrm{m^3/mol}$,此时,修正量 b 就十分重要了.

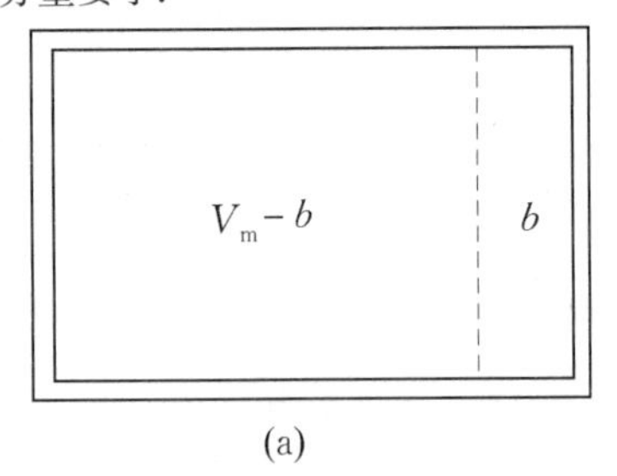

(a)

(b)

图 4-18 范德瓦耳斯对理想气体的修正

2. 分子间吸引力所引起的修正

由于分子间存在吸引力,所以气体内部和容器壁附近的分子所受的吸引力是不一样的,如图 4-18(b) 所示.以某一分子为球心,以分子间吸引力的有效距离 r 为半径作一球面,则球内的分子对球心分子有吸引作用.气体内部的任一分子(以分子 A 为例),由于其周围分子对称分布,所以各个方向上的吸引力相互抵消.但对于容器壁附近的分子(以分子 B 为例)就不同,有效距离内,周围靠近容器壁一侧的分子数明显少于另一侧,因此分子 B 受到一个指向气体内部的合力作用.分子受到向内的拉力将使它在接近容器壁时,速度减小,因而在碰撞时,它施于容器壁的冲量也减小,这样容器壁实际受到的压强要比体积修正后的压强值小一些.也就是说,考虑到分子间的吸引力,气体施于容器壁的压强实际为

$$p=\frac{RT}{V_m-b}-\Delta p, \tag{4-33}$$

式中 Δp 称为内压强,是气体表面层单位面积内的气体分子受到的内部分子的吸引力,与分子数密度 n 的平方成正比.根据实验,分子数密度 n 越大,在半球形内的分子数越多,产生的吸引力越大,单个分子碰撞容器壁时的速度减小得越多,压强损失越大.由于 Δp 与 n^2 成正比,n 与摩尔体积 V_m 成反比,于是 Δp 与摩尔体积 V_m 的平方成

反比，因此 V_m 与 Δp 的关系为

$$\Delta p \propto \frac{1}{V_m^2} \quad 或 \quad \Delta p = \frac{a}{V_m^2},$$

式中比例系数 a 由气体的性质决定，它表示 1 mol 气体在占有单位体积时，由于分子间吸引力而引起的压强减小量. 将上式代入式(4-33)，可得 1 mol 范德瓦耳斯模型气体的压强为

$$p = \frac{RT}{V_m - b} - \frac{a}{V_m^2}. \tag{4-34}$$

由此可导出 1 mol 范德瓦耳斯模型气体的方程为

$$\left(p + \frac{a}{V_m^2}\right)(V_m - b) = RT, \tag{4-35}$$

式中修正量 a，b 可由实验测定. 式(4-35)称为范德瓦耳斯方程. 表 4-5 列出了一些气体的 a 和 b 的实验值.

表 4-5　范德瓦耳斯修正量 a 和 b 的实验值

气体	$a/(\text{atm}\cdot\text{L}^2/\text{mol}^2)$	$b/(\text{L/mol})$	气体	$a/(\text{atm}\cdot\text{L}^2/\text{mol}^2)$	$b/(\text{L/mol})$
氩气	1.345	0.032 19	汞蒸气	8.093	0.016 96
二氧化碳	3.592	0.042 67	氖气	0.210 7	0.017 09
氯气	6.493	0.056 22	氮气	1.390	0.039 13
氦气	0.034 12	0.023 70	氧气	1.360	0.031 83
氢气	0.191	0.021 8	水蒸气	5.464	0.030 49

为了说明范德瓦耳斯方程的准确程度，表 4-6 列出了 1 mol 氢气在 0 ℃ 时的实验数据. 表的第一、第二列分别给出氢气的压强 p 和相应的摩尔体积 V_m 的实验值；第三、第四列分别给出 pV_m 和 $\left(p + \frac{a}{V_m^2}\right)(V_m - b)$ 的值. 在温度恒定的条件下，理想气体的 pV_m 应为常量，第三列中 pV_m 值偏离这个常量越多，说明氢气的性质与理想气体模型相差越远. 同样在温度恒定的条件下，如果氢气准确地遵从范德瓦耳斯方程，则 $\left(p + \frac{a}{V_m^2}\right)(V_m - b)$ 应为常量. 因此，第四列中的数值偏离这个常量越多，则说明范德瓦耳斯方程偏离真实情况越远.

表 4-6　在 0 ℃ 时，1 mol 氢气在不同压强下的 V_m、pV_m 和 $\left(p + \frac{a}{V_m^2}\right)(V_m - b)$ 值

p/atm	V_m/L	$pV_m/(\text{atm}\cdot\text{L})$	$\left(p + \frac{a}{V_m^2}\right)(V_m - b)/(\text{atm}\cdot\text{L})$
1	22.41	22.41	22.41
100	0.240 0	24.00	22.6
500	0.061 70	30.85	22.0
1 000	0.038 55	38.55	18.9

从表 4-6 可以看出，温度为 0 ℃ 时，在压强小于 100 atm 的情况下，理想气体物态方程和范德瓦耳斯方程都能很好地反映氢气的性质，当压强超过 100 atm 时，理想气体物态方程偏离实际情况较远，而压强直到 1 000 atm，范德瓦耳斯方程引起的误差都不大. 实验表明，对于二氧化碳，当压强在 10 atm 数量级时，理想气体物态方程就已经不能适用，当压强超过 100 atm 时，范德瓦耳斯方程也不能很好地反映实际情况. 在实际应用中，如果需要较高的精确度，即使在较低的压强下范德瓦耳斯方程也不适用.

如果气体的质量为 m，摩尔质量为 M，则它的体积为 $V = \frac{m}{M}V_m$，将此式代入式(4-35)，可得

$$\left(p+\frac{m^2}{M^2}\frac{a}{V^2}\right)\left(V-\frac{m}{M}b\right)=\frac{m}{M}RT. \tag{4-36}$$

式(4-36)称为质量为 m 的气体的范德瓦耳斯方程.

范德瓦耳斯方程根据物质的实际微观结构对理想气体物态方程进行了修正,但得出的结果仍不够精确,只是近似程度高于理想气体物态方程,更能描述真实气体的性质.

例 4-12

试用范德瓦耳斯方程计算温度为 0 ℃,摩尔体积为 0.55 L/mol 的二氧化碳的压强,并将结果与用理想气体物态方程计算的结果进行比较(注意,如果压强的单位为 atm,体积的单位为 L,则普适气体常量为 $R=8.21\times10^{-2}$ atm·L/(mol·K)).

解 根据题设条件可知 $T=273.15$ K,$V_{\mathrm{m}}=0.55$ L/mol,由表 4-5 查出二氧化碳的范德瓦耳斯修正量为

$$a=3.592\ \mathrm{atm\cdot L^2/mol^2},$$
$$b=0.042\ 67\ \mathrm{L/mol}.$$

将修正量 a,b 代入式(4-34),可得

$$p=\frac{RT}{V_{\mathrm{m}}-b}-\frac{a}{V_{\mathrm{m}}^2}=32\ \mathrm{atm}.$$

如果将二氧化碳看作理想气体,则有

$$p=\frac{RT}{V_{\mathrm{m}}}=41\ \mathrm{atm}.$$

阅读材料4

稀薄气体动力学

2020 年 11 月 24 日,嫦娥五号探测器成功入轨,在轨工作 23 天后,返回器携带约 1 731 g 的月球样品于 12 月 17 日在内蒙古四子王旗预定区域着陆,圆满完成任务. 嫦娥五号任务作为目前我国复杂度最高、技术跨度最大的航天系统工程,首次实现了我国地外天体采样返回.

飞船和卫星在高空稀薄气体环境中高速飞行时,气体的流动与低空低速时有很大的不同,其流动表现出稀薄效应,由此诞生了一门新的学科 —— 稀薄气体动力学.

伯努利是最早以分子动理论的观点来研究气体的科学家,他对于流体运动研究的最大贡献是从连续介质模型出发建立了伯努利定理. 连续介质处理方法成功地解决了物体在液体和气体中的受力与受热问题,而不用考虑介质其实是间断的. 这是因为通常条件下,人们所感知的气体系统表现出连续的特征,用仪器观察到的气体的性质也是连续的. 但当气体的密度变得十分低,使得气体分子的平均自由程与流动的特征尺度(1 cm)相比不为小量时,气体的间断分子效应就变得显著,通常的气体动力学方法不再适用. 气体分子的平均自由程 $\bar{\lambda}$ 是一个气体分子在两次碰撞之间走过的平均距离,其数学表达式为 $\bar{\lambda}=\dfrac{1}{\sqrt{2}n\sigma}$,式中 σ 为碰撞截面,n 为分子数密度. 在海平面空气分子的平均自由程约为 0.07×10^{-6} m,在 70 km 高空约为 1 mm,在 85 km 高空约为 1 cm,这时稀薄效应变得重要起来.

19 世纪末,麦克斯韦和玻尔兹曼等人开始研究稀薄气体的流动特性. 当时,研究范围仅限于气流速度很低的情况,研究对象主要是真空技术中的孔流和管道流动. 稀薄气体动力学作为力学学科分支的提出,与钱学森有关. 1946 年,钱学森发表了他关于稀薄气体流动的一篇论文《超级空气动力学,稀薄气体力学》. 这是国际上公认的稀薄气体动力学的开创性工作. 在这篇文章中,钱学森从气体动力学的观点总结了有关稀薄气体的研究成果,指出飞行器在数万米高空飞行时将会遇到稀薄气体动力学问题. 他将稀薄气体流动分为三大领域:滑流领域、过渡流领域和自由分子流领域.

领域划分的依据是克努森数 Kn,空气分子的平均自由程 $\bar{\lambda}$ 与物体特征长度 L 的比值叫作克努森数 Kn. 当 $0.01<Kn<0.1$ 时,称为滑流领域;当 $0.1<Kn<10$ 时,称为过渡流领域;当 $Kn>10$ 时,称为自由分子流领域. 滑流、过渡流和自由分子流分别对应于稍稀薄、中等稀薄和高度稀薄的流动条件. 以地球大气为研究对象,对于特

征长度为 1 m 的物体，滑流领域在 80 ～ 100 km 高空处，过渡流领域在 100 ～ 130 km 高空处，而 130 km 以上高空则为自由分子流领域. 稀薄气体动力学研究这 3 种不同领域的规律以及气体与物体的相互作用，包括气流对物体的传热、物体所受的阻力、举力等.

过渡流领域问题的求解是稀薄气体动力学的核心. 早期的研究是从低速问题开始的，如著名的克努森平面槽流动的质量流量实验、密立根油滴阻力系数实验. 20 世纪 50 年代之后，随着洲际导弹、返回式卫星、载人飞船和航天飞机的研制，再入过程中飞行器的气动特性是不能回避的问题. 再入初始阶段，飞行器高度为 80 ～ 100 km，此处的空气密度大约只有海平面的 $1/10^6 \sim 1/10^5$，根据此处的 Kn，可知飞行器处在稀薄气体环境之中. 典型的例子是美国的哥伦比亚航天飞机和我国的神舟飞船，它们在回地过程中，平衡攻角由于稀薄气体效应都显著偏离地面设计值，威胁着它们的回地安全. 这类问题非常复杂，在稀薄气体效应显现的同时，还伴随着空气分子的非平衡内态激发、解离反应、置换反应、电离反应、电子能级跃迁等物理、化学过程. 幸运的是，随着电子计算机的出现，诞生了模拟流动的直接模拟蒙特卡罗法，此方法是在计算机中追踪大量分子的运动、分子间的碰撞以及碰撞中内能的变化和化学反应等. 直接模拟蒙特卡罗法经过几十年的发展加之计算机内存和运算速度的提高，为解决这类问题打开了大门.

稀薄气体动力学的应用领域除航天领域外，还有真空等离子体材料加工、微电子刻蚀、微机电系统、化工等前沿领域. 真空领域的应用出现在 20 世纪 60 年代，高真空泵的设计需要稀薄气体的知识，同时高真空的发展使得人们可以在没有空气干扰的情况下，研究许多问题. 典型的例子是气相薄膜沉积（低密度蒸气分子或离子运动到基片表面，在适宜条件下形成特定功能的薄膜），几乎都是在真空环境下进行的. 当今极富价值的高新技术领域，如表面科学、微电子材料加工、纳米结构、先进冶炼等也都是以真空环境为基础的.

微小机器一直是人类追求的目标之一. 费曼在 1959 年美国物理学会年会的演讲中，就曾设想利用芯片加工技术制造微小机器，并预言“到 2000 年，在人们回首往日之时，会困惑为什么没有人在 1960 年就开始沿此方向认真钻研”. 1988 年，美国加州大学伯克利分校利用微加工技术造出了一台直径约 100 μm 的马达. 费曼的预言提前实现，也标志着一个极具潜力的新兴产业的诞生. 随着微加工技术的进一步发展，现有微机电系统的特征尺度已达到亚微米尺度，由于纳米技术的发展，更微小的器械也在积极研制中. 对于尺度这么小的装置，当流动介质为气体时，显著的稀薄气体效应已被许多实验所观测. 如何利用稀薄气体理论指导微机电系统的设计，无疑是当前和未来相当长时间内的重要问题.

思考题 4

4－1　氢气球可以自由膨胀（球内、外压强保持相等），随着氢气球的不断升高，大气压不断减小，氢气不断膨胀. 如果忽略大气温度及空气平均分子质量随高度的变化，问氢气球在上升过程中所受浮力是否变化？说明理由.

4－2　人坐在橡皮艇里，橡皮艇浸入水中一定的深度，在夜晚时温度降低了，但大气压不变，在以下两种情况中，橡皮艇浸入水中的深度将怎样变化？

(1) 橡皮有弹性可以发生形变；

(2) 橡皮弹性系数很大，不能发生形变.

4－3　如图 4－19 所示，两个相同的容器都装有氢气（H_2），用一玻璃管相连，管中用一水银滴作为活塞，当左边容器的温度为 0 ℃ 而右边为 20 ℃ 时，水银滴刚好静止于玻璃管的中央. 问：

(1) 若左边容器的温度由 0 ℃ 上升到 10 ℃，水银滴是否会移动？怎样移动？

(2) 若左边容器的温度上升到 10 ℃，而右边容器的温度上升到 30 ℃，水银滴是否会移动？怎样移动？

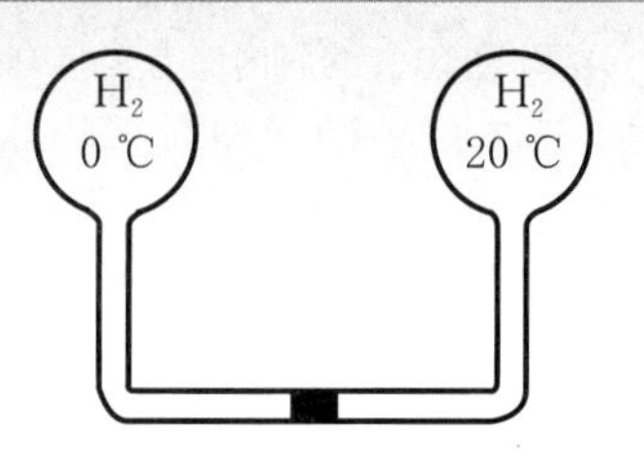

图 4－19　思考题 4－3 图

4－4　在推导理想气体压强公式的过程中，什么地方用到了理想气体的假设？什么地方用到了平衡态的条件？什么地方用到了统计平均的概念？

4－5　一定量的理想气体，当温度不变时，其压强随体积的减少而增大；当体积不变时，其压强随温度的升高而增大. 从微观角度来看，这两种使压强增大的过程有何区别？

4－6　温度的实质是什么？对于单个分子能否确定它的温度是多少？

4－7　速率分布函数 $f(v)$ 的物理意义是什么？说明下列各式的物理意义（N 为总分子数）：

(1) $f(v)\mathrm{d}v$;　(2) $Nf(v)\mathrm{d}v$;

(3) $\int_{v_1}^{v_2} f(v)\mathrm{d}v$;　(4) $\int_{v_1}^{v_2} Nf(v)\mathrm{d}v$;

(5) $\int_0^{\infty} vf(v)\mathrm{d}v$;　(6) $\int_{v_1}^{v_2} Nvf(v)\mathrm{d}v$.

4-8　是否可以说“具有某一速率的分子有多少个”?为什么?速率刚好为最概然速率的分子数占总分子数的百分比为多少?

4-9　两瓶不同种类的气体.

(1) 它们的气体分子的平均平动动能相同,但密度不同,问它们的温度、压强是否相同?

(2) 它们的温度和压强相同,但体积不同,问它们的分子数密度、密度和单位体积内所有分子的平均平动动能之和是否相同?

4-10　理想气体的内能能否等于零?为什么?

4-11　有一处于恒温条件的容器,其内储有1 mol某种单原子分子理想气体.若容器缓慢漏气,问:

(1) 容器内气体分子的平均平动动能是否变化?

(2) 气体的内能是否变化?

4-12　试确定下列物体的自由度:

(1) 小球沿长度一定的直杆运动,而直杆又以一定的角速度在平面内转动.

(2) 长度不变的棒在平面内既平动又滚动.

(3) 在三维空间中运动的任意物体.

4-13　能量均分定理中均分的能量是动能还是动能和势能的总和?每一个振动自由度对应的平均能量为多少?为什么?

4-14　一定量的理想气体分别进行等容加热与等压加热时,其分子的平均碰撞频率与平均自由程应如何变化?

4-15　为什么在日光灯管中为了使汞原子易于电离而将灯管抽成真空?为什么大气中的电离层出现在离地面很高的大气层中?

习题4

一、选择题

4-1　一截面均匀的封闭圆筒被一光滑的活塞分隔成两边,如果其中的一边装0.1 kg氢气,为了使活塞停留在圆筒的正中央,则另一边应装入同一温度的氧气的质量为(　　).

A. 1/16 kg　　B. 0.8 kg

C. 1.6 kg　　D. 3.2 kg

4-2　容积为10 L的瓶内储有氢气,此瓶因开关损坏而漏气,在温度为7.0 ℃时,气压计的读数为5.05×10^6 Pa.经过一段时间,温度上升为17.0 ℃,气压计的读数未变,漏出去的氢气的质量为(　　).

A. 1 g　　B. 1.5 g

C. 2 g　　D. 2.5 g

4-3　一定量的某理想气体按$pV^2=$常量的规律膨胀,则膨胀后理想气体的温度(　　).

A. 将升高　　B. 将降低

C. 不变　　D. 不能确定

4-4　有一瓶氦气和一瓶氮气,其密度相同,分子的平均平动动能相同,而且它们都处于平衡态,则它们的(　　).

A. 温度和压强都相同

B. 温度和压强都不相同

C. 温度相同,但氦气的压强大于氮气的压强

D. 温度相同,但氦气的压强小于氮气的压强

4-5　一密闭容器储有3种理想气体A,B,C,混合气体处于平衡态,气体A和B的分子数密度都为n_1,产生的压强都为p_1,气体C的分子数密度为$2n_1$,则混合气体的压强为(　　).

A. $3p_1$　　B. $4p_1$

C. $5p_1$　　D. $6p_1$

4-6　两瓶不同种类的理想气体,它们的温度和压强相同,但体积不同,则两瓶气体的分子数密度n、单位体积内分子的总平动动能(E_k/V)与密度ρ的关系为(　　).

A. $n,E_k/V,\rho$均不同

B. $n,E_k/V$不同,ρ相同

C. $n,E_k/V$相同,ρ不同

D. $n,E_k/V,\rho$均相同

4-7　若气体分子的速率分布曲线如图4-20所示,图中A,B两部分的面积相等,则图中v_0表示(　　).

A. 最概然速率

B. 平均速率

C. 方均根速率

D. 速率大于v_0和小于v_0的分子各占一半

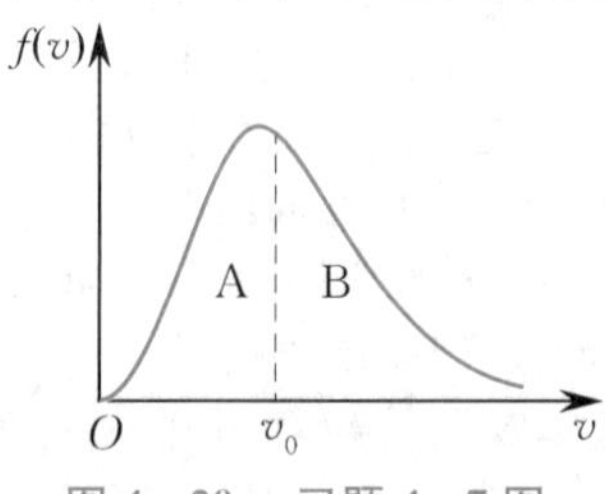

图4-20　习题4-7图

4-8　如图 4-21 所示的曲线分别是氢分子和氦分子在同一温度下的速率分布曲线，由图可知，氢分子的最概然速率和氦分子的最概然速率分别为(　　).

A. 2 000 m/s，1 000 m/s

B. 1 000 m/s，2 000 m/s

C. 1 000 m/s，$1\ 000\sqrt{2}$ m/s

D. $1\ 000\sqrt{2}$ m/s，1 000 m/s

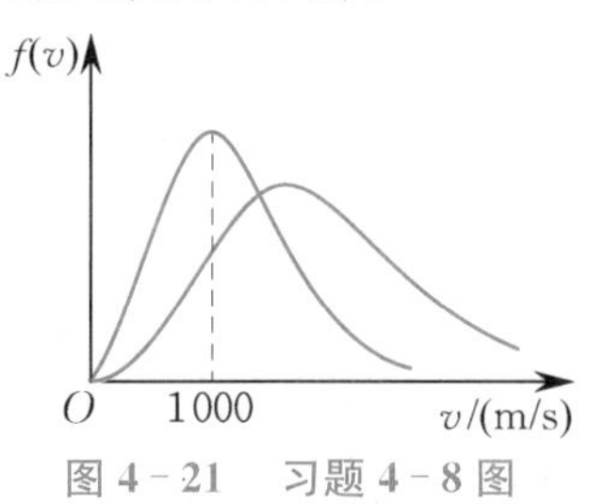

图 4-21　习题 4-8 图

4-9　A，B，C 三个容器中储有同一种理想气体，其分子数密度之比为 $n_A : n_B : n_C = 4 : 2 : 1$，而分子的方均根速率之比为 $\sqrt{\overline{v_A^2}} : \sqrt{\overline{v_B^2}} : \sqrt{\overline{v_C^2}} = 1 : 2 : 4$，那么它们的压强之比 $p_A : p_B : p_C$ 为(　　).

A. 1∶2∶4　　　　B. 1∶4∶16

C. 4∶2∶1　　　　D. 16∶4∶1

4-10　某气体分子的速率分布曲线如图 4-22 所示，v_p 为最概然速率，$\frac{\Delta N_p}{N}$ 表示速率分布在 $v_p \sim v_p + \Delta v$ 之间的分子数占总分子数的百分比，当气体的温度温度降低时，则(　　).

A. v_p 减小，$\frac{\Delta N_p}{N}$ 减小

B. v_p 增大，$\frac{\Delta N_p}{N}$ 增大

C. v_p 减小，$\frac{\Delta N_p}{N}$ 增大

D. v_p 增大，$\frac{\Delta N_p}{N}$ 减小

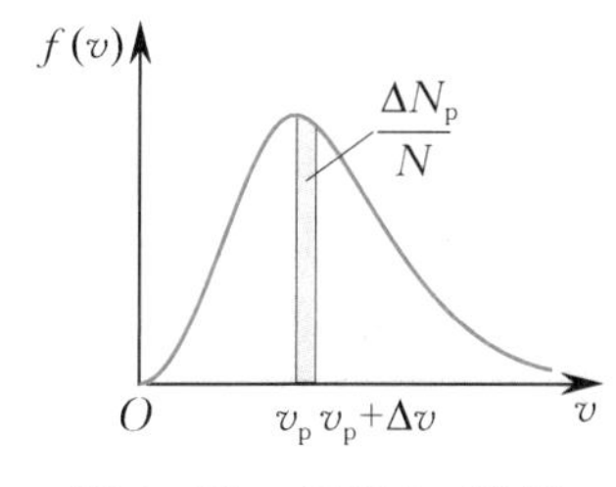

图 4-22　习题 4-10 图

4-11　设某种气体分子的速率分布函数为 $f(v)$，则速率分布在 $v_1 \sim v_2$ 内的分子的平均速率为(　　).

A. $\int_{v_1}^{v_2} vf(v)\mathrm{d}v$　　　　B. $v\int_{v_1}^{v_2} f(v)\mathrm{d}v$

C. $\frac{\int_{v_1}^{v_2} vf(v)\mathrm{d}v}{\int_{v_1}^{v_2} f(v)\mathrm{d}v}$　　　　D. $\frac{\int_{v_1}^{v_2} f(v)\mathrm{d}v}{\int_{0}^{\infty} f(v)\mathrm{d}v}$

4-12　若 $f(v)$ 为气体分子的速率分布函数，N 为总分子数，m_0 为气体分子质量，则 $\int_{v_1}^{v_2} \frac{1}{2}m_0 v^2 Nf(v)\mathrm{d}v$ 的物理意义为(　　).

A. 速率为 v_2 的分子的总平动动能与速率为 v_1 的分子的总平动动能之差

B. 速率为 v_2 的分子的总平动动能与速率为 v_1 的分子的总平动动能之和

C. 速率分布在 $v_1 \sim v_2$ 内的分子的平均平动动能

D. 速率分布在 $v_1 \sim v_2$ 内的分子的总平动动能

4-13　气缸内盛有一定量的氢气(可视作理想气体)，当温度不变而压强增大一倍时，氢分子的平均碰撞频率 $\overline{Z}$ 和平均自由程 $\overline{\lambda}$ 的变化情况为(　　).

A. $\overline{Z}$ 和 $\overline{\lambda}$ 都增大一倍

B. $\overline{Z}$ 和 $\overline{\lambda}$ 都减小为原来的一半

C. $\overline{Z}$ 增大一倍而 $\overline{\lambda}$ 减小为原来的一半

D. $\overline{Z}$ 减小为原来的一半而 $\overline{\lambda}$ 增大一倍

4-14　一定量的理想气体，在体积不变、温度降低时，分子的平均碰撞频率 $\overline{Z}$ 和平均自由程 $\overline{\lambda}$ 的变化情况为(　　).

A. $\overline{Z}$ 减小，$\overline{\lambda}$ 不变　　　　B. $\overline{Z}$ 不变，$\overline{\lambda}$ 减小

C. $\overline{Z}$ 和 $\overline{\lambda}$ 都减小　　　　D. $\overline{Z}$ 和 $\overline{\lambda}$ 都不变

4-15　在一个容积不变的容器中储有一定量的某种理想气体，温度为 T_0 时，气体分子的平均速率为 $\overline{v}_0$，平均碰撞频率为 $\overline{Z}_0$，平均自由程为 $\overline{\lambda}_0$，当气体的温度升高为 $4T_0$ 时，气体分子的平均速率 $\overline{v}$、平均碰撞频率 $\overline{Z}$ 和平均自由程 $\overline{\lambda}$ 分别为(　　).

A. $\overline{v} = 4\overline{v}_0$，$\overline{Z} = 4\overline{Z}_0$，$\overline{\lambda} = 4\overline{\lambda}_0$

B. $\overline{v} = 2\overline{v}_0$，$\overline{Z} = 2\overline{Z}_0$，$\overline{\lambda} = \overline{\lambda}_0$

C. $\overline{v} = 2\overline{v}_0$，$\overline{Z} = 2\overline{Z}_0$，$\overline{\lambda} = 4\overline{\lambda}_0$

D. $\overline{v} = 4\overline{v}_0$，$\overline{Z} = 2\overline{Z}_0$，$\overline{\lambda} = \overline{\lambda}_0$

二、填空题

4-16　一打足气的自行车轮胎，若 7 ℃ 时，轮胎中空气的压强为 4.0×10^5 Pa，则在温度变为 35 ℃ 时，轮胎中空气的压强为________(设轮胎容积不变).

4-17　一定量的理想气体储于某容器中，温度为 T，气体分子的质量为 m_0. 根据理想气体模型和统计假设，分子速度在 x 方向的分量的平均值为 $\overline{v}_x =$ ________，分子速度在 x 方向的分量的平方的平均值为 $\overline{v_x^2} =$ ________.

4-18 容器中储有 1 mol 氮气,压强为 1.33 Pa,温度为 7 ℃,则

(1) 1 m^3 氮气的分子数为________;

(2) 容器中氮气的密度为________;

(3) 1 m^3 氮分子的总平动动能为________.

4-19 一瓶中有质量为 m 的氧气(视为刚性双原子分子理想气体),摩尔质量为 M,温度为 T,则氧分子的平均平动动能为________,氧分子的平均动能为________,该瓶氧气的内能为________.

4-20 下列各式分别表示什么物理意义?

(1) $\frac{1}{2}kT$:________;(2) $\frac{3}{2}kT$:________;

(3) $\frac{i}{2}kT$:________;(4) $\frac{i}{2}RT$:________;

(5) $\frac{3}{2}RT$:________.

4-21 在 27 ℃ 下,1 mol 氢气和 1 mol 氧气的内能之比为________;1 g 氢气和 1 g 氧气的内能之比为________.

4-22 用总分子数 N、气体分子速率 v 和速率分布函数 $f(v)$ 表示下列各量:

(1) 速率大于 v_0 的分子数:________;

(2) 速率大于 v_0 的分子的平均速率:________;

(3) 分子速率倒数的平均值:________.

4-23 一氧气瓶的容积为 V,充入氧气后压强为 p_1,用了一段时间后压强减小为 p_2,则氧气瓶中剩下的氧气的内能与未用前氧气的内能之比为________.

4-24 一容器内盛有密度为 ρ 的单原子分子理想气体,其压强为 p,此气体分子的方均根速率为________,单位体积内气体的内能为________.

4-25 飞机起飞前,舱中压力计指示为 1.0 atm,温度为 27 ℃;起飞后,压力计指示为 0.8 atm,温度不变,则飞机距地面的高度为 $h=$________(空气摩尔质量为 2.9×10^{-2} kg/mol).

4-26 某气体在标准状态下的分子的平均碰撞频率为 $5.4\times10^{8}\ s^{-1}$,平均自由程为 6×10^{-5} cm,若温度不变,压强减小为 0.1 atm,则分子的平均碰撞频率变为________,平均自由程变为________.

三、计算题

4-27 水面下 50.0 m 深处(温度为 4 ℃),有一体积为 $1.0\times10^{-5}\ m^3$ 的空气泡升到水面上来.若水面的温度为 17 ℃,求空气泡到达水面的体积(取大气压为 $p_0=1.013\times10^{5}$ Pa).

4-28 质量为 50.0 g、温度为 18.0 ℃ 的氦气装在容积为 10.0 L 的封闭容器内,容器以 $v=200$ m/s 的速率做匀速直线运动.若容器突然静止,定向运动的动能全部转化为分子热运动的动能,则平衡后氦气的温度和压强将各增大多少?

4-29 一容积为 10 cm^3 的电子管,当温度为 300 K 时,用真空泵把管内空气抽成压强为 5×10^{-6} mmHg 的高真空,问此时电子管内有多少个空气分子?这些空气分子的总平动动能为多少?总转动动能为多少?总动能为多少(已知 760 mmHg $=1.013\times10^{5}$ Pa,空气分子可视为刚性双原子分子)?

4-30 在温度为 127 ℃ 时,1 mol 氧气(其分子可视为刚性双原子分子)的内能为多少?并求出分子的总转动动能.

4-31 一容积为 $V=1\ m^3$ 的容器内混有 $N_1=1.0\times10^{25}$ 个氧分子和 $N_2=4.0\times10^{25}$ 个氮分子,混合气体的压强为 2.76×10^{5} Pa.求:

(1) 分子的平均平动动能;

(2) 混合气体的温度.

4-32 N 个质量均为 m_0 的同种气体分子,其速率分布曲线如图 4-23 所示.求:

(1) 速率分布函数 $f(v)$ 的表达式;

(2) 范德瓦耳斯修正量 a(用 N 和 v_0 表示);

(3) 速率分布在 $0.5v_0\sim1.5v_0$ 内的分子数;

(4) 分子的平均平动动能;

(5) 速率分布在 $0.5v_0\sim v_0$ 内的分子的平均速率.

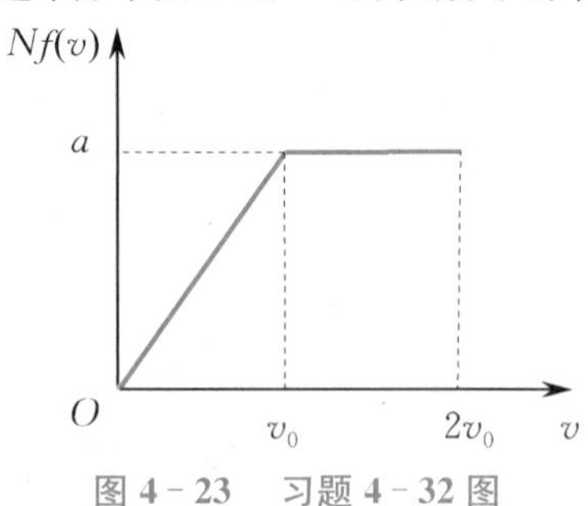

图 4-23 习题 4-32 图

4-33 电子管的真空度约为 1.33×10^{-3} Pa,设电子管内空气分子的有效直径为 3.0×10^{-10} m,求 27 ℃ 时气体的分子数密度、气体分子的平均自由程和平均碰撞频率.已知空气分子的摩尔质量为 29 g/mol.

第 5 章 热力学基础

"想一想":日本大黄蜂以蜜蜂为食.如果一只黄蜂侵犯一个蜂巢,几百只蜜蜂会迅速围拢,并在它周围形成一个密实的球.约 20 min 后,这只黄蜂会死去.这些蜜蜂并没有挤压或刺黄蜂,那么它为什么会死去呢?

我们在日常生活中接触到的所有物体都是由微观粒子(分子或原子)组成的.这些微观粒子不停地做热运动.热运动有区别于机械运动的独有的规律性.热运动的存在又影响了物质的其他宏观性质,如物质的力学性质、电磁性质以及化学反应进行的方向和限度等.

本章首先介绍热力学中功、热量的概念及其计算,在此基础上引入热力学第一定律,介绍它在一些典型热力学过程(如等容、等压、等温、绝热以及循环过程)中的应用;接着阐述热力学第二定律的两种表述及其等效性,并用实例说明宏观热力学过程具有方向性,用热力学第二定律总结这一方向性必须遵循的规律;最后给出热力学第二定律的统计意义及熵的概念和熵增加原理.热力学第三定律继续对熵进行论述,热力学第二定律给出的只是两个不同状态的熵差,而热力学第三定律给出了绝对熵的概念.

5.1 准静态过程 功 热容

热力学是研究热现象与热规律的宏观理论,它通过对热现象的观测、实验和分析,以实验事实为依据,分析物质在状态变化过程中有关热量、功和内能变化的关系与条件,从而总结出热现象的基本规律.热力学理论不考虑物质的微观结构和微观变化过程,适用于一切物质系统,具有高度的普遍性和可靠性.它的理论基础是热力学第零定律、热力学第一定律、热力学第二定律和热力学第三定律.

一、准静态过程

一个热力学系统在外界的影响(做功或传热)下,或者说当系统与外界发生能量交换时,系统的状态会发生变化,就称系统经历了一个热力学过程(简称过程).过程进行时,系统的状态不断发生变化.如果系统从一个平衡态开始变化,状态的变化必然导致平衡态遭到破坏,系统需要一定的时间才能恢复至新的平衡态.但在实际过程中,往往在新的平衡态到达之前系统就又开始了新的变化,所以系统往往经历的是一系列的非平衡态.如果系统状态发生变化时,过程发生得无限缓慢,使过程中任一状态都无限接近于平衡态,这样的过程称为准静态过程.反之,若过程中系统的中间态为非平衡态,这样的过程称为非静态过程.显然,准静态过程是一个理想化的概念,实际发生的过程都不是准静态过程.如图 5-1(a) 所示,若要实现压缩气体的目的,直接在活塞上放置一重物使气体压缩,气体将剧烈变化,这样到达新状态的过程为非静态过程,而先在活塞上放置一粒砂子,隔一段时间再加一粒砂子,依此类推,这样的过程可视为准静态过程.准静态过程在热力学理论中具有非常重要的地位.

在实际问题中,只要过程进行得不是非常快,一般情况下都可以把实际过程近似看作准静态过程.本书中计算功和热量的过程都是准静态过程.

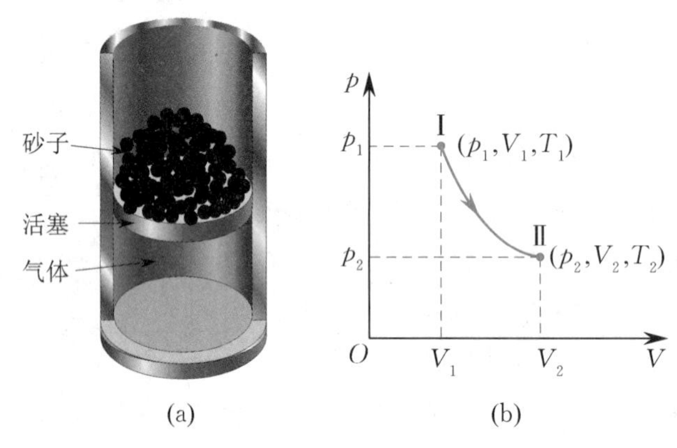

图 5-1　准静态过程

准静态过程有其重要的性质,如果过程中没有摩擦力,外界在准静态过程中对系统产生的作用力可以用描述系统平衡态的状态参量来表示.例如,当气体系统经历无摩擦准静态压缩或膨胀过程时,若要维持系统处于平衡态,外界压强必须始终和气体的压强相等,因而作为描述气体平衡态的状态参量.我们强调气体的压强始终和外界压强保持相等是因为这样才能保持过程的准静态性质.如果在摩擦力存在的情形下,即便过程进行得极其缓慢,使过程进行中的每一个状态都可以当作是平衡态,但外界的作用力不能用系统的状态参量进行表示.本书不讨论这种复杂情况,书中所说的准静态过程,均指没有摩擦力的准静态过程.

准静态过程可以用系统状态图(如简单气体系统可以用 $p-V$ 图、$p-T$ 图或 $V-T$ 图)中的一条连续光滑曲线来表示,如图 5-1(b) 中的曲线表示系统从始态 Ⅰ 到末态 Ⅱ 的准静态过程,其中箭头方向为过程进行的方向.这条曲线称为过程曲线.

二、准静态过程的功

做功是改变系统状态的一种方式.这里讨论准静态过程中系统体积发生变化时压力所做的机械功.如图 5-2 所示,设想汽缸中的气体经历无摩擦准静态膨胀过程,这时外界施于气体的压强等于气体的压强 p,当面积为 S 的活塞移动一微小距离 $\mathrm{d}l$ 时,气体对外界做的元功为

$$\mathrm{d}W = F\mathrm{d}l = pS\mathrm{d}l = p\mathrm{d}V.$$

气体的体积由 V_1 沿某过程曲线(见图 5-3) 准静态膨胀到 V_2 时,气体对外界做的总功为

$$W = \int \mathrm{d}W = \int_{V_1}^{V_2} p\mathrm{d}V. \tag{5-1}$$

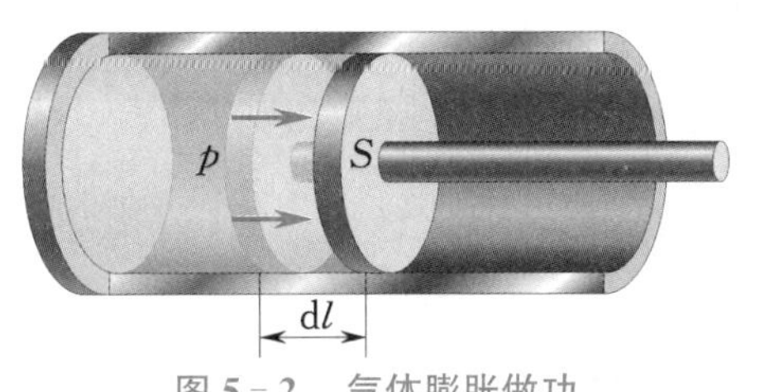

图 5-2　气体膨胀做功

体积功

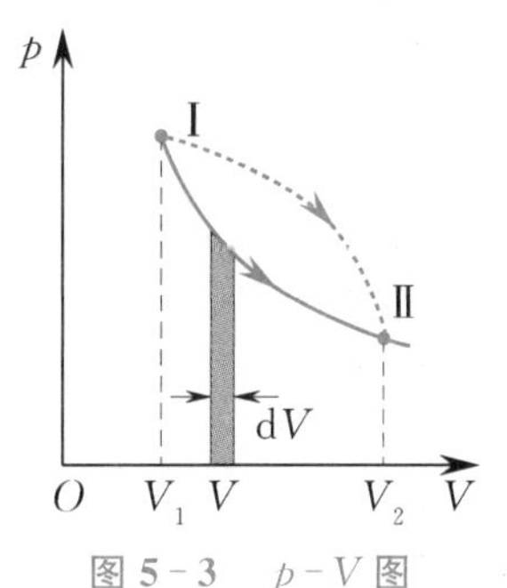

图 5-3　p-V 图

由积分的几何意义可知，此功在数值上等于过程曲线下由 V_1 到 V_2 区域的面积. 显然，如果过程发生的始态和末态相同，但经历的过程不同(见图 5-3 中的粗虚线)，那么过程曲线下区域的面积不同，功的数值就不同. 因而，功是一个过程量，而不是一个状态量，式(5-1)中的 $\mathrm{d}W$ 不是某个函数的微分，而只是代表在无限小过程中的一个无穷小量. 若 $W>0$，系统对外界做功；若 $W<0$，外界对系统做功，或者说系统对外界做负功.

三、热量和热容

根据热力学第零定律，温度不同的两个物体相互接触后，会发生能量的传递，最终达到热平衡. 这种系统间由于存在温差而发生相互作用，从而传递的能量称为热量，用 Q 表示，在国际单位制中，其单位为焦[耳](J). 此外，热量的单位还曾用过卡[路里](cal).

焦耳

虽然做功和传热都可以改变系统的状态，但其本质是不同的. 做功本质上是系统的有规则运动与系统内分子的热运动之间的能量转换，也就是机械能与内能的转换，它通过系统的宏观位移来完成；而传热本质上是系统外物体的分子的热运动与系统内分子的热运动之间的转换，将系统外物体的内能转换为系统的内能. 但对系统的作用效果来看，两者是等效的. 焦耳[①]曾用实验证明，如果分别用传热和做功的方式使系统的温度升高，则当系统升高的温度相同时，所传递的热量和所做的功有一定的比例关系，这个关系是，向系统传递 1 cal 的热量使其升高的温度与对系统做 4.18 J 的机械功使其升高的温度相同. 于是得到著名的热功当量：

$$1\ \mathrm{cal}=4.18\ \mathrm{J}.$$

在生活中我们观察到，加热 1 kg 的水和 1 kg 的油升高相同的温度需要的热量是不一样的，在热力学中，热量 Q 是如何计算的呢?实验表明，在相同温差条件下，不同的物质传递的热量是不同的，且在相同的温差和物质的条件下，通过不同的过程所传递的热量也是不同的.

一个系统在某一过程中温度升高 1 K 吸收的热量称为系统在该过程的热容. 若以 ΔQ 表示系统温度升高 ΔT 的过程中吸收的热量，则系统的热容为

$$C=\lim_{\Delta T\to 0}\frac{\Delta Q}{\Delta T}=\frac{\mathrm{d}Q}{\mathrm{d}T}. \tag{5-2}$$

在国际单位制中，热容的单位为焦[耳]每开[尔文](J/K).

物质的比热容(简称比热)表征不同物质相对的吸热本领，它定义为 1 kg 物质温度升高 1 ℃

---

① 焦耳，英国物理学家. 由于他在热学、热力学和电学方面的贡献，英国皇家学会授予他最高荣誉的科普利奖章. 后人为了纪念他，把能量和功的单位命名为焦耳，简称焦，并用焦耳姓氏的第一个字母“J”来表示.

所需吸收的热量,用 c 表示,即

$$c=\lim_{\Delta T\to 0}\frac{1}{m}\frac{\Delta Q}{\Delta T}=\frac{1}{m}\frac{\mathrm{d}Q}{\mathrm{d}T}, \tag{5-3}$$

式中 m 为物质的质量.在国际单位制中,比热的单位为焦[耳]每千克开[尔文](J /(kg · K)).

1 mol 物质的热容称为摩尔热容,用 C_{m} 表示,即

$$C_{\mathrm{m}}=\frac{M}{m}\lim_{\Delta T\to 0}\frac{\Delta Q}{\Delta T}=\frac{1}{\nu}\frac{\mathrm{d}Q}{\mathrm{d}T}, \tag{5-4}$$

式中 M 为物质的摩尔质量,ν 为物质的量.在国际单位制中,摩尔热容的单位为焦[耳]每摩[尔]开[尔文](J/(mol · K)).由于物质吸收的热量与过程有关,因此同一物质可有不同的摩尔热容.根据摩尔热容的定义,一定量的物质,其温度由 T_1 变化到 T_2 时,吸收或者放出的总热量可表示为

$$Q=\nu C_{\mathrm{m}}(T_2-T_1). \tag{5-5}$$

注意,热量 Q 也是过程量,与系统经历的过程有关.若 $Q>0$,则表示系统从外界吸收热量;若 $Q<0$,则表示系统向外界放出热量.式(5-5)就是热力学中计算热量的一般式.

*四、热功当量的测量

1840 年,焦耳把电阻丝放入装水的隔热容器内,测量不同电流和电阻时的水温,如图 5-4 所示.通过这一实验,他发现导体在一定时间内放出的热量与导体的电阻及电流的平方之积成正比.4 年之后,物理学家楞次公布了他的实验结果,进一步验证了焦耳关于电流热效应结论的正确性.该定律被称为焦耳定律,其数学表达式为

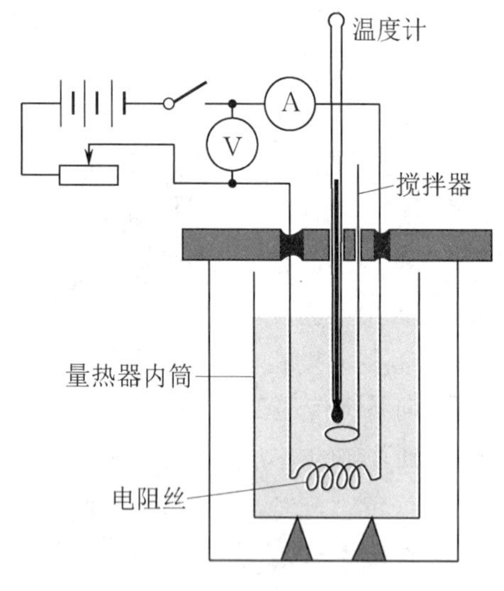

图 5-4 焦耳实验装置图 1

$$Q=I^2Rt.$$

焦耳总结出焦耳定律以后,进一步设想电池电流产生的热量与电磁机的感生电流产生的热量在本质上应该是一致的.1843 年,焦耳设计了一个新实验.焦耳将一个小线圈绕在铁芯上,用电流计测量感生电流,再把线圈放在装水的容器中,测量水温以计算热量.这个电路是完全封闭的,没有外界电源供电,水温的升高只是机械能转化为电能,电能又转化为热量的结果,整个过程不存在"热质"的转移.这一实验结果完全否定了热质说(认为热量是一种物质,称为热质).

上述实验也使焦耳想到了机械功与热量的联系,经过反复的实验,焦耳终于测出了热功当量,但结果并不精确.1843 年在英国学术会上,焦耳报告了他的论文《论电磁的热效应和热量的机械值》,他在报告中说 1 kcal 的热量相当于 460 kg · m(约 4 508 J)的功.他的报告没有得到支持和强烈的反响,这使他意识到自己还需要进行更精确的实验.

1844 年,焦耳研究了空气在膨胀和压缩时的温度变化,他在这方面取得了许多成就.通过对气体分子运动速度与温度的关系的研究,焦耳计算出了气体分子的热运动速度值,从理论上奠定了玻意耳定律和盖吕萨克定律的基础,并解释了气体对容器壁压力的实质.焦耳在研究过程中的许多实验是和物理学家汤姆孙共同完成的.在焦耳发表的 97 篇科学论文中有 20 篇是他们的合作成果.当自由扩散气体从高压容器进入低压容器时,大多数气体和空气的温度都要下降,这一现象由两人共同发现,后来被称为焦耳-汤姆孙效应.

无论是在实验还是在理论上,焦耳都是从分子动力学的立场出发进行深入研究的先驱者之一.在从事这些研

究的同时，焦耳并没有间断对热功当量的测量. 1847年，焦耳做了迄今被认为是设计思想最巧妙的实验：他在量热器里装了水，在量热器中安上带有叶片的转轴，然后让下降重物带动叶片旋转，由于叶片和水的摩擦，水和量热器的温度都会升高，如图5-5所示. 根据重物下落的高度，可以算出转化的机械功；根据量热器内水升高的温度，就可以算出水的内能的增量. 把两数进行比较就可以求出热功当量的准确值.

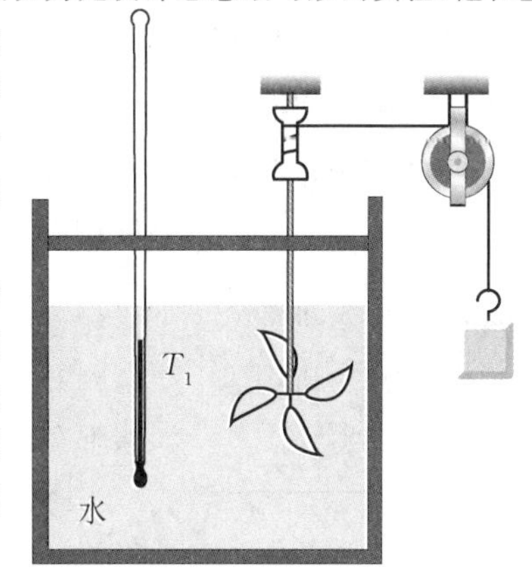

图5-5 焦耳实验装置图2

焦耳还用鲸鱼油代替水来做实验，测得了热功当量的平均值为423.9 kg·m/kcal. 接着又用水银来代替水，不断改进实验方法，直到1878年，这时距他开始进行这一工作将近40年了，他已先后用各种方法进行了400多次实验. 他在1849年用摩擦使水变热的方法所得的结果跟1878年的是相同的，即为423.9 kg·m/kcal. 一个重要的物理常量的测定，能保持30年而不做较大的更正，这在物理学史上也是极为罕见的事. 这个值当时被大家公认为热功当量.

5.2 热力学第一定律

一、热力学第一定律

前面已讨论过，系统内能的改变可以通过做功和传热来实现. 如果一个系统从外界吸收了热量Q，同时又对外界做功W，则系统的内能从E_1变为E_2，系统内能的增量为$\Delta E = E_2 - E_1$. 实验证明，这3个物理量$Q, W, \Delta E$有如下关系：

$$Q = \Delta E + W. \tag{5-6}$$

式(5-6)为热力学第一定律的数学表达式. 它表明，系统从外界吸收的热量，一部分用于系统对外界做功，另一部分用来增加系统的内能. 式中各量的正负规定如下：$Q > 0$，表示系统从外界吸收热量，$Q < 0$，表示系统向外界放出热量；$\Delta E > 0$，表示系统内能增加，$\Delta E < 0$，表示系统内能减少；$W > 0$，表示系统对外界做功，$W < 0$，表示外界对系统做功，或系统对外界做负功.

对于系统的无穷小过程，热力学第一定律可写成微分形式

$$\mathrm{d}Q = \mathrm{d}E + \mathrm{d}W = \mathrm{d}E + p\mathrm{d}V. \tag{5-7}$$

历史上曾有人企图制造一种循环动作的机器，既不消耗内能，又不从外界吸收热量，却能持续不断地对外界做功. 这种机器称为第一类永动机. 这种企图经过多次尝试都失败了，并导致了热力学第一定律的建立. 我们可用热力学第一定律证明第一类永动机是不可能实现的，因为这种机器做功后又回到始态，内能没有改变，即$\Delta E = 0$，根据热力学第一定律，有$Q = W$，即系统所做的功等于供给它的热量或其他形式的等值能量，而不供给能量却持续做功显然是不可能的. 热力学第一定律的本质是能量守恒定律，它阐述了包含热现象在内的能量守恒与转化定律，它是生产实践和科学实验的经验总结，阐述了系统总能量保持不变，但是能量的形式可以发生转化和转移.

下面我们来回答本章开始提出的问题. 蜜蜂组成的蜂团全面包裹住大黄蜂，并迅速振动翅膀，由此产生热量. 在数十分钟后，蜂团中心的温度能够达到46 ℃左右，蜜蜂在这个温度下可以存活，但这个温度对大黄蜂却是致命的.

二、热力学第一定律的应用

理想气体的等值过程的特征是系统的变化过程中某个状态参量保持不变. 理想气体的等容、等

压和等温过程都属于等值过程. 下面将根据理想气体物态方程、内能公式,应用热力学第一定律分别计算理想气体在 3 种等值过程,即等容、等压和等温过程中所做的功、内能的增量及吸收的热量.

1. 等容过程

气体系统在状态变化过程中体积保持不变的过程称为等容过程. 等容过程的特征是 $V=$ 常量,$\mathrm{d}V=0$. 过程曲线在 p-V 图上是一条平行于 p 轴的直线,如图 5-6 所示. 等容过程的过程方程为

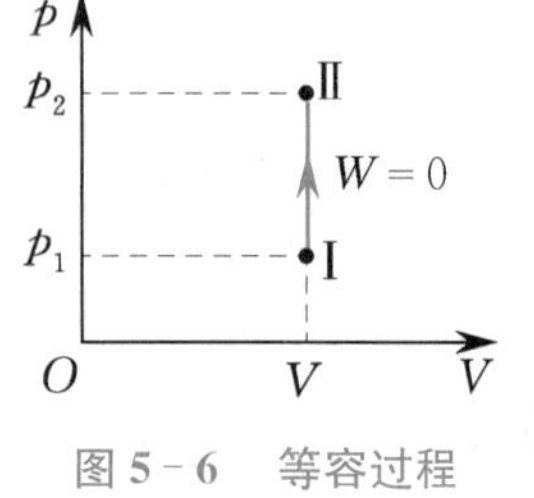

图 5-6 等容过程

$$\frac{p}{T}=C,$$

式中 C 为常量.

因为等容过程中气体的体积保持不变,所以气体不做功,$\mathrm{d}W=p\mathrm{d}V=0$,$W=0$. 热力学第一定律应用于等容过程的任一微小过程,有

$$\mathrm{d}Q_V=\mathrm{d}E.$$

上式表明,等容过程中系统吸收的热量全部用于增加系统的内能. 对于一有限的等容过程,当理想气体从状态 Ⅰ 等容变化到状态 Ⅱ 时,由热力学第一定律及理想气体的内能公式,有

$$Q_V=\Delta E=\nu\frac{i}{2}R(T_2-T_1), \tag{5-8}$$

式中 T_1,T_2 分别为系统在状态 Ⅰ 和状态 Ⅱ 时的温度.

1 mol 物质在等容过程中温度升高 1 K 所吸取的热量,称为该物质的摩尔定容热容,记为 $C_{V,\mathrm{m}}$,即

$$C_{V,\mathrm{m}}=\frac{1}{\nu}\lim_{\Delta T\to 0}\left(\frac{\Delta Q}{\Delta T}\right)_V=\frac{1}{\nu}\left(\frac{\mathrm{d}Q}{\mathrm{d}T}\right)_V, \tag{5-9}$$

因此

$$\mathrm{d}Q_V=\nu C_{V,\mathrm{m}}\mathrm{d}T. \tag{5-10}$$

根据式(5-8)和式(5-10),可得理想气体的摩尔定容热容为

$$C_{V,\mathrm{m}}=\frac{i}{2}R. \tag{5-11}$$

可见,理想气体的摩尔定容热容与气体分子的自由度 i 有关,对于单原子分子,$C_{V,\mathrm{m}}=\frac{3}{2}R$;对于刚性双原子分子,$C_{V,\mathrm{m}}=\frac{5}{2}R$;对于刚性多原子分子,$C_{V,\mathrm{m}}=3R$.

2. 等压过程

系统在状态变化过程中压强保持不变的过程称为等压过程. 等压过程的特征是 $p=$ 常量,$\mathrm{d}p=0$. 过程曲线在 p-V 图上是一条平行于 V 轴的直线,如图 5-7 所示. 等压过程的过程方程为

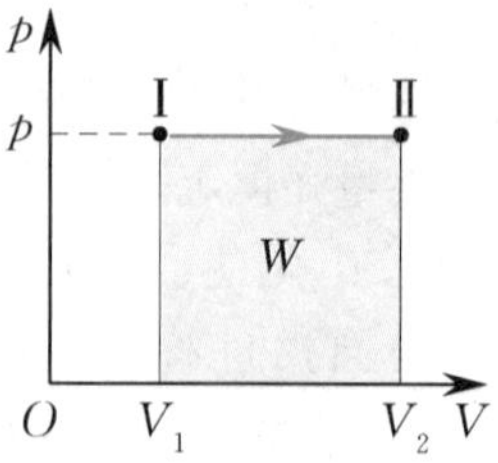

$$\frac{V}{T}=C,$$

式中 C 为常量.

热力学第一定律应用于等压过程,有

$$\mathrm{d}Q_p=\mathrm{d}E+p\mathrm{d}V.$$

图 5-7 等压过程

对上式两边进行积分,得到理想气体从状态 Ⅰ 等压变化到状态 Ⅱ 时气体吸收的总热量为

$$Q_p=\Delta E+\int_{V_1}^{V_2}p\mathrm{d}V=E_2-E_1+p(V_2-V_1), \tag{5-12}$$

式中 E_1,E_2 分别为系统在状态 Ⅰ 和状态 Ⅱ 时的内能;V_1,V_2 分别为系统在状态 Ⅰ 和状态 Ⅱ 时的体积. 式(5-12) 表明,等压过程中气体吸收的热量,一部分用于对外界做功,一部分用于增加系统的内能.

由于内能增量与过程无关,根据理想气体物态方程,式(5-12) 又可写成

$$Q_p = \nu \frac{i}{2}R(T_2 - T_1) + \nu R(T_2 - T_1) = \nu\left(\frac{i}{2}R + R\right)(T_2 - T_1). \tag{5-13}$$

1 mol 物质在等压过程中温度升高 1 K 所吸取的热量,称为该物质的**摩尔定压热容**,记为 $C_{p,\mathrm{m}}$,即

$$C_{p,\mathrm{m}} = \frac{1}{\nu}\lim_{\Delta T\to 0}\left(\frac{\Delta Q}{\Delta T}\right)_p = \frac{1}{\nu}\left(\frac{\mathrm{d}Q}{\mathrm{d}T}\right)_p, \tag{5-14}$$

因此

$$\mathrm{d}Q_p = \nu C_{p,\mathrm{m}}\mathrm{d}T. \tag{5-15}$$

根据式(5-13) 和式(5-15),可得理想气体的摩尔定压热容为

$$C_{p,\mathrm{m}} = \frac{i}{2}R + R = \frac{i+2}{2}R \tag{5-16a}$$

或

$$C_{p,\mathrm{m}} = C_{V,\mathrm{m}} + R. \tag{5-16b}$$

式(5-16b) 称为**迈耶公式**. 由该式可知,$C_{p,\mathrm{m}}$ 的值比 $C_{V,\mathrm{m}}$ 大 R,这是显然的,因为等容过程吸收的热量全部用于增加系统的内能;而在等压膨胀过程中,系统吸收的热量除使系统的内能增加外,还要对外界做功,所以系统从相同的始态经历等容过程和等压过程升高相同温度时,等压过程吸热要多一些.

在实际应用中,我们经常使用摩尔定压热容 $C_{p,\mathrm{m}}$ 与摩尔定容热容 $C_{V,\mathrm{m}}$ 的比值,称为**比热比**,并用符号 γ 表示,即

$$\gamma = \frac{C_{p,\mathrm{m}}}{C_{V,\mathrm{m}}} = \frac{i+2}{i}. \tag{5-17}$$

由式(5-17) 可知,对于单原子分子理想气体,$\gamma = 1.67$;对于双原子分子理想气体,$\gamma = 1.40$;对于多原子分子理想气体,$\gamma = 1.33$.

表 5-1 列出了常温常压下一些气体的 $C_{V,\mathrm{m}}$,$C_{p,\mathrm{m}}$ 和 γ 的实验值. 从表中数据容易看出:① 对表中所列各种气体,摩尔定压热容与摩尔定容热容的差值 $C_{p,\mathrm{m}} - C_{V,\mathrm{m}}$ 都接近于 R 值;② 对于单原子及双原子分子气体来说,$C_{p,\mathrm{m}}$,$C_{V,\mathrm{m}}$ 和 γ 的实验值与理论值都比较接近,这说明经典热容理论近似地反映了客观事实,但对分子结构较复杂的多原子分子气体,理论值与实验值存在较大偏差,这说明能量均分定理只是近似理论,而量子理论可以较好地解决这些问题.

表 5-1　几种气体的摩尔热容实验值

气体分子类型	气体	$C_{p,\mathrm{m}}$/(J/(mol·K))	$C_{V,\mathrm{m}}$/(J/(mol·K))	γ
单原子	He	20.96	12.61	1.66
	Ar	20.90	12.63	1.67
双原子	H_2	28.83	20.47	1.41
	N_2	29.12	20.80	1.40
	O_2	29.61	21.16	1.40
	CO	29.0	21.2	1.37

续表

气体分子类型	气体	$C_{p,m}/(\mathrm{J}/(\mathrm{mol}\cdot\mathrm{K}))$	$C_{V,m}/(\mathrm{J}/(\mathrm{mol}\cdot\mathrm{K}))$	γ
多原子	H_2O	36.2	27.8	1.31
	CH_4	36.6	27.2	1.30
	C_2H_5OH	87.0	79.1	1.11

3. 等温过程

系统在状态变化过程中温度保持不变的过程称为等温过程. 通常可考虑气体与恒温热源相接触,热源很大,与气体的热量传递不影响热源的温度. 等温过程的特征是 $T=$ 常量, $\mathrm{d}T=0$. 过程曲线在 $p-V$ 图上是双曲线的一支,称为等温线,如图 5-8 所示. 等温过程的过程方程为

$$pV=C,$$

式中 C 为常量.

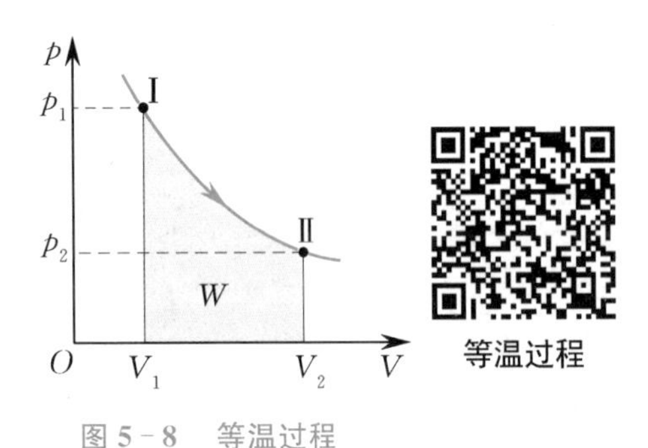

图 5-8　等温过程

由于等温过程中 T 为常量,因此系统的内能不变. 由热力学第一定律可得

$$\mathrm{d}Q_T=\mathrm{d}E+p\mathrm{d}V=p\mathrm{d}V.$$

由上式可知,等温过程中气体吸收的热量全部用于对外界做功. 把理想气体物态方程代入上式,可得

$$\mathrm{d}Q_T=\mathrm{d}W_T=p\mathrm{d}V=\nu RT\frac{\mathrm{d}V}{V},$$

式中 $\mathrm{d}Q_T$ 为气体从恒温热源中吸收的热量, $\mathrm{d}W_T$ 为气体所做的功. 气体由状态 Ⅰ 等温膨胀到状态 Ⅱ 时,气体吸收的总热量或气体对外界做的总功为

$$Q_T=W_T=\int_{V_1}^{V_2}p\mathrm{d}V=\int_{V_1}^{V_2}\nu RT\frac{\mathrm{d}V}{V}=\nu RT\ln\frac{V_2}{V_1}. \qquad (5-18a)$$

应用理想气体物态方程,式(5-18a)还可写成

$$Q_T=W_T=\nu RT\ln\frac{p_1}{p_2}, \qquad (5-18b)$$

式中 p_1,p_2 分别为系统在状态 Ⅰ 和状态 Ⅱ 时的压强.

式(5-18)表明,若等温过程中气体膨胀,气体从恒温热源吸收的热量全部用于对外界做功,而若气体被压缩,则表示外界对气体做的功全部以热量形式由气体传递给外界.

例 5-1

如图 5-9 所示,使 1 mol 氧气经历如下过程:

(1) 由状态 A 等温地变到状态 B;

(2) 由状态 A 等容地变到状态 C,再由状态 C 等压地变到状态 B.

试分别计算氧气所做的功和吸收的热量.

分析　从 $p-V$ 图上可以看出,氧气在 AB 与 ACB 两个过程中所做的功是不同的. 考虑到内能是状态的函数,其变化值与过程无关,所以这两个不同过程的内能变化是相同的,因始、末状态温度相同, $T_A=T_B$,故 $\Delta E=0$,利用热力学第一定律,可求出每一过程所吸收的热量.

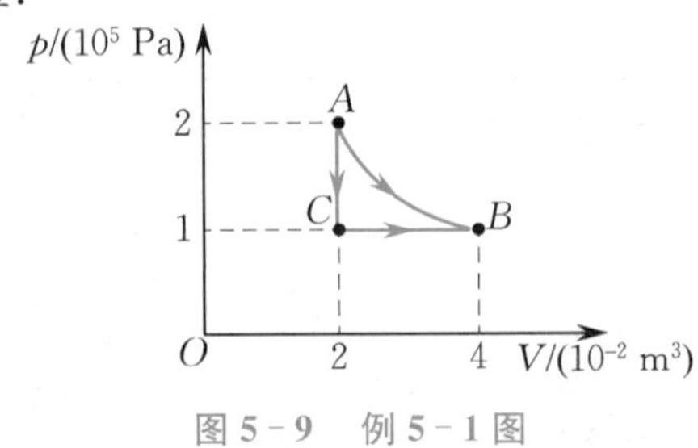

图 5-9　例 5-1 图

解　(1) 沿 AB 等温膨胀的过程中,氧气所做的功为

$$W_{AB}=\nu RT_A\ln\frac{V_B}{V_A}=p_AV_A\ln\frac{V_B}{V_A}$$
$$=2.77\times10^3\ \text{J}.$$

由分析可知，在等温过程中，氧气吸收的热量为

$$Q_{AB}=W_{AB}=2.77\times10^3\ \text{J}.$$

(2) 在 ACB 过程中，氧气所做的功和吸收的热量分别为

$$W_{ACB}=W_{AC}+W_{CB}=W_{CB}$$
$$=p_C(V_B-V_C)=2.0\times10^3\ \text{J},$$
$$Q_{ACB}=W_{ACB}=2.0\times10^3\ \text{J}.$$

例 5-2

0.6 mol 的单原子分子理想气体从状态 a 沿直线变化到状态 b，如图 5-10 所示. 求：

(1) ab 过程中系统内能的增量、做的功及吸收的热量；

(2) ab 过程中温度最高时气体的体积、压强和对应的温度值.

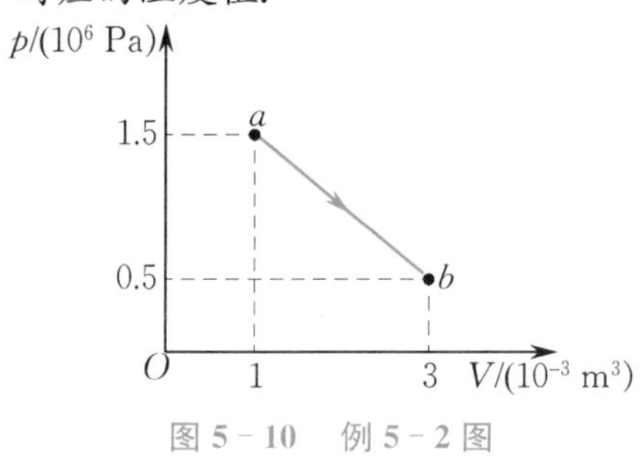

图 5-10 例 5-2 图

解 (1) 由于

$$p_aV_a=p_bV_b,$$

因此系统在状态 a，b 时的温度相同，故

$$\Delta E=0.$$

系统在该过程对外界做的功数值上等于直线 ab 下方区域的梯形面积，即

$$W=\frac{1}{2}\times(p_b+p_a)\times(V_b-V_a)$$
$$=\frac{1}{2}\times(0.5+1.5)\times10^6\times(3-1)\times10^{-3}\ \text{J}$$
$$=2.0\times10^3\ \text{J}.$$

该过程中，系统吸收的热量为

$$Q=W=2.0\times10^3\ \text{J}.$$

(2) ab 过程为一直线过程，该过程的过程方程可表示为

$$\frac{p-p_a}{V-V_a}=\frac{p_b-p_a}{V_b-V_a}.$$

对上式进行整理，可得

$$p=p_a-5\times10^8(V-V_a).$$

由上式和理想气体物态方程可得

$$T=\frac{pV}{\nu R}=\frac{V}{\nu R}[p_a-5\times10^8(V-V_a)].$$

令 $\left.\frac{\mathrm{d}T}{\mathrm{d}V}\right|_{V=V_{T\max}}=0$，可求得最高温度点对应的体积和压强分别为

$$V_{T\max}=\frac{p_a+V_a\times5\times10^8}{2\times5\times10^8}=2\times10^{-3}\ \text{m}^3,$$
$$p_{T\max}=p_a-5\times10^8(V_{T\max}-V_a)$$
$$=1.0\times10^6\ \text{Pa}.$$

最高的温度为

$$T_{\max}=\frac{p_{T\max}V_{T\max}}{\nu R}$$
$$=\frac{1.0\times10^6\times2\times10^{-3}}{0.6\times8.31}\ \text{K}$$
$$=401.1\ \text{K}.$$

5.3 绝热过程 *多方过程

一、绝热过程

在系统状态发生改变的过程中，系统与外界没有发生热量交换的过程称为绝热过程. 绝热过程的特征是 $Q=0$，$\mathrm{d}Q=0$. 实际上，绝对的绝热过程是不存在的，但是在某些过程中，系统与外界

交换的能量很小,可以忽略不计时,这些过程可以近似看作绝热过程,如用绝热壁将气体密封于容器中或者在杜瓦瓶内所进行的变化过程. 此外,声波传播时引起空气压缩或膨胀、内燃机中燃气的爆炸等过程进行得足够快,系统来不及与外界交换热量,只有少量的热量进入或者离开系统,这样的过程也可近似看作绝热过程. 下面介绍的绝热过程是进行得非常缓慢的准静态过程.

热力学第一定律应用于绝热过程的任一微小过程,有

$$\mathrm{d}Q = \mathrm{d}E + p\mathrm{d}V = 0$$

或

$$\mathrm{d}W = p\mathrm{d}V = -\mathrm{d}E.$$

理想气体由状态 Ⅰ 绝热膨胀到状态 Ⅱ 时气体对外界做的总功为

$$W = \int_{V_1}^{V_2} p\mathrm{d}V = -\Delta E = -\nu C_{V,\mathrm{m}}(T_2 - T_1). \tag{5-19}$$

式(5-19)表明,气体绝热膨胀对外界做功是以内能减少为代价,这必然导致气体的温度降低,压强减小;而气体在绝热压缩时温度升高,故绝热过程中的 3 个状态参量 p,V,T 同时变化. 这个结论和实际情况相互印证,例如,用打气筒向自行车轮胎打气时,筒壁会发热;被压缩气体从小孔急速喷出,气体绝热膨胀,则气体变冷.

将式(5-19)与理想气体物态方程联立,可得理想气体绝热过程做的功为

$$W = \frac{p_1V_1 - p_2V_2}{\gamma - 1}. \tag{5-20}$$

根据绝热过程的特征,利用热力学第一定律(微分形式)以及理想气体物态方程可以导出绝热方程. 绝热方程推导如下:

对于绝热过程的任一微小过程,有

$$p\mathrm{d}V = -\mathrm{d}E = -\nu C_{V,\mathrm{m}}\mathrm{d}T.$$

对理想气体物态方程 $pV = \nu RT$ 两边微分,可得

$$p\mathrm{d}V + V\mathrm{d}p = \nu R\mathrm{d}T.$$

联立上两式消去 $\mathrm{d}T$,可得

$$p\mathrm{d}V + V\mathrm{d}p = \frac{-R}{C_{V,\mathrm{m}}}p\mathrm{d}V.$$

对上式进行移项并整理,可得

$$V\mathrm{d}p = -\left(1 + \frac{R}{C_{V,\mathrm{m}}}\right)p\mathrm{d}V = -\frac{C_{p,\mathrm{m}}}{C_{V,\mathrm{m}}}p\mathrm{d}V = -\gamma p\mathrm{d}V,$$

即

$$\frac{\mathrm{d}p}{p} + \gamma\frac{\mathrm{d}V}{V} = 0.$$

对上式两边进行积分,可得

$$pV^{\gamma} = C_1. \tag{5-21a}$$

将式(5-21a)与理想气体物态方程联立可得以下等式:

$$TV^{\gamma-1} = C_2, \tag{5-21b}$$

$$p^{\gamma-1}T^{-\gamma} = C_3. \tag{5-21c}$$

方程组(5-21)称为绝热方程,其中 C_1,C_2,C_3 均为常量,它们的值由气体的初始状态决定.

绝热方程(5-21a)可用 $p-V$ 图上的一曲线表示，如图 5-11 中的实线所示，此曲线称为绝热线. 为了比较绝热线和等温线，图中还画出了同一气体的等温线(虚线)，两曲线相交于 A 点，从图中可以看出，绝热线比等温线更陡峭.

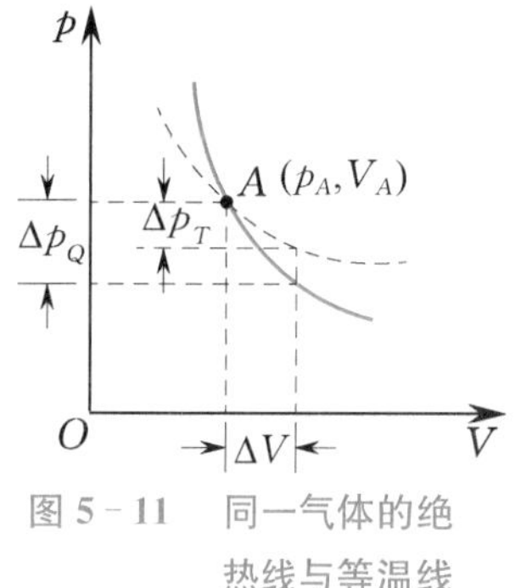

图 5-11　同一气体的绝热线与等温线

等温线在 A 点的斜率为

$$\left(\frac{\mathrm{d}p}{\mathrm{d}V}\right)_T = -\frac{p_A}{V_A},$$

而绝热线在 A 点的斜率为

$$\left(\frac{\mathrm{d}p}{\mathrm{d}V}\right)_Q = -\gamma\frac{p_A}{V_A}.$$

由于 $\gamma > 1$，所以在交点 A 处，绝热线斜率的绝对值大于等温线斜率的绝对值，即绝热线比等温线更陡峭.

从物理意义上看，假设从交点 A 开始，令气体体积增加 ΔV，则无论是等温过程还是绝热过程，其压强 p 都要减小. 当气体等温膨胀时，引起压强减小的因素只有一个，即体积的增加；而当气体绝热膨胀时，引起压强减小的因素有两个，即体积的增加和温度的降低. 因此，气体绝热膨胀中压强的减小比等温膨胀中更为显著，即图中 $\Delta p_Q > \Delta p_T$，故绝热线比等温线更陡峭.

例 5-3

如图 5-12 所示，在绝热的汽缸内储有 1 mol 氮气，活塞外为大气，氮气的压强为 $p = 1.51 \times 10^5$ Pa，活塞面积为 $S = 0.02\ \mathrm{m}^2$. 从汽缸底部加热，使活塞缓慢上升0.5 m. 问：

(1) 氮气经历了什么过程?

(2) 汽缸中的氮气吸收了多少热量(根据实验测定，氮气的摩尔定压热容为 $C_{p,\mathrm{m}} = 29.12\ \mathrm{J/(mol \cdot K)}$，摩尔定容热容为 $C_{V,\mathrm{m}} = 20.80\ \mathrm{J/(mol \cdot K)}$)?

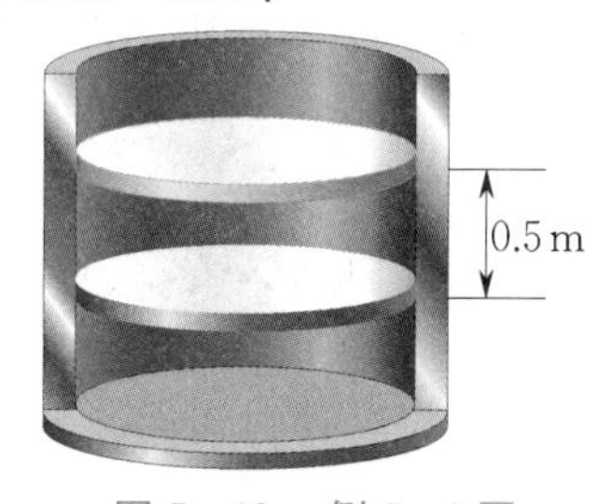

图 5-12　例 5-3 图

分析　因活塞可以自由移动，活塞对氮气的作用力始终为大气压力和活塞重力之和，汽缸内氮气的压强将保持不变. 对于等压过程，氮气吸收的热量为 $Q_p = \nu C_{p,\mathrm{m}}(T_2 - T_1)$，式中 T_2 为氮气膨胀后的温度，T_1 为氮气膨胀前的温度. $T_2 - T_1$ 可由理想气体物态方程求出.

解　(1) 由分析可知，氮气经历了等压膨胀过程.

(2) 由理想气体物态方程 $pV = \nu RT$，可得

$$T_2 - T_1 = \frac{p_2V_2 - p_1V_1}{\nu R} = \frac{p(V_2 - V_1)}{R} = \frac{pS\Delta l}{R},$$

则

$$Q_p = \frac{C_{p,\mathrm{m}}pS\Delta l}{R} = \frac{29.12 \times 1.51 \times 10^5 \times 0.02 \times 0.5}{8.31}\ \mathrm{J} = 5.29 \times 10^3\ \mathrm{J}.$$

综上所述，利用热力学第一定律可对理想气体的 4 个特殊过程(等容、等压、等温、绝热)以及由它们组成的过程进行分析，其解题的主要步骤如下：

(1) 明确研究对象的气体分子类型(单原子、双原子还是多原子)，以及气体的质量或物质的

量.

(2) 弄清系统经历的过程,并掌握这些过程的特征.

(3) 画出各过程相应的 $p-V$ 图.

(4) 根据各过程的特征和理想气体物态方程确定各状态的参量,应用热力学第一定律就可计算理想气体在各过程中的功、内能的增量和吸收(或放出)的热量.在计算中要注意Q和W的正负.

例 5-4

温度为 27 ℃、压强为 1 atm 的 1 mol 刚性双原子分子理想气体,经等温过程体积膨胀至原来的 3 倍.

(1) 求这个过程中气体对外界所做的功;

(2) 如果气体经绝热过程体积膨胀至原来的 3 倍,那么气体对外界做的功又是多少?

解 (1) 等温过程气体对外界做的功为

$$W=\int_{V_0}^{3V_0} p\mathrm{d}V=\int_{V_0}^{3V_0}\frac{\nu RT_0}{V}\mathrm{d}V=\nu RT_0\cdot\ln 3$$
$$=1\times 8.31\times 300.15\times 1.10\ \mathrm{J}$$
$$=2.74\times 10^3\ \mathrm{J}.$$

(2) 绝热过程气体对外界做的功为

$$W=\int_{V_0}^{3V_0} p\mathrm{d}V=p_0V_0^\gamma\int_{V_0}^{3V_0}V^{-\gamma}\mathrm{d}V$$
$$=\frac{3^{1-\gamma}-1}{1-\gamma}p_0V_0=\frac{1-3^{1-\gamma}}{\gamma-1}RT_0$$
$$=\frac{1-3^{1-1.40}}{1.40-1}\times 8.31\times 300.15\ \mathrm{J}$$
$$=2.22\times 10^3\ \mathrm{J}.$$

二、绝热自由膨胀过程

作为非静态绝热过程的一个例子,下面讨论理想气体的绝热自由膨胀过程.一绝热容器容积为 $2V$,开始时用隔板将理想气体限制在容器的左半边且达到平衡态,同时将右半边抽成真空.现抽去隔板,气体将向真空自由膨胀至整个空间(见图 5-13),系统经过一段时间后最终达到新的平衡态.绝热自由膨胀过程是非静态过程,因此无过程方程,即式(5-21)不再适用.由于气体向真空自由膨胀,对外界不做功,即 $W=0$,又因为过程绝热(容器是绝热的),$Q=0$,由热力学第一定律可得

$$\Delta E=E_2-E_1=0,$$

即气体绝热自由膨胀过程中内能不变.对于理想气体,内能是温度的单值函数,故

$$T_2=T_1,$$

即理想气体绝热自由膨胀后温度不变.由理想气体物态方程可以求得气体自由膨胀后的压强为 $p_2=\dfrac{p_1}{2}$.

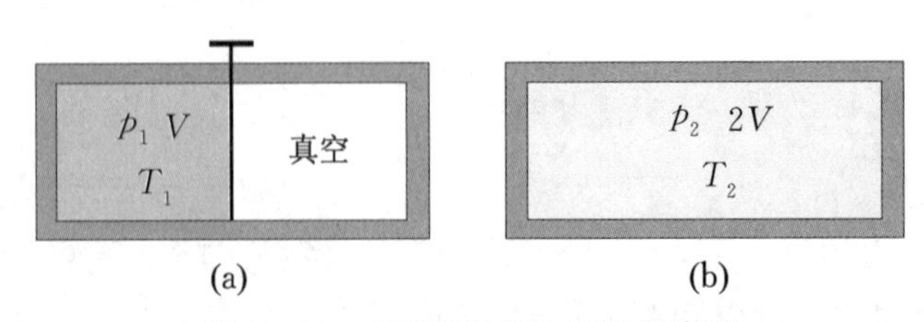

图 5-13 气体绝热自由膨胀示意图

必须指出,气体绝热自由膨胀后虽然温度不变,但由于过程是非静态的(不可能无限缓慢地

进行)，过程进行的每一步，系统都处在非平衡态，因此不能说理想气体绝热自由膨胀过程是等温过程.

*三、多方过程

实际上，理想气体进行的过程常常既非等温过程又非绝热过程，而是介于两者之间的过程. 这时的过程方程可以表示为

$$pV^n = C, \tag{5-22}$$

式中 C 为常量. 过程方程满足式(5-22)的过程称为多方过程，式中 n 称为多方指数. 显然，$n=1$ 为等温过程，而 $n=\gamma$ 为绝热过程，当 $1<n<\gamma$ 时，则表示气体进行的实际过程. 其实，多方过程并不局限于 $1\leqslant n\leqslant\gamma$ 范围，例如，当 $n=0$ 时，表示等压过程；当 $n=\infty$ 时，表示等容过程(由式(5-22)得 $p^{\frac{1}{n}}V=C'$，当 $n\to\infty$ 时，$V=C'$). 因此，绝热过程、等温过程、等容过程及等压过程都可以看成是多方过程的特殊情况.

利用式(5-22)可以求得气体在多方过程中对外界做的功为

$$W=\int_{V_1}^{V_2} p\mathrm{d}V=\int_{V_1}^{V_2}\frac{C}{V^n}\mathrm{d}V.$$

对上式两边进行积分，注意到 $p_1V_1^n=p_2V_2^n=C$，可得

$$W=\frac{p_1V_1-p_2V_2}{n-1}. \tag{5-23}$$

令 $n=\gamma$，可得理想气体绝热过程对外界做功的另一表达式，即式(5-20).

为了便于理解、分析和比较，下面将热力学第一定律在理想气体各等值过程、绝热过程和多方过程中应用的有关公式列入表5-2中.

表5-2　理想气体各等值过程、绝热过程和多方过程有关公式对照表

过程	过程特征	过程方程	吸收热量 Q	对外界做功 W	内能增量 ΔE
等容	$\mathrm{d}V=0$	$\frac{p}{T}=C$	$\nu C_{V,\mathrm{m}}(T_2-T_1)$	0	$\nu C_{V,\mathrm{m}}(T_2-T_1)$
等压	$\mathrm{d}p=0$	$\frac{V}{T}=C$	$\nu C_{p,\mathrm{m}}(T_2-T_1)$	$p(V_2-V_1)$ 或 $\nu R(T_2-T_1)$	$\nu C_{V,\mathrm{m}}(T_2-T_1)$
等温	$\mathrm{d}T=0$	$pV=C$	$\nu RT\ln\frac{p_1}{p_2}$ 或 $\nu RT\ln\frac{V_2}{V_1}$	$\nu RT\ln\frac{p_1}{p_2}$ 或 $\nu RT\ln\frac{V_2}{V_1}$	0
绝热	$\mathrm{d}Q=0$	$pV^\gamma=C_1$ $TV^{\gamma-1}=C_2$ $p^{\gamma-1}T^{-\gamma}=C_3$	0	$-\nu C_{V,\mathrm{m}}(T_2-T_1)$ 或 $\frac{p_1V_1-p_2V_2}{\gamma-1}$	$\nu C_{V,\mathrm{m}}(T_2-T_1)$
多方	—	$pV^n=C$	$W+\Delta E$	$\frac{p_1V_1-p_2V_2}{n-1}$	$\nu C_{V,\mathrm{m}}(T_2-T_1)$

例5-5

如图5-14所示，设有6 mol氢气，初始温度为20 ℃，压强为 $p_1=1.013\times10^5$ Pa，求氢气经下列过程将体积压缩为原体积的1/10需做的功，以及经下列过程后氢气的压强：

(1) 等温过程；

(2) 绝热过程.

解　(1) 氢气经等温过程，体积由 V_1 变为 V_2，压强由 p_1 变为 p_2. 此过程氢气对外界做的

功为

$$W_{12}=\nu RT_1\ln\frac{V_2}{V_1}=-3.36\times10^4\ \text{J}.$$

由等温过程的过程方程可得

$$p_2=\frac{p_1V_1}{V_2}=1.01\times10^6\ \text{Pa}.$$

(2) 氢气经绝热过程,体积由 V_1 变为 V_2',压强由 p_1 变为 p_2',温度由 T_1 变为 T_2'. 氢气为双原子分子气体,$\gamma=1.40$. 由绝热方程可得

$$T_2'=T_1\left(\frac{V_1}{V_2'}\right)^{\gamma-1}=736\ \text{K},$$

因此此过程氢气对外界做的功为

$$W_{12}'=-\nu C_{V,\text{m}}(T_2'-T_1)$$

$$=-\nu\frac{5}{2}R(T_2'-T_1)$$

$$=-5.52\times10^4\ \text{J}.$$

由绝热方程可得

$$p_2'=p_1\left(\frac{V_1}{V_2'}\right)^{\gamma}=2.54\times10^6\ \text{Pa}.$$

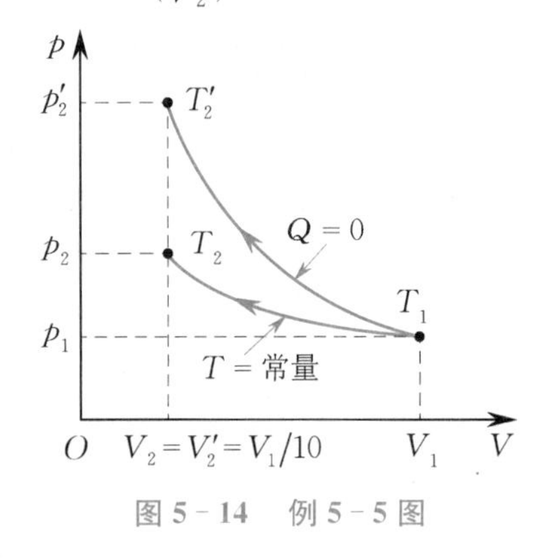

图 5-14　例 5-5 图

例 5-6

如图 5-15 所示,汽缸内有 2 mol 氦气,初始温度为 27 ℃,体积为 20 L,先将氦气等压膨胀,直至体积加倍,然后绝热膨胀,直至回复初始温度为止. 若把氦气视为理想气体,

(1) 在 $p-V$ 图上大致画出气体的状态变化过程;

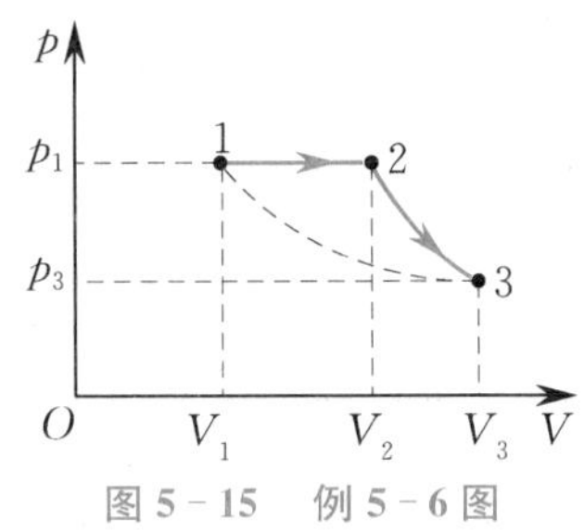

图 5-15　例 5-6 图

(2) 在整个过程中氦气吸热多少?

(3) 氦气的内能变化多少?

(4) 氦气所做的总功为多少?

解　(1) 气体的状态变化过程如图 5-15 所示. 状态 1 为初始状态,经等压膨胀至状态 2,再经绝热膨胀至状态 3.

(2) 氦气的始态为 p_1,V_1,T_1,经等压膨胀状态变为 p_1,V_2,T_2,经绝热膨胀状态变为 p_3,V_3,T_1. 由等压过程的过程方程可得

$$T_2=\frac{V_2T_1}{V_1}=600.3\ \text{K}.$$

因此,氦气在整个过程中吸收的热量为

$$Q=\nu C_{p,\text{m}}(T_2-T_1)=5R(T_2-T_1)$$

$$=1.25\times10^4\ \text{J}.$$

(3) 因整个过程前后温度相等,故 $\Delta E=0$.

(4) 由热力学第一定律可得氦气所做的总功为

$$W=Q=1.25\times10^4\ \text{J}.$$

5.4　循环过程　卡诺循环

一、循环过程

系统由一个状态出发,经历一系列状态变化过程后又回到始态,此过程称为循环过程. 生产实践中需要持续不断地把热量转变为功,但依靠单一的变化过程不可能达到这个目的. 例如,汽缸中的气体等温膨胀时,它从热源吸热对外界做功,尽管它所吸收的热量全部用于对外界做功,

但由于汽缸的长度是有限的，这个过程不可能无限制地进行下去，依靠气体等温膨胀所做的功是有限的. 为了持续不断地把热量转变为功，必须利用循环过程.

循环工作的物质系统称为工作物质，简称工质. 如果循环过程的一系列变化都是准静态的，则循环过程可在 $p-V$ 图上用一闭合曲线表示，如图 5-16 所示. 按循环过程进行的方向可分为两种循环：顺时针方向进行的循环，称为正循环，如蒸汽机、内燃机等均利用正循环工作，将从外界热源吸收的热量转变为功，这些机器称为热机；逆时针方向进行的循环，称为逆循环，家庭使用的电冰箱、空调器等均利用逆循环工作，通过对外界做功获得低温，这些机器称为致冷机.

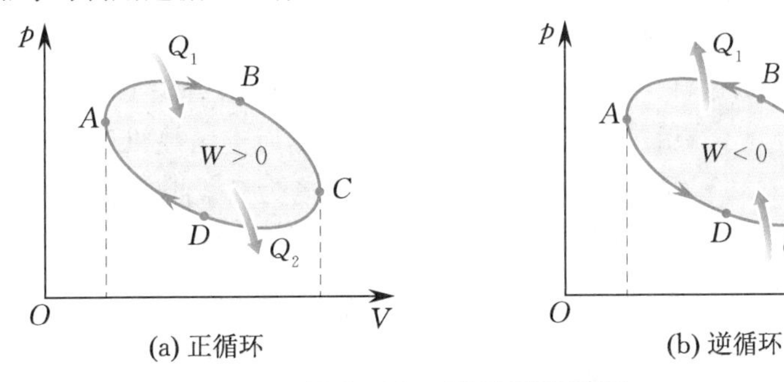

图 5-16 循环过程示意图

工作物质经历循环过程后回到始态时，由于内能是状态的单值函数，因此系统内能没有改变，即 $\Delta E = E_2 - E_1 = 0$.

下面以正循环为例，讨论循环过程中的热功转换关系及热机效率. 图 5-16(a) 所示的正循环可看成由两个准静态过程组成，一个是 ABC 过程，另一个是 CDA 过程. 从做功情况看，在 ABC 过程中，工作物质膨胀对外界做功（设为 W_1），$W_1 > 0$，W_1 数值上等于曲线 ABC 下方区域的面积；在 CDA 过程中，工作物质被压缩，工作物质对外界做负功（设为 $-W_2$），$W_2 > 0$，W_2 数值上等于曲线 CDA 下方区域的面积. 一次循环中，工作物质所做的净功为 W，数值上等于闭合曲线 $ABCDA$ 所包围的面积. 这个面积称为循环面积，即有

$$W = W_1 - W_2 = \text{循环面积}.$$

从热量交换的情况来看，ABC 过程吸热为 Q_1，而 CDA 过程放热为 Q_2. 整个循环过程中，工作物质所吸收的净热量 Q 应为

$$Q = Q_1 - Q_2.$$

将热力学第一定律 $Q = \Delta E + W$ 应用于整个循环过程，因为 $\Delta E = 0$，所以

$$Q = Q_1 - Q_2 = W.$$

上式表明，在一次循环过程中，工作物质吸收的净热量等于它对外界做的净功，且数值上等于循环曲线包围的面积，即

$$\text{净热量} = \text{净功} = \text{循环面积}.$$

这个结论对任何循环过程均适用.

图 5-17 给出了工作于正循环的热机的工作原理. 不管是什么类型的热机，都是将热量转变为机械功的机器，都由工作物质、高温热源及低温热源 3 部分组成. 热机从高温热源吸收的热量为 Q_1，向低温热源放出的热量为 Q_2，对外界做的功为 W. 热机吸收的热量 Q_1 不可能全部用于对外界做功（原因将在热力学第二定律中加以说明），定义

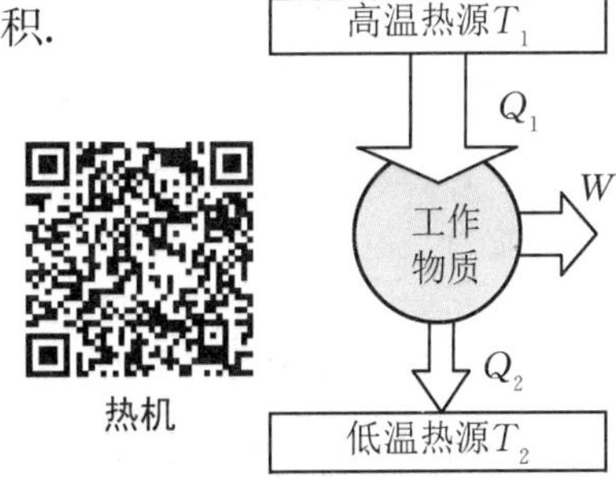

图 5-17 热机工作示意图

热机所做有用功与吸收热量的比值为热机效率 η,其数学表达式为

$$\eta = \frac{W}{Q_1} = \frac{Q_1 - Q_2}{Q_1} = 1 - \frac{Q_2}{Q_1}. \tag{5-24}$$

式(5-24)为热机效率的定义式,对任何热机都适用,式中 Q_1 为工作物质从高温热源吸收的热量,Q_2 为工作物质向低温热源放出的热量.

二、卡诺循环及其效率

19 世纪上半叶,为了从理论上探索提高热机效率的途径,法国青年工程师卡诺于 1824 年提出一种理想的循环,称为卡诺循环.卡诺循环由两个等温过程和两个绝热过程构成,如图 5-18 所示.工作于卡诺循环的热机称为卡诺热机.卡诺热机的工作物质是理想气体,高温热源的温度为 T_1,低温热源的温度为 T_2.

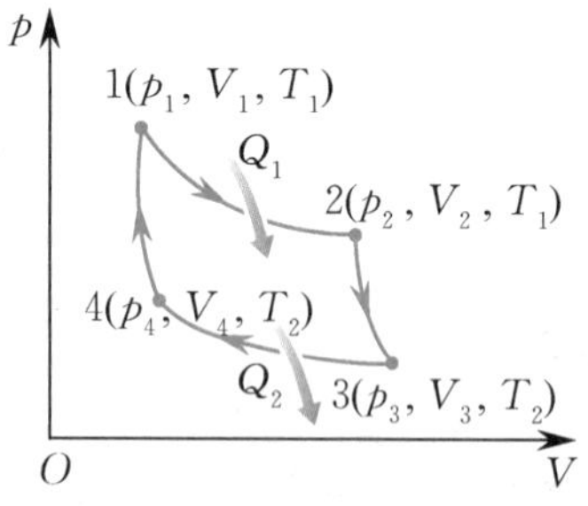

图 5-18 卡诺循环

在等温膨胀过程 $1 \to 2$ 中,工作物质从高温热源中吸收的热量为

$$Q_1 = \nu R T_1 \ln \frac{V_2}{V_1}.$$

在等温压缩过程 $3 \to 4$ 中,工作物质向低温热源放出的热量为

$$Q_2 = \nu R T_2 \ln \frac{V_3}{V_4}.$$

将上两式代入热机效率定义式(5-24),可得卡诺热机的效率为

$$\eta_c = 1 - \frac{Q_2}{Q_1} = 1 - \frac{T_2}{T_1} \frac{\ln \dfrac{V_3}{V_4}}{\ln \dfrac{V_2}{V_1}}. \tag{5-25}$$

$2 \to 3$ 和 $4 \to 1$ 均为绝热过程,有

$$T_1 V_2^{\gamma-1} = T_2 V_3^{\gamma-1}, \quad T_1 V_1^{\gamma-1} = T_2 V_4^{\gamma-1},$$

上两式相除可得

$$\frac{V_2}{V_1} = \frac{V_3}{V_4}. \tag{5-26}$$

将式(5-26)代入式(5-25),可得

$$\eta_c = 1 - \frac{T_2}{T_1}. \tag{5-27}$$

由式(5-27)可知,要完成一次卡诺循环必须有高温和低温两个热源;卡诺热机的效率只与高、低温热源的温度有关,两热源的温差越大,卡诺热机的效率越高;卡诺热机的效率总是小于 1 的.在实际过程中,工作物质不局限于理想气体,可以证明,卡诺热机的效率与工作物质无关,仅与两个热源的温度相关.如果令整个循环反向进行,使工作物质经 $1 \to 4 \to 3 \to 2 \to 1$ 回到状态 1,就是致冷循环.

三、逆循环 致冷系数

在逆循环中,若工作物质从低温热源吸收的热量为 Q_2,同时外界对它做的功为 W,则其向高温热源放出的热量为 $Q_1 = W + Q_2$.从低温热源吸收热量的结果,将使低温热源(或低温物体)的

温度降得更低，这就是致冷机的原理. 致冷机的原理图如图 5 - 19 所示.

值得注意的是，热量从高温热源传向低温热源是自发的，但致冷机将热量从低温物体传向高温物体是有代价的，即外界必须对它做功. 致冷机的效率常用它从低温热源吸收的热量 Q_2 与外界对它所做的功 W 的比值来衡量，这个比值称为**致冷系数**，用 w 表示，即

$$w=\frac{Q_2}{W}=\frac{Q_2}{Q_1-Q_2}. \tag{5-28}$$

可以证明，卡诺致冷机的致冷系数为

$$w_c=\frac{Q_2}{W}=\frac{Q_2}{Q_1-Q_2}=\frac{T_2}{T_1-T_2}. \tag{5-29}$$

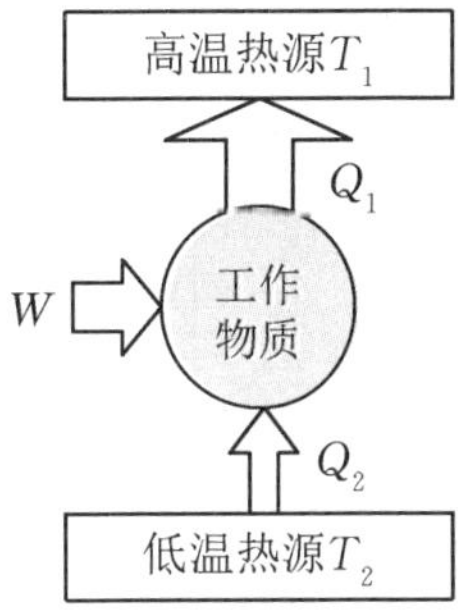

图 5 - 19　致冷机工作示意图

由式(5 - 29) 可知，当高温热源的温度 T_1(如室温) 一定时，低温热源(又称冷库) 的温度 T_2 越低，卡诺致冷机的致冷系数 w_c 越小，即消耗同样的外界功，从低温热源吸收的热量越少. 当吸收的热量一定时，低温热源的温度越低则耗能越大. 炎热的夏季，致冷机(空调) 利用电能将热量从室内(低温热源) 传递给室外(高温热源)，室外温度一定时，室内温度越低，空调吸收一定的热量时需要消耗的电能就越大，因此夏天空调最好设置为 26 ℃，这样不仅人体体感适宜，而且能减少电能消耗.

例 5 - 7

如图 5 - 20 所示为一理想气体的循环过程，其中 ab，cd 为等压过程，bc，da 为绝热过程，气体在状态 b，c 时的温度分别为 T_2，T_3，求此循环的热机效率 η，这个循环是卡诺循环吗？

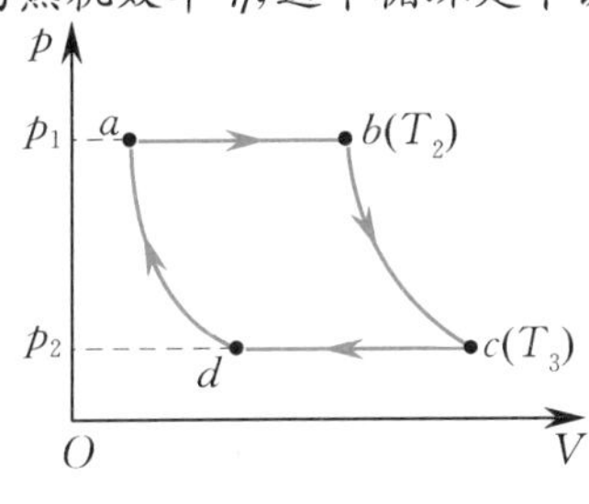

图 5 - 20　例 5 - 7 图

解　气体在等压过程 ab 从外界吸热为

$$Q_1=\nu C_{p,\mathrm{m}}(T_b-T_a).$$

气体在等压过程 cd 向外界放热为

$$Q_2=\nu C_{p,\mathrm{m}}(T_c-T_d).$$

因此，此循环的热机效率为

$$\eta=1-\frac{Q_2}{Q_1}=1-\frac{T_c-T_d}{T_b-T_a}$$

$$=1-\frac{T_c\left(1-\dfrac{T_d}{T_c}\right)}{T_b\left(1-\dfrac{T_a}{T_b}\right)}. \tag{5-30}$$

由 bc 及 da 的绝热方程可得

$$p_1^{\gamma-1}T_b^{-\gamma}=p_2^{\gamma-1}T_c^{-\gamma},$$

$$p_1^{\gamma-1}T_a^{-\gamma}=p_2^{\gamma-1}T_d^{-\gamma}.$$

上两式相除可得 $\dfrac{T_a}{T_b}=\dfrac{T_d}{T_c}$，则

$$1-\frac{T_d}{T_c}=1-\frac{T_a}{T_b}. \tag{5-31}$$

将式(5 - 31) 代入式(5 - 30)，可得此循环的热机效率为

$$\eta=1-\frac{T_c}{T_b}=1-\frac{T_3}{T_2}.$$

这里注意，上式中热机效率虽然由两个温度 T_3 及 T_2 决定，但这个循环不是卡诺循环，因为在等压过程中含有无限多个热源.

例 5 - 8

1 mol 双原子分子理想气体，经历等温、等容与绝热过程的循环，如图 5 - 21 所示. 气体在状态 a 时的温度为 $T_a=600$ K，在状态 c 时的温度为 $T_c=300$ K，求热机效率 η.

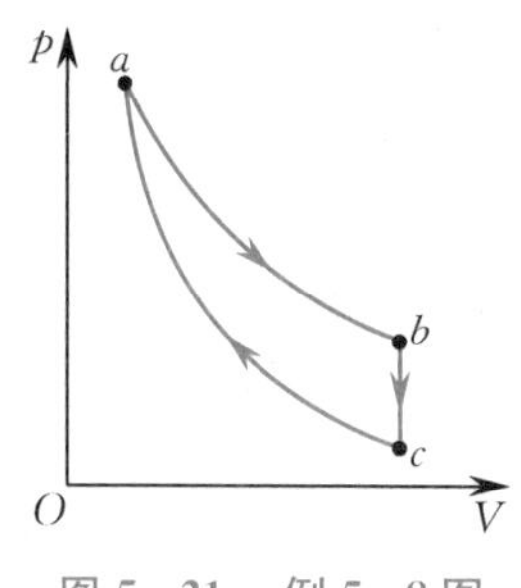

图 5-21 例 5-8 图

解 此循环中,气体在等温过程 ab 中从外界吸热为

$$Q_1 = \nu RT_a \ln \frac{V_b}{V_a}.$$

在绝热过程 ca 中,有

$$V_c^{\gamma-1}T_c = V_a^{\gamma-1}T_a.$$

对于双原子分子理想气体,$\gamma = 1.40$,故

$$\frac{V_b}{V_a} = \frac{V_c}{V_a} = \left(\frac{T_a}{T_c}\right)^{\frac{1}{\gamma-1}} = \left(\frac{600}{300}\right)^{\frac{1}{0.40}} = 2^{2.5}.$$

将上式代入 Q_1 的表达式,可得

$$\begin{aligned} Q_1 &= RT_a \ln 2^{2.5} \\ &= 8.31 \times 600 \times \ln 2^{2.5}\ \text{J} \\ &= 8\ 640\ \text{J}. \end{aligned}$$

气体在等容过程 bc 放热为

$$\begin{aligned} Q_2 &= \frac{5}{2}R(T_b - T_c) \\ &= \frac{5}{2} \times 8.31 \times (600 - 300)\ \text{J} \\ &= 6\ 232.5\ \text{J}. \end{aligned}$$

因此,热机效率为

$$\eta = 1 - \frac{Q_2}{Q_1} = 1 - \frac{6\ 232.5}{8\ 640} = 27.9\%.$$

例 5-9

(1) 设电冰箱以卡诺循环致冷,若室内温度为 27 ℃,要使电冰箱内部温度保持 270 K,致冷系数为多少?

(2) 若一天耗 1 度电,则电冰箱一天放出多少热量?

解 (1) 根据题意,高温热源的温度为 $T_1 = (273.15 + 27)\ \text{K} = 300.15\ \text{K}$,低温热源的温度为 $T_2 = 270\ \text{K}$,由卡诺循环致冷系数的定义式(5-29),有

$$w_c = \frac{T_2}{T_1 - T_2} = \frac{270}{300.15 - 270} = 9.$$

(2) 1 度电 $= 1\ \text{kW} \cdot \text{h} = 3.6 \times 10^6\ \text{J}$,即一天外界给电冰箱做的功为 $W = 3.6 \times 10^6\ \text{J}$.

根据卡诺循环的特点,有

$$Q_1 - Q_2 = W.$$

由 $Q_2 = w_c W$,可得

$$\begin{aligned} Q_1 &= Q_2 + W = (w_c + 1)W \\ &= (9 + 1) \times 3.6 \times 10^6\ \text{J} \\ &= 3.6 \times 10^7\ \text{J}. \end{aligned}$$

*四、电冰箱的结构及致冷原理

图 5-22 为家用电冰箱的结构示意图,其主要致冷部分包括箱体、压缩机、冷凝器、节流阀和蒸发器.常用的工作物质(致冷剂)有氟利昂(由于对臭氧层有破坏,如今已基本停止使用)和氨等(它们共同特征是常温下为气态,一定压强下又很容易液化).

电冰箱

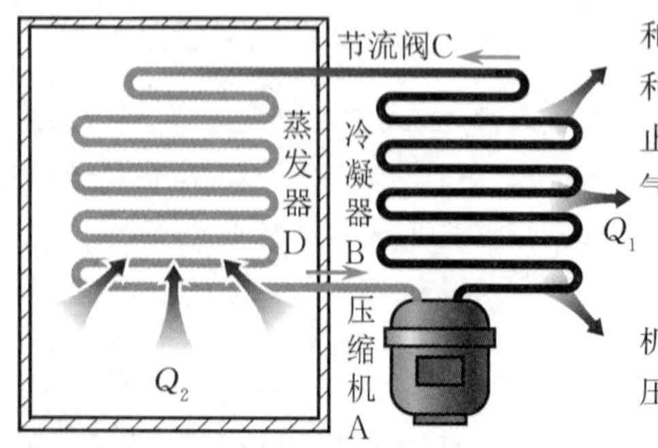

图 5-22 电冰箱工作原理图

电冰箱的工作原理如下:

(1) 压缩过程.由蒸发器 D 发出的低压致冷剂蒸气被压缩机 A 吸入汽缸,通过外界做功进行急速压缩,致冷剂的温度和压强升高.

(2) 冷凝过程.高温高压的致冷剂气体进入冷凝器 B 中与外面的空气(高温热源)进行热量交换,将致冷剂在蒸发器中吸

收的热量 Q_2 和压缩机做的功 W 一起转化为热量 $Q_1 = Q_2 + W$ 向外界放出，使致冷剂气体变为高压液体.

(3) 节流膨胀过程. 利用节流阀 C，使致冷剂降压降温成为低温低压液体后进入蒸发器 D.

(4) 蒸发过程. 低压液态致冷剂进入蒸发器 D 进行汽化，将从电冰箱(低温热源) 中吸收热量 Q_2，使电冰箱内的温度降低而自身全部蒸发为蒸气. 致冷剂蒸气最后被吸入压缩机进行下一次循环 ……

5.5　热力学第二定律

一、热力学第二定律的两种表述

18 世纪末至 19 世纪上半叶，蒸汽机已在工业生产和交通运输中广泛使用，但其效率一直很低(仅 6% 左右). 为了提高蒸汽机的效率，人们进行了长期的探索实践，实践发现不可能制造出效率 $\eta > 100\%$ 的热机(称为第一类永动机)，因为违背了热力学第一定律. 后来，曾有人想设计一类机器，它从高温热源(如锅炉) 吸收热量后全部用来做功，不向低温热源放出热量. 这种机器的效率可达到 100%，且并不违背能量守恒定律，但是没有人成功制得. 人们把这种只从单一热源吸热，同时不间断做功的机器称为第二类永动机. 第二类永动机之所以不可能制成，是因为机械能与内能的转化具有方向性：机械能可以转化为内能，但内能却不能全部转化为机械能而不引起其他变化，这就是热力学第二定律表述的内容. 在总结了大量实践经验的基础上，英国物理学家开尔文于 1861 年得出如下结论：

不可能从单一热源吸收热量使之完全变为有用功而不产生其他影响，即单一热源的热机不可能实现. 这一结论称为热力学第二定律的开尔文表述.

热力学第二定律还有另外的表述. 德国物理学家克劳修斯在研究热传导现象中发现，工作物质要从低温热源吸收热量 Q_2，外界必须做功才能将 Q_2 送到高温热源中去. 克劳修斯于 1860 年提出下列表述：

热量不可能从低温物体传向高温物体而不引起其他变化，即热量不能自发地从低温物体传向高温物体. 这一结论称为热力学第二定律的克劳修斯表述.

开尔文表述中有两个关键词，其一是“单一热源”，如果热源不是单一的，热源内一部分的温度与另一部分的温度不同，则就有两个或多个热源；其二是“不产生其他影响”，“其他影响” 是指热源和被做功的物体之外的变化，如果可以产生其他影响，那么从单一热源吸收热量使之完全变为有用功是可能的. 理想气体等温膨胀过程就将从热源吸收的热量全部变为了有用功，但却产生了体积膨胀这个“其他影响”.

对于克劳修斯表述要注意“不引起其他变化”. 通过外界做功，热量是可以从低温物体传向高温物体的，致冷机(如电冰箱) 就是例子. 热力学第二定律不可能从热力学第一定律推导得到，因为热量从低温物体自发传到高温物体，并不违反能量守恒定律. 因此，热力学第二定律是独立于热力学第一定律的另一个热力学定律，它表明热力学过程是有方向的.

热力学第二定律的两种表述表面看来是各自独立的，其实两者是等价的. 下面用反证法来证明其等价性，即如果违反一个表述就必然违反另一个表述.

首先证明违反开尔文表述，则必违反克劳修斯表述. 假设开尔文表述不成立，即可以从温度为 T_1 的热源吸收热量 Q_1，并把它全部变为功 W 而不引起其他变化，则可以用这个功去推动一致冷机，如图 5-23(a) 所示. 当把热机和致冷机看作整体时，产生的净效果是不需要消耗外界的功，

热量 Q_2 就自发地从低温热源流向高温热源，这就违反了克劳修斯表述.

再证明违反克劳修斯表述，则必违反开尔文表述. 假设克劳修斯表述不成立，即热量 Q 可以自发地从低温热源传到高温热源而不引起其他变化，如图 5－23(b) 所示. 在两热源之间设置一热机，此热机从高温热源吸收热量 Q_1，将 Q_2 传给低温热源，对外界做功 $W=Q_1-Q_2$. 净效果是对高温热源来说没有发生任何变化，总的效果是热机从单一热源(低温热源) 吸收热量 $Q-Q_2$，并把它全部转化为有用功而不引起其他变化，这就违反了开尔文表述.

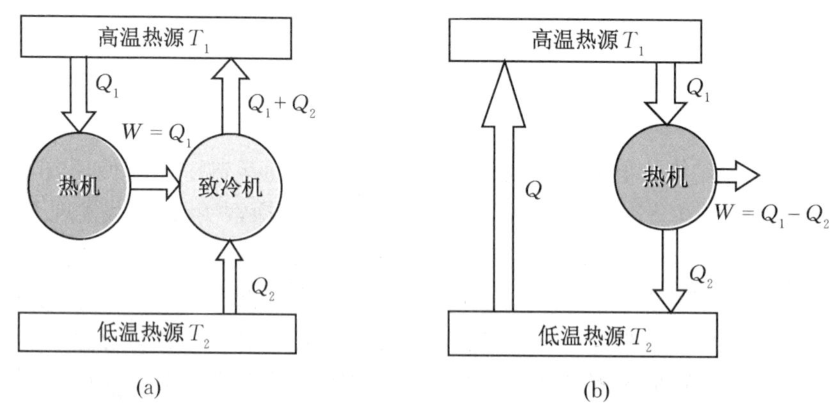

图 5－23　两种表述的等价性

二、可逆过程与不可逆过程

热力学第二定律两种表述的等价性说明它们具有内在的共性. 开尔文表述指出了热功转换过程的方向性，在不引起其他变化的条件下，功可以完全转化为热量，而在同样的条件下，热量却不可能完全转化为功. 克劳修斯表述指出了热传导过程的方向性，热量可以自发地由高温物体传向低温物体，但反方向的过程不可能自动发生. 可见，两种表述均指明了自然过程进行的方向性.

不仅热功转换过程和热传导过程有方向性，人们从大量事实中认识到，一切自然过程的进行都有方向性. 例如，气体向真空绝热自由膨胀的过程，气体会自动地迅速膨胀充满整个容器，最后达到平衡态，而反方向的过程，即让均匀充满整个容器的气体全部自动收缩至一半体积的过程是不可能自发进行的. 又如，摩擦生热是机械能转化为内能，但反方向过程，内能自动转化为机械能的过程是不会自发进行的. 另外，气体混合后不能自发分离、覆水难收、各种爆炸过程、墨滴在水中的扩散、瀑布自高山飞流直下等，其逆过程均不可能自发进行. 大量事实说明，一切与热现象有关的自然宏观过程都有方向性，其相反的过程不会自发进行.

为了更好地理解热力学过程的方向性，这里引入可逆过程和不可逆过程的概念. 系统由某一状态出发，经某一过程到达另一状态. 若过程沿相反方向进行，可以重新回到始态，外界不发生任何变化，则将这种过程称为可逆过程. 反之，若沿过程反方向进行，回到始态而外界发生变化，则将这种过程称为不可逆过程.

可逆过程是一个理想概念，是在一定条件下对实际过程的一种理想化抽象. 只有完全消除了摩擦、耗散等因素并且进行得无限缓慢的过程(无摩擦的准静态过程) 才是可逆的. 我们同样可以用反证法证明自然界一切不可逆过程都具有等价性和内在的联系，即由一种过程的不可逆性可以推导出另一过程的不可逆性. 从这个意义上说，热力学第二定律可以有多种不同的表述(任一自发过程的不可逆性都可作为热力学第二定律的表述). 因此，热力学第二定律就是关于自然过程进行方向和条件的规律，它的实质在于指出了一切与热现象有关的实际宏观过程都是不可逆的.

三、卡诺定理

在热力学第二定律建立之前的20多年，卡诺于1824年建立了理想热机模型——卡诺热机，同时还提出了卡诺定理：

(1) 在相同的温度为 T_1 的高温热源和温度为 T_2 的低温热源之间工作的一切可逆热机效率均相等$\left(\eta=1-\frac{T_2}{T_1}\right)$，而与工作物质无关.

(2) 在相同的温度为 T_1 的高温热源和温度为 T_2 的低温热源之间工作的一切不可逆热机，其效率都小于可逆热机效率，即

$$\eta=1-\frac{Q_2}{Q_1}\leqslant 1-\frac{T_2}{T_1}, \tag{5-32}$$

式中等号对应于可逆热机，小于号对应于不可逆热机.

卡诺定理的重要意义在于它从理论上指出了提高热机效率的途径. 就过程而论，应使实际的不可逆热机尽量地接近可逆热机；就热源的温度而言，应尽量增大两热源的温差，才能尽可能提高效率. 对于实际热机(如蒸汽机等)，低温热源的温度 T_2 一般就是环境温度，要想获得比环境温度更低的低温热源是不经济的，所以要提高热机效率应当从提高高温热源的温度去考虑.

四、克劳修斯熵公式与熵增加原理

克劳修斯在研究可逆卡诺热机时注意到，工作在温度为 T_1 的高温热源和温度为 T_2 的低温热源之间的可逆卡诺热机，从高温热源吸热 Q_1，向低温热源放出热量 Q_2，则有

$$\frac{Q_1}{T_1}-\frac{Q_2}{T_2}=0.$$

若把 Q_2 定义为从低温热源吸收的热量，则 Q_2 为负，于是上式变成

$$\frac{Q_1}{T_1}+\frac{Q_2}{T_2}=0.$$

上式表明在整个可逆卡诺循环中，热温比$\frac{Q}{T}$的总和为零. 这个结论可推广到任意可逆循环，图5-24所示的闭合曲线 A Ⅰ B Ⅱ A(记为 L) 表示任意可逆循环，此循环可看成由 n 个微小可逆卡诺循环组成，有

$$\sum_{i=1}^{n}\frac{\Delta Q_i}{T_i}=0. \tag{5-33}$$

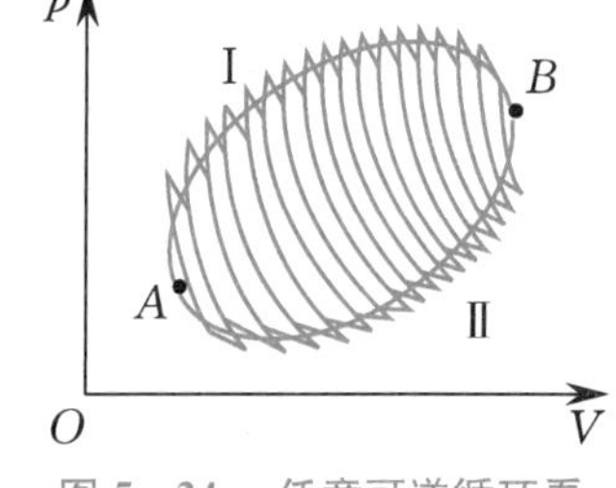

图5-24 任意可逆循环看成由无数小可逆卡诺循环组成

当 $n\to\infty$ 时，式(5-33) 可写为

$$\oint_L\frac{\mathrm{d}Q}{T}=0. \tag{5-34}$$

式(5-34) 称为克劳修斯等式.

由于所选择的可逆循环是任意的，因此积分$\int_A^B\frac{\mathrm{d}Q}{T}$的值与路径无关，只由 A，B 两态决定. 这说明系统存在一个态函数，克劳修斯把这个态函数定义为(克劳修斯)熵，用 S 表示. 若用 S_A 和 S_B 分别表示系统在态 A 和态 B 的熵，则系统沿任意可逆过程由态 A 变为态 B，熵的增量为

$$\Delta S=S_B-S_A=\int_A^B\frac{\mathrm{d}Q}{T}. \tag{5-35}$$

式(5－35)就是著名的克劳修斯熵公式.熵是一个态函数,系统在某一状态的熵只有相对意义,与熵的零点选取有关.如果过程的始、末两态均为平衡态,则系统的熵变只取决于始态和末态,与过程是否可逆无关.但式(5－35)的积分必须沿可逆过程进行,因此,当系统从始态到末态经历一个不可逆过程时,可以设计一个连接始、末两态的可逆过程,然后用式(5－35)计算熵变.对任意微小的可逆过程,有

$$dS = \frac{dQ}{T}. \tag{5-36}$$

而对于不可逆过程,有

$$\oint_L \frac{dQ}{T} < 0. \tag{5-37}$$

式(5－37)称为克劳修斯不等式.相应地,

$$\Delta S = S_B - S_A > \int_A^B \frac{dQ}{T}, \tag{5-38}$$

$$dS > \frac{dQ}{T}. \tag{5-39}$$

对于孤立系统(绝热系统),系统与外界无热量交换,$dQ = 0$,式(5－35)和式(5－38)可写为

$$\Delta S = S_B - S_A \geqslant 0, \tag{5-40}$$

式中等号对应绝热可逆过程,不等号对应绝热不可逆过程.式(5－40)说明,在孤立系统内进行的一切自发过程(不可逆过程)总是沿着熵增加的方向进行,这一结论称为熵增加原理.它是判别不可逆过程进行方向和限度的标准.

5.6 热力学第二定律的统计意义

一、热力学第二定律的统计意义

热力学第二定律指出,一切与热现象有关的宏观过程都是不可逆的.从微观角度如何理解热力学第二定律的意义呢?

为了说明这个问题,先看一个简单的例子.设有一长方形绝热容器,用隔板将其分为体积相同的A,B两室,A室有a,b,c,d共4个分子,B室为真空,如图5－25所示.现将隔板抽起,则4个分子在A,B两室自由分布,其可能的分布列于表5－3中.

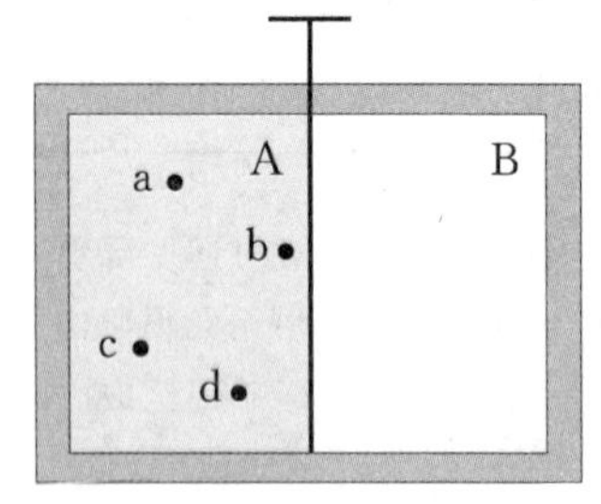

图5－25　分子在容器中

由表5－3可知,4个分子的总微观状态数等于16,即2^4.整齐的排列(4个分子均出现在A室或B室)的概率只有$\frac{1}{8}$,而无序的排列(4个分子均匀分布)的概率为$\frac{3}{8}$.如果A室原有1 000个分子,那么抽起隔板之后,1 000个分子均出现在A室或B室的概率只有$\frac{1}{2^{999}}$.如果A室原有1 mol气体(已知阿伏伽德罗常量为$N_A = 6.02 \times 10^{23}\ \text{mol}^{-1}$),那么抽起隔板之后,这1 mol气体分子都在A室或B室的概率为$\frac{1}{2^{N_A - 1}} = \frac{1}{2^{6.02\times10^{23}-1}}$.这个概率非常之小,因此实际上气体分子整齐排列的现象是不可能出现的.也就是说,气体经自由膨胀后,最有可能观测到的宏观状态是对应微观状态数最多

的状态,或者说是分子无序排列程度最高的状态.

表5-3 4个分子在A,B室的分布

A,B室的分子数(宏观状态)		宏观状态对应的微观状态数 Ω	宏观状态出现的概率
A	B		
4	0	1	$\frac{1}{16}$
3	1	4	$\frac{1}{4}$
2	2	6	$\frac{3}{8}$
1	3	4	$\frac{1}{4}$
0	4	1	$\frac{1}{16}$

注:共有5种不同的宏观状态,对应16种不同的微观状态.

二、玻尔兹曼熵

为了定量说明系统的微观状态与宏观状态的关系,我们定义某宏观状态所对应的微观状态数为热力学概率,用 Ω 表示. 上述气体分子绝热自由膨胀过程,是由微观状态数小的宏观状态向微观状态数大的宏观状态进行的.

可以这样描述一切不可逆过程的方向性:对于不受外界影响的热力学系统(或称孤立系统),由包含微观状态数少的宏观状态向包含微观状态数多的宏观状态进行. 这就是热力学第二定律的统计意义.

综上所述,系统宏观状态对应的微观状态数 Ω 增大的趋势,决定了孤立系统内实际过程进行的方向. 为了定量表示这种由于状态上的差异引发过程进行的方向问题,我们引入态函数 ——(玻尔兹曼)熵.

由热力学第二定律的统计意义可知,不可逆过程是由微观状态数少的宏观状态向微观状态数多的宏观状态进行的. 显然,Ω 与描述系统状态的熵 S 之间必定存在某种函数关系. 1877年,玻尔兹曼采用统计方法建立了两者的关系,即

$$S = k\ln\Omega, \tag{5-41}$$

式中 k 是玻尔兹曼常量,式(5-41)称为玻尔兹曼熵公式. 熵的量纲与 k 的量纲相同,在国际单位制中,熵的单位是焦[耳]每开[尔文](J/K).

玻尔兹曼熵公式把宏观状态量 S 与微观状态量 Ω 联系起来,并给出了熵的统计解释. 微观状态数表征着分子热运动的混乱程度,因而熵是系统内分子热运动无序程度的量度. 熵的这一物理含义,已远远超出了分子热运动的领域,它适用于研究任何做无序运动的粒子系统,包括大量无序出现的事件(如大量无序出现的信息),在物理学、化学、生物学、工程技术乃至社会科学等领域都广泛用到了熵的概念和理论.

熵的改变量仅由系统始、末状态决定,而与具体过程无关. 由式(5-41)可得

$$\Delta S = S_2 - S_1 = k(\ln\Omega_2 - \ln\Omega_1) = k\ln\frac{\Omega_2}{\Omega_1}. \tag{5-42}$$

根据热力学第二定律的统计意义,孤立系统内发生的一切实际过程都是不可逆过程,末态包含的微观状态数比始态包含的微观状态数多,即 $\Omega_2 > \Omega_1$,由式(5-42)有 $\Delta S > 0$.

对于熵的概念和熵的计算,玻尔兹曼和克劳修斯在概念上是有区别的.克劳修斯熵只对系统的平衡态才有意义,是系统平衡态的函数.而玻尔兹曼熵对非平衡态也有意义,因为非平衡态有与之对应的微观状态数,所以也有一定的熵值,从这个意义上说玻尔兹曼熵更具普遍性.由于平衡态对应于热力学概率最大的状态,因此可以说克劳修斯熵是玻尔兹曼熵的最大值.在统计物理学中可以证明两个熵公式是等价的,但在热力学中进行计算时我们更多地采用克劳修斯熵公式.

例 5-10

用玻尔兹曼熵公式计算1 mol理想气体绝热自由膨胀时的熵变,设气体体积从V_1膨胀到V_2,且始、末态均为平衡态.

解 因为系统绝热自由膨胀时,其温度没有改变,影响系统微观状态数的因素只有分子位置的改变.分子在体积各处的概率是相等的,则一个分子按位置分布的热力学概率应与体积成正比,即$\Omega' \propto V$,对于N_A个分子,有$\Omega \propto V^{N_A}$,所以

$$\frac{\Omega_2}{\Omega_1} = \left(\frac{V_2}{V_1}\right)^{N_A}.$$

根据式(5-42),有

$$\Delta S = S_2 - S_1 = k(\ln \Omega_2 - \ln \Omega_1)$$
$$= k\ln\frac{\Omega_2}{\Omega_1} = N_A k\ln\frac{V_2}{V_1} = R\ln\frac{V_2}{V_1}.$$

由于$V_2 > V_1$,因此$\Delta S > 0$.

例 5-11

用克劳修斯熵公式计算1 mol理想气体体积从V_1绝热自由膨胀到V_2的熵变.

解 绝热自由膨胀是个不可逆过程,用克劳修斯熵公式计算始、末两态的熵变,需要设计一个连接始、末态的可逆过程.因为绝热自由膨胀前后系统的温度(设为T_0)没有改变,所以可以设计一个可逆等温膨胀过程,使系统体积由V_1缓慢膨胀到V_2,由式(5-35)可得这一过程的熵变为

$$\Delta S = \int \frac{dQ}{T_0} = \frac{1}{T_0}\int dQ. \qquad (5-43)$$

又由于等温过程满足

$$dQ = dW = p dV = RT_0 \frac{dV}{V}.$$

将上式代入式(5-43),有

$$\Delta S = R\int_{V_1}^{V_2} \frac{dV}{V} = R\ln\frac{V_2}{V_1}.$$

该结果与用玻尔兹曼熵公式计算的结果相同.

例 5-12

已知冰在0 ℃时的熔化热为$\lambda = 334$ J/g.求1 kg冰在0 ℃时完全融化成水的熵变,并计算从冰到水,其微观状态数增大到原来的多少倍.

解 冰在0 ℃时等温融化,可以设想它和一个0 ℃的恒温热源接触而进行可逆的等温吸热过程,因而有

$$\Delta S = \int \frac{dQ}{T} = \frac{Q}{T} = \frac{m\lambda}{T}$$
$$= \frac{10^3 \times 334}{273.15}\ \text{J/K} = 1.22 \times 10^3\ \text{J/K}.$$

根据式(5-42),有

$$\Delta S = S_{水} - S_{冰} = k\ln \Omega_{水} - k\ln \Omega_{冰}$$
$$= k\ln\frac{\Omega_{水}}{\Omega_{冰}},$$

由此可得

$$\frac{\Omega_{水}}{\Omega_{冰}} = e^{\frac{\Delta S}{k}} = e^{\frac{1.22\times 10^3}{1.38\times 10^{-23}}} = e^{8.84\times 10^{25}}.$$

可见,冰融化成水时熵大大增加了,从微观角度来看,分子排列的无序程度大大增加了.若水蒸发为水蒸气,则系统的熵更大,分子分布将更加无序混乱.

*5.7 信息熵

现代社会,信息的地位日趋重要.在一定程度上,人类社会发展的速度取决于人类对信息的利用水平.因此,对信息的充分了解、掌握和有效利用也就变得非常迫切了.那么,什么是信息呢?以前信息不过是消息的同义词,如今人们通常把信息看作由语言、文字、图像表示的新闻、消息或情报等,包括通过我们五官感觉到的一切.如此众多的信息通常需要以语言文字或数学公式、图表等作为载体予以表达,显然对采用不同载体表达的信息进行比较是很难的.但有一点可以肯定,那就是信息的获得通常可使事态的不确定程度得到有效减少.

例如,假定我们面对一个可能存在 P_0 个解答的问题,只要获得某些信息,就可使可能解答的数目减少,若我们能获得足够的信息,就能得到单一的解答.在信息论中,我们会问,事件 A 的发生给我们带来了多大的信息量呢?

假如我们在玩问答游戏,我告诉你我心里想的是一个女演员.如果你问:"她是人吗?"这个问题的答案没有任何信息量.因为女演员是人的概率是 100%,或者说它是一个必然事件,结果完全在意料之中,它的信息量就是 0.也就是说,事件 A 的发生所带来的信息量 $H(A)$ 是它发生的概率 $P(A)$ 的减函数,$P(A)=0$,则 $H(A)=1$,反之亦然.再若问题局限于女演员的年龄、生日,则解答是唯一的.这说明获得的信息越多,事件的不确定度越少,获得足够多的信息,则事件的不确定度为零.

既然信息的获得能使事件的不确定度减少,那么如何来计算信息量呢?虽然通常的事件有多种可能性,但最简单的情况是仅有两种可能性,如"是与否""有与无""生与死";现代的计算机采用二进制,数据的每一位非 0 即 1,也是两种可能性,这类仅有两种可能情况的事件是概率论中最简单的情况.

人们约定,在两种并列的、互不相关的可能性中做出判断的事件的信息量称为 1 比特(bit),并把 bit 作为信息量的单位.当然,实际的问题并不一定只有两种可能性.例如,假定有一事件可能有 N 种结果,对于等概率事件,事件的信息量为

$$I' = \log_2 N. \tag{5-44}$$

这就是经常用到的计算等概率事件信息量的公式.对上面讲到的两种可能性的等概率事件,$N=2$,因此信息量为 $I'=1$ bit.

可以发现,信息量的计算式(5-44)与玻尔兹曼熵公式 $S=k\ln\Omega$ 十分类似.实际上,信息就是熵的对立面.熵是系统的混乱度或无序度的量度,而获得信息却使系统的不确定度减少,也就是减少系统的熵.因而,信息理论学的创始人香农把熵的概念引用到信息论中,并把式(5-44)的信息量直接称为信息熵.这里所定义的信息熵,实际上是平均信息量.对于等概率事件,平均信息量就是其中任一事件的信息量.

下面举一个例子来说明信息熵与信息量之间的关系.之前我们讨论熵的统计意义中举例,a,b,c,d 共 4 个分子可以自由分布于容器的 A 室和 B 室,每一分子处于 A 室的概率为 $\frac{1}{2}$,由独立事件概率相乘法则可知,出现任一微观状态的概率为 $\left(\frac{1}{2}\right)^4$,总共可能出现 16 种微观状态,因此,不确定度为 16.但是只要分别确定每一个分子所处的位置,那么微观状态就唯一确定了.在不确定分子的位置时,设这一事件的信息熵为 S_1,则有

$$S_1 = \log_2 16 \text{ bit} = 4 \text{ bit}.$$

分子位置完全确定,故信息熵 S_2 为零,那么系统信息熵的增量为

$$\Delta S = S_2 - S_1 = -4 \text{ bit}.$$

确定每一个分子的位置所需的信息量为 $\Delta I = 4$ bit.可见,信息的利用等于信息熵的减少,因而有

$$\Delta I = -\Delta S, \tag{5-45}$$

即信息量的获得等于系统的负熵(熵的减少).

熵增加原理告诉我们,孤立系统的熵绝不会减少,相应地,信息量也不会自发增加.理论上来说,信息量越大越容易做出判断,但信息量越大,某种程度上也意味着可供选择的可能性越多,其中既包含有效信息,也有些不确

定信息.例如,在通信过程中不可避免会受到外来因素干扰,使接收到的信息中存在噪声,信息变得模糊不清,信息量减少.若信号被噪声所淹没,则信息全部丢失.

需要指出的是,实际碰到的信息系统通常都不是孤立系统,而是开放系统.对于开放系统,熵是可以减少的.实际过程通常是通过从外部获取信息使系统的熵减少,从而使系统状态更加有序和稳定.例如,马路上的车流通过红绿灯的指挥变得有序通畅等.

对于开放系统,熵的增加或减少取决于系统与外界交换的能量是正还是负.例如,在冬天,容器中的液体冻结成冰块,分子的分布从液体的混乱到晶体的有序,最终分子以确定方式排列在晶体原胞格点上,这是一个放热熵减少的过程;反之,水蒸发形成水蒸气,系统的熵又增加了.

信息熵的引入,虽然没有与热力学过程相联系,但事实上,信息熵与热学熵之间有密切的关系.信息熵的建立为信息学定量研究提供了方便,奠定了信息论的基础.

5.8 热力学第三定律

热力学第零定律给出了温度的定义,那么是否存在低温的极限呢?1702 年,法国物理学家阿蒙顿已经提到了"绝对零度"的概念,他从空气受热时体积和压强都随温度的增加而增加设想在某个温度下空气的压强将等于零.根据阿蒙顿的计算,这个温度即为后来提出的 -239 ℃.之后,兰伯特更精确地重复了阿蒙顿实验,计算出这个温度为 -270.3 ℃.他说,在这个"绝对的冷"的情况下,空气将紧密地挤在一起.他们的这个看法没有得到人们的重视.直到盖吕萨克定律提出之后,存在绝对零度的思想才得到物理学界的普遍承认.1848 年,英国物理学家汤姆孙在确立热力学温标时,重新提出了绝对零度 0 K(或 -273.15 ℃)是温度的下限.

1906 年,德国物理学家能斯特在研究低温条件下物质的变化时,把热力学的原理应用到低温现象和化学反应过程中,发现了一个新的定律,这个定律被表述为"当热力学温度趋于零时,凝聚系统(固体和液体)的熵在等温过程中的改变趋于零".德国著名物理学家普朗克把这一定律改述为"当热力学温度趋于零时,固体和液体的熵也趋于零".这就消除了熵常量取值的任意性.1912 年,能斯特又将这一定律表述为绝对零度不可能达到原理,即"不可能使一个物体冷却到绝对零度".这就是热力学第三定律.

1940 年,否勒和古根海姆还提出热力学第三定律的另一种表述形式:任何系统都不能通过有限的步骤使自身温度降低到 0 K,称为绝对零度不能达到原理.对化学工作者来说,以普朗克表述最为适用,热力学第三定律可表述为热力学温度为零($T=0$ K)时,一切完美晶体的熵值等于零."完美晶体"是指没有任何缺陷的规则晶体.据此,利用量热数据,就可计算出任意物质在各种状态(物态、温度、压强)下的熵.这样定出的熵称为绝对熵或第三定律熵.

热力学第三定律认为,当系统的热力学温度趋近于零时,系统等温可逆过程的熵变趋近于零.热力学第三定律只能应用于平衡态,因此也不能将物质看作理想气体.在统计物理学上,热力学第三定律反映了微观运动的量子化.在实际意义上,热力学第三定律并不像热力学第一定律和热力学第二定律那样明白地告诫人们放弃制造第一类永动机和第二类永动机,而是鼓励人们想方设法尽可能接近绝对零度.现代科学可以使用绝热去磁法达到 6×10^{-10} K,但永远达不到 0 K.

阅读材料5

低温技术

低温技术在现代科技中有极其重要的作用，现在家用电冰箱可以获得零下二三十摄氏度的低温，但如何获得接近于绝对零度的低温呢?我们在这里对实验室中的几种低温技术做简单介绍.

1. 节流过程

经过之前的讨论，我们知道理想气体经过绝热自由膨胀过程，温度不变. 但对于实际气体，经过绝热自由膨胀过程，温度总是降低的. 鉴于1843年焦耳的自由膨胀实验不够精确，1862年焦耳和汤姆孙设计了一个节流膨胀演示实验来观察实际气体在膨胀时所发生的温度变化. 如图5-26所示，在一个圆柱形绝热筒的中部置有一个刚性的多孔塞，使气体通过多孔塞缓慢地进行节流膨胀，并且在多孔塞的两侧能够维持一定的压强差，实验时将压强和温度恒定为 p_1 和 T_1 的某种气体，连续地压过多孔塞，使气体在多孔塞右侧的压强恒定为 p_2，且 $p_1 > p_2$. 由于多孔塞的孔很小，气体只能缓慢地从左侧进入右侧. 从 p_1 到 p_2 的压强差基本上全部发生在多孔塞内，由于多孔塞的节流作用，可保持左侧和右侧的压强恒定不变，即分别为 p_1 与 p_2. 这种维持一定压强差的绝热膨胀过程称为节流膨胀. 将实际气体经过节流膨胀后温度升高或降低的现象称为焦耳-汤姆孙效应，简称J-T效应.

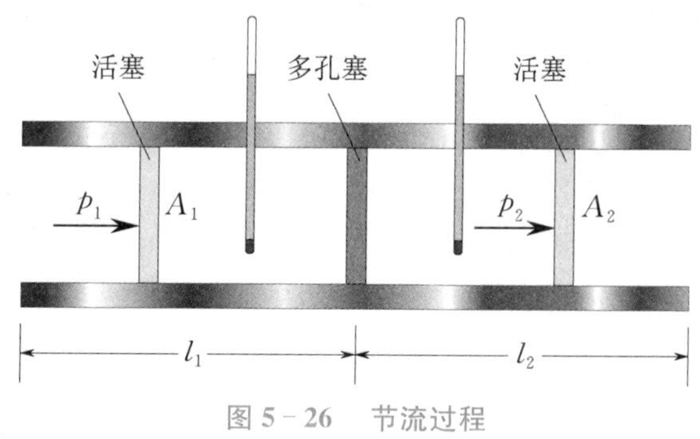

图5-26 节流过程

气体在绝热条件下，由稳定的高压部分经多孔塞或节流阀流到稳定的低压部分的过程称为节流过程. 以多孔塞左侧气体为研究对象，当气体全部穿过多孔塞以后，它的状态参量从 (V_1, p_1, T_1) 变为 (V_2, p_2, T_2). 设气体都在左侧时的内能为 E_1，气体都在右侧时的内能为 E_2. 显然气体在穿过多孔塞过程中，左侧活塞(面积为 A_1)对它所做的功为

$$W_1 = p_1 A_1 l_1 = p_1 V_1.$$

同时推动右侧活塞(面积为 A_2)做功，其数值为

$$W_2 = -p_2 A_2 l_2 = -p_2 V_2.$$

外界对定量气体所做的净功为 $p_1V_1 - p_2V_2$. 注意到绝热过程 $Q = 0$，则由热力学第一定律知 $E_2 - E_1 = p_1V_1 - p_2V_2$，即 $H_1 = H_2$(或者说 $\Delta H = 0$，H 为系统的焓，是表征系统能量的一个重要状态函数，等于内能加上压强与体积的乘积).

这就是说，系统节流过程前后的焓不变，而且在整个节流过程中焓都不变.

又由于系统在节流过程中，气流内部受到多孔塞的摩擦力，存在摩擦力损耗，因此它是一个典型的不可逆过程.

节流过程前后气体的焓是相等的($H_1 = H_2$). 在焓不变的情况下，气体温度随压强的变化可以用焓表示为 $H = H(T, p)$. 节流过程所产生的效应可用焦耳-汤姆孙系数 $\mu\left(\mu = \left(\frac{\partial T}{\partial p}\right)_H\right)$ 表示，若 $\mu > 0$，则温度降低，节流为正效应；若 $\mu < 0$，则温度升高，节流为负效应；若 $\mu = 0$，则温度不发生变化，节流为零效应. 对理想气体而言，$\mu = 0$，即理想气体在节流过程中温度不变，不能用节流膨胀的方法使理想气体降温. 但对于实际气体，μ 可能大

于零也可能小于零,因此节流可能使温度降低也可能使温度升高.

绝热膨胀过程中,气体的体积V增大,压强p降低,等熵过程的温度随压强的变化而变化.又由于系统不与外界交换热量,即$dQ=0$,故由热力学第一定律可知,气体的温度T必然降低.因此,绝热膨胀过程前后,气体的熵是不变的($S_1=S_2$),但焓减小($H_1>H_2$).

2. 节流过程与绝热自由膨胀过程结合

经过前面的分析可知,节流过程在一定的压强降落下,温度越低,获得的温度降落越大.但是利用节流过程降温,气体的始温必须低于某一特定温度.绝热膨胀降温法不必经过预冷,但是膨胀机有移动部分,而且在一定的压强降落下,温度越低,获得的温度降落越小.因而在实际应用中,我们一般是使节流过程重复进行,并通过逆流交换器使节流膨胀降温后的气体对后进来的气体进行预冷,把各次节流膨胀所获得的冷却效应积累起来.用这种方法可以获得低至1 K的低温.

节流致冷循环的性能系数低,经济性较差,但由于其组成简单、无低温下的运动部件、可靠性高,所以仍然得到重视.例如,利用高压致冷剂通过透平膨胀机绝热膨胀实现天然气的液化,利用节流膨胀致冷法为冷冻手术创造低温环境.用高压储气瓶代替压缩机作为气源的开式节流致冷循环,更便于微型化和轻量化,在红外制导等领域得到了广泛使用.目前,节流致冷循环研究的新进展在于利用混合工作物质代替纯工作物质以便达到降低压力、提高效率的目的.低温致冷技术已经在各领域得到广泛应用.在国防建设中,美国航天局已于20世纪80年代至今,开发出多种型号的微型致冷机,分别用于哈勃望远镜及多种型号卫星上,大大地提高了卫星的整体运行寿命.

3. 绝热去磁致冷

通过绝热去磁产生1 K以下低温的方法被称为磁冷却法.在绝热过程中顺磁体的温度随磁场强度的减小而下降.将顺磁体放在装有低压氦气的容器内,通过低压氦气与液氦的接触而保持在1 K左右的低温,加上磁场强度(数量级为10^6 A/m)使顺磁体磁化,磁化过程时放出的热量由液氦吸收,从而保证磁化过程是等温的.顺磁体磁化后,抽出低压氦气而使顺磁体绝热,然后准静态地使磁场强度减小到很小的值(一般为零),利用固体中的顺磁离子的绝热去磁效应可以产生1 K以下至mK量级的低温.例如从0.6 K出发,使硝酸铈镁绝热去磁可降温到2 mK.当温度降到mK量级时,顺磁离子磁矩之间的相互作用便不能忽略.磁矩之间的相互作用相当于产生一个等效的磁场(磁场强度大小为$10^3\sim10^4$ A/m),使磁矩的分布有序化,此时不能产生更低的温度.绝热去磁致冷是单一循环,不能连续工作.

4. 激光致冷

物体的原子总是在不停地做热运动,我们通常所说的温度,就是组成物体的大量原子做热运动的宏观集体表现.也就是说,原子热运动越激烈,物体温度越高;反之,温度就越低.所以,只要降低原子热运动速度,就能降低物体的温度.激光致冷的原理就是利用大量的光子阻碍原子热运动,使其减速,从而降低物体的温度.物体原子热运动的速度通常在600 m/s左右,长期以来,科学家一直在寻找使原子相对静止的方法.朱棣文等科学家采用三束相互垂直的激光,从各个方面对原子进行照射,使原子陷于光子海洋中,运动不断受到阻碍而减速.激光的这种作用被形象地称为"光学粘胶".在实验中,被"粘"住的原子可以降到几乎接近绝对零度的低温.

05 思考题5

5-1 内能和热量有什么区别?下列两种说法是否正确?

(1) 物体的温度越高,则其热量越大;

(2) 物体的温度越高,则其内能越大.

5-2 理想气体物态方程在不同过程中可以有不同的形式,$pdV=\frac{m}{M}RdT$,$Vdp=\frac{m}{M}RdT$,$pdV+Vdp=0$各表示什么过程?

5-3 一定量的理想气体从p-V图上同一始态A开始,分别经历3种不同的过程变为不同的末态,已知末态的温度相同,如图5-27所示,其中AC为绝热过程,试问:

(1) 在过程AB中气体是吸热还是放热?为什么?

(2) 在过程 AD 中气体是吸热还是放热?为什么?

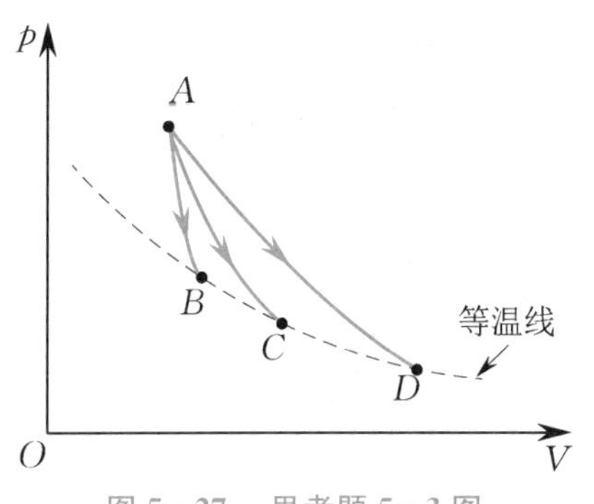

图 5－27　思考题 5－3 图

5－4　理想气体的内能从 E_1 增大到 E_2 时,对应于等容、等压、绝热 3 种过程的温度变化是否相同?吸热是否相同?为什么?

5－5　甲说:"系统经过一卡诺正循环后,系统本身没有任何变化."乙说:"系统经过一卡诺正循环后,不但系统本身没有任何变化,而且外界也没有任何变化."甲和乙的说法都正确吗?为什么?

5－6　根据热力学第二定律判断下列说法是否正确:

(1) 功可以全部转化为热量,但热量不能全部转化为功;

(2) 热量能从高温物体传到低温物体,但不能从低温物体传到高温物体;

(3) 理想气体等温膨胀时,吸收的热量全部转化为功是违反热力学第二定律的.

5－7　既然一切与热现象有关的实际宏观过程都是不可逆的,为什么要引入可逆过程的概念?

习题5

一、选择题

5－1　1 mol 单原子分子理想气体从状态 A 变为状态 B,如果不知道是什么气体,也不知道气体所经历的过程,但知道 A,B 两状态的压强、体积和温度,则可求出(　　).

A. 气体所做的功　　B. 气体内能的增量

C. 气体放出的热量　　D. 气体的质量

5－2　一定量的理想气体,其始态的压强、体积、温度分别为 p_1,V_1,T_1,末态为 p_2,V_2,T_2. 若已知 $V_2 > V_1$,且 $T_2 = T_1$,则以下说法正确的是(　　).

A. 不论经历什么过程,气体对外界做的净功一定为正值

B. 不论经历什么过程,气体从外界吸收的净热量一定为正值

C. 若气体从始态变为末态经历的是等温过程,则气体吸收的热量最少

D. 如果不给定气体所经历的过程,则气体在过程中对外界做的净功和从外界吸收的净热量的正负均无法判断

5－3　一定量的理想气体从状态 a 出发经过过程①或②到达状态 b,图中 acb 为等温线(见图 5－28),则①,②两过程中系统吸收的热量 Q_1,Q_2 满足(　　).

A. $Q_1 > 0, Q_2 > 0$　　B. $Q_1 < 0, Q_2 < 0$

C. $Q_1 > 0, Q_2 < 0$　　D. $Q_1 < 0, Q_2 > 0$

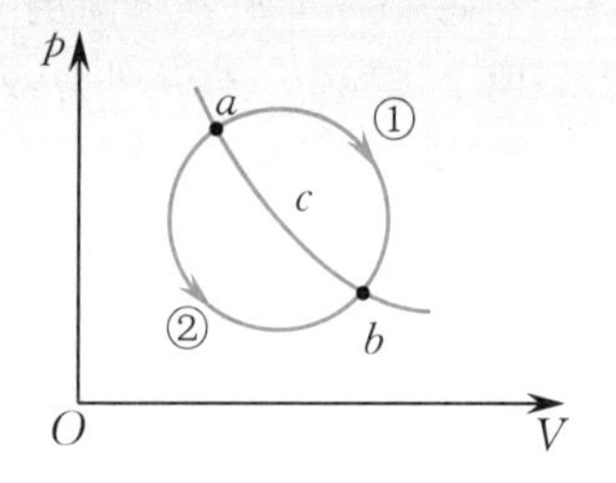

图 5－28　习题 5－3 图

5－4　如图 5－29 所示,设某系统经历过程 cde. 已知 ab 为一条绝热线,e,c 点在该线上. 由热力学定律可知,该系统在过程中(　　).

A. 不断向外界放出热量

B. 不断从外界吸收热量

C. 有的阶段吸热,有的阶段放热,整个过程中吸收的热量等于放出的热量

D. 有的阶段吸热,有的阶段放热,整个过程中吸收的热量大于放出的热量

E. 有的阶段吸热,有的阶段放热,整个过程中吸收的热量小于放出的热量

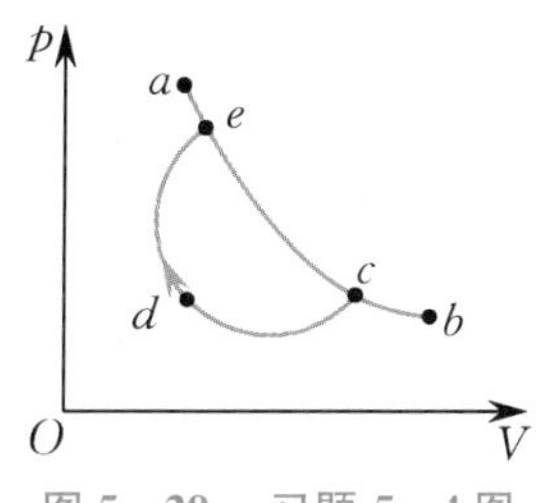

图 5－29　习题 5－4 图

5-5 下列理想气体的4个循环过程在物理上可能实现的是(　　).

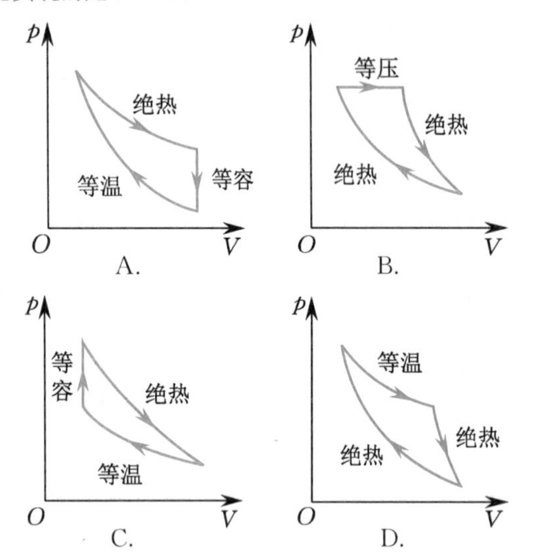

5-6 一定量的理想气体分别由始态 a 经过程 ab 和由始态 c 经过程 cdb 变为相同的末态 b,如图5-30所示.两个过程中气体从外界吸收的热量 Q_1,Q_2 满足(　　)

A. $Q_1<0, Q_1<Q_2$　　B. $Q_1>0, Q_1<Q_2$

C. $Q_1<0, Q_1>Q_2$　　D. $Q_1>0, Q_1>Q_2$

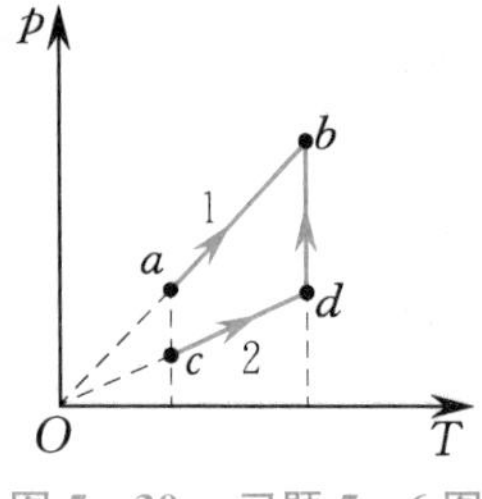

图5-30　习题5-6图

5-7 汽缸中有一定量的氦气(视为理想气体),经绝热压缩后,其体积变为原来的一半,则气体分子的平均速率变为原来的(　　).

A. $2^{2/5}$　　B. $2^{1/5}$

C. $2^{2/3}$　　D. $2^{1/3}$

5-8 两卡诺热机的循环曲线如图5-31所示,一个工作在温度为 T_1 与 T_3 的两个热源之间,另一个工作在温度为 T_2 与 T_3 的两个热源之间,已知这两个循环曲线所包围的面积相等,则(　　).

A. 两卡诺热机的效率一定相等

B. 两卡诺热机从高温热源吸收的热量一定相等

C. 两卡诺热机向低温热源放出的热量一定相等

D. 两卡诺热机吸收的热量与放出的热量(绝对值)的差值一定相等

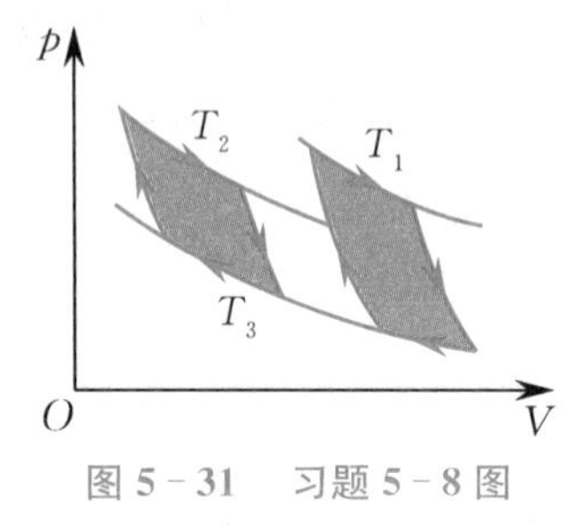

图5-31　习题5-8图

5-9 下列说法中正确的是(　　).

A. 利用热力学第一定律可以证明任何热机的效率都不可能等于1

B. 利用热力学第一定律可以证明任何卡诺热机的效率都等于 $1-\dfrac{T_2}{T_1}$

C. 有规则运动的能量能够变为无规则运动的能量,但无规则运动的能量不能变为有规则运动的能量

D. 系统经过一卡诺正循环后,其本身没有任何变化

5-10 设有以下过程:

(1) 两种不同气体在等温情况下互相混合.

(2) 理想气体在定容情况下降温.

(3) 液体在等温情况下气化.

(4) 理想气体在等温情况下压缩.

(5) 理想气体绝热自由膨胀.

在这些过程中,使系统的熵增加的是过程(　　).

A. (1),(2),(3)　　B. (2),(3),(4)

C. (3),(4),(5)　　D. (1),(3),(5)

5-11 在下列说法中正确的是(　　).

(1) 可逆过程一定是平衡过程.

(2) 平衡过程一定是可逆过程.

(3) 不可逆过程一定是非平衡过程.

(4) 非平衡过程一定是不可逆过程.

A. (1),(4)　　B. (2),(3)

C. (1),(2),(3),(4)　　D. (1),(3)

二、填空题

5-12 某种气体(视为理想气体)在标准状态下的密度为 $\rho=0.089\ 4\ \text{kg/m}^3$,则该气体的摩尔定压热容为 $C_{p,\text{m}}=$________,摩尔定容热容为 $C_{V,\text{m}}=$________.

5-13 一定量的某种理想气体在等压过程中对外做功为200 J,若此种气体为单原子分子气体,则该过程中需吸热________;若此种气体为双原子分子气体,则该过程中需吸热________.

5-14 同一种理想气体的摩尔定压热容 $C_{p,\text{m}}$ 大

于摩尔定容热容 $C_{V,\mathrm{m}}$，其原因是________.

5-15　处于状态 A 的系统，若经等容过程变为状态 B，将从外界吸热 416 J；若经等压过程变为与状态 B 有相同温度的状态 C，将从外界吸热 582 J，则等压过程中系统对外界所做的功为________.

5-16　绝热容器被绝热隔板等分为 A，B 两部分，A 内储有 1 mol 单原子分子理想气体，B 内储有 2 mol 双原子分子理想气体，A，B 两部分的压强均为 p_0，体积均为 V_0，则

(1) 两种气体各自的内能分别为 $E_A=$________，$E_B=$________；

(2) 抽去绝热隔板，两种气体混合后处于平衡时的温度为 $T=$________.

5-17　若理想气体经历一 $p=\dfrac{a}{V^2}$ 的过程，气体体积由 V_1 增大至 V_2，则气体对外界做的功为 $W=$________.

5-18　图 5-32 所示为 1 mol 理想气体的过程曲线，AB 为一直线，其延长线通过坐标原点 O，过程 AB 为________，气体对外界做的功为 $W=$________.

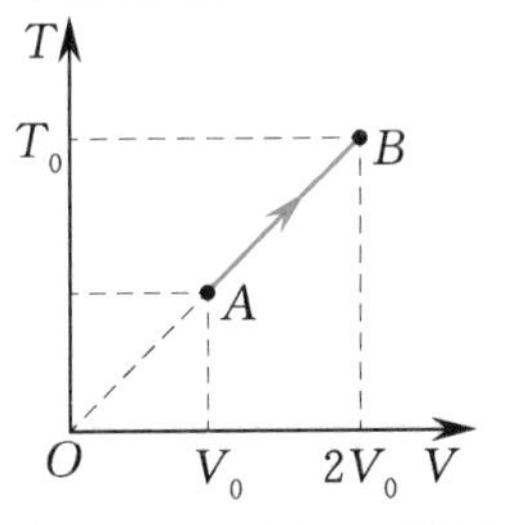

图 5-32　习题 5-18 图

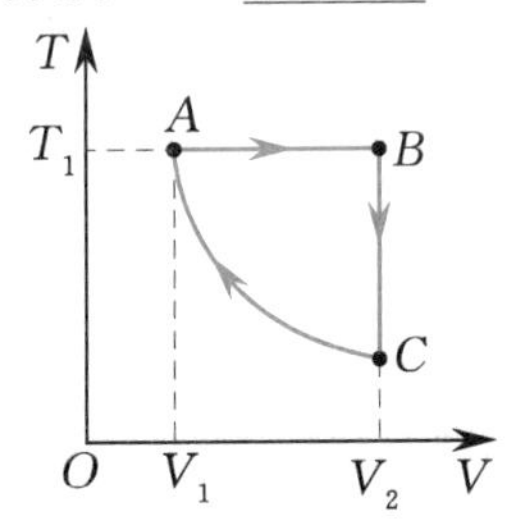

图 5-33　习题 5-19 图

5-19　1 mol 理想气体（设 γ 已知）的循环曲线如图 5-33 所示，其中 CA 为绝热过程，已知 A 点的状态参量 (T_1,V_1) 和 B 点的状态参量 (T_1,V_2)，则 C 点的状态参量：$T_C=$________，$V_C=$________，$p_C=$________.

三、计算题

5-20　如图 5-34 所示，C 为固定的绝热壁，D 为可动活塞，C，D 将容器分成 A，B 两部分. 开始时 A，B 两部分各装入同种类的理想气体，它们的温度 T、体积 V、压强 p 均相同，并与大气压相平衡. 现对 A，B 两部分气体进行缓慢加热，当给予 A 和 B 相等的热量 Q 以后，A 中气体的温度升高度数与 B 中气体的温度升高度数之比为 7∶5.

(1) 求该气体的摩尔定容热容 $C_{V,\mathrm{m}}$ 和摩尔定压热容 $C_{p,\mathrm{m}}$.

(2) B 中气体吸收的热量有百分之几用于对外界做功？

图 5-34　习题 5-20 图

5-21　如图 5-35 所示，某理想气体的等温线与绝热线在 p-V 图上相交于 A 点. 已知气体在状态 A 的压强为 $p_1=2\times10^5$ Pa，体积为 $V_1=0.5\times10^{-3}\ \mathrm{m}^3$，而且 A 点处等温线与绝热线的斜率之比为 0.714，现使气体从状态 A 绝热膨胀至状态 B，其体积变为 $V_2=1\times10^{-3}\ \mathrm{m}^3$. 求：

(1) 气体在状态 B 时的压强；

(2) 在此过程中气体对外界做的功.

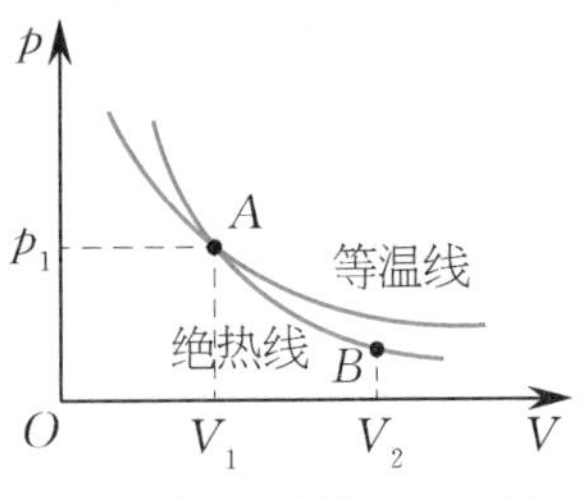

图 5-35　习题 5-21 图

5-22　一卡诺热机的高温热源的温度为 400 K，每一循环从此热源吸热 100 J 并向低温热源放热80 J. 求：

(1) 低温热源的温度；

(2) 卡诺热机的效率.

5-23　1 mol理想气体在温度为 $T_1=400$ K的高温热源与温度为 $T_2=300$ K 的低温热源之间进行卡诺循环. 在 400 K 的等温线上气体的始态体积为 $V_1=0.001\ \mathrm{m}^3$，末态体积为 $V_2=0.005\ \mathrm{m}^3$，试求此气体在每一循环中：

(1) 从高温热源吸收的热量 Q_1；

(2) 对外界所做的净功 W；

(3) 传递给低温热源的热量 Q_2.

5-24　1 mol 单原子分子理想气体的循环曲线如图 5-36 所示.

(1) 在 p-V 图上表示该循环过程；

(2) 求 ab，bc，ca 各过程系统吸收的热量.

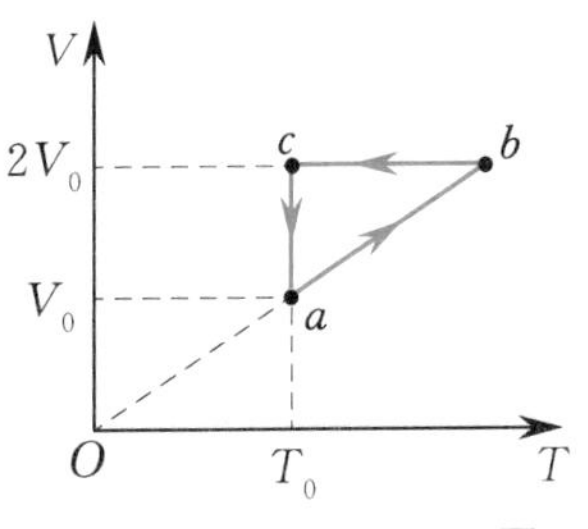

图 5-36　习题 5-24 图

5-25 如图5-37所示,一盛有1 mol双原子分子理想气体的金属圆筒,用可动活塞封住,圆筒浸在冰水混合物中. 迅速推动可动活塞,使气体从标准状态(可动活塞处于位置 Ⅰ)压缩到体积为原来一半的状态(可动活塞处于位置 Ⅱ),然后维持可动活塞静止,待气体温度下降至0 ℃,再让可动活塞缓慢上升到位置 Ⅰ,完成一次循环.

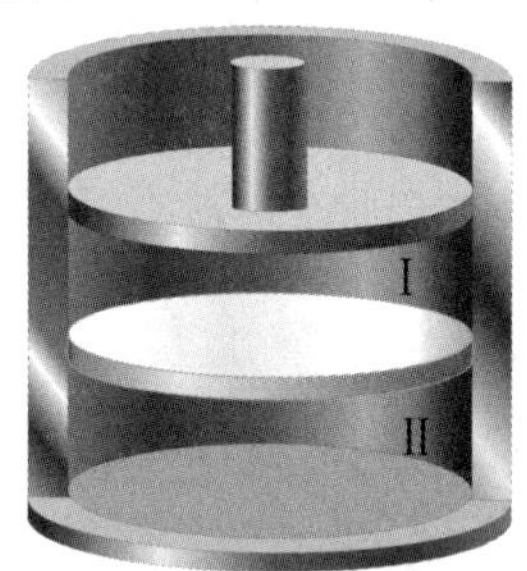

图5-37 习题5-25图

(1) 在 $p-V$ 图上表示该循环过程;

(2) 若进行100次循环放出的总热量全部用来使冰融化,则有多少千克冰被融化(已知冰的熔化热为 $\lambda = 3.35 \times 10^5$ J/kg)?

5-26 一小型热电厂内,一台利用地热发电的热机工作在温度为227 ℃的地下热源和温度为27 ℃的地表之间. 假设该热机每小时能从地下热源获取 1.8×10^{11} J的热量,试从理论上计算热机的最大功率.

5-27 设一动力暖气装置由一台卡诺热机和一台卡诺致冷机组合而成. 卡诺热机靠燃料燃烧时释放的热量工作并向暖气系统中的水放热,同时带动卡诺致冷机. 卡诺致冷机从天然蓄水池中吸热,也向暖气系统放热. 假定热机锅炉的温度为 $t_1 = 210$ ℃,天然蓄水池中水的温度为 $t_2 = 16$ ℃,暖气系统的温度为 $t_3 = 60$ ℃,卡诺热机从燃料燃烧获得 2.1×10^7 J的热量,计算此时暖气系统所得热量.

第 3 篇

电磁学

科学家简介

阅读材料

电磁现象是自然界的基本现象之一，电磁学是研究电磁现象的一门学科，也是物理学中一门重要的分支学科. 原子或分子之间的作用力本质上是电磁相互作用.

人类对电的认识最初来自闪电和静电. 早在几千年前，人们就发现用毛皮摩擦过的琥珀能够吸引羽毛、头发等轻小物体，但直到 1660 年格里克发明摩擦起电机，人类才开始对电现象做详细观察和细致研究. 磁现象的研究比电现象要早得多，我国春秋战国时期的古书中记述了利用磁石制成最古老的指南器 —— 司南. 1600 年，英国人吉尔伯特发表《论磁石》一书，总结了前人对磁现象的研究，并记载了大量实验，使磁学从经验转变为科学. 电学和磁学各自独立发展了几个世纪，直到 19 世纪早期，科学家才将电和磁联系起来. 1820 年，奥斯特发现通电导线附近的磁针发生偏转，开始认识到电和磁的相互联系. 1831 年，法拉第发现在磁铁附近运动(或者磁铁在线圈附近运动）的线圈中会产生电流，称之为电磁感应. 麦克斯韦在总结分析电与磁的实验现象及其规律的基础上，于 1865 年建立了系统的电磁场理论，使电磁学建立在了坚固的理论基础上.

电磁学的发展极大地促进了人类对物质世界的认识. 从人们的日常生活到一般的生产实践，从各种新技术的开发和应用到尖端的科学研究，如电力系统、电磁探矿、粒子加速器等，都与电磁学理论的发展紧密联系在一起. 电磁波是变化的电磁场的传播，它的应用则更为广泛，如无线电波、热辐射、光波、X 射线等都是在不同波长范围内的电磁波,它们遵从共同的物理规律.电磁学知识是众多工程技术和科学研究的基础.

本篇共分4章:静电场、静电场中的导体和电介质、稳恒磁场及电磁感应,主要介绍和讨论电场、磁场的实验现象和基本规律,以及电磁场理论的基础知识等.

第6章 静电场

"想一想":火山喷发时常会伴有剧烈的闪电,这种现象称为火山闪电.发生火山闪电时,多重闪电掠过火山喷发口,照亮天空并发出类似响雷的轰鸣声.然而,火山闪电并不是由带电的水滴云团向地面放电而产生的,那么火山闪电是怎样产生的呢?

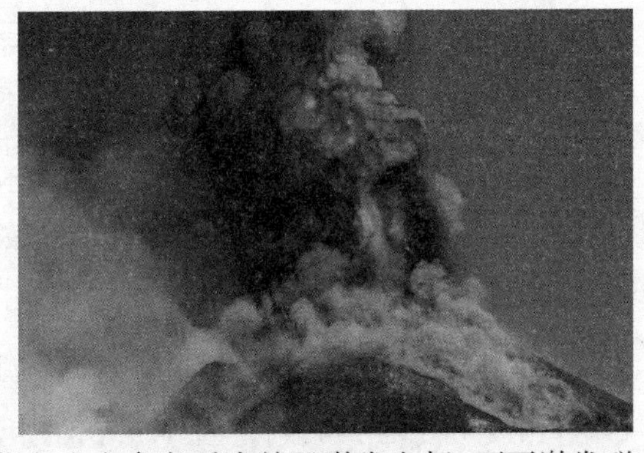

一般来说,运动的电荷将在其周围空间同时激发电场和磁场,电场和磁场是相互关联的.但是,当所研究的电荷相对某参考系静止时,电荷在这个参考系中就只激发电场,而不激发磁场.我们将静止的电荷激发的电场称为静电场.本章介绍真空中静电场的性质,主要内容包括描述点电荷间相互作用规律的库仑定律,静电场的两个基本物理量——电场强度和电势的定义及应用,以及静电场的两条基本定理——高斯定理和环路定理.

6.1 电荷及其性质

一、电荷的量子化

按照原子理论,原子由原子核和核外电子组成,原子核由质子和中子组成.质子所带电荷为正电荷,电子所带电荷为负电荷,而中子不带电.物质由原子组成,正常情况下,每个原子中的电子数与质子数相等,因此物体呈电中性.使物体带电的过程就是使它获得或失去电子的过程,获得电子的物体带负电,失去电子的物体带正电.因此,物体的带电过程实际上就是把电子从一个物体(或物体的一部分)转移到另一个物体(或物体的另一部分)的过程.

物体所带电荷的多少称为电量,通常用符号 Q 或 q 表示,在国际单位制中,电量的单位为库[仑](C).正电荷的电量取正值,负电荷的电量取负值.一个物体的带电量为其所带正、负电量的代数和.

1897年,汤姆孙在实验中测量了阴极射线粒子的电荷与质量之比(荷质比),得出其荷质比约为氢离子的荷质比的2 000倍.这种阴极射线粒子被称为电子.电子的荷质比又称电子的比荷(e/m).1917年,密立根通过实验测得电子电荷的精确数值,得出带电体的电量是电子电量(元电荷)e 的整数倍的结论,即

$$q = \pm ne, \quad n = 1, 2, \cdots.$$

任何带电体的电量只能取分立、不连续的量值的性质,称为电荷的量子化.元电荷的大小为

$$e = 1.602 \times 10^{-19}\ \mathrm{C}.$$

迄今为止知道的自然界中的微观粒子已有数百种,其中带电粒子所具有的电量或者是 $+e$,

$-e$,或者是它们的整数倍. 近代物理理论预言基本粒子由若干种夸克或反夸克组成,每一个夸克或反夸克可能带有 $\pm\frac{1}{3}e$ 或 $\pm\frac{2}{3}e$ 的电量. 然而,单独存在的夸克尚未在实验中发现. 电量的基本单元 e 非常小,宏观带电体所带的电量 $Q\gg e$,电荷的量子性并不明显. 因此,在讨论宏观带电体时可以不考虑电荷的量子性,而将其作为电荷连续分布来处理.

二、电荷守恒定律

在一个孤立系统(与外界没有电荷交换的系统)内,系统总电量是不变的,即在任何时刻孤立系统中正电荷和负电荷的代数和保持不变. 电荷既不能被创造,也不能被消灭,它们只能从一个物体转移到另一个物体,或者从物体的一部分转移到另一部分,也就是说,在任何物理过程中,孤立系统内电荷的代数和是守恒的. 这一结论称为电荷守恒定律. 电荷守恒定律说明,无论孤立系统内部发生什么变化,系统中正、负电荷的代数和始终保持不变,正、负电荷总是成对出现,成对消失. 例如,铀核 ${}^{238}_{92}\mathrm{U}$ 放射 α 粒子(氦核 ${}^{4}_{2}\mathrm{He}$)衰变为钍核 ${}^{234}_{90}\mathrm{Th}$ 的过程中,系统电荷的代数和保持不变,可表示为

$$ {}^{238}_{92}\mathrm{U} \longrightarrow {}^{234}_{90}\mathrm{Th} + {}^{4}_{2}\mathrm{He}. $$

又如,负电子和正电子碰撞后产生双光子的过程中,系统电荷的代数和也保持不变,即

$$ \mathrm{e}^{+} + \mathrm{e}^{-} \longrightarrow 2\gamma. $$

电荷守恒定律是从大量实验事实出发总结出来的,近代科学实践证明,电荷守恒定律不仅在一切宏观过程中成立,而且是一切微观过程普遍遵循的规律,它是物理学中最普遍的基本定律之一.

6.2 库仑定律

库仑

发现电现象后两千多年的时间内,人们对电的了解一直处于定性的初级阶段. 直到 19 世纪,人们才开始对电的规律及本质有比较深入的了解. 最早的定量研究是在 18 世纪末,库仑①在实验的基础上提出了两个静止点电荷间相互作用的规律,即库仑定律. 当带电体本身的线度比问题中所涉及的距离小很多时,该带电体就可看作点电荷. 点电荷是一个理想模型,类似于力学中的质点,它忽略了带电体的形状和大小,突出了带电体的电量和占据的空间位置.

库仑定律表述为真空中两个静止点电荷之间的相互作用力 F(称为静电力或库仑力)的大小与这两个点电荷电量 q_1 和 q_2 的乘积成正比,与它们之间的距离 r 的平方成反比,作用力 F 的方向沿着点电荷的连线方向,同号电荷相斥,异号电荷相吸.

库仑定律

如图 6-1 所示,点电荷 1,2 的带电量分别为 q_1,q_2,用 $\boldsymbol{F}_{12}$ 表示点电荷 2 施加给点电荷 1 的力,r 表示两个点电荷之间的距离,$\boldsymbol{e}_{12}$ 表示点电荷 2 指向点电荷 1 的单位矢量,则有

图 6-1 库仑定律

$$ \boldsymbol{F}_{12} = k\frac{q_1 q_2}{r^2}\boldsymbol{e}_{12}. \tag{6-1} $$

① 库仑,法国物理学家,1785 年通过扭秤实验测量静电力和磁力,发现了库仑定律,使电磁学的研究从定性进入定量阶段.

式(6-1)可表示 $\boldsymbol{F}_{12}$ 的方向,当 q_1 和 q_2 同号时,$\boldsymbol{F}_{12}$ 与 $\boldsymbol{e}_{12}$ 同向,点电荷2对点电荷1的作用力为排斥力;当 q_1 和 q_2 异号时,$\boldsymbol{F}_{12}$ 与 $\boldsymbol{e}_{12}$ 反向,点电荷2对点电荷1的作用力为吸引力.若 $\boldsymbol{F}_{21}$ 表示点电荷1施加给点电荷2的力,可将式(6-1)中的下标1,2对调,并能得到 $\boldsymbol{F}_{21}=-\boldsymbol{F}_{12}$,即静止点电荷之间的作用力满足牛顿第三定律.

库仑定律可用矢量式表示为

$$\boldsymbol{F}=k\frac{q_1q_2}{r^2}\boldsymbol{e}_r,$$

其中 $\boldsymbol{e}_r$ 为 q_1,q_2 连线方向上的单位矢量.当 q_1 与 q_2 同号时,$\boldsymbol{F}$ 与 $\boldsymbol{e}_r$ 同向,表示排斥力;当 q_1 与 q_2 异号时,$\boldsymbol{F}$ 与 $\boldsymbol{e}_r$ 反向,表示吸引力.式中 k 为比例系数,其数值通过实验测定为

$$k=8.988\times10^9\ \mathrm{N\cdot m^2/C^2}\approx9.0\times10^9\ \mathrm{N\cdot m^2/C^2}.$$

在国际单位制中,常将 k 写成

$$k=\frac{1}{4\pi\varepsilon_0},$$

式中 ε_0 称为**真空介电常量**,也称**真空电容率**,其值为

$$\varepsilon_0=8.85\times10^{-12}\ \mathrm{C^2/(N\cdot m^2)}.$$

引入 ε_0 后,库仑定律可写为

$$\boldsymbol{F}=\frac{1}{4\pi\varepsilon_0}\frac{q_1q_2}{r^2}\boldsymbol{e}_r. \tag{6-2}$$

库仑定律是关于真空中两个静止点电荷之间相互作用的实验定律,当两点电荷之间的距离 r 在 $10^{-15}\sim10^{7}$ m 的范围内时,库仑定律都是极其精确的;库仑定律只适用于两个静止的点电荷,并服从力的矢量叠加原理.

当空间有两个以上的点电荷时,作用在某一点电荷上的总静电力等于其他各点电荷单独存在时对该点电荷所施加的静电力的矢量和,这一结论称为**静电力叠加原理**.

库仑定律与静电力叠加原理是关于静止点电荷相互作用的两个基本实验规律,应用它们原则上可解决静电学中的全部问题.

例6-1

按量子理论,在氢原子中,核外电子快速地运动着,并以一定的概率出现在原子核(质子)的周围各处,在基态下,电子在半径为 $r=5.3\times10^{-11}$ m 的球面附近出现的概率最大.试计算在基态下,氢原子内电子和质子之间的静电力和万有引力,并比较两者的大小(已知引力常量为 $G=6.67\times10^{-11}\ \mathrm{N\cdot m^2/kg^2}$,质子的质量为 $m_\mathrm{p}=1.7\times10^{-27}$ kg,电子的质量为 $m_\mathrm{e}=9.1\times10^{-31}$ kg).

解 氢原子内电子和质子所带电量相等,均为 e,因此它们之间的静电力大小为

$$F_\mathrm{e}=\frac{e^2}{4\pi\varepsilon_0r^2}=\frac{9.0\times10^9\times(1.6\times10^{-19})^2}{(5.3\times10^{-11})^2}\ \mathrm{N}=8.2\times10^{-8}\ \mathrm{N},$$

而它们之间的万有引力大小为

$$F_\mathrm{g}=G\frac{m_\mathrm{e}m_\mathrm{p}}{r^2}=6.67\times10^{-11}\times\frac{9.1\times10^{-31}\times1.7\times10^{-27}}{(5.3\times10^{-11})^2}\ \mathrm{N}=3.7\times10^{-47}\ \mathrm{N},$$

所以

$$\frac{F_\mathrm{e}}{F_\mathrm{g}}=\frac{8.2\times10^{-8}}{3.7\times10^{-47}}=2.2\times10^{39}.$$

在微观粒子的相互作用中,电子和质子之间的静电力远大于万有引力.因此,在分析电子和质子之间的相互作用时,只需要考虑静电力,万有引力可忽略不计.尽管万有引力比静电力小得多,但在大尺度的情况下万有引力更为重要.它

能把许多小物体聚集成具有巨大质量的庞大物体，如行星和恒星，然后产生巨大的吸引力.

火山喷发的烟流和雷暴云一样，其中的火山灰、岩石碎片和冰晶在喷发过程中相互摩擦、碰撞，从而带上了电荷. 在重力的影响下，这些带电物质分散开来，当正、负电荷积累到能使空气发生电离时，就会产生火山闪电.

6.3 电场强度

一、电场

我们推桌子时，通过手和桌子直接接触，把力作用在桌子上. 马拉车时，通过绳子和车直接接触，把力作用到车上. 在这些例子中，力都是存在于直接接触的物体之间. 但是电荷之间的相互作用却可以发生在两个相隔一定距离的带电体之间，那么带电体之间的静电力是靠什么传递的呢?19 世纪30 年代，法拉第提出了场的概念，认为电荷之间的相互作用是通过一种特殊的物质 —— 电场来实现的. 近代物理学也证实，任何电荷都在自身周围的空间激发电场. 电荷之间的相互作用通过电场传递，其作用可表示为

$$电荷 \Leftrightarrow 电场 \Leftrightarrow 电荷.$$

场是一种特殊形态的物质，它和物质的另一种形态 —— 实物一起构成了物质世界. 场具有物质的一系列属性，如具有能量、动量，对场中物体有力的作用等. 场和实物最明显的区别在于场分布范围非常广泛，具有分散性；而实物则聚集在有限范围内，具有集中性，所以对场的描述需要逐点进行，不像实物那样只需做整体描述. 实物(如原子、分子)占据的空间不能再被其他实物同时占据，但几个场却可以同时占据同一空间，即场是可以叠加的. 场是物质形态与实物不同的特殊物质.

相对于观察者静止的电荷所激发的电场称为静电场. 电场对电荷的作用力称为电场力. 处于静电场中的电荷要受到电场力的作用，并且电荷在静电场中移动时，电场力将对电荷做功. 下面我们将从施力和做功这两方面来研究静电场的性质，分别引入描述电场性质的两个基本物理量 —— 电场强度和电势.

二、电场强度

设一静止的带电量为 Q 的带电体在空间激发一静电场，则此激发电场的带电体所带电荷称为场源电荷. 我们把一个带电量为 q_0 的检验电荷放到静电场中的不同位置，观察静电场施加给检验电荷的电场力 $\boldsymbol{F}$ 的情况. 为使检验电荷的引入对原有的静电场几乎不产生影响，检验电荷必须满足两个条件：① 几何线度足够小，可看作点电荷；② 电量足够小. 为叙述方便，取一正检验电荷 $+q_0$ 放入静电场中，测量它所受到的电场力 $\boldsymbol{F}$.

将检验电荷放到静电场中的不同位置，其受到的电场力 $\boldsymbol{F}$ 的大小和方向一般不同. 对静电场中的某一确定点，改变 q_0 的大小，力 $\boldsymbol{F}$ 的方向不变，大小改变，但比值$\dfrac{\boldsymbol{F}}{q_0}$始终为一常矢量，与 q_0 无关. 可见，比值$\dfrac{\boldsymbol{F}}{q_0}$仅与检验电荷所在点处的电场自身的性质有关. 定义常矢量$\dfrac{\boldsymbol{F}}{q_0}$为该点处的电场强度，用符号 $\boldsymbol{E}$ 表示，即

$$E=\frac{F}{q_0}. \tag{6-3}$$

式(6-3)为电场强度的定义式. 电场中某点处电场强度的大小等于单位电荷在该点处所受电场力的大小,方向与正电荷在该点处所受电场力的方向一致. 在国际单位制中,电场强度的单位为牛[顿]每库[仑](N/C)或伏[特]每米(V/m),1 N/C = 1 V/m.

虽然我们利用正检验电荷定义静电场,但场的存在并不依赖于检验电荷. 一般来说,检验电荷在电场中不同点受到的电场力是不同的,所以 $\boldsymbol{F}$ 是空间坐标的矢量函数,因而电场强度 $\boldsymbol{E}$ 也是空间坐标的矢量函数,它是由除检验电荷之外空间中所有其他电荷共同激发产生的,是表征静电场中给定点电场性质的物理量,与检验电荷存在与否无关.

三、电场强度的计算

1. 点电荷的电场强度

由库仑定律和电场强度定义式,可求得真空中点电荷周围电场的电场强度. 真空中有一场源电荷,其带电量为 Q,如图 6-2 所示,若将检验电荷 q_0 放在距离场源电荷 r 的 P 点处,则检验电荷所受的电场力为

$$\boldsymbol{F}=\frac{1}{4\pi\varepsilon_0}\frac{q_0Q}{r^2}\boldsymbol{e}_r,$$

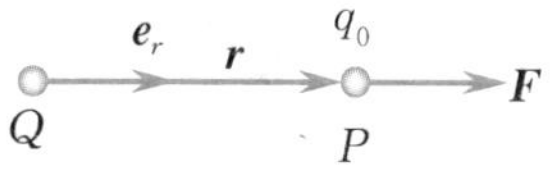

式中 $\boldsymbol{e}_r$ 为由场源电荷指向 P 点的单位矢量.

图 6-2　点电荷的电场强度

由式(6-3)可以求得 P 点处的电场强度为

$$\boldsymbol{E}=\frac{\boldsymbol{F}}{q_0}=\frac{1}{4\pi\varepsilon_0}\frac{Q}{r^2}\boldsymbol{e}_r. \tag{6-4}$$

式(6-4)即为点电荷的电场强度公式. 当 $Q>0$ 时,$\boldsymbol{E}$ 与 $\boldsymbol{e}_r$ 同向;当 $Q<0$ 时,$\boldsymbol{E}$ 与 $\boldsymbol{e}_r$ 反向.

在上面的计算中,P 点是任意选取的,所以我们得出了点电荷产生的电场在空间的分布. 若以点电荷所在处为球心,并以 r 为半径作一球面,则球面上各处 $\boldsymbol{E}$ 的大小相等,方向沿矢径 $\boldsymbol{r}(Q>0)$ 或其反方向$(Q<0)$,因此真空中点电荷的电场是具有球对称性的非均匀场.

2. 点电荷系的电场强度

一般来说,空间可能存在由许多个点电荷组成的点电荷系,那么点电荷系的电场强度应如何计算呢?设真空中一点电荷系由 $Q_1,Q_2,\cdots,Q_n$ 组成(见图 6-3),在场点 P 处放置一检验电荷 q_0. 点电荷系中每个点电荷单独存在时施加于该检验电荷的静电力分别为 $\boldsymbol{F}_1,\boldsymbol{F}_2,\cdots,\boldsymbol{F}_n$,根据静电力叠加原理可知,作用于检验电荷 q_0 上的合力 $\boldsymbol{F}$ 为 $\boldsymbol{F}_1,\boldsymbol{F}_2,\cdots,\boldsymbol{F}_n$ 的矢量和,即

$$\boldsymbol{F}=\boldsymbol{F}_1+\boldsymbol{F}_2+\cdots+\boldsymbol{F}_n=q_0\boldsymbol{E}_1+q_0\boldsymbol{E}_2+\cdots+q_0\boldsymbol{E}_n. \tag{6-5}$$

按照电场强度的定义式,将式(6-5)两边除以 q_0,得到

$$\boldsymbol{E}=\boldsymbol{E}_1+\boldsymbol{E}_2+\cdots+\boldsymbol{E}_n=\sum_{i=1}^{n}\boldsymbol{E}_i. \tag{6-6}$$

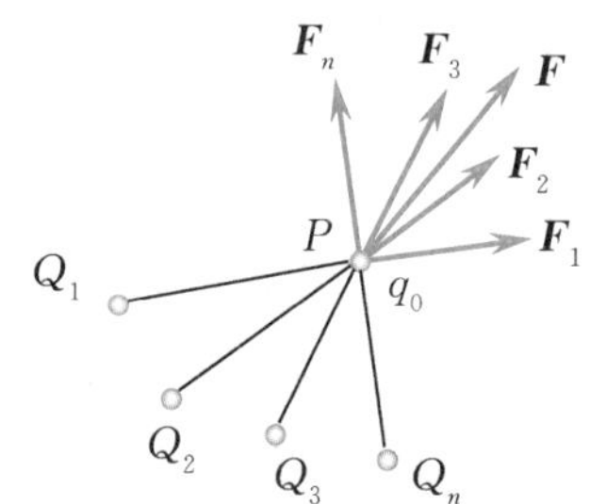

图 6-3　电场强度叠加原理

式(6-6)表明,点电荷系所产生的电场中某点处的电场强度,等于各点电荷单独存在时在该点处产生的电场强度的矢量和. 这一结论称为电场强度叠加原理,这是静电场的基本性质之一. 根据这一原理,可求出任一带电体产生的电场.

如果场源电荷由 n 个分立的点电荷组成,根据式(6-6),得到 P 点处的电场强度为

$$\boldsymbol{E}=\sum_{i=1}^{n}\boldsymbol{E}_i=\frac{1}{4\pi\varepsilon_0}\sum_{i=1}^{n}\frac{q_i}{r_i^2}\boldsymbol{e}_{ri}, \tag{6-7}$$

式中 $\boldsymbol{e}_{ri}$ 为由第 i 个点电荷 q_i 指向场点 P 的单位矢量. 式(6-7)即为点电荷系的电场强度的计算公式. 如果场源电荷分布状况已知,根据电场强度叠加原理,原则上可以求得电场分布.

两个电量相等、符号相反的点电荷,当它们之间的距离 l 比所讨论问题中涉及的距离小得多时,将这一带电系统称为电偶极子,这是除点电荷外最简单而重要的带电系统. 电偶极子是电介质理论和原子物理学的重要模型,在研究天线的辐射,以及从稳恒到 X 光频电磁场作用下电介质的色散和吸收等问题时都要用到.

例 6-2

计算电偶极子中垂线上一点 P 处的电场强度.

解　取电偶极子连线中点为坐标原点. 正、负点电荷 $+q$ 和 $-q$ 在 P 点处产生的电场强度分别为 $\boldsymbol{E}_+$ 和 $\boldsymbol{E}_-$,如图 6-4 所示,其大小分别为

$$E_+=\frac{1}{4\pi\varepsilon_0}\frac{q}{r^2+\left(\dfrac{l}{2}\right)^2},$$

$$E_-=\frac{1}{4\pi\varepsilon_0}\frac{q}{r^2+\left(\dfrac{l}{2}\right)^2},$$

式中 r 为 P 点到两点电荷连线中点 O 的距离.

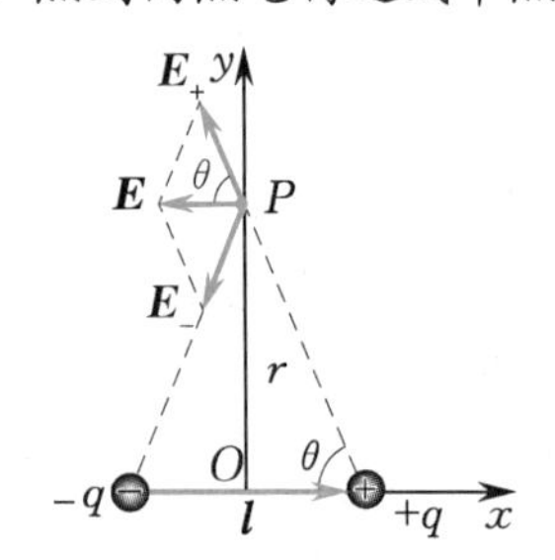

图 6-4　电偶极子中垂线上的电场

将 $\boldsymbol{E}_+$ 和 $\boldsymbol{E}_-$ 分别投影到 x 和 y 方向后各自叠加,即得总电场强度 $\boldsymbol{E}$ 沿 x 轴和 y 轴的两个分量 E_x 和 E_y. 根据对称性可以看出,$\boldsymbol{E}_+$ 和 $\boldsymbol{E}_-$ 沿 x 轴的分量大小相等,方向一致(沿 x 轴负方向),沿 y 轴的分量大小相等,方向相反. 因此,$\boldsymbol{E}_+$ 和 $\boldsymbol{E}_-$ 沿 y 轴的分量相互抵消,则 P 点处的合电场强度为

$$\boldsymbol{E}=-2E_+\cos\theta\boldsymbol{i}=\frac{-ql}{4\pi\varepsilon_0\left(r^2+\dfrac{l^2}{4}\right)^{\frac{3}{2}}}\boldsymbol{i},$$

式中 $\boldsymbol{i}$ 为 x 轴正方向上的单位矢量.

当 $r\gg l$ 时,$r^2+\dfrac{l^2}{4}\approx r^2$,上式可写为

$$\boldsymbol{E}=\frac{-ql}{4\pi\varepsilon_0 r^3}\boldsymbol{i}.$$

q 和 $\boldsymbol{l}$ 的乘积是描述电偶极子属性的一个物理量,通常称为**电偶极矩**(简称**电矩**),用 $\boldsymbol{p}_e$ 表示,即

$$\boldsymbol{p}_e=q\boldsymbol{l},$$

式中 $\boldsymbol{l}$ 的方向为从 $-q$ 指向 $+q$. 由此,电偶极子在中垂线上任意点处的电场强度可写为

$$\boldsymbol{E}=\frac{-q\boldsymbol{l}}{4\pi\varepsilon_0 r^3}\boldsymbol{i}=\frac{-\boldsymbol{p}_e}{4\pi\varepsilon_0 r^3}.$$

3. 电荷连续分布的带电体的电场强度

在实际问题中所遇到的电场,常由电荷连续分布的带电体激发产生,要计算任意带电体所产生的电场强度,不能把带电体视作点电荷,但任何带电体均可看成由若干个无限小的电荷元 $\mathrm{d}q$ 组成,可以把它们看作点电荷,整个带电体产生的电场强度,就可看作无限多个点电荷产生的电场强度的矢量和.

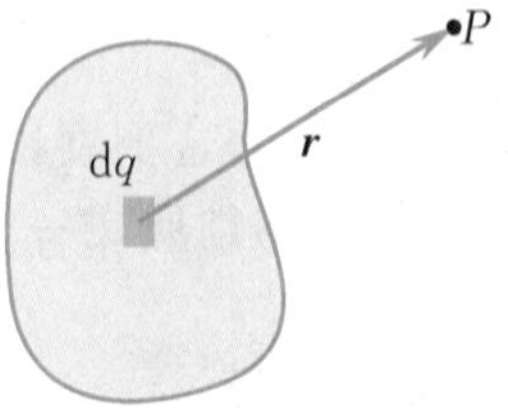

图 6-5　带电体的电场强度

如图 6-5 所示,真空中有一电荷连续分布的带电体,计算 P 点处的电场强度. 在带电体上任取一电荷元 $\mathrm{d}q$,其线度相对于带电体来说可视为无限小,从而 $\mathrm{d}q$ 可看作点电荷,由式(6-4),$\mathrm{d}q$ 在 P 点处产生的电场强度 $\mathrm{d}\boldsymbol{E}$ 为

$$\mathrm{d}\boldsymbol{E}=\frac{1}{4\pi\varepsilon_0}\frac{\mathrm{d}q}{r^2}\boldsymbol{e}_r,$$

式中 e_r 为由 dq 指向 P 点的单位矢量. 根据电场强度叠加原理,带电体在 P 点处产生的电场强度是所有电荷元在该点处产生电场强度的矢量叠加,即

$$E=\int dE=\int\frac{1}{4\pi\varepsilon_0}\frac{dq}{r^2}e_r. \qquad (6-8)$$

式(6-8)右边的积分是矢量积分,且积分遍及整个带电体.

对于带电体,电荷分布可以分为以下 3 种情况:

(1) 体分布. 电荷分布在体积为 V 的带电体上,单位体积的电荷(体电荷密度)为 ρ,则电荷元 $dq=\rho dV$.

(2) 面分布. 电荷分布在面积为 S 的几何面上,单位面积的电荷(面电荷密度)为 σ,则电荷元 $dq=\sigma dS$.

(3) 线分布. 电荷分布在一条长为 L 的几何线上,单位长度的电荷(线电荷密度)为 λ,则电荷元 $dq=\lambda dl$.

例 6-3

真空中有一均匀带电直线,长为 L,所带电量为 $q(q>0)$,直线外一点 P 到直线的垂直距离为 a,P 点到直线两端的连线与直线的夹角分别为 θ_1 和 θ_2,如图 6-6 所示. 求 P 点处的电场强度.

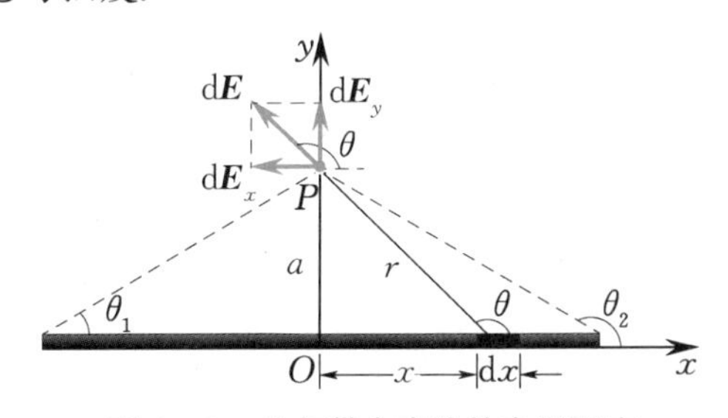

图 6-6 均匀带电直线的电场强度

解 以直线为 x 轴,P 点到直线的垂线为 y 轴,两者交点为坐标原点 O 建立如图 6-6 所示的坐标系. 由题意可知直线上的电荷是均匀分布的,故线电荷密度为 $\lambda=\frac{q}{L}$. 在直线上任取一线元 dx,其带电量为 $dq=\lambda dx$,此电荷元在 P 点处产生的电场强度 dE 的大小为

$$dE=\frac{1}{4\pi\varepsilon_0}\frac{dq}{r^2}=\frac{1}{4\pi\varepsilon_0}\frac{\lambda dx}{r^2},$$

方向如图 6-6 所示,dE 沿 x 轴和 y 轴方向的分量分别为

$$dE_x=dE\cos\theta,\quad dE_y=dE\sin\theta,$$

式中 x,r,θ 都是变量. 为便于积分,统一用变量 θ 来表示,由图可知

$$r^2=a^2+x^2=a^2\csc^2\theta,$$

$$x=a\tan\left(\theta-\frac{\pi}{2}\right)=-a\cot\theta,$$

$$dx=a\csc^2\theta d\theta,$$

所以

$$dE_x=\frac{\lambda}{4\pi\varepsilon_0 a}\cos\theta d\theta,$$

$$dE_y=\frac{\lambda}{4\pi\varepsilon_0 a}\sin\theta d\theta.$$

对上两式两边进行积分,有

$$E_x=\int dE_x=\int_{\theta_1}^{\theta_2}\frac{\lambda}{4\pi\varepsilon_0 a}\cos\theta d\theta=\frac{\lambda}{4\pi\varepsilon_0 a}(\sin\theta_2-\sin\theta_1),$$

$$E_y=\int dE_y=\int_{\theta_1}^{\theta_2}\frac{\lambda}{4\pi\varepsilon_0 a}\sin\theta d\theta=\frac{\lambda}{4\pi\varepsilon_0 a}(\cos\theta_1-\cos\theta_2).$$

P 点处的电场强度为

$$E=E_x i+E_y j=\frac{\lambda}{4\pi\varepsilon_0 a}(\sin\theta_2-\sin\theta_1)i+\frac{\lambda}{4\pi\varepsilon_0 a}(\cos\theta_1-\cos\theta_2)j.$$

如果均匀带电直线为"无限长",即 $L\to\infty$,有 $\theta_1=0,\theta_2=\pi$,则

$$E=E_y j=\frac{\lambda}{2\pi\varepsilon_0 a}j, \qquad (6-9)$$

即无限长均匀带电直线外一点处的电场强度,与该点距带电直线的垂直距离成反比,与线电

荷密度成正比. 当带电直线上分布的是正电荷,即 $\lambda>0$ 时,$\boldsymbol{E}$ 的方向垂直带电直线向外;当 $\lambda<0$ 时,$\boldsymbol{E}$ 的方向垂直带电直线向里.

例 6-4

有一半径为 R 的均匀带电圆环,所带电量为 $q(q>0)$,如图 6-7 所示,求圆环轴线上任意一点 P 处的电场强度.

解　以圆环轴线为 x 轴,环心为坐标原点建立如图 6-7 所示的坐标系,轴线上 P 点到环心 O 的距离为 x. 已知电荷均匀分布于圆环上,故其线电荷密度为 $\lambda=\dfrac{q}{2\pi R}$. 在圆环上任取一线元 $\mathrm{d}l$,它到 P 点的距离为 r,其带电量为 $\mathrm{d}q=\lambda\mathrm{d}l$,$\mathrm{d}q$ 在 P 点处产生的电场强度 $\mathrm{d}\boldsymbol{E}$ 的大小为

$$\mathrm{d}E=\frac{\mathrm{d}q}{4\pi\varepsilon_0 r^2},$$

方向如图 6-7 所示. 因各电荷元在 P 点的 $\mathrm{d}\boldsymbol{E}$ 方向不同,故将 $\mathrm{d}\boldsymbol{E}$ 沿平行和垂直于 x 轴分解为 $\mathrm{d}E_x$ 和 $\mathrm{d}E_\perp$. 由于电荷分布的对称性,同一直径两端的电荷元在 P 点处产生的电场强度的垂直分量大小相等,方向相反,故相互抵消,即 $E_\perp=\int\mathrm{d}E_\perp=0$. 各电荷元在 P 点处产生的沿 x 轴的电场强度分量 $\mathrm{d}E_x$ 具有相同的方向,故 P 点处的电场强度等于所有电荷元在 P 点处产生的沿 x 轴的电场强度分量 $\mathrm{d}E_x$ 之和,即

$$E=\int\mathrm{d}E_x=\int\mathrm{d}E\cos\theta=\frac{qx}{8\pi^2\varepsilon_0 Rr^3}\int_0^{2\pi R}\mathrm{d}l,$$

式中 $r=\sqrt{R^2+x^2}$,对上式进行求解可得

$$E=\frac{qx}{4\pi\varepsilon_0(R^2+x^2)^{\frac{3}{2}}}. \qquad (6-10)$$

当圆环带正电,即 $q>0$ 时,轴线上任意点处的电场强度 $\boldsymbol{E}$ 的方向沿轴线背离环心;当 $q<0$ 时,电场强度 $\boldsymbol{E}$ 的方向沿轴线指向环心. 在环心处,$x=0$,有 $E_0=0$,表明环心处的电场强度为零;当 $x\gg R$ 时,$(R^2+x^2)^{\frac{3}{2}}\approx x^3$,$E=\dfrac{q}{4\pi\varepsilon_0 x^2}$,这说明,远离环心处的电场强度与全部电荷集中于环心处的点电荷所产生的电场强度相同.

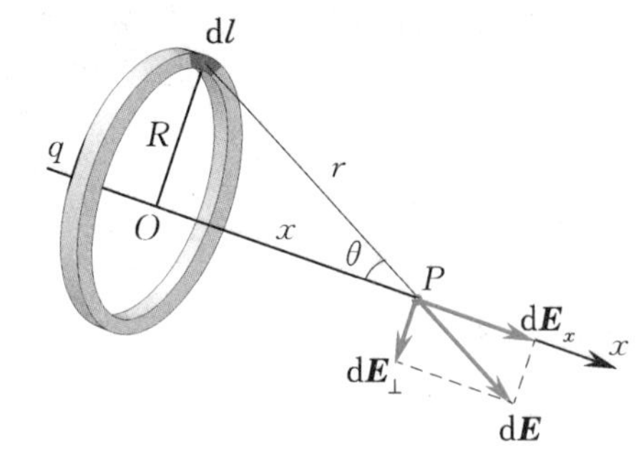

图 6-7　均匀带电圆环轴线上的电场强度

例 6-5

一半径为 R 的均匀带电薄圆盘的面电荷密度为 σ. 求通过盘心且垂直盘面的轴线上任意一点处的电场强度.

解　本题可利用例 6-4 的结果来计算. 以圆盘中心为坐标原点 O,圆盘的轴线为 x 轴建立如图 6-8 所示的坐标系. 把带电薄圆盘看成由许多带电细圆环组成,在 r 处取一个宽度为 $\mathrm{d}r$ 的细圆环,此细圆环的带电量为

$$\mathrm{d}q=\sigma\mathrm{d}S=\sigma\cdot 2\pi r\mathrm{d}r.$$

由式(6-10)可得该细圆环在 P 点处的电场强度 $\mathrm{d}\boldsymbol{E}$ 的大小为

$$\mathrm{d}E=\frac{1}{4\pi\varepsilon_0}\frac{x\mathrm{d}q}{(r^2+x^2)^{\frac{3}{2}}}=\frac{1}{4\pi\varepsilon_0}\frac{\sigma\cdot 2\pi r\mathrm{d}r\cdot x}{(r^2+x^2)^{\frac{3}{2}}}.$$

由于各个带电细圆环在 P 点处产生的电场强度的方向都沿 x 轴的同一方向,因此整个带电薄圆盘在 P 点处产生的电场强度的大小为

$$E=\int\mathrm{d}E=\frac{\sigma x}{2\varepsilon_0}\int_0^R\frac{r\mathrm{d}r}{(r^2+x^2)^{\frac{3}{2}}}$$

$$=\frac{\sigma}{2\varepsilon_0}\left(1-\frac{x}{\sqrt{R^2+x^2}}\right).$$

如果 $x\ll R$,此时从 P 点看来圆盘可视为“无限大”带电平面,有

$$1-\frac{x}{\sqrt{R^2+x^2}}\approx 1,$$

于是

$$E=\frac{\sigma}{2\varepsilon_0}. \qquad (6-11)$$

这表明，无限大带电平面两边均为均匀电场，电场强度的大小处处相同，方向垂直于带电平面. 若 $\sigma>0$，则电场强度方向背离平面；若 $\sigma<0$，则电场强度方向指向平面.

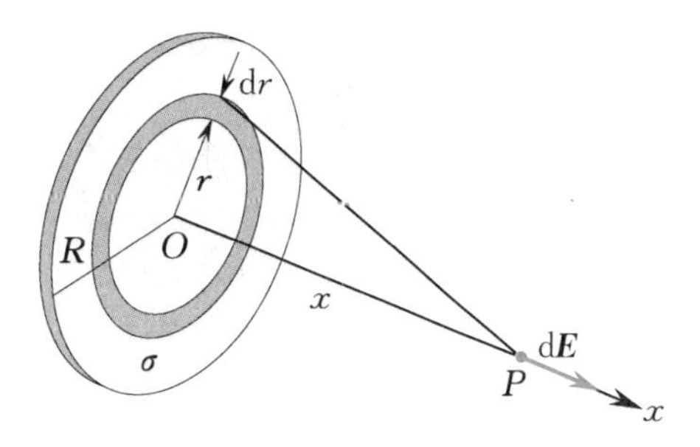

图 6-8　均匀带电薄圆盘轴线上的电场强度

从上述例题可以看出，利用电场强度叠加原理计算电场强度时，一般通过建立坐标系将矢量运算转换成标量运算进行求解. 例如，在空间直角坐标系中，电荷元 $\mathrm{d}q$ 产生的电场 $\mathrm{d}\boldsymbol{E}$ 可用其在 x，y，z 这 3 个坐标轴的分量来表示，即

$$\mathrm{d}\boldsymbol{E}=\mathrm{d}E_x\boldsymbol{i}+\mathrm{d}E_y\boldsymbol{j}+\mathrm{d}E_z\boldsymbol{k}.$$

这样，式(6-8)可化成标量积分求解，于是带电体产生的电场强度可表示为

$$\boldsymbol{E}=\int\mathrm{d}E_x\boldsymbol{i}+\int\mathrm{d}E_y\boldsymbol{j}+\int\mathrm{d}E_z\boldsymbol{k}.$$

通过分析电场的特点，分别计算出各方向的电场强度分量从而得到总的电场强度. 此外，恰当选取电荷元 $\mathrm{d}q$，可使积分计算简化.

6.4　高斯定理

一、电场线

在任何电场中，每一点处的电场强度都有一定的方向. 据此，我们可以在电场中画出一系列曲线，使曲线上每一点的切线方向都与该点处的电场强度 $\boldsymbol{E}$ 方向一致，这些曲线称为电场线. 电场线是为了更形象地描述电场的性质而引入的假想曲线. 图 6-9 给出了几种常见带电体的电场线.

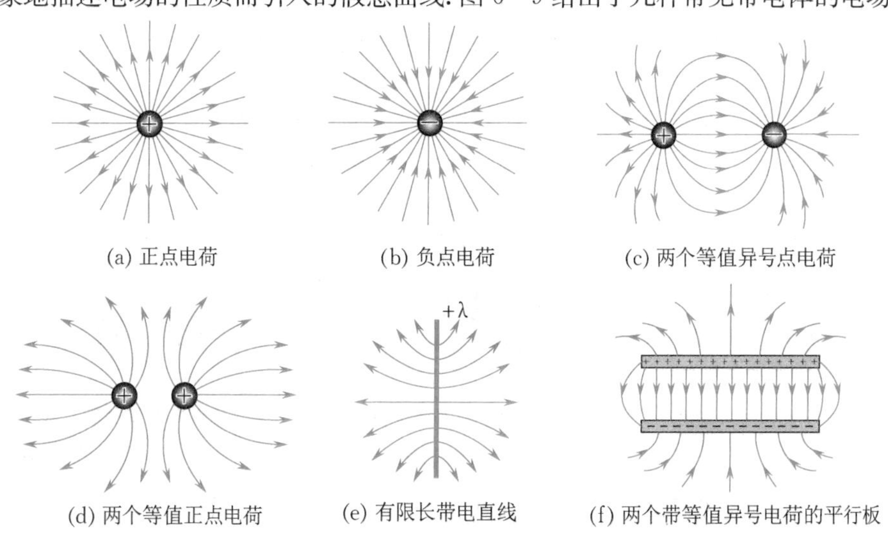

(a) 正点电荷　(b) 负点电荷　(c) 两个等值异号点电荷

(d) 两个等值正点电荷　(e) 有限长带电直线　(f) 两个带等值异号电荷的平行板

图 6-9　几个常见带电体的电场线

静电场的电场线有如下特点：

(1) 电场线始于正电荷或无穷远，止于负电荷或无穷远，不形成闭合曲线；

(2) 在没有点电荷的空间，任意两条电场线不相交，即静电场中每一点处的电场强度只有一个方向；

(3) 电场线的密度表示电场强度的大小，电场线密集的区域电场强度较大，电场线稀疏的区域电场强度较小.

虽然电场中并不存在电场线，但引入电场线概念可以形象地描绘出电场的总体情况，有助于分析某些实际问题. 在研究某些复杂的电场时，如电子管内部的电场、高压电器设备附近的电场，常采用模拟法把它们的电场线画出来.

二、电通量

为了使电场线同时表示出各点处电场强度的大小，对电场线的密度做如下规定：在电场中的任意一点，通过该点处垂直于电场强度 $\boldsymbol{E}$ 方向的面积元 $\mathrm{d}S_{\perp}$ 的电场线条数 $\mathrm{d}N$(见图 6-10)，与该点处电场强度 $\boldsymbol{E}$ 的大小有如下关系：

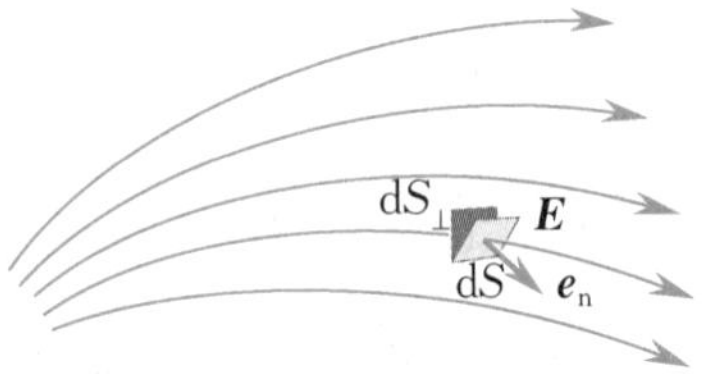

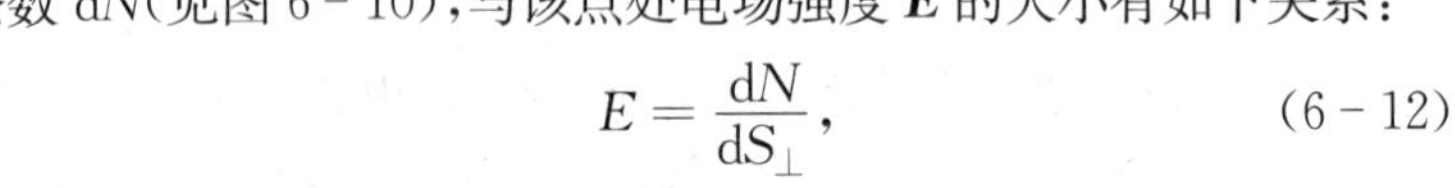

$$E=\frac{\mathrm{d}N}{\mathrm{d}S_{\perp}},\tag{6-12}$$

图 6-10　电场线密度与电场强度的关系

即通过电场中某点垂直于 $\boldsymbol{E}$ 的单位面积的电场线条数等于该点处电场强度的大小，电场强度也称为电场线密度.

通过电场中任意给定面的电场线条数，称为通过该面的电通量，用符号 Φ_{e} 表示. 下面我们来计算电场中的电通量 Φ_{e}.

1. 均匀电场中通过平面 S 的电通量

设在均匀电场中有一个平面 S，它与电场强度的方向垂直. 我们引入面积矢量 $\boldsymbol{S}$，规定其大小为 S，方向用它的法向单位矢量 $\boldsymbol{e}_{\mathrm{n}}$ 来表示，则有 $\boldsymbol{S}=S\boldsymbol{e}_{\mathrm{n}}$. 如图 6-11(a) 所示，$\boldsymbol{e}_{\mathrm{n}}$ 与 $\boldsymbol{E}$ 的方向平行. 由于均匀电场的电场强度处处相等，因此电场线密度也处处相等. 由式(6-12) 可知，通过平面 S 的电通量为

$$\Phi_{\mathrm{e}}=ES_{\perp}=ES.$$

如果面积矢量 $\boldsymbol{S}$ 与均匀电场的电场强度 $\boldsymbol{E}$ 成 θ 角，如图 6-11(b) 所示，S 在垂直于 $\boldsymbol{E}$ 方向的投影面积为 $S_{\perp}=S\cos\theta$，通过平面 S 的电通量等于通过 $S_{\perp}$ 的电通量，即

$$\Phi_{\mathrm{e}}=ES_{\perp}=ES\cos\theta.$$

由矢量标积的定义可知，$ES\cos\theta$ 为矢量 $\boldsymbol{E}$ 与 $\boldsymbol{S}$ 的标积，故上式可表示为

$$\Phi_{\mathrm{e}}=\boldsymbol{E}\cdot\boldsymbol{S}=\boldsymbol{E}\cdot S\boldsymbol{e}_{\mathrm{n}}.$$

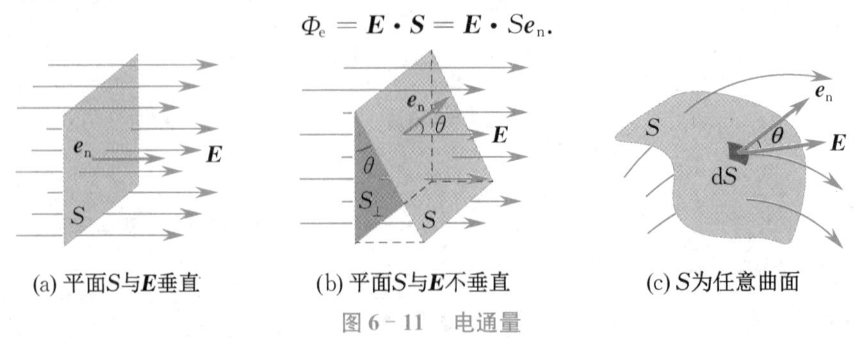

(a) 平面 S 与 $\boldsymbol{E}$ 垂直　(b) 平面 S 与 $\boldsymbol{E}$ 不垂直　(c) S 为任意曲面

图 6-11　电通量

2. 在任意电场中通过任意曲面 S 的电通量

设电场为非均匀电场，且 S 为任意曲面，如图 6-11(c) 所示. 此时，可以把曲面 S 划分为无限多个

面积元 dS，每个面积元 dS 都非常小，可近似看成一个小平面，并且在面积元 dS 上，$\boldsymbol{E}$ 可视为均匀. 若面积元 dS 的 $\boldsymbol{e}_n$ 与该处电场强度 $\boldsymbol{E}$ 成 θ 角，则通过 dS 的电通量为

$$d\Phi_e = EdS\cos\theta = \boldsymbol{E}\cdot d\boldsymbol{S}. \tag{6-13}$$

通过整个曲面 S 的电通量为

$$\Phi_e = \int_S d\Phi_e = \int_S \boldsymbol{E}\cdot d\boldsymbol{S}. \tag{6-14}$$

当曲面 S 是闭合曲面时，式(6-14)可写成

$$\Phi_e = \oint_S d\Phi_e = \oint_S \boldsymbol{E}\cdot d\boldsymbol{S}. \tag{6-15}$$

需要注意的是，夹角 θ 可以是锐角，也可以是钝角，所以 Φ_e 可正可负. 一个曲面有正反两面，它的法向单位矢量也有正反两种取法. 对于非闭合曲面，曲面上各处的法线方向可取曲面的任意一侧；但闭合曲面则把整个空间划分成内、外两部分，规定曲面上某点的法向矢量的正方向为垂直曲面指向曲面外侧. 依照这个规定，在电场线穿出曲面的地方（如图 6-12 中的 dS_1 处），$0<\theta<\frac{\pi}{2}$，$\cos\theta>0$，电通量 $d\Phi_e$ 为正；在电场线穿入曲面的地方（如图 6-12 中的 dS_2 处），$\frac{\pi}{2}<\theta<\pi$，$\cos\theta<0$，电通量 $d\Phi_e$ 为负.

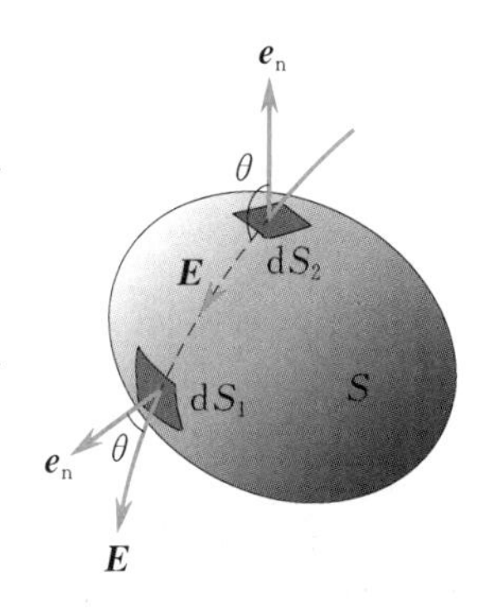

图 6-12　通过闭合曲面的电通量

例 6-6

均匀电场 $\boldsymbol{E}$ 中有一边长为 L 的正方体，放置方向如图 6-13 所示，求通过此正方体的电通量.

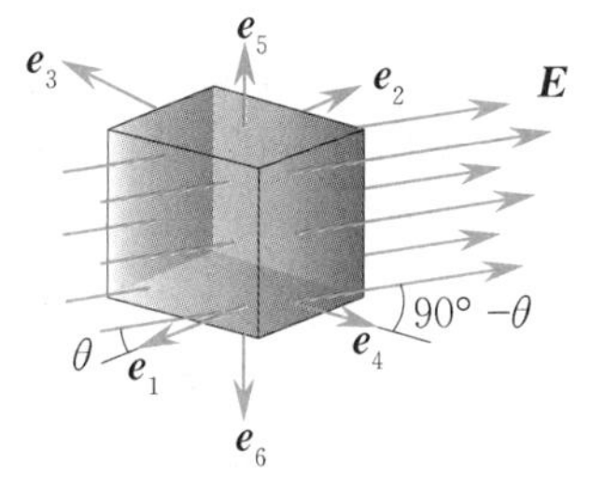

图 6-13　例 6-6 图

解　正方体的表面为一闭合曲面，由 6 个面构成，每个面的面积均为 $S=L^2$. 在此均匀电场中，设通过各面的电通量分别为 Φ_1，Φ_2，Φ_3，Φ_4，Φ_5 和 Φ_6，故通过闭合曲面的电通量为 6 个面的电通量之和.

由图可知，面 S_1 的法向单位矢量与 $\boldsymbol{E}$ 之间的夹角为 $(180°-\theta)$，可求得通过 S_1 的电通量为

$$\Phi_1 = \boldsymbol{E}\cdot S\boldsymbol{e}_1 = EL^2\cos(180°-\theta) = -EL^2\cos\theta.$$

同理可得

$$\Phi_2 = \boldsymbol{E}\cdot S\boldsymbol{e}_2 = EL^2\cos\theta,$$

$$\Phi_3 = \boldsymbol{E}\cdot S\boldsymbol{e}_3 = EL^2\cos(90°+\theta) = -EL^2\sin\theta,$$

$$\Phi_4 = \boldsymbol{E}\cdot S\boldsymbol{e}_4 = EL^2\cos(90°-\theta) = EL^2\sin\theta,$$

$$\Phi_5 = \Phi_6 = EL^2\cos 90° = 0.$$

对于面 S_1 和 S_3，电场线穿入，因此电通量为负；对于面 S_2 和 S_4，电场线穿出，电通量为正；对于面 S_5 和 S_6，没有电场线穿过，电通量为零，则通过此闭合曲面的总电通量为

$$\Phi_e = \oint_S \boldsymbol{E}\cdot d\boldsymbol{S} = \Phi_1+\Phi_2+\Phi_3+\Phi_4+\Phi_5+\Phi_6 = 0.$$

上述结果表明，在均匀电场中穿入正方体的电场线与穿出正方体的电场线数量相等，即穿过闭合曲面的电通量为零.

三、高斯定理

电场是由电荷所激发的,电通量描述了电场分布,那么通过电场空间某一给定闭合曲面的电通量与激发电场的场源电荷之间存在怎样的联系呢?我们分几种情况进行讨论.

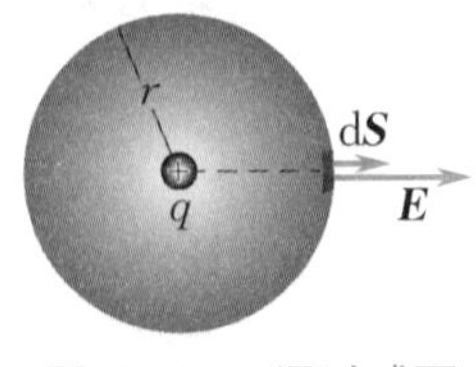

图 6-14 通过球面的电通量

1. 点电荷对闭合曲面的电通量

如图 6-14 所示,以带电量为 q 的点电荷为球心,r 为半径作一球面,计算通过该球面的电通量. 由于球面上任意一点处的电场强度 $\boldsymbol{E}$ 的大小都是 $E=\dfrac{q}{4\pi\varepsilon_0 r^2}$,方向均沿矢径方向,且处处与球面正交,根据式(6-15)可求得通过球面的电通量为

$$\Phi_e=\oint_S \boldsymbol{E}\cdot d\boldsymbol{S}=\oint_S E\cos\theta dS=\oint_S \frac{q}{4\pi\varepsilon_0 r^2}dS=\frac{q}{4\pi\varepsilon_0 r^2}\oint_S dS=\frac{q}{4\pi\varepsilon_0 r^2}4\pi r^2=\frac{q}{\varepsilon_0}.$$

结果表明,点电荷在球心时,通过任意球面的电通量都等于$\dfrac{q}{\varepsilon_0}$,与球面半径 r 的大小无关.

若包围点电荷的任意闭合曲面不为球面,如图 6-15(a) 所示,作任意闭合曲面 S',S' 与球面 S 包围同一点电荷. 根据式(6-15)计算通过闭合曲面 S' 的电通量,有

$$\Phi_e=\oint_S \boldsymbol{E}\cdot d\boldsymbol{S}'=\oint_S E\cos\theta dS'=\oint_S \frac{q}{4\pi\varepsilon_0 r^2}\cos\theta dS'.$$

上述积分可利用立体角相关知识求解,过程相对复杂. 下面通过电场线的性质来求解.

根据电通量的定义,通过闭合曲面的电通量等于通过该曲面的电场线条数. 由于电场线不会在没有电荷的地方中断,因此,只要 S 和 S' 之间没有其他电荷,通过 S 和 S' 的电通量必然相等,即通过包围点电荷的任意闭合曲面的电通量均为

$$\Phi_e=\oint_S \boldsymbol{E}\cdot d\boldsymbol{S}'=\frac{q}{\varepsilon_0}.$$

在闭合曲面内部,当 $q>0$ 时,$\Phi_e>0$,这表示电场线从闭合曲面内向外穿出,或者说电场线从正电荷发出;当 $q<0$ 时,$\Phi_e<0$,这表示电场线从外面穿入闭合曲面,或者说电场线止于负电荷.

如图 6-15(b) 所示,点电荷在闭合曲面 S'' 外,在 S'' 内没有其他电荷,由于电场线的连续性,有几条电场线穿入闭合曲面,必有几条电场线从闭合曲面内穿出,因此当点电荷在闭合曲面外时,通过该闭合曲面的电通量的代数和为零. 也就是说,在闭合曲面之外的电荷对通过该闭合曲面的电通量没有贡献,即

$$\Phi_e=\oint_S \boldsymbol{E}\cdot d\boldsymbol{S}''=0\quad(\text{闭合曲面内不含净电荷}).$$

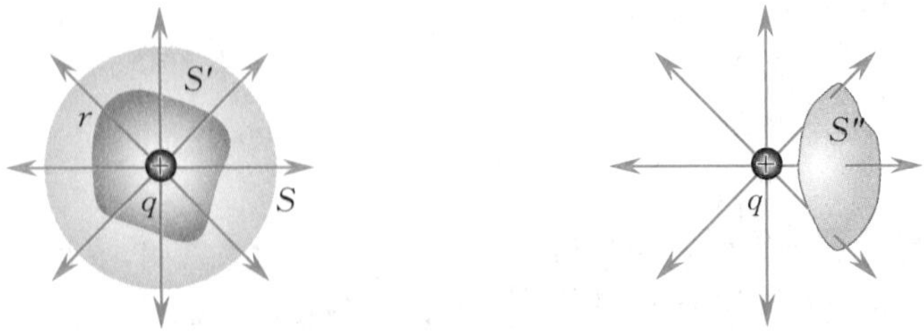

(a) 点电荷在闭合曲面内　　(b) 点电荷在闭合曲面外

图 6-15 通过任意闭合曲面的电通量

2. 点电荷系对闭合曲面的电通量

若场源电荷是由许多点电荷组成的点电荷系,闭合曲面 S 内包围了 n 个点电荷,曲面外有 m

个点电荷，则由电场强度叠加原理，穿过闭合曲面 S 的总电通量为

$$\begin{aligned}\Phi_{\mathrm{e}} &= \oint_S \boldsymbol{E} \cdot \mathrm{d}\boldsymbol{S} = \oint_S \left(\sum_{i=1}^{n} \boldsymbol{E}_i^{\mathrm{in}} + \sum_{j=1}^{m} \boldsymbol{E}_j^{\mathrm{ex}} \right) \cdot \mathrm{d}\boldsymbol{S} \\ &= \sum_{i=1}^{n} \oint_S \boldsymbol{E}_i^{\mathrm{in}} \cdot \mathrm{d}\boldsymbol{S} + \sum_{j=1}^{m} \oint_S \boldsymbol{E}_j^{\mathrm{ex}} \cdot \mathrm{d}\boldsymbol{S},\end{aligned}$$

式中 $\boldsymbol{E}_i^{\mathrm{in}}$ 为闭合曲面 S 内任一点电荷在面积元 $\mathrm{d}S$ 处产生的电场强度，$\boldsymbol{E}_j^{\mathrm{ex}}$ 为闭合曲面 S 外任一点电荷在同一面积元 $\mathrm{d}S$ 处产生的电场强度. 由上面的讨论可知，当点电荷在闭合曲面外时，电通量为零，所以通过闭合曲面的电通量仅与此闭合曲面内的电荷有关. 于是有

$$\Phi_{\mathrm{e}} = \oint_S \boldsymbol{E} \cdot \mathrm{d}\boldsymbol{S} = \frac{1}{\varepsilon_0} \sum q_{\mathrm{in}}, \tag{6-16}$$

式中 $\sum q_{\mathrm{in}}$ 为闭合曲面 S 内包围的电荷的代数和.

高斯

式(6-16)表明，真空静电场中，穿过任意闭合曲面的电通量等于该闭合曲面所包围的所有电荷的代数和除以 ε_0. 这就是真空中静电场的高斯[①]定理. 在高斯定理中，选取的闭合曲面称为高斯面.

对高斯定理的理解应该注意以下几点：

(1) 通过闭合曲面的电通量只与闭合曲面内的电荷代数和有关，而与闭合曲面外的电荷无关.

(2) 高斯定理数学表达式(6-16)中，等式左边的电场强度 $\boldsymbol{E}$ 是闭合曲面上 $\mathrm{d}S$ 处的电场强度，闭合曲面上任意一点的电场强度是由闭合曲面内、外全部电荷共同产生的.

(3) 高斯定理是在库仑定律的基础上得到的，但前者适用于静电场和随时间变化的场，而后者只适用于真空中的静电场. 高斯定理反映了静电场是有源场，始于正电荷，止于负电荷. 高斯定理是电磁理论的基本方程之一.

例 6-7

地球周围的大气犹如一部大电机，由于雷雨云和大气气流的作用，在晴天区域，大气电离层总是带有大量的正电荷，云层下地球表面必然带有负电荷. 晴天时大气电场平均电场强度约为 120 V/m，方向指向地面. 试求地球表面单位面积所带的电荷(以每平方厘米的电子数表示).

解　地球表面的电场强度指向地球球心，在大气层临近地球表面处取与地球同心的球面 S 为高斯面，其半径为 $R \approx R_{\mathrm{E}}$(R_{E} 为地球平均半径). 由高斯定理可得

$$\oint_S \boldsymbol{E} \cdot \mathrm{d}\boldsymbol{S} = -E \cdot 4\pi R_{\mathrm{E}}^2 = \frac{1}{\varepsilon_0} \sum q.$$

地球表面的面电荷密度为

$$\begin{aligned}\sigma &= \frac{\sum q}{4\pi R_{\mathrm{E}}^2} = -\varepsilon_0 E \\ &= -1.06 \times 10^{-9}\ \mathrm{C/m^2},\end{aligned}$$

因此单位面积电子数为

$$\begin{aligned}n &= \frac{\sigma}{-e} = 6.63 \times 10^{9}\ \mathrm{m^{-2}} \\ &= 6.63 \times 10^{5}\ \mathrm{cm^{-2}}.\end{aligned}$$

① 高斯，德国数学家、天文学家、物理学家、大地测量学家，与韦伯制成了第一台有线电报机并建立了地磁观测台，高斯还创立了电磁量的绝对单位制.

四、高斯定理的应用

高斯定理的数学表达式是一个积分方程,一般情况下,由此方程得出的电场强度 $\boldsymbol{E}$ 的解析过程困难而又复杂.但当电场具有某种对称性分布时,可根据对称性选择适当的高斯面,利用高斯定理求电场强度分布.

例 6-8

设一半径为 R 的均匀带电球面的带电量为 q,求球面内、外任意点处的电场强度.

解　由于电荷均匀分布在球面上,电荷分布具有球对称性,因此可以判断电场分布也具有球对称性,即在任意与带电球面同心的球面上各点处的电场强度的大小均相等,方向为径向.

(1) 球面内任意一点处的电场强度.

设球面内任意一点 P 到球心的距离为 r,取以球心为中心、r 为半径的闭合球面 S 为高斯面,如图 6-16(a) 所示.由于高斯面上各点处的电场强度的大小相等,方向又与各处面积元 $\mathrm{d}S$ 的法线方向一致,因此通过高斯面 S 的总电通量为

$$\oint_S \boldsymbol{E}\cdot \mathrm{d}\boldsymbol{S}=\oint_S E\mathrm{d}S=E\oint_S \mathrm{d}S=E\cdot 4\pi r^2.$$

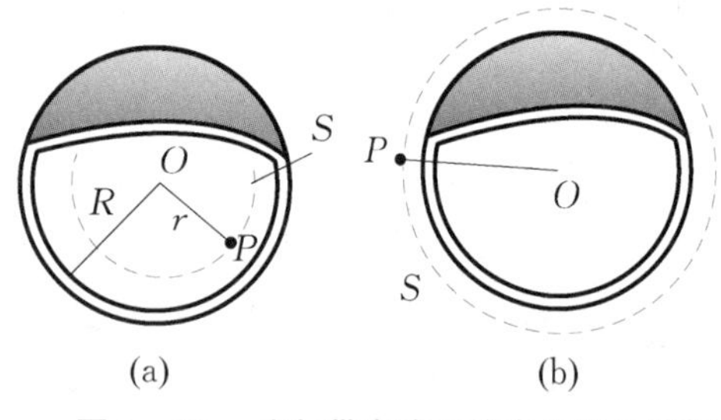

图 6-16　均匀带电球面的电场强度计算

由于此高斯面内没有电荷,即 $\sum q_{\mathrm{in}}=0$,由高斯定理可得

$$E\cdot 4\pi r^2=\frac{q}{\varepsilon_0}=0,$$

则 P 点处的电场强度为

$$E=0\quad (r<R),$$

即均匀带电球面内部的电场强度处处为零.

(2) 球面外任意一点处的电场强度.

如图 6-16(b) 所示,以球心到球面外 P 点的距离 $r(r>R)$ 为半径作一球面,以此球面为高斯面.通过它的电通量为 $E\cdot 4\pi r^2$,此高斯面包围的电荷为

$$\sum q_{\mathrm{in}}=q.$$

根据高斯定理,有

$$E\cdot 4\pi r^2=\frac{q}{\varepsilon_0},$$

则 P 点处的电场强度的大小为

$$E=\frac{1}{4\pi\varepsilon_0}\frac{q}{r^2}\quad (r>R),$$

即均匀带电球面外一点处的电场强度相当于全部电荷集中于球心的点电荷在该点处激发的电场强度.当 $q>0$ 时,电场强度 $\boldsymbol{E}$ 的方向沿径向向外;当 $q<0$ 时,电场强度 $\boldsymbol{E}$ 的方向沿径向由外指向球心 O.电场强度随距离变化的 $E-r$ 曲线如图 6-17 所示.

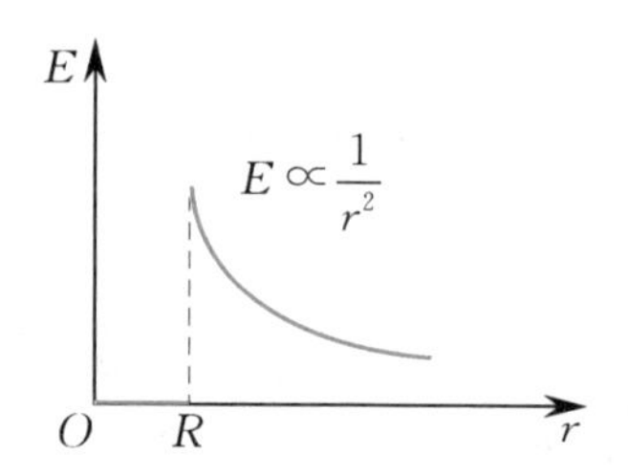

图 6-17　均匀带电球面的电场强度分布

例 6-9

设一半径为 R 的均匀带电球体的带电量为 q,求球体内、外任意点处的电场强度.

解　由于电荷分布具有球对称性,因此电场分布也具有球对称性,在以 O 为球心的任意球面上各点处的电场强度 $\boldsymbol{E}$ 的大小均相等.

(1) 球体内任意一点处的电场强度.

设球体内任意一点 P_1 到球心的距离为 r_1,取以球心 O 为中心、r_1 为半径的闭合球面

S_1 为高斯面，如图 6-18 所示. 在高斯面上任取面积元 $\mathrm{d}S$，$\boldsymbol{E}$ 与 $\mathrm{d}S$ 的法线方向相同，且 S_1 上各点处 $\boldsymbol{E}$ 的大小相等，由高斯定理可得

$$\oint_{S_1}\boldsymbol{E}\cdot\mathrm{d}\boldsymbol{S}=\oint_{S_1}E\mathrm{d}S=E\oint_{S_1}\mathrm{d}S=E\cdot 4\pi r_1^2.$$

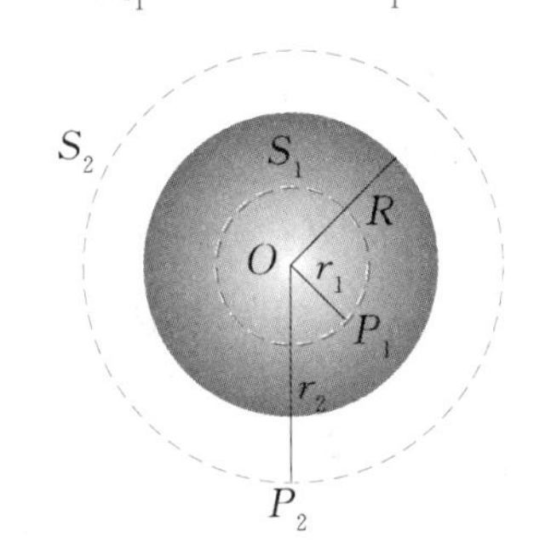

图 6-18　均匀带电球体的电场强度计算

由于电荷在球体内均匀分布，体电荷密度为

$$\rho=\frac{q}{\frac{4}{3}\pi R^3},$$

因此高斯面 S_1 包围的电荷为

$$\sum_{S_1}q_{\text{in}}=\rho V=\rho\cdot\frac{4}{3}\pi r_1^3=\frac{q}{R^3}r_1^3.$$

于是有

$$E\cdot 4\pi r_1^2=\frac{1}{\varepsilon_0}\frac{q}{R^3}r_1^3,$$

因此 P_1 点处的电场强度的大小为

$$E=\frac{q}{4\pi\varepsilon_0 R^3}r_1.$$

当 $q>0$ 时，$\boldsymbol{E}$ 沿径向向外；当 $q<0$ 时，$\boldsymbol{E}$ 沿径向由外指向球心 O. 均匀带电球体内任意点处的电场强度的大小与该点到球心的距离成正比.

(2) 球体外任意一点处的电场强度.

设球体外任意一点 P_2 到球心的距离为 r_2，取以球心为中心、r_2 为半径的闭合球面 S_2 为高斯面. 由高斯定理可得

$$\oint_{S_2}\boldsymbol{E}\cdot\mathrm{d}\boldsymbol{S}=\frac{1}{\varepsilon_0}\sum_{S_2}q_{\text{in}}.$$

带电球体的电荷全部在高斯面 S_2 内，因此有

$$E\cdot 4\pi r_2^2=\frac{1}{\varepsilon_0}q,$$

则 P_2 点处的电场强度的大小为

$$E=\frac{q}{4\pi\varepsilon_0 r_2^2}.$$

当 $q>0$ 时，$\boldsymbol{E}$ 沿径向向外；当 $q<0$ 时，$\boldsymbol{E}$ 沿径向由外指向球心 O. 均匀带电球体外任意一点处的电场强度与电荷全部集中在球心处的点电荷产生的电场强度相同.

均匀带电球体的电场强度分布为

$$E=\begin{cases}\dfrac{1}{4\pi\varepsilon_0}\dfrac{rq}{R^3} & (r<R),\\[2ex] \dfrac{1}{4\pi\varepsilon_0}\dfrac{q}{r^2} & (r\geqslant R),\end{cases}$$

式中 r 为场点到球心的距离. 根据上述结果，可画出电场强度随距离变化的 $E-r$ 曲线，如图 6-19 所示.

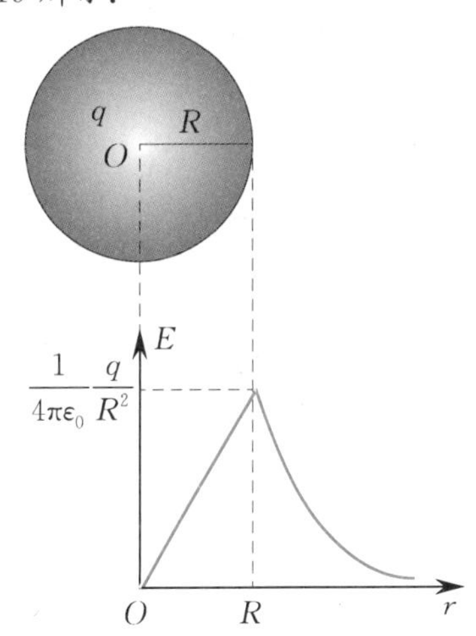

图 6-19　均匀带电球体的电场强度分布

例 6-10

无限长均匀带电圆柱面的半径为 R，面电荷密度为 σ，求圆柱面内、外任意一点处的电场强度.

解　由于无限长均匀带电圆柱面的电荷分布具有轴对称性，可以判断其电场分布也具有轴对称性，即距圆柱面轴线等距离的各点处的电场强度的大小相等，方向沿径向向外.

(1) 带电圆柱面内任意一点处的电场强度.

如图 6-20 所示，设圆柱面内任意一点 P_1 到轴线的距离为 r_1，取以圆柱面轴线为轴、r_1

为半径、h 为高的圆柱面(过 P_1 点)为高斯面,上底为 S_1,下底为 S_2,侧面为 S_3. 通过高斯面的电通量为

$$\oint_S \boldsymbol{E}\cdot \mathrm{d}\boldsymbol{S}=\int_{S_1}\boldsymbol{E}\cdot \mathrm{d}\boldsymbol{S}+\int_{S_2}\boldsymbol{E}\cdot \mathrm{d}\boldsymbol{S}+\int_{S_3}\boldsymbol{E}\cdot \mathrm{d}\boldsymbol{S}.$$

由于在 S_1,S_2 上各面积元 $\mathrm{d}S$ 的法线都垂直于 $\boldsymbol{E}$,因此前两项积分为零,在 S_3 上各面积元 $\mathrm{d}S$ 的法线与 $\boldsymbol{E}$ 同向,且各点处 $\boldsymbol{E}$ 的大小相等,因此

$$\oint_S \boldsymbol{E}\cdot \mathrm{d}\boldsymbol{S}=\int_{S_3}E\mathrm{d}S=E\cdot 2\pi r_1 h.$$

高斯面内没有电荷,即 $\sum q_{\text{in}}=0$,由高斯定理可得

$$E\cdot 2\pi r_1 h=0,$$

故 P_1 点处的电场强度为

$$E=0.$$

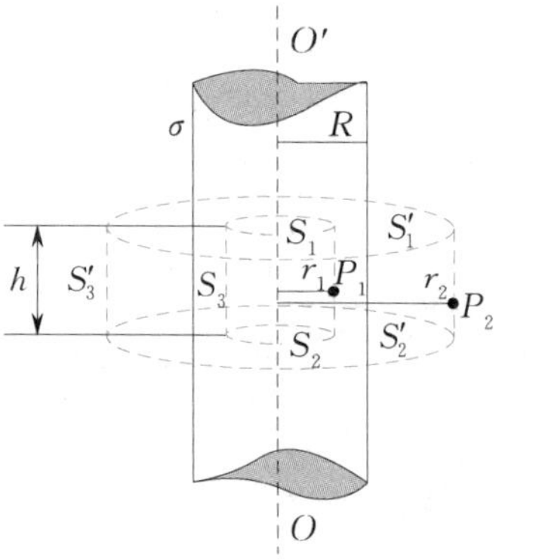

图 6-20 均匀带电圆柱面的电场强度计算

上式表明,无限长均匀带电圆柱面内部的任意一点处的电场强度均为零.

(2) 带电圆柱面外任意一点处的电场强度.

设圆柱面外任意一点 P_2 到轴线的距离为 r_2,取以圆柱面轴线为轴、r_2 为半径、h 为高的圆柱面(过 P_2 点)为高斯面,上底为 S_1',下底为 S_2',侧面为 S_3'. 高斯面包围的电荷为

$$\sum q_{\text{in}}=\sigma\cdot 2\pi Rh,$$

由高斯定理可得

$$E\cdot 2\pi r_2 h=\frac{1}{\varepsilon_0}\cdot\sigma\cdot 2\pi Rh,$$

于是 P_2 点处的电场强度的大小为

$$E=\frac{\sigma R}{\varepsilon_0 r_2},$$

当 $\sigma>0$ 时,$\boldsymbol{E}$ 的方向垂直于轴线向外;当 $\sigma<0$ 时,$\boldsymbol{E}$ 的方向与轴线垂直并指向轴线.

如果令 λ 为圆柱面沿轴线方向单位长度的带电量,则 $\lambda=2\pi R\sigma$,于是上式可化为

$$E=\frac{\lambda}{2\pi\varepsilon_0 r}.$$

由此可见,无限长均匀带电圆柱面外的电场强度与将所带电荷全部集中在轴线上的均匀带电直线所产生的电场强度相同.

例 6-11

无限大均匀带电平面的面电荷密度为 σ,求平面外任意一点处的电场强度.

解 无限大均匀带电平面可看成由无限多根无限长均匀带电直线排列而成,根据电荷分布的对称性可知,距离带电平面相等的各点处的电场强度的大小相等,方向均垂直于带电平面.

设带电平面外任意一点 P 与带电平面的距离为 r,根据电场的对称性选取一轴线垂直于带电平面的圆柱面为高斯面 S,两个底面到带电平面的距离相等,而 P 点位于它的一个底面上. 圆柱面的底面积为 ΔS,高为 $2r$,如图 6-21 所示. 通过此闭合圆柱面的电通量为

$$\oint_S \boldsymbol{E}\cdot \mathrm{d}\boldsymbol{S}=\int_{\text{右底}}\boldsymbol{E}\cdot \mathrm{d}\boldsymbol{S}+\int_{\text{左底}}\boldsymbol{E}\cdot \mathrm{d}\boldsymbol{S}+\int_{\text{侧面}}\boldsymbol{E}\cdot \mathrm{d}\boldsymbol{S}=E\Delta S+E\Delta S+0=2E\Delta S.$$

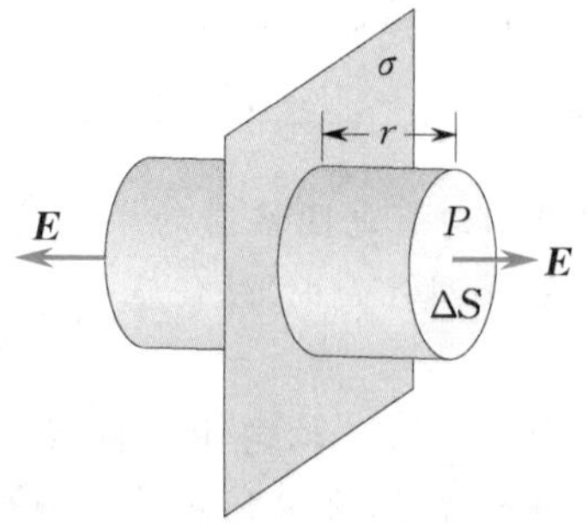

图 6-21 无限大均匀带电平面的电场强度计算

由于高斯面 S 在带电平面上截出的面积为 ΔS，因此 S 包围的电荷为

$$\sum q_{\text{in}} = \sigma\Delta S.$$

由高斯定理可得

$$2E\Delta S = \frac{1}{\varepsilon_0}\sigma\Delta S,$$

即 P 点处的电场强度的大小为

$$E = \frac{\sigma}{2\varepsilon_0}, \tag{6-17}$$

当 $\sigma > 0$ 时，$\boldsymbol{E}$ 的方向垂直于带电平面向外；当 $\sigma < 0$ 时，$\boldsymbol{E}$ 的方向与带电平面垂直并指向带电平面.

利用式(6-17)，可求得两个无限大均匀带电平行平面之间的电场强度分布. 以两个带等量异号电荷的无限大均匀带电平行平面 A，B 为例，其面电荷密度分别为 $+\sigma$ 和 $-\sigma$，如图 6-22 所示. 利用例 6-11 的结果和电场强度叠加原理求各区域的电场强度. 设 A，B 两带电平面单独在各区域产生的电场强度分别为 $\boldsymbol{E}_{\text{A}}$ 和 $\boldsymbol{E}_{\text{B}}$，方向如图 6-22 所示. 根据式(6-17)，$\boldsymbol{E}_{\text{A}}$ 和 $\boldsymbol{E}_{\text{B}}$ 的大小均为

$$E_{\text{A}} = E_{\text{B}} = \frac{\sigma}{2\varepsilon_0}.$$

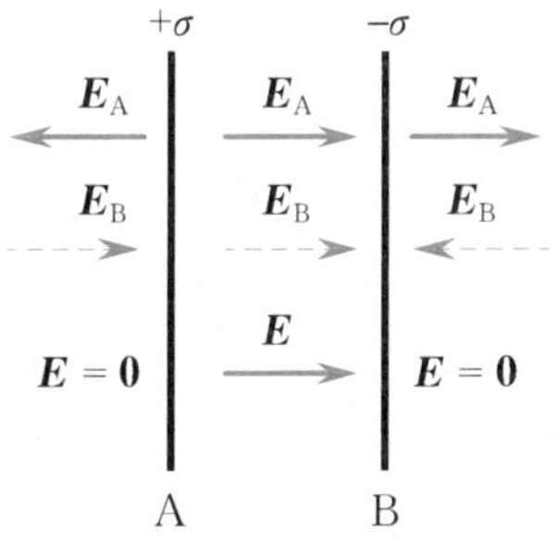

由电场强度叠加原理可得，两带电平行平面之间的电场强度 $\boldsymbol{E}$ 的大小为

$$E = E_{\text{A}} + E_{\text{B}} = \frac{\sigma}{2\varepsilon_0} + \frac{\sigma}{2\varepsilon_0} = \frac{\sigma}{\varepsilon_0},$$

方向由带正电的平面指向带负电的平面.

两平行平面之外的电场强度为

$$E = E_{\text{A}} - E_{\text{B}} = 0.$$

图 6-22　两个无限大均匀带电平行平面的电场强度计算

从上述结果可以看出，两个带等量异号电荷的无限大均匀带电平面之间是均匀电场，两平面外侧的电场强度等于零.

例 6-12

设在半径为 R 的球体内，其电荷分布具有球对称性，体电荷密度为

$$\rho = \begin{cases} kr & (0 \leqslant r \leqslant R), \\ 0 & (r > R), \end{cases}$$

式中 k 为一常量，r 为空间某点到球心的距离. 试分别用高斯定理和电场强度叠加原理求电场强度 E 与 r 的函数关系.

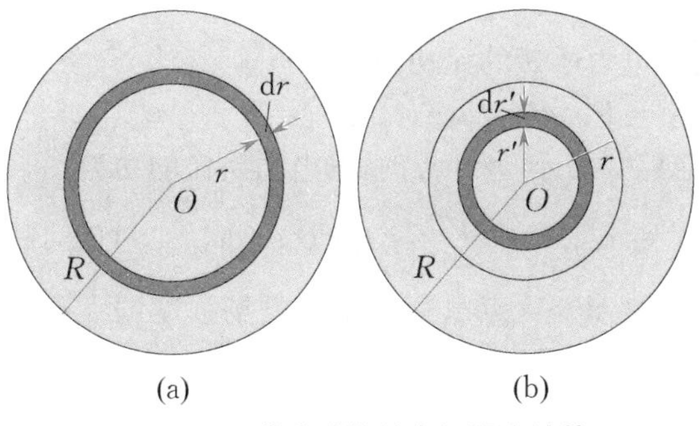

图 6-23　带电球体的电场强度计算

解　利用高斯定理求球体内、外的电场强度分布. 由题意可知，球体电荷分布具有球对称性，因而电场分布也具有球对称性. 选择与带电球体同心的半径为 r 的球面为高斯面 S，在球面上各点处的电场强度的大小相等，且方向垂直于球面，因此通过球面的电通量为

$$\oint_S \boldsymbol{E} \cdot \mathrm{d}\boldsymbol{S} = E \cdot 4\pi r^2.$$

高斯面内半径为 r、厚度为 $\mathrm{d}r$ 的薄球壳(见图 6-23(a))的带电量为

$$\mathrm{d}q = \rho \mathrm{d}V = kr \cdot 4\pi r^2 \mathrm{d}r.$$

根据高斯定理，当 $0 \leqslant r \leqslant R$ 时，

$$E \cdot 4\pi r^2 = \frac{1}{\varepsilon_0}\int_0^r kr \cdot 4\pi r^2 \mathrm{d}r = \frac{\pi k}{\varepsilon_0} r^4,$$

故

$$E = \frac{kr^2}{4\varepsilon_0}.$$

当 $r > R$ 时，

$$E \cdot 4\pi r^2 = \frac{1}{\varepsilon_0}\int_0^R kr \cdot 4\pi r^2 \mathrm{d}r = \frac{\pi k}{\varepsilon_0}R^4,$$

故

$$E = \frac{kR^4}{4\varepsilon_0 r^2}.$$

利用电场强度叠加原理求球体内、外的电场强度分布. 将带电球体分割成无数个同心带电球壳(见图 6-23(b)),半径为 r'、厚度为 $\mathrm{d}r'$ 的带电球壳的带电量为

$$\mathrm{d}q = \rho \cdot 4\pi r'^2 \mathrm{d}r',$$

每个带电球壳在壳内激发的电场强度为零,而在球壳外激发的电场强度的大小为

$$\mathrm{d}E = \frac{\mathrm{d}q}{4\pi\varepsilon_0 r^2}.$$

对上式两边进行积分,可得球体内距球心 $r(0 \leqslant r \leqslant R)$ 处的电场强度的大小为

$$E = \int_0^r \frac{1}{4\pi\varepsilon_0}\frac{kr' \cdot 4\pi r'^2 \mathrm{d}r'}{r^2} = \frac{kr^2}{4\varepsilon_0};$$

球体外距球心 $r(r > R)$ 处的电场强度的大小为

$$E = \int_0^R \frac{1}{4\pi\varepsilon_0}\frac{kr' \cdot 4\pi r'^2 \mathrm{d}r'}{r^2} = \frac{kR^4}{4\varepsilon_0 r^2}.$$

从以上几个例题可以看出,在应用高斯定理求解电场强度时,带电体必须具有一定的对称性,使得高斯面上的电场分布是对称的,或者是均匀的,只有在这种情况下,才能用高斯定理简便地求得电场强度. 利用高斯定理求解电场强度通常包含两步:① 根据电荷分布的对称性分析电场分布的对称性;② 应用高斯定理计算电场强度的数值. 解题的关键在于选取合适的高斯面,以便使积分 $\oint_S \boldsymbol{E} \cdot \mathrm{d}\boldsymbol{S}$ 中要求的 $\boldsymbol{E}$ 能以标量的形式从积分号内提取出来.

6.5 静电场的环路定理

万有引力定律与库仑定律在数学形式上相同,两种力都是通过场进行作用的. 在经典力学中,我们曾论证了万有引力对质点做功只与质点的始、末位置有关,而与路径无关这一重要特性,并由此而引入相应的势能概念. 那么,静电场中的静电力做功的情况是怎样的呢?

一、静电力所做的功

当电荷在静电场中移动时,静电力会对它做功. 设带电量为 q 的点电荷静止不动,将一带电量为 q_0 的检验电荷放在点电荷产生的电场中,检验电荷从 A 点沿任意路径到达 B 点,如图 6-24 所示.

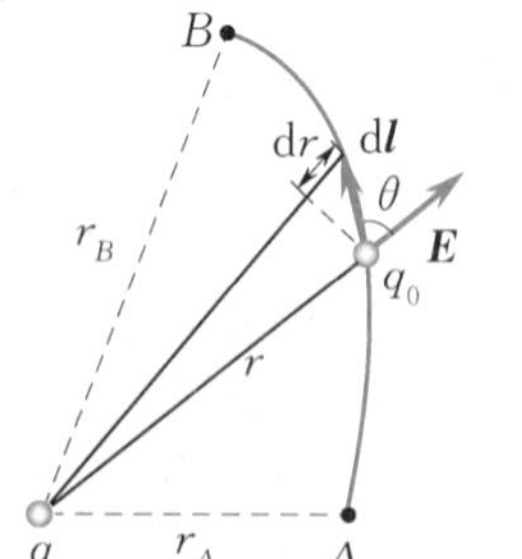

图 6-24 静电力所做的功

在路径中的任意点处,检验电荷所受静电力为

$$\boldsymbol{F} = q_0\boldsymbol{E}.$$

若检验电荷移动了 $\mathrm{d}\boldsymbol{l}$,则静电力所做的元功为

$$\mathrm{d}W = \boldsymbol{F} \cdot \mathrm{d}\boldsymbol{l} = q_0\boldsymbol{E} \cdot \mathrm{d}\boldsymbol{l}.$$

当检验电荷从 A 点沿任意路径 L 到达 B 点时,静电力所做的功为

$$W = \int_{L_{AB}} \mathrm{d}W = q_0\int_A^B \boldsymbol{E} \cdot \mathrm{d}\boldsymbol{l} = q_0\int_A^B E\cos\theta \mathrm{d}l, \tag{6-18}$$

式中 θ 为电场强度 $\boldsymbol{E}$ 与 $\mathrm{d}\boldsymbol{l}$ 的夹角,由图可知 $\cos\theta \mathrm{d}l = \mathrm{d}r$,且点电荷产生的电场强度的大小为 $E = \frac{q}{4\pi\varepsilon_0 r^2}$. 将这两个式子代入式(6-18),可得

$$W = \int_A^B \frac{qq_0}{4\pi\varepsilon_0}\frac{\mathrm{d}r}{r^2} = \frac{qq_0}{4\pi\varepsilon_0}\left(\frac{1}{r_A} - \frac{1}{r_B}\right), \tag{6-19}$$

式中 r_A 和 r_B 分别表示从点电荷到路径的起点和终点的距离. 式(6－19)表明,在点电荷的电场中,检验电荷沿任意路径移动时,静电力所做的功只与检验电荷的始、末位置以及它的电量 q_0 有关,而与所经历的路径无关.

任意带电体都可看成由许多点电荷组成的点电荷系,由电场强度叠加原理可知,点电荷系的电场强度 $\boldsymbol{E}$ 为各点电荷电场强度的叠加,即 $\boldsymbol{E}=\boldsymbol{E}_1+\boldsymbol{E}_2+\cdots$. 当检验电荷在电场中沿任意路径从 A 点移动到 B 点时,静电力对检验电荷所做的功为各个场源点电荷单独存在时对检验电荷做功的代数和,即

$$\begin{aligned} W &= q_0\int_A^B \boldsymbol{E}\cdot \mathrm{d}\boldsymbol{l} = q_0\int_A^B (\boldsymbol{E}_1+\boldsymbol{E}_2+\cdots)\cdot \mathrm{d}\boldsymbol{l} \\ &= q_0\int_A^B \boldsymbol{E}_1\cdot \mathrm{d}\boldsymbol{l} + q_0\int_A^B \boldsymbol{E}_2\cdot \mathrm{d}\boldsymbol{l}+\cdots. \end{aligned}$$

上式右边的每一项都与路径无关,所以它们的代数和也必然与路径无关. 由此可得出结论:检验电荷在任意静电场中移动时,静电力所做的功仅与检验电荷的电量大小及始、末位置有关,而与所经历的路径无关. 显然,静电力是保守力,因而静电场是保守场.

二、静电场的环路定理

在静电场中,将检验电荷沿闭合路径 L 移动一周时,静电力所做的功可表示为

$$W=\oint_L q_0\boldsymbol{E}\cdot \mathrm{d}\boldsymbol{l} = q_0\oint_L \boldsymbol{E}\cdot \mathrm{d}\boldsymbol{l}.$$

由于静电力做功与路径无关,只与检验电荷的始、末位置有关,因此静电力所做的功为零. 下面证明这一结论.

如图 6－25 所示,设带电量为 q_0 的检验电荷在静电场中运动,经过的闭合路径为 $ACBFA$,静电力所做的功为

$$q_0\oint_{ACBFA}\boldsymbol{E}\cdot \mathrm{d}\boldsymbol{l} = q_0\int_{ACB}\boldsymbol{E}\cdot \mathrm{d}\boldsymbol{l} + q_0\int_{BFA}\boldsymbol{E}\cdot \mathrm{d}\boldsymbol{l}.$$

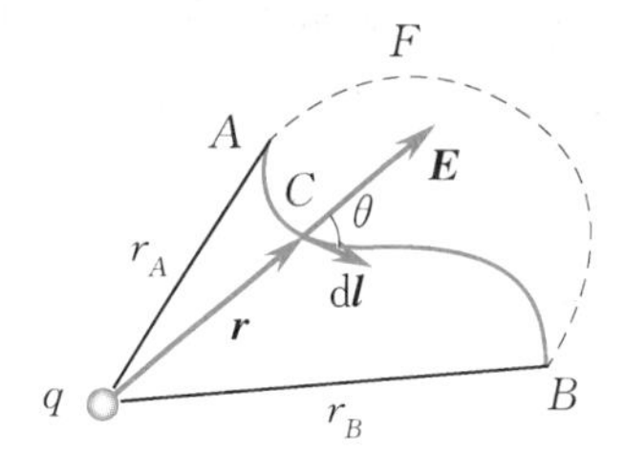

图 6－25　静电场的环流

由于

$$\int_{BFA}\boldsymbol{E}\cdot \mathrm{d}\boldsymbol{l} = -\int_{AFB}\boldsymbol{E}\cdot \mathrm{d}\boldsymbol{l},$$

且静电力做功与路径无关,即

$$q_0\int_{AFB}\boldsymbol{E}\cdot \mathrm{d}\boldsymbol{l} = q_0\int_{ACB}\boldsymbol{E}\cdot \mathrm{d}\boldsymbol{l},$$

因此

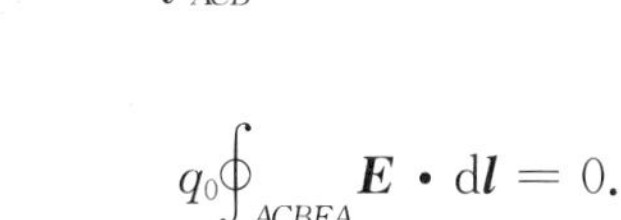

$$q_0\oint_{ACBFA}\boldsymbol{E}\cdot \mathrm{d}\boldsymbol{l} = 0.$$

又因为 q_0 不等于零,所以

$$\oint_{ACBFA}\boldsymbol{E}\cdot \mathrm{d}\boldsymbol{l} = 0. \tag{6-20}$$

这是静电力做功与路径无关的必然结果. $\oint_L \boldsymbol{E}\cdot \mathrm{d}\boldsymbol{l}$ 是静电场中电场强度 $\boldsymbol{E}$ 沿闭合路径 L 的线积分,称为电场强度 $\boldsymbol{E}$ 的环流. 式(6－20)表明,在静电场中,电场强度沿任意闭合路径的线积分等于零,这就是静电场的环路定理. 它与高斯定理一样,也是表征静电场性质的一个重要定理.

三、电势能

在力学中,由于重力、弹性力这一类保守力做功具有与路径无关的特点,我们引入了重力势能和弹性势能.静电场也是保守场,可引入电势能的概念,即检验电荷在静电场中某一位置具有一定的能量,此能量称为电势能.带电量为 q_0 的检验电荷在静电场中从 A 点移动到 B 点时,静电力对它所做的功等于相应电势能增量的负值,即

$$W=\int_A^B q_0\boldsymbol{E}\cdot\mathrm{d}\boldsymbol{l}=-(E_{pB}-E_{pA})=E_{pA}-E_{pB}, \tag{6-21}$$

式中 E_{pA} 和 E_{pB} 分别为检验电荷在静电场中的 A 点和 B 点时具有的电势能.当静电力做正功时,$W>0$,即 $E_{pA}>E_{pB}$,系统电势能减少;当静电力做负功时,$W<0$,即 $E_{pA}<E_{pB}$,系统电势能增加.

与其他形式的势能一样,电势能是属于系统的,其实质是检验电荷与静电场之间的相互作用能.电势能的量值只具有相对意义,检验电荷在某一点处具有的电势能与电势零点位置的选取有关.当场源电荷局限在有限大小的空间时,通常选取无穷远处为电势零点,假设 B 点在无穷远处,即 $E_{pB}=E_{p\infty}=0$.由式(6-21)可知,此时检验电荷在 A 点时具有的电势能为

$$E_{pA}=\int_A^\infty q_0\boldsymbol{E}\cdot\mathrm{d}\boldsymbol{l}, \tag{6-22}$$

即检验电荷在静电场中的 A 点时具有的电势能,数值上等于将检验电荷从 A 点沿任意路径移动到电势零点时静电力所做的功.

例 6-13

如图 6-26 所示,计算点电荷在场源电荷的静电场中的 a 点和 b 点时具有的电势能.已知点电荷的带电量为 q,场源电荷的带电量为 Q.

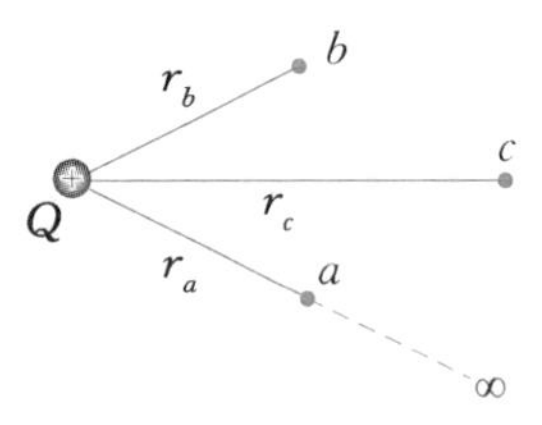

图 6-26 点电荷在电场中的电势能

解 本题场源电荷分布有限,取无穷远处为电势零点,则点电荷在 a 点时具有的电势能为

$$E_{pa}=\int_a^\infty q\boldsymbol{E}\cdot\mathrm{d}\boldsymbol{l}=q\int_{r_a}^\infty \frac{Q}{4\pi\varepsilon_0 r^2}\mathrm{d}r=\frac{qQ}{4\pi\varepsilon_0 r_a}.$$

同理,点电荷在 b 点时具有的电势能为

$$E_{pb}=\int_b^\infty q\boldsymbol{E}\cdot\mathrm{d}\boldsymbol{l}=q\int_{r_b}^\infty \frac{Q}{4\pi\varepsilon_0 r^2}\mathrm{d}r=\frac{qQ}{4\pi\varepsilon_0 r_b}.$$

电势零点的位置也可根据研究问题的方便任意选取.本例中若选取图中 c 点为电势零点,则

$$E_{pa}=\int_a^c q\boldsymbol{E}\cdot\mathrm{d}\boldsymbol{l}=q\int_{r_a}^{r_c} \frac{Q}{4\pi\varepsilon_0 r^2}\mathrm{d}r=\frac{qQ}{4\pi\varepsilon_0}\left(\frac{1}{r_a}-\frac{1}{r_c}\right),$$

$$E_{pb}=\int_b^c q\boldsymbol{E}\cdot\mathrm{d}\boldsymbol{l}=q\int_{r_b}^{r_c} \frac{Q}{4\pi\varepsilon_0 r^2}\mathrm{d}r=\frac{qQ}{4\pi\varepsilon_0}\left(\frac{1}{r_b}-\frac{1}{r_c}\right).$$

无论选取何处为电势零点,点电荷在 a,b 两点的电势能之差均为

$$E_{pa}-E_{pb}=\int_a^b q\boldsymbol{E}\cdot\mathrm{d}\boldsymbol{l}=\frac{qQ}{4\pi\varepsilon_0}\left(\frac{1}{r_a}-\frac{1}{r_b}\right).$$

以上计算结果表明,静电场中某一点处的电势能与电势零点的选取有关,而静电场中某两点电势能的差值与电势零点的选取无关.

6.6 电势

一、电势

电势是描述静电场的另一个重要物理量. 在式(6-22)中,检验电荷在静电场中的A点时具有的电势能E_{pA}不仅与电场性质及A点的位置有关,还与检验电荷的带电量q_0有关,但比值$\frac{E_{pA}}{q_0}$却与q_0无关,仅取决于A点处电场的性质和A点的位置,也就是说,比值$\frac{E_{pA}}{q_0}$描述了A点处电场的性质,称为A点的电势(或电位),用V_A表示,即

$$V_A=\frac{E_{pA}}{q_0}=\int_A^{\infty}\boldsymbol{E}\cdot\mathrm{d}\boldsymbol{l},\tag{6-23}$$

式中积分上限为"无穷远",表示选取无穷远处为电势零点. 若选择任意B点为电势零点,则式(6-23)可写为

$$V_A=\int_A^{B}\boldsymbol{E}\cdot\mathrm{d}\boldsymbol{l}.\tag{6-24}$$

式(6-23)表明,静电场中A点的电势,数值上等于单位正电荷在该点时具有的电势能或将单位正电荷从该点沿任意路径移动到电势零点时,静电力所做的功. 电势是标量,但有正负,在国际单位制中,电势的单位是伏[特](V).

必须指出,静电场中某点的电势只有相对的意义,要确定静电场中某点的电势,必须先选取电势零点. 电势零点的选取可以任意,但在同一问题中只能选取同一电势零点. 在理论分析或计算中,对电荷分布有限的带电体,通常选取无穷远处为电势零点,对"无限大"带电体,只能在场中选取一适当点作为电势零点. 当电势零点选定后,静电场中各点的电势也就由式(6-23)或式(6-24)唯一确定了.

静电场中任意两点A和B电势的差值V_A-V_B,称为A,B两点的电势差,也称为电压,用V_{AB}表示,即

$$V_{AB}=V_A-V_B=\int_A^{\infty}\boldsymbol{E}\cdot\mathrm{d}\boldsymbol{l}-\int_B^{\infty}\boldsymbol{E}\cdot\mathrm{d}\boldsymbol{l}=\int_A^{B}\boldsymbol{E}\cdot\mathrm{d}\boldsymbol{l}.\tag{6-25}$$

式(6-25)表明,静电场中A,B两点的电势差,等于将单位正电荷从A点沿任意路径移动到B点时静电力所做的功. 显然,若将带电量为q_0的电荷从静电场中的A点移动到B点,静电力所做的功为

$$W_{AB}=q_0(V_A-V_B)=q_0V_{AB}.\tag{6-26}$$

这是计算静电力做功的另一常用公式.

在许多工程实际问题中,常以大地(或电器的金属外壳)作为电势零点. 这样,任何导体接地后,就认为它的电势为零. 如果某点相对于大地的电势差为220 V,那么该点的电势就为220 V. 在电子仪器中,常取公共地线的电势为零,各点的电势等于它们与公共地线之间的电势差,如要判断仪器是否正常工作,只需测量这些电势差的数值.

二、电势的计算

1. 点电荷电场的电势

如图 6 - 27 所示，在带电量为 q 的点电荷的电场中，取无穷远处为电势零点，$\mathrm{d}\boldsymbol{l}$ 与 $\boldsymbol{r}$ 同向，利用点电荷的电场强度公式(6 - 4) 和电势定义式(6 - 23)，与点电荷相距 r 的 P 点的电势为

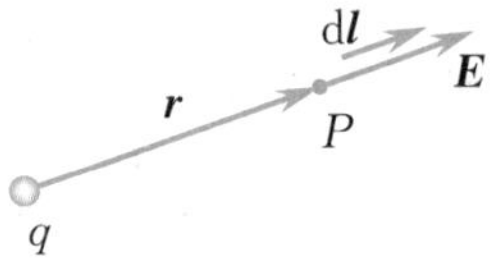

$$V_P=\int_r^{\infty}\boldsymbol{E}\cdot\mathrm{d}\boldsymbol{l}=\int_r^{\infty}\frac{1}{4\pi\varepsilon_0}\frac{q}{r^2}\mathrm{d}r=\frac{q}{4\pi\varepsilon_0 r},$$

即点电荷的电势为

$$V(r)=\frac{q}{4\pi\varepsilon_0 r}. \qquad (6-27)$$

图 6 - 27　点电荷电场的电势

式(6 - 27) 说明，点电荷电场中某点电势的值与点电荷电量 q 的正负以及场点到场源的距离 r 有关. 如果 $q>0$，电场中各点的电势为正值，随着 r 的增加而减小；如果 $q<0$，电场中各点的电势为负值，随着 r 的增加而增大，直到无穷远处电势为零.

2. 点电荷系电场的电势

真空中有一由带电量分别为 $q_1,q_2,\cdots,q_n$ 的点电荷组成的点电荷系，该点电荷系所激发的电场中某点的电势应如何计算呢?

对于点电荷系电场中某点的电场强度 $\boldsymbol{E}$，根据电场强度叠加原理，有

$$\boldsymbol{E}=\boldsymbol{E}_1+\boldsymbol{E}_2+\cdots+\boldsymbol{E}_n=\sum_{i=1}^{n}\boldsymbol{E}_i,$$

式中 $\boldsymbol{E}_1,\boldsymbol{E}_2,\cdots,\boldsymbol{E}_n$ 是带电量分别为 $q_1,q_2,\cdots,q_n$ 的点电荷在该点处产生的电场强度.

取无穷远处为电势零点，由电势的定义式(6 - 23)，可得电场中任意一点 P 的电势为

$$\begin{aligned}V_P&=\int_P^{\infty}\boldsymbol{E}\cdot\mathrm{d}\boldsymbol{l}=\int_P^{\infty}(\boldsymbol{E}_1+\boldsymbol{E}_2+\cdots+\boldsymbol{E}_n)\cdot\mathrm{d}\boldsymbol{l}\\&=\int_P^{\infty}\boldsymbol{E}_1\cdot\mathrm{d}\boldsymbol{l}+\int_P^{\infty}\boldsymbol{E}_2\cdot\mathrm{d}\boldsymbol{l}+\cdots+\int_P^{\infty}\boldsymbol{E}_n\cdot\mathrm{d}\boldsymbol{l}\\&=\frac{q_1}{4\pi\varepsilon_0 r_1}+\frac{q_2}{4\pi\varepsilon_0 r_2}+\cdots+\frac{q_n}{4\pi\varepsilon_0 r_n}=\frac{1}{4\pi\varepsilon_0}\sum_{i=1}^{n}\frac{q_i}{r_i},\end{aligned} \qquad (6-28)$$

式中 r_i 为点电荷 q_i 到 P 点的距离. 由此可见，在点电荷系的电场中，某点的电势等于每一个点电荷单独在该点产生的电势的代数和. 这就是静电场的电势叠加原理.

例 6 - 14

求电偶极子电场中任意一点的电势，已知电偶极子的电矩为 $\boldsymbol{p}=q\boldsymbol{l}$.

解　如图 6 - 28 所示，取无穷远处为电势零点，设 P 点为电偶极子电场中的任意一点，P 点离正、负点电荷的距离分别为 r_+ 和 r_-，离电偶极子中点 O 的距离为 r，则正、负点电荷在 P 点产生的电势分别为

$$V_+=\frac{q}{4\pi\varepsilon_0 r_+},\quad V_-=-\frac{q}{4\pi\varepsilon_0 r_-}.$$

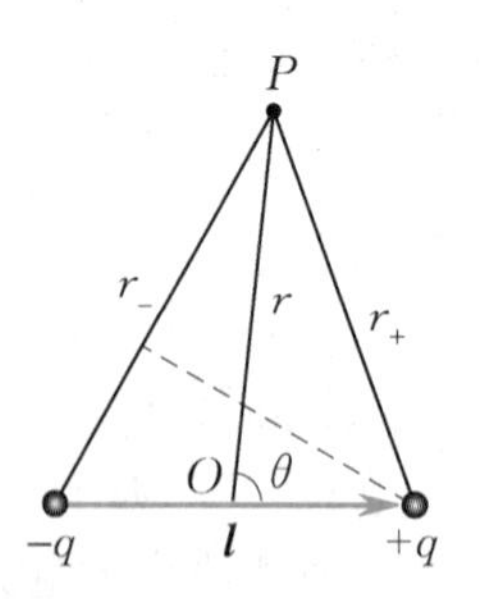

图 6 - 28　电偶极子电场的电势

根据电势叠加原理，P 点的电势为

$$V_P = V_+ + V_- = \frac{q}{4\pi\varepsilon_0 r_+} - \frac{q}{4\pi\varepsilon_0 r_-}$$

$$= \frac{q(r_- - r_+)}{4\pi\varepsilon_0 r_+ r_-}.$$

对于电偶极子来说，$r \gg l$，所以

$$r_+ r_- \approx r^2, \quad r_- - r_+ \approx l\cos\theta,$$

于是

$$V_P \approx \frac{ql\cos\theta}{4\pi\varepsilon_0 r^2} = \frac{p\cos\theta}{4\pi\varepsilon_0 r^2} = \frac{\boldsymbol{p}\cdot\boldsymbol{r}}{4\pi\varepsilon_0 r^3}.$$

计算结果表明，在电偶极子的电场中，远离电偶极子一点的电势与电矩 $\boldsymbol{p}$ 的大小成正比，与 $\boldsymbol{p}$ 和 $\boldsymbol{r}$ 之间夹角的余弦成正比，而与 r 的二次方成反比.

3. 连续分布电荷电场的电势

对于电荷连续分布的带电体，可把带电体看成由无限多个电荷元 $\mathrm{d}q$ 组成，每个电荷元 $\mathrm{d}q$ 在电场中某点产生的电势为

$$\mathrm{d}V = \frac{1}{4\pi\varepsilon_0}\frac{\mathrm{d}q}{r},$$

式中 r 为电荷元 $\mathrm{d}q$ 到该点的距离，整个带电体在该点产生的电势为

$$V = \int \mathrm{d}V = \int \frac{1}{4\pi\varepsilon_0}\frac{\mathrm{d}q}{r}. \qquad (6-29)$$

由于电势是标量，因此这里的积分是标量积分，它比计算电场强度的矢量积分要简便得多.

例 6-15

求均匀带电细圆环轴线上距环心 x 处 P 点的电势. 已知圆环的半径为 R，带电量为 q.

解　如图 6-29 所示，在圆环上任取一线元 $\mathrm{d}l$，其带电量为 $\mathrm{d}q = \lambda\mathrm{d}l = \frac{q\mathrm{d}l}{2\pi R}$（$\lambda$ 为线电荷密度），$\mathrm{d}q$ 到 P 点的距离为 $r = \sqrt{R^2 + x^2}$，x 为 P 点的坐标.

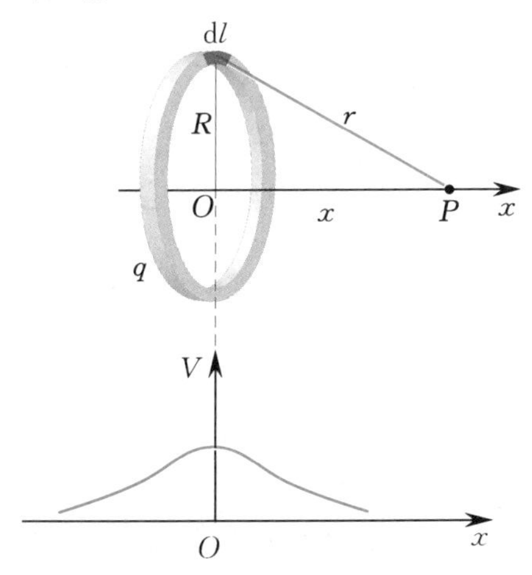

图 6-29　均匀带电圆环轴线上的电势分布

由式(6-27) 可知，电荷元 $\mathrm{d}q$ 在 P 点的电势为

$$\mathrm{d}V = \frac{\mathrm{d}q}{4\pi\varepsilon_0 r} = \frac{\lambda}{4\pi\varepsilon_0 r}\mathrm{d}l.$$

对上式两边进行积分，可得整个圆环在 P 点的电势为

$$V_P = \int_L \mathrm{d}V = \frac{\lambda}{4\pi\varepsilon_0 r}\int_0^{2\pi R}\mathrm{d}l$$

$$= \frac{q}{4\pi\varepsilon_0\sqrt{R^2 + x^2}}.$$

本题还可以用电势的定义式(6-23) 进行求解. 根据例 6-4 可知，圆环在其轴线上任意一点产生的电场强度的大小为

$$E = \frac{qx}{4\pi\varepsilon_0 (R^2 + x^2)^{\frac{3}{2}}} \quad (\boldsymbol{E}\text{ 与 } x \text{ 轴平行}).$$

由于静电力做功与路径无关，因此电势的定义式 $V_P = \int_P^{\infty}\boldsymbol{E}\cdot\mathrm{d}\boldsymbol{l}$ 的积分结果与路径无关，选取沿 x 轴向无穷远处的积分路径，有

$$\int_x^{\infty} E\mathrm{d}x = \int_x^{\infty}\frac{qx}{4\pi\varepsilon_0 (R^2 + x^2)^{\frac{3}{2}}}\mathrm{d}x$$

$$= \frac{q}{4\pi\varepsilon_0}\cdot\frac{1}{2}\int_x^{\infty}\frac{\mathrm{d}(R^2 + x^2)}{(R^2 + x^2)^{\frac{3}{2}}}$$

$$= \frac{q_0}{4\pi\varepsilon_0\sqrt{R^2 + x^2}}.$$

当 $x = 0$ 时，可得到圆环中心 O 处的电势为 $V_0 = \frac{q}{4\pi\varepsilon_0 R}$；当 $x \gg R$ 时，$V_P = \frac{q}{4\pi\varepsilon_0 x}$，此时 P 点的电势相当于整个圆环的电荷集中于环心处的

点电荷在该点产生的电势. 轴线上电势的分布如图 6-29 所示.

例 6-16

求无限长均匀带电直线外一点 P 的电势.

解　设导线的线电荷密度为 λ,P 点到直线的垂直距离为 r. 对"无限长"带电体,不能选定无穷远处为电势零点. 原则上,除了无穷远处以外,其他位置都可选作电势零点. 如图 6-30 所示,选取 A 点为电势零点,即 $V_A=0$,A 点与直线的距离为 r_A,则 P 点的电势为

$$V_P=\int_r^{r_A}\boldsymbol{E}\cdot \mathrm{d}\boldsymbol{l}.$$

在例 6-3 中,已计算得到无限长均匀带电直线的电场强度的大小为

$$E=\frac{\lambda}{2\pi\varepsilon_0 r},$$

方向垂直于导线,于是

$$V_P=\int_r^{r_A}\frac{\lambda}{2\pi\varepsilon_0 r}\mathrm{d}r=\frac{\lambda}{2\pi\varepsilon_0}\ln\frac{r_A}{r}.$$

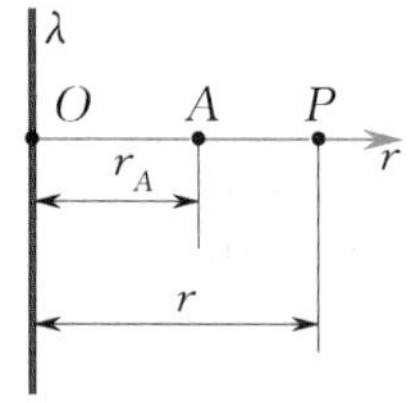

图 6-30　无限长带电直线的电势计算

例 6-17

求均匀带电球面的电势分布. 设球面的半径为 R,带电量为 $q(q>0)$.

解　取无穷远处为电势零点,利用例 6-8 的结论,均匀带电球面的电场强度分布为

$$E=\begin{cases}\dfrac{q}{4\pi\varepsilon_0 r^2} & (r>R),\\ 0 & (r<R),\end{cases}$$

式中 r 为空间某点到球心的距离. 由电势定义式 (6-23) 可得,球壳外 $(r>R)$ 任意一点的电势为

$$V=\int_r^{\infty}\boldsymbol{E}\cdot \mathrm{d}\boldsymbol{l}=\int_r^{\infty}\frac{q}{4\pi\varepsilon_0 r^2}\mathrm{d}r=\frac{q}{4\pi\varepsilon_0 r},$$

即均匀带电球面外一点的电势相当于全部电荷集中于球心处的点电荷在该点的电势.

同理,球壳内 $(r\leqslant R)$ 任意一点的电势为

$$V=\int_r^{\infty}\boldsymbol{E}\cdot \mathrm{d}\boldsymbol{l}=\int_r^{R}\boldsymbol{E}_{内}\cdot \mathrm{d}\boldsymbol{l}+\int_R^{\infty}\boldsymbol{E}_{外}\cdot \mathrm{d}\boldsymbol{l}$$

$$=0+\int_R^{\infty}\frac{q}{4\pi\varepsilon_0 r^2}\mathrm{d}r=\frac{q}{4\pi\varepsilon_0 R}.$$

计算结果表明,带电球面内各处的电势相等,等于球面各点的电势. 均匀带电球面的电势分布如图 6-31 所示.

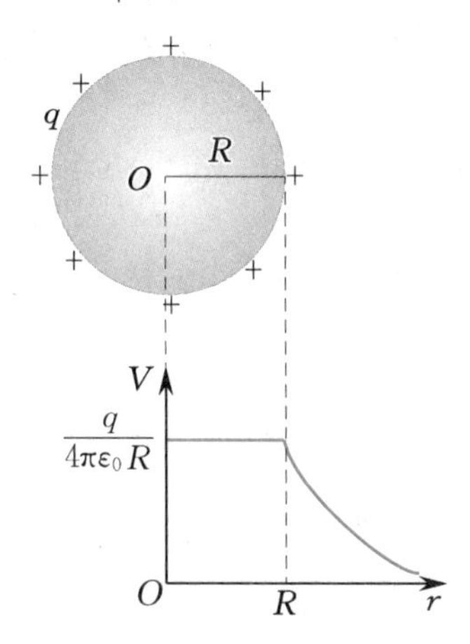

图 6-31　均匀带电球面的电势分布

例 6-18

如图 6-32 所示,半径分别为 R_1 和 R_2 $(R_2>R_1)$ 的两同心球面 A 和 B 均匀带电,内球面 A 的带电量为 q,外球面 B 的带电量为 Q,求 A,B 两球面的电势 V_A,V_B 及两球面的电势差 V_{AB}.

解　本题可以用高斯定理求得各区域的电场强度分布后,根据电势和电势差的定义式求解. 另一种解法是利用例 6-17 的结果,用电势叠加原理求解,下面给出后一种解法.

球面 A 上的电荷在 A,B 两球面上产生的电势分别为

$$V_1=\begin{cases}\dfrac{q}{4\pi\varepsilon_0 R_1} & (\text{球面 }A\text{ 上}),\\ \dfrac{q}{4\pi\varepsilon_0 R_2} & (\text{球面 }B\text{ 上}).\end{cases}$$

球面 B 上的电荷在 A,B 两球面上产生的电势分别为

$$V_2=\begin{cases}\dfrac{Q}{4\pi\varepsilon_0 R_2} & (\text{球面 }A\text{ 上}),\\ \dfrac{Q}{4\pi\varepsilon_0 R_2} & (\text{球面 }B\text{ 上}).\end{cases}$$

由电势叠加原理可得,球面 A 上的总电势为

$$V_A=\frac{q}{4\pi\varepsilon_0 R_1}+\frac{Q}{4\pi\varepsilon_0 R_2}.$$

同理,球面 B 上的总电势为

$$V_B=\frac{q}{4\pi\varepsilon_0 R_2}+\frac{Q}{4\pi\varepsilon_0 R_2}=\frac{q+Q}{4\pi\varepsilon_0 R_2}.$$

两球面的电势差为

$$V_{AB}=V_A-V_B=\frac{q}{4\pi\varepsilon_0}\left(\frac{1}{R_1}-\frac{1}{R_2}\right).$$

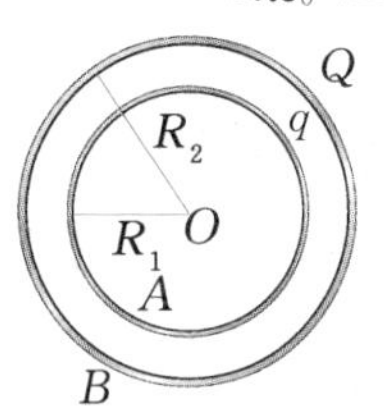

图 6-32 两同心球面的电势计算

例 6-19

一均匀带电圆盘,半径为 R,面电荷密度为 σ. 求圆盘轴线上任意一点的电势.

解 以圆盘中心为坐标原点 O,圆盘轴线为 x 轴建立如图 6-33 所示的坐标系. 将带电圆盘看成由许多带电细圆环组成,在距离盘心 r 处取一宽度为 $\mathrm{d}r$ 的细圆环,此细圆环的带电量为

$$\mathrm{d}q=\sigma\cdot 2\pi r\mathrm{d}r.$$

由例 6-15 可得,此细圆环在 P 点产生的电势为

$$\mathrm{d}V_P=\frac{\sigma\cdot 2\pi r\mathrm{d}r}{4\pi\varepsilon_0\sqrt{x^2+r^2}}=\frac{\sigma r\mathrm{d}r}{2\varepsilon_0\sqrt{x^2+r^2}}.$$

对上式两边进行积分,可得整个圆盘在 P 点产生的电势为

$$V_P=\int\mathrm{d}V_P=\int_0^R\frac{\sigma r\mathrm{d}r}{2\varepsilon_0\sqrt{x^2+r^2}}=\frac{\sigma}{2\varepsilon_0}\left(\sqrt{x^2+R^2}-|x|\right).$$

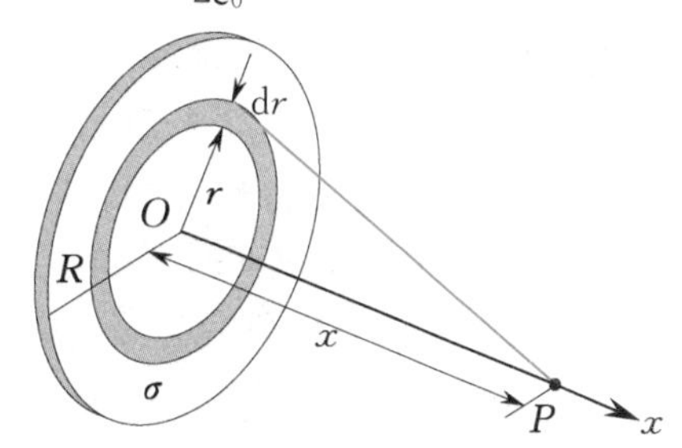

图 6-33 均匀带电圆盘轴线上的电势计算

从上述例题可以看出,电势的计算方法有两种:电势的定义式和电势叠加原理. 如果已知电场强度的分布,利用电势的定义式,可以根据已知的电场强度直接计算电势. 用这种方法计算电势时,电势零点可以任意选取. 如果已知电荷的分布情况,并且电荷分布在有限区域内,则利用电势叠加原理计算电势更为简单.

6.7 等势面 电势梯度

一、等势面

电场线描绘了电场中各点电场强度的分布情况,使电场比较形象直观. 同样,我们也可以用

绘图的方法来描绘静电场中电势的分布情况. 一般来说,静电场中的电势是逐点变化的,但其中有许多电势相同的点,这些电势相同的点连起来形成的曲面(或平面) 称为等势面.

为了使等势面能反映电场的分布,在画等势面时,规定如下:电场中任意两相邻等势面之间的电势差相等. 由此画出的等势面图,可以通过等势面的疏密分布,形象地描绘电场中电势和电场强度的空间分布.

不同电荷分布的电场具有不同形状的等势面. 在带电量为 q 的点电荷所产生的电场中,与点电荷相距 r 的各点的电势为 $V=\frac{q}{4\pi\varepsilon_0 r}$. 由此可见,点电荷电场中的等势面是以点电荷为中心的一系列同心球面. 图 6-34 给出了几种常见带电体的电场线和等势面分布图(图中实线为电场线,虚线为等势面).

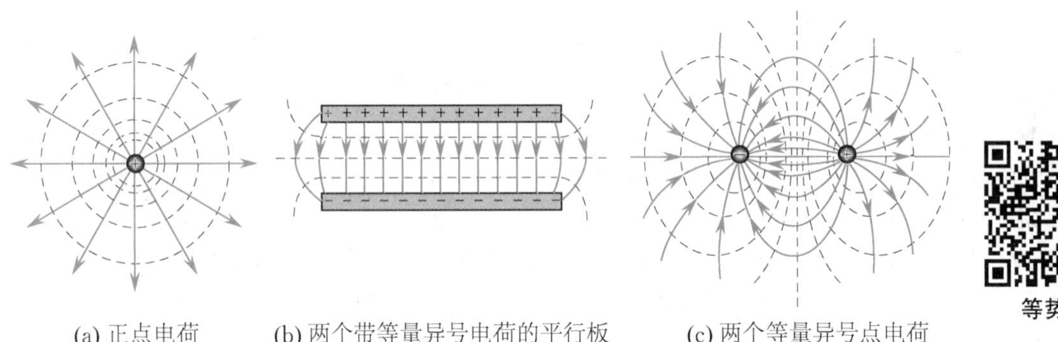

(a) 正点电荷 (b) 两个带等量异号电荷的平行板 (c) 两个等量异号点电荷

图 6-34 电场线和等势面

等势面具有如下性质:

(1) 在等势面上移动电荷时,静电力不做功.

设带电量为 q_0 的点电荷沿等势面从 A 点运动到 B 点,静电力所做的功为

$$W_{AB}=E_{pA}-E_{pB}=q_0(V_A-V_B).$$

由于 A 和 B 两点在同一等势面上,即 $V_A=V_B$,因此 $W_{AB}=0$.

(2) 任意静电场中,电场线与等势面处处正交.

如图 6-35 所示,设带电量为 q_0 的点电荷在等势面上自 A 点移动了 $\mathrm{d}\boldsymbol{l}$,静电力所做的功为

$$\mathrm{d}W=q_0\boldsymbol{E}\cdot\mathrm{d}\boldsymbol{l}=q_0E\mathrm{d}l\cos\theta,$$

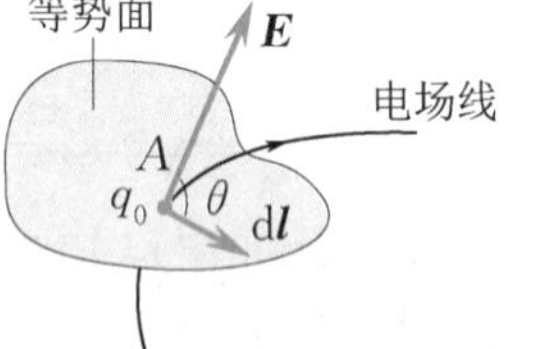

图 6-35 等势面性质

式中 θ 为 $\boldsymbol{E}$ 与 $\mathrm{d}\boldsymbol{l}$ 的夹角.

由于点电荷在等势面上运动,因此电势能变化为零,$\mathrm{d}W=0$. 于是有

$$q_0E\mathrm{d}l\cos\theta=0.$$

对于等势面上任意一点,一般有 $q_0\neq0$,$E\neq0$,$\mathrm{d}l\neq0$,由此可知 $\cos\theta=0$,即 $\theta=\frac{\pi}{2}$. $\boldsymbol{E}$ 垂直于等势面,故电场线与等势面正交.

等势面是研究电场的一种有效方法. 在很多实际问题中,如示波管内的加速和聚焦电场,其电势分布往往不能简单地表述成函数的形式,但可用实验的方法测出电场内等势面的分布,并根据等势面画出电场线,从而了解加速和聚焦电场各处的强弱和方向.

二、电势梯度

对于给定的电荷分布, 电场中任意一点的电势与电场强度之间的关系为积分关系, 即

$V_A = \int_A^{\infty} \boldsymbol{E} \cdot \mathrm{d}\boldsymbol{l}$. 按照微积分的基本关系，电场强度与电势之间的关系应当是微分关系，如何建立此关系呢？

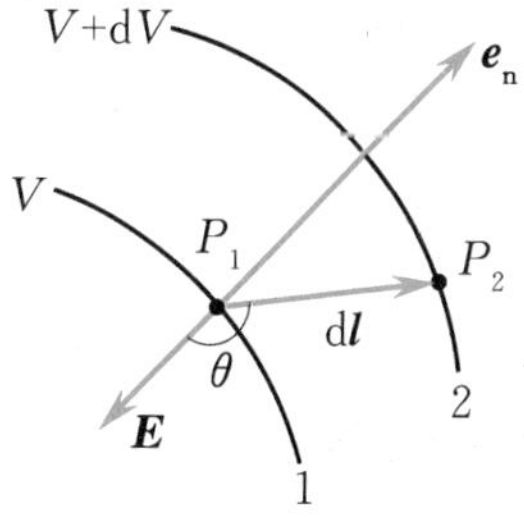

图 6-36 电势梯度

如图 6-36 所示，设想在静电场中有两个十分靠近的等势面 1 和 2，其电势分别为 V 和 $V+\mathrm{d}V$，且设 $\mathrm{d}V>0$. 在两个等势面上分别取 P_1 点和 P_2 点. $\boldsymbol{e}_\mathrm{n}$ 为等势面 1 在 P_1 点处的法向单位矢量，指向电势升高的方向. $\boldsymbol{E}$ 为 P_1 点处的电场强度，在 P_1 点处 $\boldsymbol{E}$ 的方向应与 $\boldsymbol{e}_\mathrm{n}$ 相反. P_2 点在等势面 2 上，从 P_1 点到 P_2 点的位移元为 $\mathrm{d}\boldsymbol{l}$，当把带电量为 q_0 的正检验电荷沿 $\mathrm{d}\boldsymbol{l}$ 方向从 P_1 点移到 P_2 点时，电场强度 $\boldsymbol{E}$ 近似不变，则静电力所做的功为

$$\mathrm{d}W = q_0(V_{P_1} - V_{P_2}) = q_0[V-(V+\mathrm{d}V)] = -q_0\mathrm{d}V. \tag{6-30}$$

由做功的定义式可得静电力做的功为

$$\mathrm{d}W = q_0\boldsymbol{E}\cdot\mathrm{d}\boldsymbol{l} = q_0E\cos\theta\mathrm{d}l = q_0E_l\mathrm{d}l, \tag{6-31}$$

式中 $E_l = E\cos\theta$ 为电场强度 $\boldsymbol{E}$ 在 $\mathrm{d}\boldsymbol{l}$ 方向上的分量. 比较式(6-30) 和式(6-31)，可得

$$-\mathrm{d}V = E_l\mathrm{d}l,$$

即

$$E_l = -\frac{\mathrm{d}V}{\mathrm{d}l}, \tag{6-32}$$

式中$\frac{\mathrm{d}V}{\mathrm{d}l}$为电势沿 $\mathrm{d}\boldsymbol{l}$ 方向的空间变化率. 式(6-32) 表明，电场中某一点处的电场强度 E 沿任一方向的分量等于电势沿该方向空间变化率的负值.

一般来说，在空间直角坐标系中，电势 V 是坐标 x,y,z 的函数，故电场强度 $\boldsymbol{E}$ 在 x,y,z 轴上的分量分别为

$$E_x = -\frac{\partial V}{\partial x},\quad E_y = -\frac{\partial V}{\partial y},\quad E_z = -\frac{\partial V}{\partial z}. \tag{6-33}$$

于是电场强度 $\boldsymbol{E}$ 的矢量表达式可以写成

$$\boldsymbol{E} = -\left(\frac{\partial V}{\partial x}\boldsymbol{i} + \frac{\partial V}{\partial y}\boldsymbol{j} + \frac{\partial V}{\partial z}\boldsymbol{k}\right). \tag{6-34}$$

数学上，通常把标量函数 $f(x,y,z)$ 的梯度 grad f 定义为

$$\mathrm{grad}\, f = \frac{\partial f}{\partial x}\boldsymbol{i} + \frac{\partial f}{\partial y}\boldsymbol{j} + \frac{\partial f}{\partial z}\boldsymbol{k}.$$

grad f 是坐标 x, y 和 z 的矢量函数，也可写成 ∇f. 因此，将 $\frac{\partial V}{\partial x}\boldsymbol{i} + \frac{\partial V}{\partial y}\boldsymbol{j} + \frac{\partial V}{\partial z}\boldsymbol{k}$ 称为电势梯度，用 grad V 或 ∇V 表示，则式(6-34) 可写成

$$\boldsymbol{E} = -\mathrm{grad}\, V = -\nabla V. \tag{6-35}$$

式(6-34) 及式(6-35) 表明，电场中任意一点的电场强度等于该点电势梯度的负值. 在国际单位制中，电势梯度的单位为伏[特] 每米(V/m)，故电场强度也常用这一单位.

电势沿不同方向的空间变化率是不同的. 等势面上各点的电势相等，因此电场中某一点的电势在沿等势面上任一方向的空间变化率为零，即$\frac{\mathrm{d}V}{\mathrm{d}l}=0$，且等势面上任意一点的电场强度的切向分量为零. 显然，电势沿等势面法线方向的空间变化率最大. 若以 $\mathrm{d}l_\mathrm{n}$ 表示 P_1 点处两等势面的法向距离，则有

$$\boldsymbol{E}=-\frac{\mathrm{d}V}{\mathrm{d}l_{\mathrm{n}}}\boldsymbol{e}_{\mathrm{n}},$$

于是电势梯度为

$$\operatorname{grad}V=\nabla V=\frac{\mathrm{d}V}{\mathrm{d}l_{\mathrm{n}}}\boldsymbol{e}_{\mathrm{n}}. \tag{6-36}$$

式(6-36)表明,电势梯度是矢量,它的大小为电势沿等势面法线方向的变化率,它的方向沿等势面法向且指向电势增大的方向.

例 6-20

根据电场强度与电势的关系,求均匀带电细圆环轴线上的电场强度分布.

解　在例 6-15 中,已求得细圆环轴线上的电势分布为

$$V=\frac{q}{4\pi\varepsilon_0\sqrt{R^2+x^2}},$$

式中 R 为细圆环的半径.细圆环轴线上的电势是关于 x 的函数,由式(6-34)可得细圆环轴线上的电场强度为

$$\begin{aligned}\boldsymbol{E}&=-\left(\frac{\partial V}{\partial x}\boldsymbol{i}+\frac{\partial V}{\partial y}\boldsymbol{j}+\frac{\partial V}{\partial z}\boldsymbol{k}\right)\\&=-\frac{\mathrm{d}}{\mathrm{d}x}\left(\frac{q}{4\pi\varepsilon_0\sqrt{R^2+x^2}}\right)\boldsymbol{i}\\&=\frac{qx}{4\pi\varepsilon_0(R^2+x^2)^{\frac{3}{2}}}\boldsymbol{i}.\end{aligned}$$

这与例 6-4 中用电场强度叠加原理积分求得的结果相同.

阅读材料6

摩擦纳米发电机

静电是一种常见的自然现象,广泛存在于自然界、工业生产和日常生活中.摩擦起电是日常生活中十分普遍的现象,是物体之间因接触摩擦而产生的电荷转移所导致的,也是日常静电的成因.大多数情况下,静电是工业生产和日常生活极力避免的负面效应.另一方面,摩擦所得的电也是一种能源,这类能源"储量"巨大,人们一直在寻找方法将这类能源有效收集利用.

摩擦电荷的形成依赖于接触材料的摩擦电极性的差别.两种材料相接触时,在其接触部分形成化学键.电荷从一种材料转移到另一种材料以平衡两者的电化学势.转移的电荷可以是电子或离子.当两种材料分离时,接触面的一些键原子会保留住多余的电子,另一些键原子则会舍弃多余的电子,从而在接触表面形成摩擦电荷.具有摩擦起电效应的材料多为电介质.摩擦发电机是利用摩擦电极性不同的材料之间的摩擦效应将机械能转化成电能的装置.在发电机的能量收集过程中,在外界的作用下,两种摩擦电极性不同的材料相接触后在表面生成摩擦电荷,分离时会产生电势差,从而在外界电路上形成电流输出.

传统的摩擦发电机是一种利用摩擦起电触发的高压引起静电电荷定向流动的机械装置.最著名的摩擦发电机是维姆胡斯特起电机和范德格拉夫起电机,分别发明于1880年和1929年,如图6-37(a)和(b)所示.这两种发电机都是利用传送带和毛刷之间摩擦积累的电荷来发电.当电荷积累到一定的量时,两个电极之间将发生电流击穿,如图6-37(c)所示.由此可见,传统的摩擦发电机是高电压源控制的.此类发电机属于静电感应的发电机,通过静电感应而不是单纯的摩擦分离电荷.维姆胡斯特起电机(见图6-37(c))由转动方向相反的两个绝缘转盘、金属扇形区域、两个中和电荷的金属刷子和两个金属球体构成.两个金属触头用于收集绝缘转盘表面不平衡的电荷.这些触头固定在绝缘底座上并连接到输出终端.正向的触头持续积累电荷.当积累的电量达到一定值时,形成的高压将击穿空气并产生导通电流,从而发电.

(a)

(b)

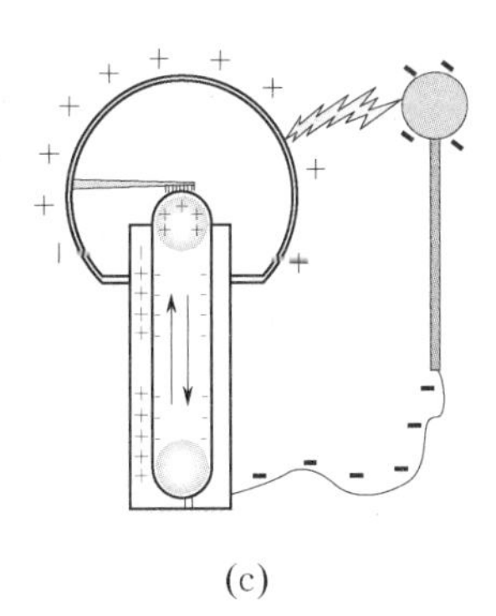
(c)

图 6-37 传统的摩擦发电机

2012年，王中林带领的团队发明了新型的摩擦发电机. 这类发电机主要基于两种物理效应：压电效应① 和摩擦起电效应. 目前，这类发电机主要采用多层薄膜结构(见图6-38)，为增强摩擦效应，薄膜中多引入纳米材料. 因此，这类发电机又称为摩擦纳米发电机. 其工作原理如下：当机械振动施加于薄片(多层薄膜结构)上，使得薄片受到压缩时，两种材料的薄膜表面会紧密接触并发生电荷转移，使得一种材料的内表面带正电，另一种材料的内表面带负电. 当薄片上的形变被释放时，两个带相反电荷的薄膜表面就会自动分开，极性相反的摩擦电荷将会在两个表面之间产生一个电场，从而在两个表面之间形成一个电势差. 为了屏蔽这个电势差，电子就会被驱动着经过外电路从一种材料流到另一种材料. 在这个过程中将持续产生电流，直到两种材料的电势再次达到相等. 随后，当两个薄膜再次向对方压缩时，摩擦电荷诱导的电势差开始降低到零，转移的电荷将通过外电路流回，从而产生另一个方向相反的电流脉冲. 当这种周期性的机械形变持续发生时，交变电流信号将会持续产生.

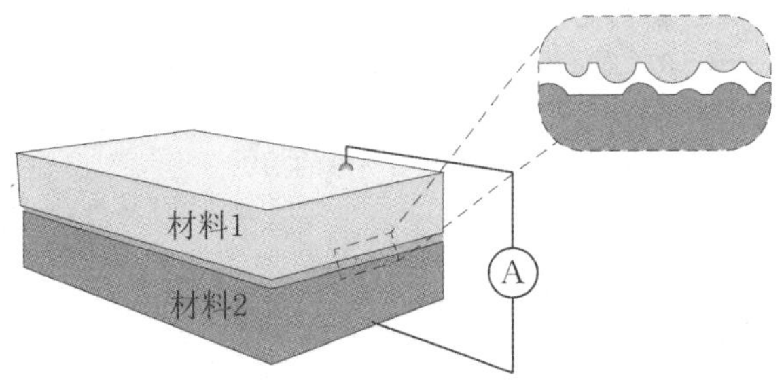

图 6-38 摩擦纳米发电机的结构示意图

这种新型的发电机可以用于收集各种形式(如人体运动、机械振动、旋转、风能、声波能、雨滴和海浪等)的机械能. 摩擦发电技术的开发，或将实现诸如人的行走发电、下落雨滴发电、车轮转动发电等那些原本停留在理论研究阶段的能源利用方式. 此外，通过将各种机械运动转化成电信号，摩擦纳米发电机可以作为自供能传感器来探测位移、速度、金属离子、湿度、温度等物理量. 作为一种自供能传感单元，摩擦纳米发电机可用于探测皮肤接触和应力分布，在智能接触屏和人机界面的应用中具有不可估量的应用价值和发展潜力.

思考题6

6-1 什么是电荷的量子化?你能举出其他量子化的物理量吗?

6-2 点电荷与检验电荷有什么区别?

6-3 判断下列说法是否正确，并指出原因：

(1) 如果高斯面上 $\boldsymbol{E}$ 处处为零，则高斯面内必无电荷；

(2) 如果高斯面内无电荷，则高斯面上 $\boldsymbol{E}$ 处处为零；

(3) 如果高斯面上 $\boldsymbol{E}$ 处处不为零，则高斯面内必有电荷；

(4) 如果高斯面内有电荷，则高斯面上 $\boldsymbol{E}$ 处处不为零；

(5) 如果通过高斯面的电通量不为零，则高斯面上的 $\boldsymbol{E}$ 一定处处不为零.

6-4 应用高斯定理求电场强度时，应怎样选取高斯面?

6-5 真空中两块带电平板 A,B 相距 d，面积均为 S，带电量分别为 $+q$ 和 $-q$. 对于两平板之间的相互

① 压电效应是指某些材料在沿一定方向上受到外力的作用而变形时，其内部会产生极化现象，同时在它的两个相对表面上出现极性相反的电荷的现象.

作用力 F,有以下两种解法:

(1) $F=\dfrac{1}{4\pi\varepsilon_0}\dfrac{q^2}{d^2}$;

(2) $F=E\cdot q=\dfrac{q}{\varepsilon_0 S}\cdot q=\dfrac{q^2}{\varepsilon_0 S}$.

以上两种解法对吗?为什么?F 应等于多少?

6-6 沿电场线方向移动负检验电荷时,其电势能是增加还是减少?

6-7 确定静电场中某点的电势时,为什么必须先选取电势零点?

6-8 计算无限大带电平面或无限长带电直线的电势分布时,电势零点应如何选取?

6-9 如图 6-39 所示,在一带电量为 $+Q$ 的点电荷的静电场中,把一带电量为 $-q$ 的点电荷从 a 点移动到 b 点,有人这样计算静电力所做的功:

$$W=\int_a^b -q\boldsymbol{E}\cdot\mathrm{d}\boldsymbol{l}=-q\int_a^b E\mathrm{d}l\cos 180^\circ=q\int_a^b E\mathrm{d}l$$

$$=q\int_{r_a}^{r_b}\frac{Q}{4\pi\varepsilon_0 r^2}\mathrm{d}r=\frac{Qq}{4\pi\varepsilon_0}\left(\frac{1}{r_a}-\frac{1}{r_b}\right)<0.$$

你认为上述计算过程和所得结果是否正确,如有错,请改正.

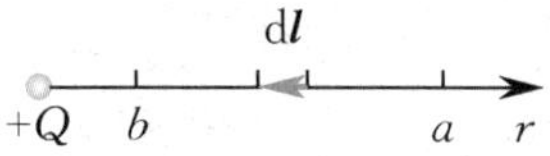

d$\boldsymbol{l}$　+Q　b　a　r

图 6-39　思考题 6-9 图

6-10 有人说,点电荷在电场中是沿电场线运动的,电场线就是电荷的运动轨迹,这种说法对吗?为什么?

6-11 当我们认为地球的电势为零时,是否意味着地球没有净电荷呢?

习题6

一、选择题

6-1 一带电体可作为点电荷处理的条件是(　　).

A. 带电体上的电荷必须呈球形分布

B. 带电体的线度很小

C. 带电体的线度与其他有关长度相比可忽略不计

D. 带电体的电量很小

6-2 如图 6-40 所示,真空中有一带正电的大导体,现要测其附近的 P 点处的电场强度. 将一带电量为 $q_0\,(q_0>0)$ 的点电荷放在 P 点时,测得其所受的电场力为 F,若 q_0 不是足够小,则(　　).

A. F/q_0 比 P 点处的电场强度数值大

B. F/q_0 比 P 点处的电场强度数值小

C. F/q_0 与 P 点处的电场强度数值相等

D. F/q_0 与 P 点处的电场强度数值关系无法确定

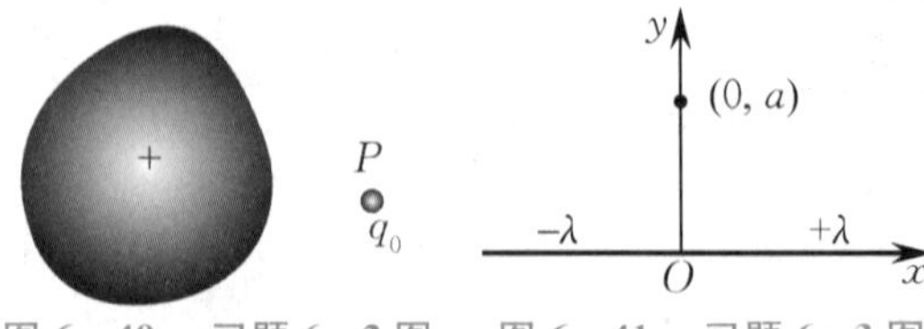

图 6-40　习题 6-2 图　　图 6-41　习题 6-3 图

6-3 如图 6-41 所示,一沿 x 轴放置的无限长分段均匀带电直线,线电荷密度分别为 $-\lambda(x<0)$ 和 $+\lambda(x>0)$,则点 $(0,a)$ 处的电场强度为(　　).

A. 0　　B. $-\dfrac{\lambda}{2\pi\varepsilon_0 a}\boldsymbol{i}$

C. $-\dfrac{\lambda}{\pi\varepsilon_0 a}\boldsymbol{i}$　　D. $\dfrac{\lambda}{4\pi\varepsilon_0 a}(\boldsymbol{i}+\boldsymbol{j})$

6-4 如图 6-42 所示,两个无限长的共轴圆柱面,半径分别为 R_1 和 R_2,其上均匀带电,沿圆柱面轴线方向单位长度上的带电量分别为 λ_1 和 λ_2,则在两圆柱面之间,距轴线 r 的 P 点处的电场强度的大小为(　　).

A. $\dfrac{\lambda_1}{2\pi\varepsilon_0 r}$　　B. $\dfrac{\lambda_1+\lambda_2}{2\pi\varepsilon_0 r}$

C. $\dfrac{\lambda_2}{2\pi\varepsilon_0(R_2-r)}$　　D. $\dfrac{\lambda_1}{2\pi\varepsilon_0(r-R_1)}$

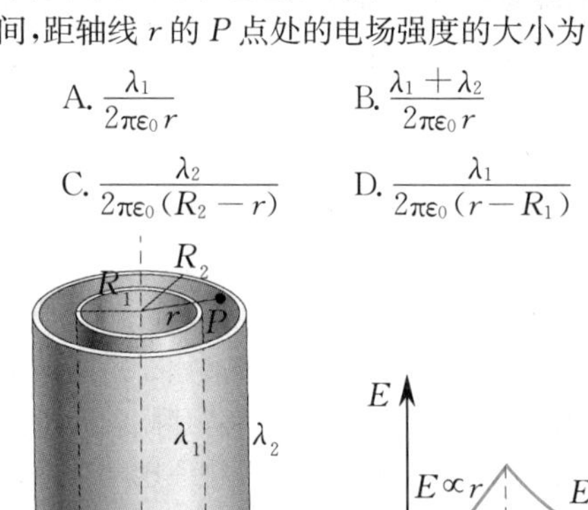

图 6-42　习题 6-4 图 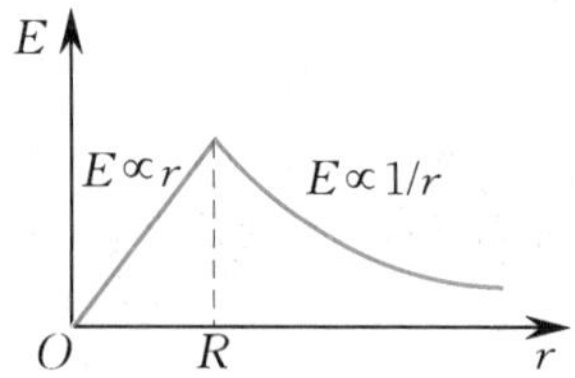　　图 6-43　习题 6-5 图

6-5 图 6-43 所示曲线表示一种具有轴对称性静电场的电场强度分布,r 表示到对称轴的距离. 这是由(　　)产生的电场.

A. 均匀带电球面　　B. 均匀带电球体

C. 均匀带电圆柱面　　D. 均匀带电圆柱体

6-6 如图 6-44 所示,一边长为 a 的正方形平面,其中垂线上距中心 O 点 $\dfrac{a}{2}$ 处有一带电量为 q 的点电荷,则通过该平面的电通量为(　　).

A. $\dfrac{q}{3\varepsilon_0}$　　B. $\dfrac{q}{3\pi\varepsilon_0}$

C. $\dfrac{q}{4\pi\varepsilon_0}$　　D. $\dfrac{q}{6\varepsilon_0}$

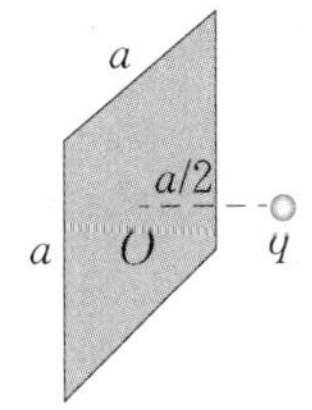

图6-44 习题6-6图

6-7 如图6-45所示，若均匀电场的电场强度为$\boldsymbol{E}$，其方向平行于半径为R的半球面的轴，则通过此半球面的电通量为( ).

A. $\pi R^2 E$ B. $2\pi R^2 E$

C. $\dfrac{\pi R^2 E}{2}$ D. $\sqrt{2}\pi R^2 E$

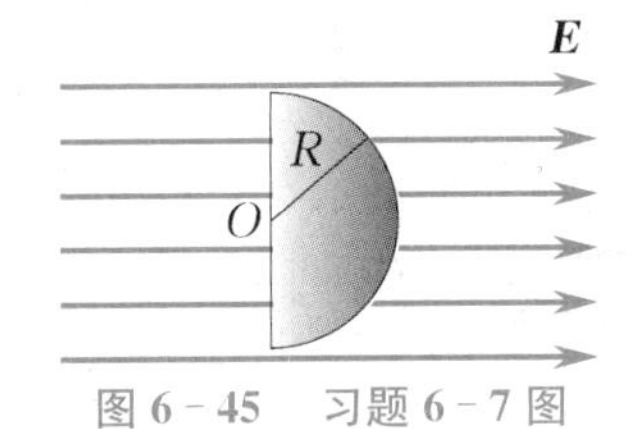

图6-45 习题6-7图

6-8 两个电量均为$+q$的点电荷相距$2a$，若以左边的点电荷所在处为球心，a为半径作一球面，在球面上取两块相等的小面积S_1和S_2，其位置如图6-46所示，设通过S_1和S_2的电通量分别为Φ_1和Φ_2，通过整个球面的电通量为Φ_S，则( ).

A. $\Phi_1 > \Phi_2$，$\Phi_S = \dfrac{q}{\varepsilon_0}$

B. $\Phi_1 < \Phi_2$，$\Phi_S = \dfrac{q}{\varepsilon_0}$

C. $\Phi_1 < \Phi_2$，$\Phi_S = \dfrac{2q}{\varepsilon_0}$

D. $\Phi_1 = \Phi_2$，$\Phi_S = \dfrac{q}{\varepsilon_0}$

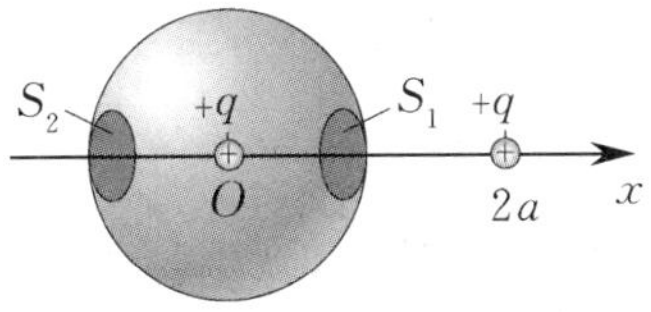

S_2 $+q$ S_1 $+q$ O $2a$ x

图6-46 习题6-8图

6-9 如图6-47所示，在带电量为$+q$的点电荷的静电场中，若取M点为电势零点，则P点的电势为( ).

A. $\dfrac{q}{4\pi\varepsilon_0 a}$ B. $-\dfrac{q}{4\pi\varepsilon_0 a}$

C. $\dfrac{q}{8\pi\varepsilon_0 a}$ D. $-\dfrac{q}{8\pi\varepsilon_0 a}$

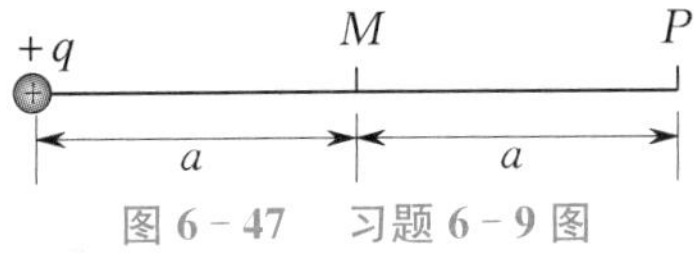

$+q$ M P a a

图6-47 习题6-9图

6-10 下列说法中正确的是( ).

A. 电场强度为零的点，电势也一定为零

B. 电场强度不为零的点，电势也一定不为零

C. 电势为零的点，电场强度也一定为零

D. 电势在某一区域内为常量，则电场强度在该区域内必定为零

6-11 如图6-48所示，在一带电量为q的点电荷的静电场中，选取以点电荷为中心、R为半径的球面上任意一点P为电势零点，则与点电荷距离r的P'点的电势为( ).

A. $\dfrac{q}{4\pi\varepsilon_0 r}$ B. $\dfrac{q}{4\pi\varepsilon_0}\left(\dfrac{1}{r}-\dfrac{1}{R}\right)$

C. $\dfrac{q}{4\pi\varepsilon_0(r-R)}$ D. $\dfrac{q}{4\pi\varepsilon_0}\left(\dfrac{1}{R}-\dfrac{1}{r}\right)$

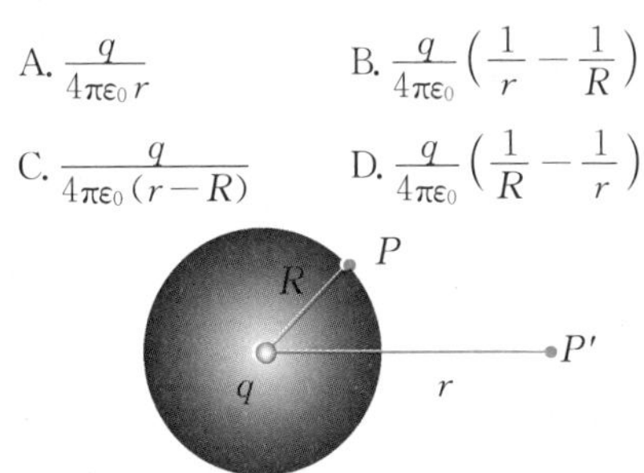

图6-48 习题6-11图

6-12 如图6-49所示，一带电量为$-q$的点电荷位于圆心O处，A，B，C，D为同一圆周上的4个点.现将一检验电荷从A点分别移动到B，C，D点，则检验电荷( ).

A. 从A点移动到B点，电场力做的功最大

B. 从A点移动到C点，电场力做的功最大

C. 从A点移动到D点，电场力做的功最大

D. 从A点移动到各点，电场力做的功相等

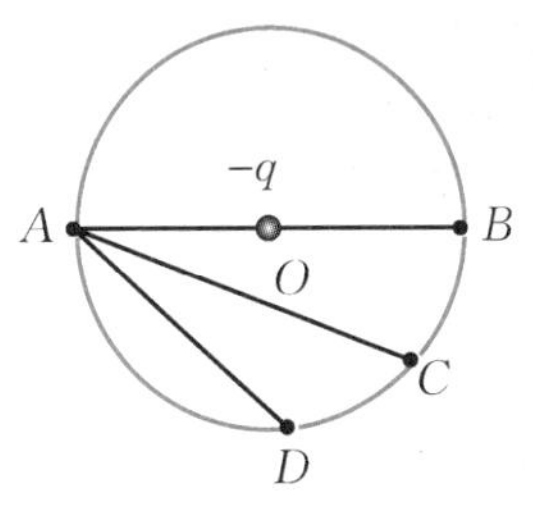

图6-49 习题6-12图

6-13 真空中有两块相互平行的无限大均匀带电平板A，B.其中平板A的面电荷密度为2σ，平板B的面电荷密度为σ，两平板之间的距离为d.当带电量为q的点电荷从平板A移动到平板B时，电场力做的功为( ).

A. $\dfrac{q\sigma d}{\varepsilon_0}$ B. $-\dfrac{q\sigma d}{\varepsilon_0}$

C. $\dfrac{q\sigma d}{2\varepsilon_0}$ D. $-\dfrac{q\sigma d}{2\varepsilon_0}$

6-14 如图6-50所示，边长为a的等边三角形的3个顶点上，分别放置着3个带电量分别为q，$2q$，$3q$的正

点电荷.若将另一带电量为Q的正点电荷从无穷远处移到等边三角形的中心O点处,外力所做的功为(　　).

A. $\dfrac{\sqrt{3}qQ}{2\pi\varepsilon_0 a}$　　B. $\dfrac{\sqrt{3}qQ}{\pi\varepsilon_0 a}$

C. $\dfrac{3\sqrt{3}qQ}{2\pi\varepsilon_0 a}$　　D. $\dfrac{2\sqrt{3}qQ}{\pi\varepsilon_0 a}$

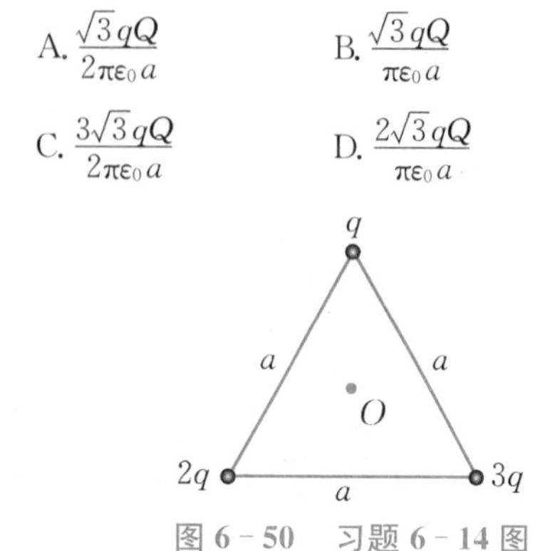

图 6-50　习题 6-14 图

6-15　质量均为m、相距r_1的两个电子在静电力作用下(忽略重力作用)由静止运动到相距r_2的位置,此时两电子的速率均为(　　).

A. $\dfrac{2ke}{m}\left(\dfrac{1}{r_1}-\dfrac{1}{r_2}\right)$　　B. $\sqrt{\dfrac{2ke}{m}\left(\dfrac{1}{r_1}-\dfrac{1}{r_2}\right)}$

C. $e\sqrt{\dfrac{2k}{m}\left(\dfrac{1}{r_1}-\dfrac{1}{r_2}\right)}$　　D. $e\sqrt{\dfrac{k}{m}\left(\dfrac{1}{r_1}-\dfrac{1}{r_2}\right)}$

6-16　在一带正电的均匀带电球面外放置一电偶极子,其电矩$\boldsymbol{p}$的方向如图 6-51 所示,当释放电偶极子后,其运动主要是(　　).

A. 沿逆时针方向旋转,直至电矩$\boldsymbol{p}$沿径向指向球面后停止

B. 沿顺时针方向旋转,直至电矩$\boldsymbol{p}$沿径向朝外后停止

C. 沿顺时针方向旋转至电矩$\boldsymbol{p}$沿径向朝外,同时沿电场线方向远离球面

D. 沿顺时针方向旋转至电矩$\boldsymbol{p}$沿径向朝外,同时逆电场线方向靠近球面

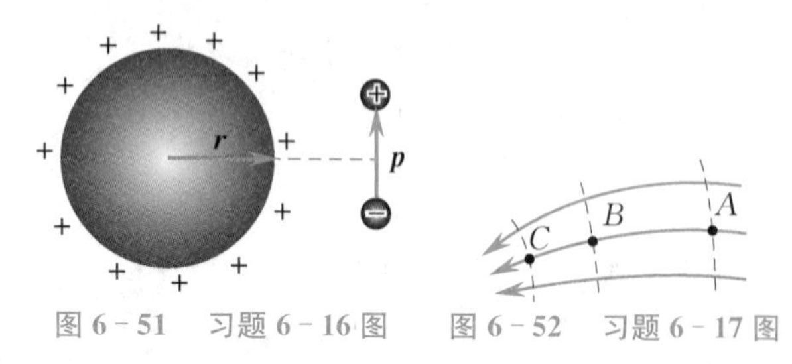

图 6-51　习题 6-16 图　　图 6-52　习题 6-17 图

6-17　图 6-52 中的实线为某电场中的电场线,虚线表示等势面,由图可看出(　　).

A. $E_A>E_B>E_C$,$V_A>V_B>V_C$

B. $E_A<E_B<E_C$,$V_A<V_B<V_C$

C. $E_A>E_B>E_C$,$V_A<V_B<V_C$

D. $E_A<E_B<E_C$,$V_A>V_B>V_C$

6-18　对于均匀电场中的各点,下列各物理量中:(1) 电场强度;(2) 电势;(3) 电势梯度,哪些是处处相等的?(　　).

A. (1),(2),(3) 都相等

B. (1),(2) 相等

C. (1),(3) 相等

D. (2),(3) 相等

E. 只有(1) 相等

二、填空题

6-19　带有N个电子的一油滴的质量为m,已知元电荷为e.油滴在重力场中由静止开始下落(重力加速度为g),下落过程中穿越一均匀电场区域,欲使油滴在该区域中匀速下落,则电场强度的方向为_________,大小为_________.

6-20　在带电量分别为$+q$和$-q$的点电荷组成的点电荷系的静电场中,作如图 6-53 所示的 3 个闭合球面S_1,S_2,S_3,则通过这些闭合球面的电通量分别为$\Phi_1=$_________,$\Phi_2=$_________,$\Phi_3=$_________.

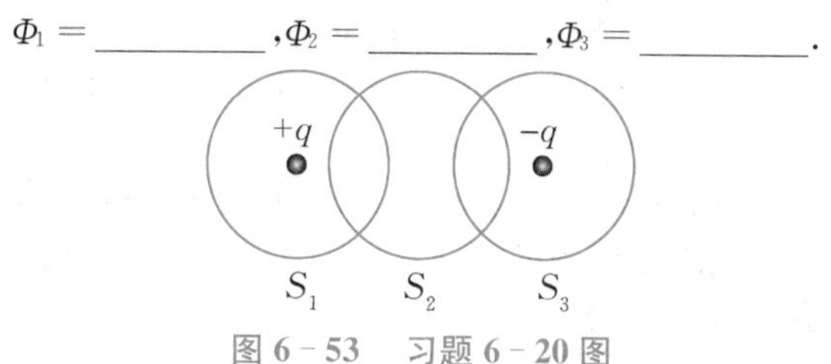

图 6-53　习题 6-20 图

6-21　一均匀带正电的细导线的线电荷密度为λ,其单位长度上发出的电场线条数为________.

6-22　如图 6-54 所示,真空中有两个正点电荷,带电量均为Q,相距$2R$.若以其中某一点电荷所在处O点为中心,R为半径作球面S,则通过该球面的电通量为$\Phi_e=$________.若以$\boldsymbol{r}_0$表示球面外法向单位矢量,则球面上a,b两点的电场强度分别为________.

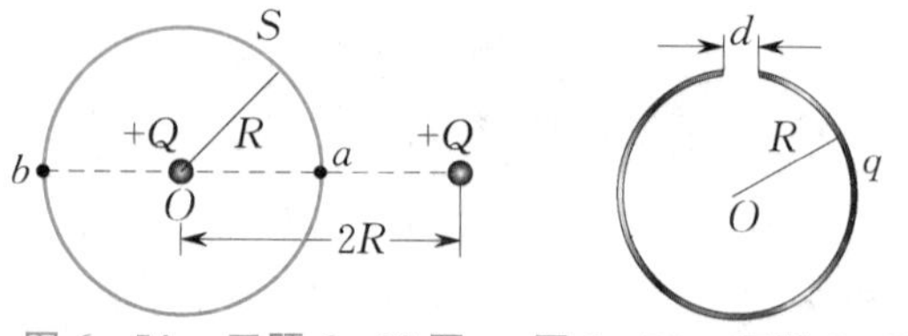

图 6-54　习题 6-22 图　　图 6-55　习题 6-23 图

6-23　如图 6-55 所示,一半径为R的细圆环带有一缺口,缺口长度为$d(d\ll R)$,细圆环均匀带正电,总电量为q,圆心O处的电场强度的大小为$E=$________,方向为________.

6-24　如图 6-56 所示,一点电荷带电量为$q=10^{-9}$ C,A,B,C三点分别距点电荷 10 cm,20 cm,30 cm.若选取B点为电势零点,则A点的电势为________,C点的电势为________.

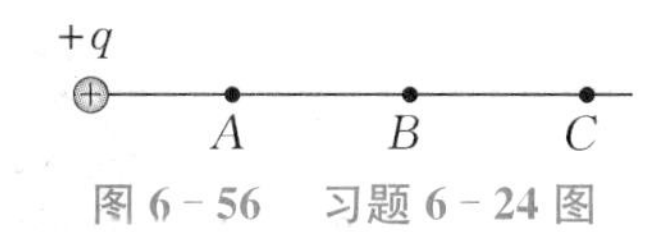

图6-56 习题6-24图

6-25 真空中，一均匀带电细圆环的线电荷密度为λ，则其圆心处的电场强度的大小为$E_0=$________，电势为$V_0=$________(取无穷远处为电势零点).

6-26 如图6-57所示，真空中有一半径为R的均匀带电球面，其带电量为$Q(Q>0)$，在球面上挖去面积为ΔS的一小块(连同其上电荷)，设其余部分的电荷仍均匀分布，则挖去以后球心处的电场强度的大小为________，方向为________，球心处的电势为________(取无穷远处为电势零点).

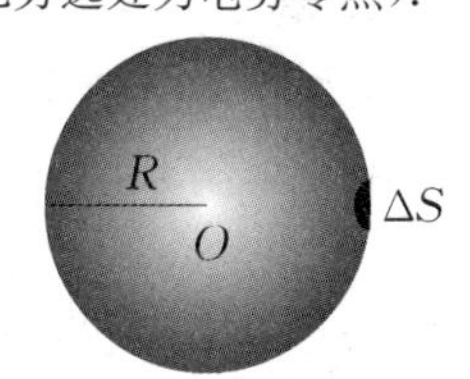

图6-57 习题6-26图

6-27 一均匀电场的电场强度为$\boldsymbol{E}=(400\boldsymbol{i}+600\boldsymbol{j})$ V/m，则点$a(3,2)$和点$b(1,0)$(单位：m)之间的电势差为$V_{ab}=$________.

三、计算题

6-28 一段半径为a的细圆弧导线对圆心O的张角为θ_0，其上均匀分布有正电荷，电量为q，如图6-58所示. 试以a,q,θ_0表示出圆心O处的电场强度.

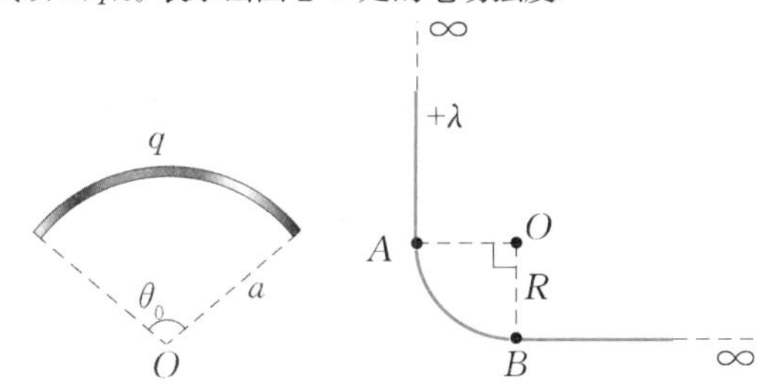

图6-58 习题6-28图 图6-59 习题6-29图

6-29 线电荷密度为λ的无限长细线被弯成如图6-59所示的形状，其中AB段是半径为R的四分之一圆弧，试求圆心O处的电场强度.

6-30 实验表明，在靠近地面处有相当强的电场，电场强度$\boldsymbol{E}$的方向垂直于地面向下，大小约为100 N/C；在离地面1.5 km高的地方，$\boldsymbol{E}$的方向也垂直于地面向下，大小约为25 N/C.

(1) 试计算从地面到此高度大气中的平均体电荷密度；

(2) 假设地球表面处的电场强度完全由均匀分布在地面的电荷产生，求地面上的面电荷密度.

6-31 如图6-60所示，一厚度为b的无限大带电平板，其体电荷密度为$\rho=kx(0\leqslant x\leqslant b)$，式中$k$为大于零的常量. 求：

(1) 平板外两侧任意一点的电场强度的大小；

(2) 平板内任意一点P处的电场强度；

(3) 电场强度为零的点.

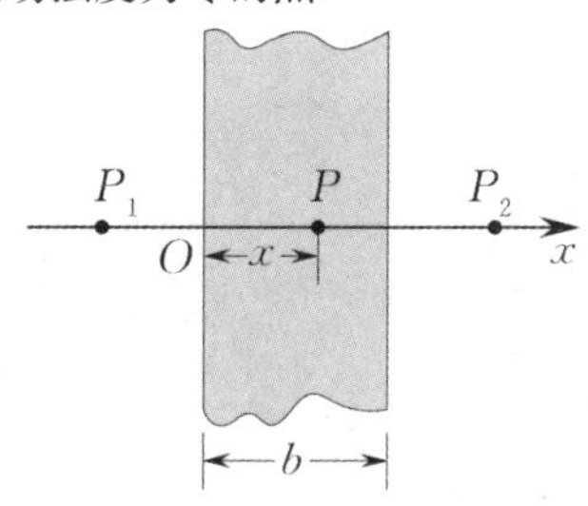

图6-60 习题6-31图

6-32 如图6-61所示，一根长为$2l$的带电细棒左半部均匀带负电，右半部均匀带正电，线电荷密度分别为$-\lambda$和$+\lambda$. O点在细棒的延长线上，到A点的距离为l. P点在细棒的垂直平分线上，到细棒的垂直距离为l. 以细棒的中点B为电势零点，计算O点和P点的电势.

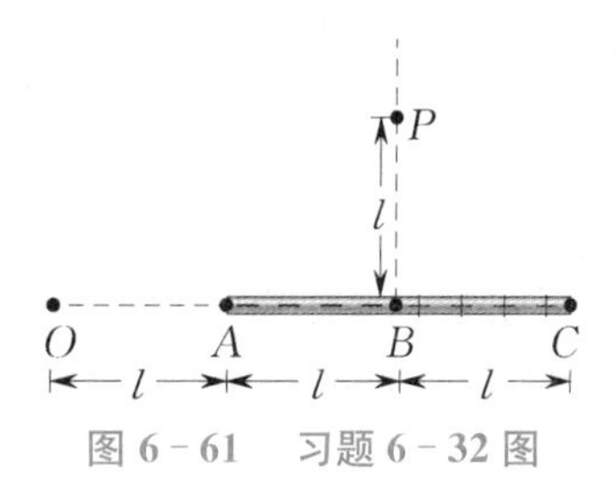

图6-61 习题6-32图

6-33 如图6-62所示，一半径为R的均匀带电半圆环，其带电量为q. 求半圆环中心O处的电场强度和电势.

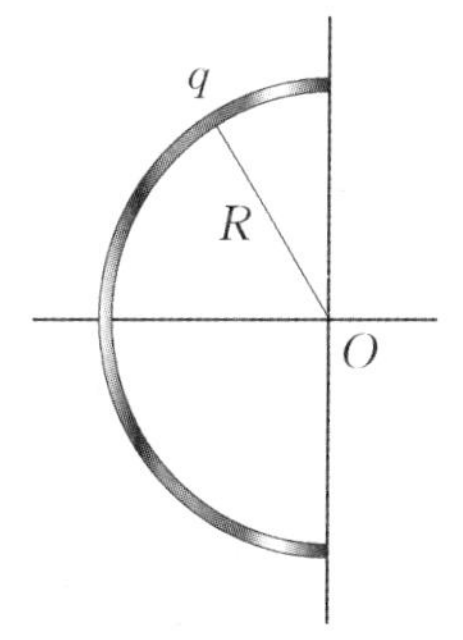

图6-62 习题6-33图

6-34 一半径为0.40 mm的球形雨滴，带电量为1.6 pC，它表面的电势为多少？两个这样的雨滴相遇后合并为一个较大的雨滴，这个雨滴表面的电势又为多少？

第7章 静电场中的导体和电介质

知识拓展

“想一想”：在法国旅行家戴马甘兰所著的《中国新事》(著于1688年)一书中，有这样的记载：中国屋脊两头，都有一个高高仰起的龙头，龙口含有一个金属舌头，伸向天空，舌根连接一根细的铁丝，直通地下. 这种奇妙的装置，在发生雷电时，能够使建筑物避免遭受雷电击毁. 为什么这种装置能够避免建筑遭受雷击呢？它的工作原理是什么？

在上一章中，我们讨论了真空中的静电场及其性质. 在真空状态下，除了场源电荷外，电场中不存在任何其他物质. 然而，在现实中，电荷总是分布在物体上的，带电体并不能孤立存在，其激发的电场中总是有其他物体存在，物体与电场会发生相互作用，从而影响电场分布及其性质. 本章主要研究将导体、电介质引入静电场后，电场、导体和电介质所发生的变化及其所遵循的基本规律. 按照物体的导电能力，可以把物体划分为两大类：导体和电介质. 能够导电的物体称为导体，不能够导电的物体称为电介质(或绝缘体). 导体和电介质有着完全不同的静电特性，在科学实验和工业生产中，静电现象的应用，实质上是导体和电介质静电特性的应用. 因此，深入研究静电场作用下的导体和电介质的电场性质，具有重要的现实意义.

7.1 静电场中的导体

一、导体的静电平衡

1. 导体的静电平衡状态

导体从形态上可以分为固体、液体和气体. 一般常见的金属材料都是优良的导体，它由大量带负电的电子和带正电的晶体点阵构成. 在金属导体内，由于原子最外层价电子受原子核的作用力很弱，容易摆脱原子核的束缚，在整个金属中自由运动，成为自由电子. 而组成金属的原子，由于失去了部分价电子，成为带正电的离子. 正离子在金属中按一定的分布规则周期性排列，称为晶体点阵. 在导体不带电或不受外电场影响时，整个导体对外不显电性，称为电中性. 对整个导体而言，自由电子的负电荷和晶体点阵的正电荷总是等量的，而且正、负电荷均匀分布在导体内，导体中的自由电子只做微观的热运动而没有宏观的定向运动，因而对外不显电性.

若将一块导体放入外电场 $\boldsymbol{E}_0$ 中，如图7-1所示. 无论导体原来是否带电，其内部的自由电子在电场力作用下，都将相对于晶体点阵做宏观定向运动，从而引起导体中的正、负电荷重新分布，使导体一端的表面带负电，而另一端的表面带等量的正电. 这种在外电场作用下，引起导体中电荷重新分布而呈现的带电现象，称为静电感应. 导体由于静电感应产生的电荷称为感应电荷. 反过来，这些感应电荷又会影响原来的外电场. 感应电荷会在导体内建立一个新的电场，称为附加电场 $\boldsymbol{E}'$，其方向与外电场 $\boldsymbol{E}_0$ 的方向相反. 导体中的电场 $\boldsymbol{E}$ 就是外电场 $\boldsymbol{E}_0$ 和附加电场 $\boldsymbol{E}'$ 的叠加. $\boldsymbol{E}'$ 对导体内的自由电子也有电场力的作用，由于附加电场和原电场反向，附加电场将对定向运动的自由电子起阻碍作用，但只要 $E_0 > E'$，导体内自由电子的定向运动就不会停止. 随着导体两端表面的感应电荷继续增加，导体内部的附加电场 $\boldsymbol{E}'$ 越来越强，直到导体内附加电场 $\boldsymbol{E}'$ 和外电场 $\boldsymbol{E}_0$ 大小相等，能够完全抵消导体内的外电场 $\boldsymbol{E}_0$ 对自由电子的作用，即在导体内部任意位置，总的电场为 $\boldsymbol{E} = \boldsymbol{E}_0 + \boldsymbol{E}' = \boldsymbol{0}$. 此时，导体内的自由电子的宏观定向运动才会停止，电荷分布不再随时间发生变化，电场分布处于稳定状态. 我们把导体内部和导体表面上都没有电荷做宏观定向运动的状态称为导体的静电平衡状态.

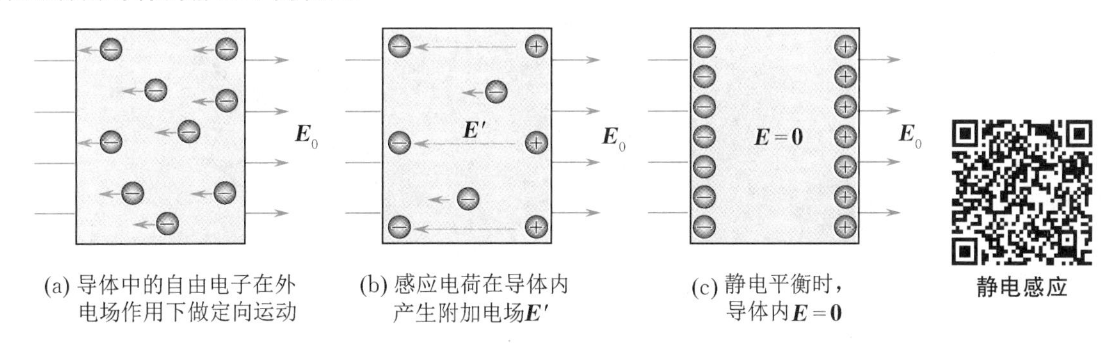

图 7-1 导体的静电平衡过程

需要指出的是，导体在外电场作用下出现电荷重新分布，最后达到静电平衡的过程几乎是瞬间完成的，通常为 $10^{-14} \sim 10^{-13}$ s. 而实际上静电平衡过程十分复杂，上面的叙述只是为了便于读者理解.

处于静电平衡状态的导体，其内部和表面的电场强度和电势具有如下特征：

(1) 在导体内部，电场强度处处为零；导体表面的电场强度方向垂直于该处导体表面；电场线与导体表面正交，但不进入导体内部.

下面利用反证法证明上述结论. 假设导体内部电场强度不是处处为零，那么导体内部电场强度不为零的地方，自由电子将在电场力作用下继续做宏观定向运动；同样，如果导体表面的电场强度不垂直于导体表面，则必然存在沿导体表面的电场强度的切向分量，导体表面的自由电子仍将沿着导体表面定向运动. 只要导体中存在电荷的定向运动，电场分布就会变化，说明导体仍未达到静电平衡状态. 因此，只有导体内部电场强度处处为零，且导体表面电场强度处处垂直于导体表面时，导体才可处于静电平衡状态.

(2) 导体内部、表面各处电势相同，整个导体是一个等势体.

由于静电平衡时导体内电场强度处处为零，因此导体内部任意两点 P 和 Q 的电势差 $V_{PQ} = \int_P^Q \boldsymbol{E} \cdot \mathrm{d}\boldsymbol{l} = 0$，即导体内部各处的电势相等. 如果 P 和 Q 是导体表面上的任意两点，这时积分路径取在导体表面上，导体表面的电场强度方向垂直于该处导体表面，即始终垂直于积分路径，其积分结果等于零，导体表面上各处电势相等. 因此，处于静电平衡的导体是一个等势体.

以上两个特征也称为导体静电平衡条件. 必须指出，导体内部电场强度处处为零，整个导体是一个等势体，是电场中所有电荷(包括导体内部的电荷和外部的电荷) 共同作用的结果.

2. 在导体静电平衡条件下，导体上电荷的分布

导体处于静电平衡时，其电荷分布具有如下特性：

(1) 电荷只分布在导体的外表面上,导体内部各处净电荷为零.

利用高斯定理来证明这一结论. 如图 7-2 所示,设想在导体内部任取一点 P,围绕 P 点任作一闭合曲面 S(S 在导体内部),由导体静电平衡条件可知,导体内部电场强度处处为零,由高斯定理可得

$$\oint_S \boldsymbol{E} \cdot \mathrm{d}\boldsymbol{S} = 0 = \frac{1}{\varepsilon_0}\sum q_{\text{in}},$$

对上式进行整理,可得

$$\sum q_{\text{in}} = 0,$$

即闭合曲面 S 内包围电荷的代数和为零. 因为 P 点是任取的,闭合曲面 S 也是任作的,所以导体内部任意一点均没有净电荷,电荷只分布在导体的外表面上,导体内部各处净电荷为零.

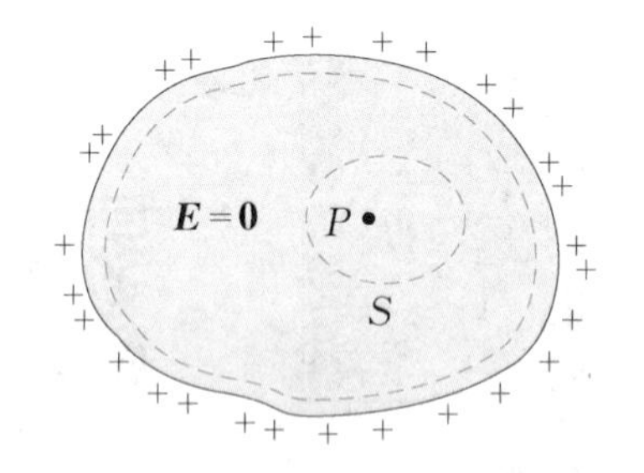

图 7-2 导体内部无净电荷

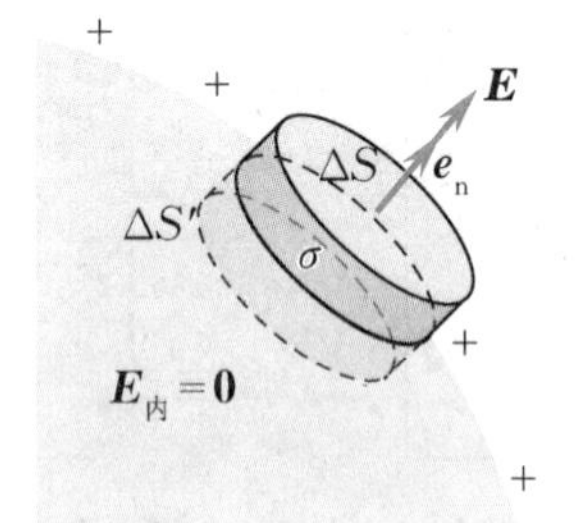

图 7-3 导体表面电场强度与面电荷密度的关系

(2) 导体表面上各处的面电荷密度与该处表面附近电场强度的大小成正比.

这一结论同样可以利用高斯定理进行证明. 如图 7-3 所示,在导体表面外侧任取一点,$\boldsymbol{E}$ 为该点处的电场强度. 过该点作底面积为 ΔS 的圆柱形高斯面,其轴线与导体表面垂直,两底面与导体表面平行,上底面在导体表面之外,下底面则在导体表面之内. 设高斯面所在处导体表面的面电荷密度为 σ,因为导体表面上的电场强度总是垂直于导体表面,而导体内部的电场强度处处为零,不存在电场线,所以只有圆柱体的上底面有电场线穿过,其电通量为 $E\Delta S$,其他面的电通量均为零,圆柱体所包围的电量为 $\sigma\Delta S$. 由高斯定理可得

$$\oint_S \boldsymbol{E} \cdot \mathrm{d}\boldsymbol{S} = E\Delta S = \frac{\sigma\Delta S}{\varepsilon_0},$$

即

$$E = \frac{\sigma}{\varepsilon_0}. \tag{7-1}$$

式(7-1)表明,导体表面各处附近的电场强度与该处的面电荷密度 σ 成正比. 当 $\sigma > 0$ 时,该处的电场强度 $\boldsymbol{E}$ 垂直导体表面向外;而当 $\sigma < 0$ 时,该处的电场强度 $\boldsymbol{E}$ 垂直导体表面向内.

(3) 孤立导体表面各处的面电荷密度与该处表面的曲率有关,曲率越大的地方,面电荷密度越大,电场强度也越强.

当一个导体周围不存在其他导体及带电体,或与其他导体及带电体的距离足够远,它们激发的场强的影响可以忽略时,称这样的导体为孤立导体. 一般来说,孤立导体表面的电荷分布不均匀. 实验表明,孤立导体表面的曲率不同,面电荷密度也不同. 曲率越大的地方(表面尖而凸出),该处的面电荷密度越大;曲率越小的地方(表面比较平坦),该处的面电荷密度越小;如果曲率为负值(表面向内凹陷),该处的面电荷密度最小. 应当指出,关于孤立导体的这一结论不能推广到普遍情况. 一般来说,电荷在导体表面上的分布不但与导体自身的形状有关,还与附近是否有其他带电体有关. 对于孤立导体而言,电荷在其表面上的分布才由自身的形状,即表面的曲率所决定. 下面通过例题来说明面电荷密度与表面各处的曲率的关系.

例 7-1

两个半径分别为 R 和 $r(R>r)$ 的导体球相距很远，用一根细导线相连，如图 7-4 所示，使这个导体组带电，电势为 V，求两导体球表面的面电荷密度与曲率的关系.

图 7-4 导体表面的面电荷密度与曲率的关系

解 因两导体球相距很远，每个导体球的电荷对另一个导体球的电场的影响可以忽略不计. 由于导线很细，导线表面的电荷可以忽略，因此导线对两导体球的电场的影响可忽略不计，导线唯一的作用就是使两导体球电势相等，于是两导体球均可视为孤立导体. 根据球的对称性，两导体球上的电荷是均匀分布的. 当这个导体组带电时，设大球的带电量为 Q，小球的带电量为 q，则两导体球的电势为

$$V=\frac{Q}{4\pi\varepsilon_0 R}=\frac{q}{4\pi\varepsilon_0 r}.$$

对上式进行整理，可得

$$\frac{Q}{q}=\frac{R}{r}=\frac{k_r}{k_R},$$

式中 k_r，k_R 分别为小球和大球的曲率. 两导体球的面电荷密度分别为

$$\sigma_R=\frac{Q}{4\pi R^2},\quad \sigma_r=\frac{q}{4\pi r^2},$$

所以

$$\frac{\sigma_R}{\sigma_r}=\frac{Qr^2}{qR^2}=\frac{r}{R}=\frac{k_R}{k_r}. \tag{7-2}$$

由式(7-2)可知，孤立导体带电时，其面电荷密度与曲率成正比，曲率越大，面电荷密度越大.

对于有尖端的带电导体，由于尖端处的曲率很大，因此尖端处的面电荷密度很大. 由式(7-1)可知，导体尖端附近的电场非常强，如图 7-5 所示，当电场强度超过空气的击穿场强(干燥空气的击穿场强约为 25 kV/cm) 时，就会使空气分子发生电离(击穿) 而放电，这种现象称为尖端放电. 在图 7-6 中，将金属针尖接在静电起电机的一极(如正极) 上，使针尖带上正电，由于针尖上的面电荷密度很大，针尖附近空间强大的电场使空气中残存的离子加速运动并与其他空气分子产生碰撞电离，产生大量新的带电粒子，其中与针尖处电荷异号的带电粒子被吸引到针尖上，与金属上的电荷中和，而与针尖上电荷同号的带电粒子受到强大电场力的推动而斥离，形成一股“电风”，足以将蜡烛的火焰吹向一侧.

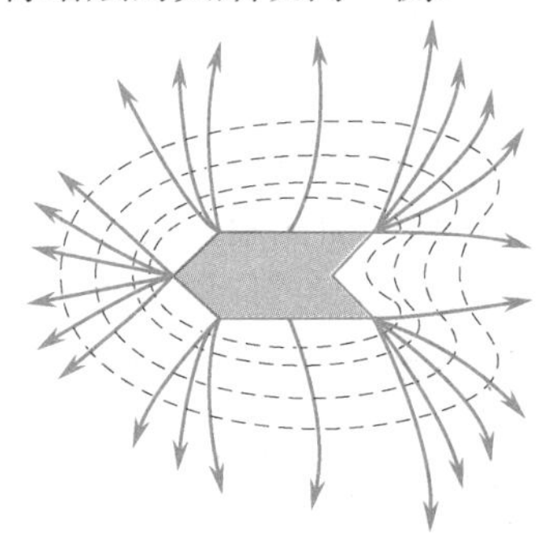

图 7-5 导体尖端的电场线和等势面的分布

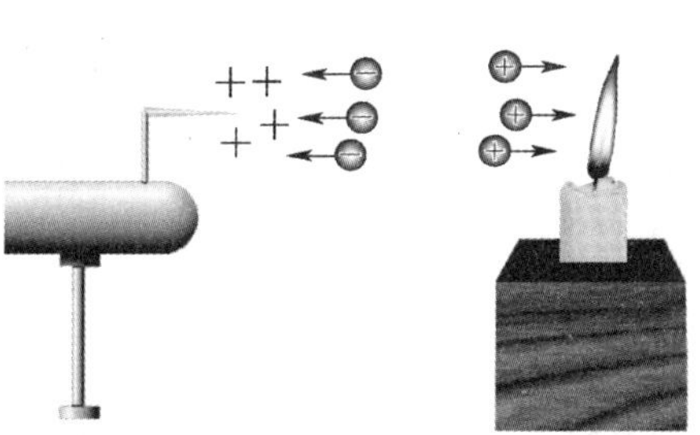

图 7-6 尖端放电

尖端放电时，在它周围的空气就变得更加容易导电，急速运动的离子与空气中的分子碰撞时，会使分子受激发而发光，形成电晕. 夜晚在高压电线附近有时就可以观察到这种现象. 形成电晕的同时，伴随有电能损耗，尤其是在远距离输电过程中，会损耗很多的电能. 放电时产生的电磁波还会干扰精密测量和射频通信信号等，所以在高压电器设备中的电极通常制成表面光滑的圆球面，传输电线的表面也尽可能做得平滑，这样就可以降低电能损耗.

尖端放电有很多危害.例如,静电放电会使火箭弹发生意外爆炸;在石化工业中,由于静电放电曾发生过多起汽油着火事故;在电子工业中,尖端放电会损害电子元件.在实际生活中,有时也可以对尖端放电加以利用.例如,高大建筑物上设置的避雷针,就是根据尖端放电的原理制成的.雷雨天气,当带电的云层接近地面时,由于静电感应,使地面上的物体带上异种电荷,这些电荷较集中地分布在地面上的凸出部位(高楼、烟囱、大树等),该处的面电荷密度很大,能够产生很强的电场;当电场强度大到一定程度时,可使潮湿的空气发生电离,引起云层和这些物体之间的火花放电,这就是雷击现象.为了防止雷击,可在高楼、烟囱上安装避雷针,当云层接近地面时,在避雷针尖端处的面电荷密度非常大,电场强度特别大,首先把避雷针周围的空气击穿,使来自地面上的感应电荷与云层中所聚集的异号电荷持续发生中和,消除了云层中的大量的电荷,使得云层中的电荷不能持续积累,避免了雷击,从而保护了建筑物.一方面,要使避雷针起到避雷作用,避雷针的尖端要保持尖锐且导线部分必须与大地接触良好,否则避雷针不仅不能起到应有的作用,反而会使建筑物更容易遭受雷击.另一方面,如果希望把电荷保持在某导体上,则除将这一导体保持绝缘外,还要把导体表面磨得尽可能圆滑,高压电气设备及其零部件的表面均十分光滑并接近球形,就是为了防止尖端放电.

二、空腔导体的静电平衡和静电屏蔽

前面已经叙述了一个实心导体置于电场中,静电平衡时感应电荷只能分布在导体的外表面上,导体内部的电场强度处处为零;同样,如果把一个空腔导体(空心部分称为空腔,剩余部分称为导体壳)放置在电场中,也不会改变上述静电平衡的结论.电场线止于导体的外表面而不能够穿入空腔,空腔中的电场强度也处处为零.这一特性在技术上常用作静电屏蔽.因此,研究空腔导体静电平衡时空腔的电场和电荷的分布规律,对理解静电屏蔽的原理以及求解某些有导体存在时的静电场问题十分必要.

1. 空腔导体

空腔导体静电平衡时的电荷分布和电场问题,我们分两种情况讨论.

(1) 空腔内没有带电体.

当空腔内不存在带电体时,在静电平衡条件下,电荷只能分布在导体壳的外表面上,导体壳内表面没有电荷,空腔的电场强度处处为零,整个空腔是一个等势体;若空腔本身带有净电荷,净电荷只能分布在导体壳的外表面,空腔内没有净电荷.

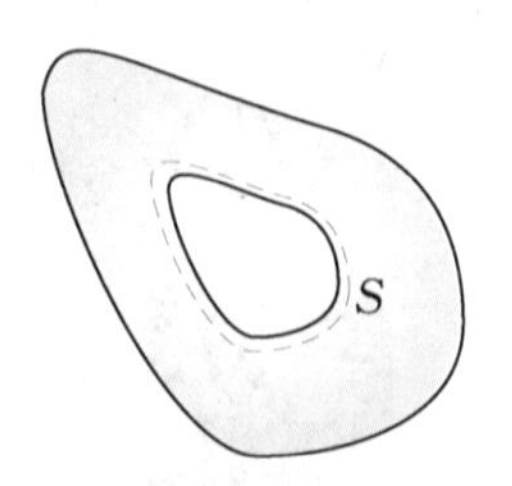

图 7-7　空腔内无带电体的情况

上述结论用高斯定理很容易证明.如图 7-7 所示,在导体壳内、外表面之间作一高斯面 S,如图中虚线所示,使高斯面无限贴近导体壳的内表面而包围空腔.由静电平衡条件可知,S 上电场强度处处为零,通过 S 的电通量必然为零,由高斯定理可知整个高斯面 S 内电荷的代数和为零,即

$$\oint_S \boldsymbol{E}\cdot \mathrm{d}\boldsymbol{S}=\frac{1}{\varepsilon_0}\sum q_{\mathrm{in}}=0.$$

因为内空腔内无带电体,所以导体壳内表面的电荷代数和必为零.

利用反证法也可证明,达到静电平衡的空腔导体,其导体壳内表面各处面电荷密度 σ 均为零.现在假设导体壳内表面不同部位分布有等量异号电荷,将有电场线始于正电荷而止于负电荷,电场强度沿着此电场线积分不等于零,意味着导体壳的内表面之间存在电势差,这将导致处于静电平衡的导体壳内表面上两点电势不等,这与处于静电平衡状态的导体是等势体的结论相矛盾.因此,导体壳内表面必定没有净电荷,净电荷只分布于导体壳的外表面,即静电平衡的空腔导体，其导体壳内表面面电荷密度 σ 处处为零.

对上述结论不应产生误解. 如果在空腔导体外放置一个带有 $+q$ 电量的点电荷，是否由于空腔导体的存在，该点电荷就不在空腔内激发电场呢？当然不是. 根据电场强度叠加原理，任何点电荷都能在空间任意位置激发电场，空腔内的电场强度之所以为零，是因为导体壳外表面感应出了异号电荷，这些感应电荷激发的电场与点电荷 $+q$ 激发的电场相叠加，使得空腔内的电场强度为零.

从上面的讨论可知，处在外电场中的空腔导体，若空腔内无电荷，则空腔内的电场强度为零. 这一结论与空腔导体外的电荷和电场的分布无关. 从效果上看，空腔导体起到了屏蔽外电场的作用（见图 7－8）.

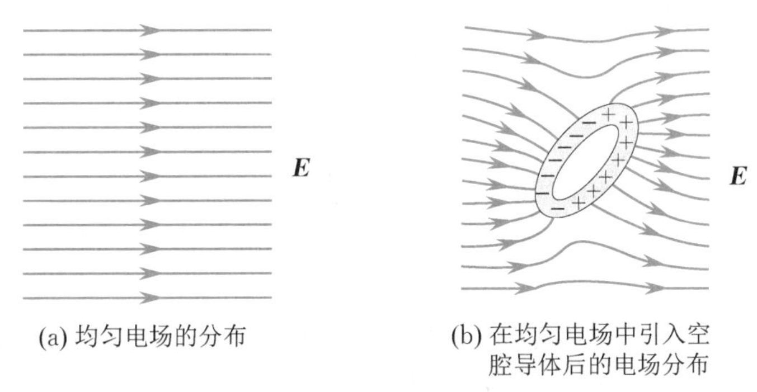

(a) 均匀电场的分布　(b) 在均匀电场中引入空腔导体后的电场分布

图 7－8　静电屏蔽原理图

(2) 空腔内存在带电体.

如图 7－9(a) 所示，当空腔内有一电量为 $+q$ 的带电体时，在静电平衡条件下，电荷分布在导体壳的内、外两个表面上，其中导体壳内表面上的电荷是空腔内带电体的感应电荷 $-q$，与空腔内带电体的电荷等量异号. 空腔内电场线始于带电体 $+q$ 而止于导体壳内表面上的感应电荷 $-q$，空腔内的电场强度不为零，带电体与导体壳之间有电势差. 同时，导体壳的外表面相应地感应出电荷 $+q$. 如果空腔导体本身并不带电，则导体壳的外表面只有感应电荷 $+q$；如果空腔导体本身带有净电荷 Q，则导体壳外表面所带电荷为 $Q+q$.

上述结论也可以通过高斯定理来证明. 假设空腔导体本身不带电，即没有净电荷，在导体壳内、外表面之间作一高斯面 S，如图 7－9(a) 中虚线所示. 由静电平衡条件可知，S 上电场强度处处为零，则通过 S 的电通量为零. 因此，高斯面 S 内电荷的代数和为零，即 $\sum q_{in}=0$. 当空腔内有电荷 $+q$ 时，导体壳内表面所带电荷必为 $-q$. 再根据电荷守恒定律，由于整个空腔导体显电中性，因此导体壳的外表面必然感应出电荷 $+q$.

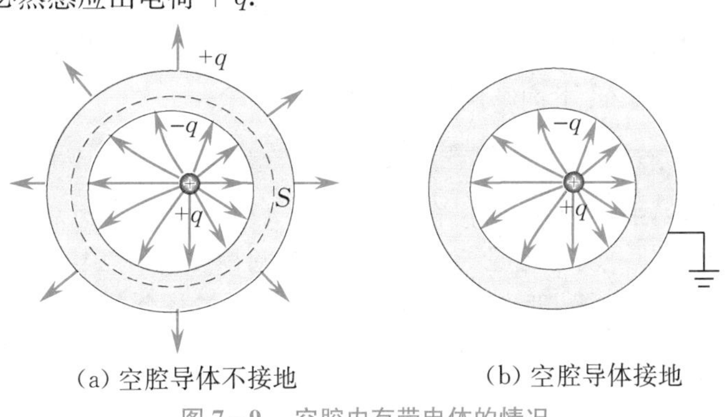

(a) 空腔导体不接地　(b) 空腔导体接地

图 7－9　空腔内有带电体的情况

通过上述讨论可知,如果空腔内有带电体,导体壳外表面有等量同号的电荷产生,就会在空腔导体外激发电场.这个电场由导体壳外表面上电荷的分布决定,与空腔内的情况无关,空腔内带电体放在空腔内的不同位置上,它只会改变导体壳内表面上的电荷分布,而不会改变导体壳外表面上的电荷分布以及空腔导体外的电场分布.若用导线把导体壳接地,如图 7-9(b) 所示,则导体壳外表面的感应电荷将沿着导线全部流入大地,空腔导体外相应的电场也将随之消失,从而能够消除空腔内带电体对外界的影响.

2. 静电屏蔽

根据空腔导体在静电平衡时的带电特性,在静电平衡状态下,无论空腔导体本身是否带电,空腔导体是否处在外电场中,只要空腔内没有带电体,它就如同实心导体一样,空腔内必定不存在电场.这样,空腔导体就屏蔽了外电场或导体壳外表面的电荷,使它们无法影响空腔内部.如果空腔内存在带电体,导体壳外表面就会出现感应电荷,其激发的电场就会对外界产生影响.如果我们用一根导线将导体壳外表面和大地相连接,此时导体壳外表面的电势和大地的电势相等,导体壳外表面上的感应电荷被大地中的电荷中和,空腔中的带电体不会对外界产生影响.总之,空腔内的电场不受空腔外电荷的影响,接地导体壳使得外部电场不受空腔内电荷的影响,这种现象称为静电屏蔽.

静电屏蔽原理在工程技术中有着广泛的应用.例如,一些电子仪器常采用金属外壳以使内部电路不受外界电场的干扰;传递弱电信号的电缆线常在其绝缘层外编织一层金属丝网作为屏蔽层,以避免外界的电磁干扰;在高压设备外面罩上接地的金属网栅,以便消除高压带电体对外界的影响等.

利用静电平衡条件下导体是等势体以及静电屏蔽原理,人们发明了在高压输电线路上自由带电作业的技术.当工作人员登上数十米高的铁塔,接近高压(500 kV) 电线时,人体通过铁塔与大地相连接,人体与高压电线之间有非常大的电势差,因而它们之间存在很强的电场,能使人体周围的空气电离而放电,从而危及人身安全.利用静电屏蔽原理,将细铜丝和纤维编织在一起,制成导电性能良好的工作服,称为均压服,把手套、帽子、衣裤和袜子连成一体,形成一个导体网壳,工作人员穿上它,相当于用导体壳将人体罩起来了,这样电场就不能穿入均压服,保证了工作人员的安全.工作人员就可以在不停电的情况下,安全自由地在数十万伏高压输电线路上工作了.

三、有导体存在时静电场的分析与计算

导体放入静电场中时,电场会影响导体上的电荷分布,反过来,导体上的新的电荷分布也会影响电场的分布.这种相互影响将一直持续到静电平衡为止.在分析和计算有导体的静电场问题时,一般先根据导体静电平衡条件和电荷守恒定律,确定导体上的电荷分布,然后再根据电荷分布情况去分析计算电场的分布.下面举例予以说明.

例 7-2

如图 7-10(a) 所示,将一块原来不带电的金属板 M 移动靠近另外一块带电量为 $+Q$ 的金属板 N,两金属板平行放置.设两金属板的面积均为 S,板间距离为 d,忽略边缘效应.

(1) 求静电平衡后,两金属板上的电荷分布及周围空间的电场分布;

(2) 若将金属板 M 接地,求电荷和电场的分布.

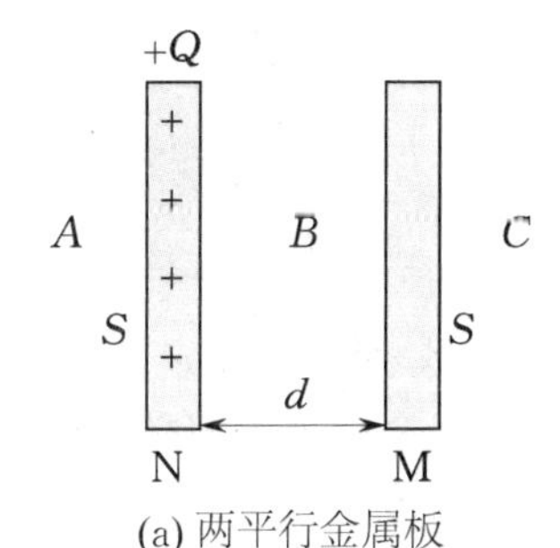

(a) 两平行金属板

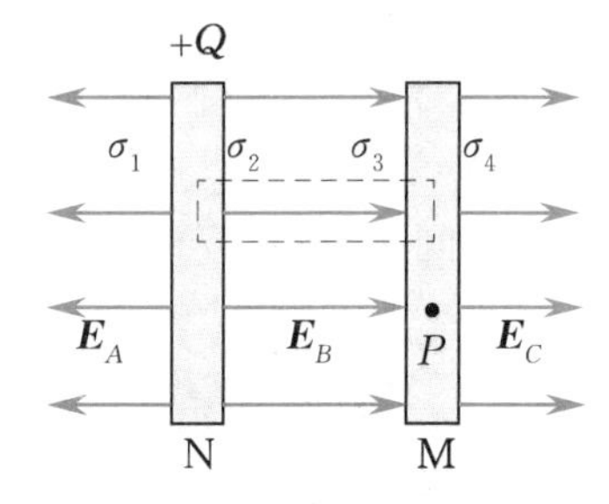

(b) M不接地

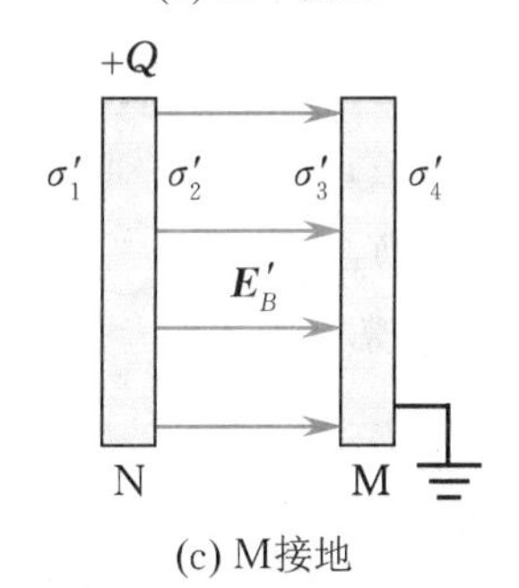

(c) M接地

图 7－10　例 7－2 图

解　(1) 如图 7－10(b) 所示,设静电平衡后,两金属板 4 个表面的面电荷密度分别为 $\sigma_1,\sigma_2,\sigma_3$ 和 σ_4. 由电荷守恒定律可得

$$\sigma_1+\sigma_2=\frac{Q}{S},$$

$$\sigma_3+\sigma_4=0.$$

取一个两底分别在两个金属板内而侧面垂直于板面的封闭柱面作为高斯面,如图 7－10(b) 所示,通过此高斯面的电通量为零. 由高斯定理可得

$$\sigma_2+\sigma_3=0.$$

在金属板 M 内任取一点 P,并取水平向右的方向为电场强度的正方向,P 点的电场强度为金属板 4 个表面产生的电场强度的叠加,因而有

$$E_P=\frac{\sigma_1}{2\varepsilon_0}+\frac{\sigma_2}{2\varepsilon_0}+\frac{\sigma_3}{2\varepsilon_0}-\frac{\sigma_4}{2\varepsilon_0}.$$

由静电平衡条件可得 $E_P=0$,因而有

$$\sigma_1+\sigma_2+\sigma_3-\sigma_4=0.$$

联立上述方程,可得

$$\sigma_1=\sigma_2=\sigma_4=\frac{Q}{2S},\quad \sigma_3=-\frac{Q}{2S}.$$

由电场强度叠加原理,可求得 A,B,C 三个区域的电场强度分布如下(仍取水平向右为正):

A 区,电场强度为

$$E_A=-\frac{\sigma_1}{2\varepsilon_0}-\frac{\sigma_2}{2\varepsilon_0}-\frac{\sigma_3}{2\varepsilon_0}-\frac{\sigma_4}{2\varepsilon_0}=-\frac{Q}{2\varepsilon_0 S},$$

式中负号表示方向水平向左;

B 区,电场强度为

$$E_B=\frac{\sigma_1}{2\varepsilon_0}+\frac{\sigma_2}{2\varepsilon_0}-\frac{\sigma_3}{2\varepsilon_0}-\frac{\sigma_4}{2\varepsilon_0}=\frac{Q}{2\varepsilon_0 S},$$

方向水平向右;

C 区,电场强度为

$$E_C=\frac{\sigma_1}{2\varepsilon_0}+\frac{\sigma_2}{2\varepsilon_0}+\frac{\sigma_3}{2\varepsilon_0}+\frac{\sigma_4}{2\varepsilon_0}=\frac{Q}{2\varepsilon_0 S},$$

方向水平向右.

(2) 若把右边的金属板 M 接地,如图 7－10(c) 所示,则金属板 M 与地球连成一体,M 右表面上的电荷就会分散到更远的地球表面上而使 M 右表面上的电荷消失,因而 $\sigma_4'=0$.

由电荷守恒定律可得

$$\sigma_1'+\sigma_2'=\frac{Q}{S}.$$

由高斯定理可得

$$\sigma_2'+\sigma_3'=0.$$

为了使金属板 M 内的 P 点处的电场强度为零,又必须有

$$\sigma_1'+\sigma_2'+\sigma_3'=0.$$

联立上述 3 个方程可得

$$\sigma_1'=0,\quad \sigma_2'=\frac{Q}{S},\quad \sigma_3'=-\frac{Q}{S}.$$

与未接地前相比,电荷分布改变了. 这一变化是负电荷通过接地线从大地转移到金属板 M 上的结果. 负电荷的电量一方面中和了 M 右表面上的正电荷(这是正电荷入地的另一种说法);另一方面又补充了 M 左表面上的负电荷,使其面电荷密度增加一倍;同时 N 上的

电荷全部分布到其右表面上. 只有这样,才能使两金属板内部的电场强度为零而达到静电平衡状态.

这时的电场分布变为

$$E'_A = E'_C = 0,\quad E'_B = \frac{Q}{\varepsilon_0 S}\quad (\text{方向水平向右}).$$

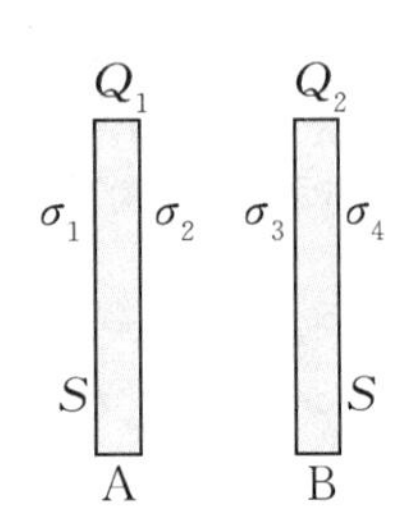

图 7-11 带任意电荷的两块无限大平行板

例 7-2 的某些结论具有普遍意义. 两块有一定厚度的无限大平板 A,B 平行放置,如图 7-11 所示,无论两平板原带电情况如何(图中 Q_1,Q_2 大小和符号任意),两平板静电平衡后,4 个表面上的面电荷密度一定有如下关系:

$$\begin{cases}\sigma_1 = \sigma_4,\\ \sigma_2 = -\sigma_3.\end{cases}\qquad (7-3)$$

在求解两块有厚度的平行板的静电场问题时,式(7-3) 可作为公式使用.

例 7-3

在内、外半径分别为 R_2 和 $R_3(R_3 > R_2)$ 的同心导体球壳内部,有一个半径为 R_1 的金属球,球壳带电量为 Q,金属球带电量为 q,如图 7-12 所示. 求:

(1) 金属球的电势 V_1 和球壳的电势 V_2;

(2) 金属球与球壳的电势差 $V_1 - V_2$;

(3) 将球壳接地时,金属球与球壳的电势差$V_1 - V_2$.

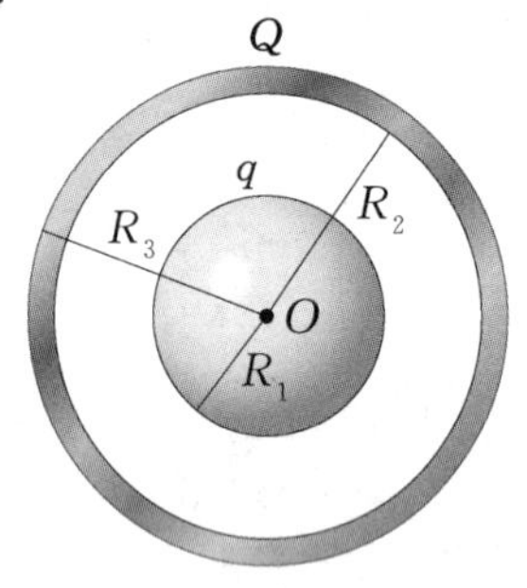

图 7-12 例 7-3 图

解 (1) 在计算有导体存在情况下静电场的电场强度和电势分布时,首先分析金属球和球壳达到静电平衡后,球壳内、外表面上的电荷分布. 因球壳内部的金属球的带电量为 q,球壳内、外表面上应分别感应出 $-q$ 和 $+q$ 的电量,而球壳原带电量为 Q,故球壳外表面上的总电量为 $q+Q$. 金属球和球壳的电势可用两种方法求得,一是利用高斯定理先求出各区域的电场强度分布,然后根据电势的定义求得各点的电势;二是利用电势叠加原理求解. 下面利用电势叠加原理求解.

空间各点的电势为 3 个带电球面(半径为 R_1、带电量为 q 的球面,半径为 R_2、带电量为 $-q$ 的球面以及半径为 R_3、带电量为 $q+Q$ 的球面) 在该点电势的代数和.

金属球的电势为

$$V_1 = \frac{q}{4\pi\varepsilon_0 R_1} - \frac{q}{4\pi\varepsilon_0 R_2} + \frac{q+Q}{4\pi\varepsilon_0 R_3},$$

球壳的电势为

$$V_2 = \frac{q}{4\pi\varepsilon_0 R_3} - \frac{q}{4\pi\varepsilon_0 R_3} + \frac{q+Q}{4\pi\varepsilon_0 R_3} = \frac{q+Q}{4\pi\varepsilon_0 R_3}.$$

(2) 金属球与球壳的电势差为

$$V_1 - V_2 = \frac{q}{4\pi\varepsilon_0 R_1} - \frac{q}{4\pi\varepsilon_0 R_2}.$$

(3) 若将球壳接地,则球壳外表面上的电荷消失,金属球与球壳的电势分别为

$$V_1 = \frac{q}{4\pi\varepsilon_0 R_1} - \frac{q}{4\pi\varepsilon_0 R_2},$$

$$V_2 = 0,$$

金属球与球壳的电势差仍为

$$V_1 - V_2 = \frac{q}{4\pi\varepsilon_0 R_1} - \frac{q}{4\pi\varepsilon_0 R_2}.$$

由以上计算结果可以看出,不管球壳是否接地,金属球与球壳的电势差始终保持不变. 而且,当 q 为正值时,金属球的电势高于球壳的电势;而当 q 为负值时,金属球的电势低于球壳的电势. 后一结论与金属球在球壳内的位置无关,如果金属球与球壳用导线相连或金属

球与球壳相接触，则不论 q 是正是负，也不管球壳是否带电，电荷总是全部迁移到球壳的外表面上，直到 $V_1 - V_2 = 0$ 为止.

例 7－4

设原来不带电的导体球附近有一带电量为 $+q$ 的点电荷，如图 7－13 所示. 求：

(1) 导体球的电势；

(2) 导体球接地时导体上感应电荷的电量.

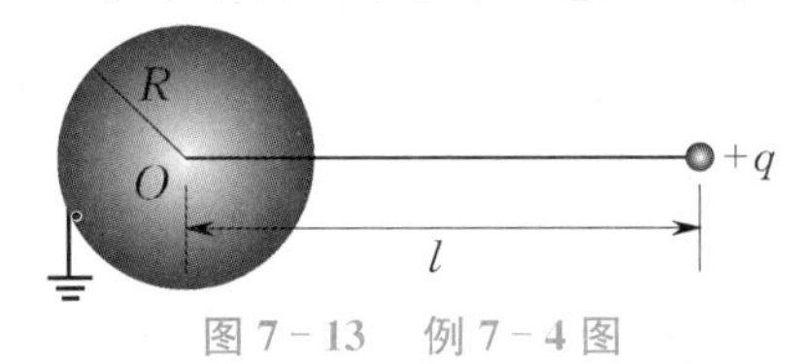

图 7－13　例 7－4 图

解　(1) 在静电平衡时，导体球是个等势体，O 点的电势即为导体球的电势.

设导体球面上的面感应电荷密度为 σ，电量为 Q，则

$$Q = \int \sigma \mathrm{d}S = 0.$$

球心 O 处的电势是由点电荷和球面上的感应电荷共同产生的，因此导体球的电势为

$$V = V_O = \frac{q}{4\pi\varepsilon_0 l} + \int \frac{\sigma \mathrm{d}S}{4\pi\varepsilon_0 R} = \frac{q}{4\pi\varepsilon_0 l}.$$

(2) 由于导体球接地，因此电势为 $V = 0$，则有

$$\frac{Q}{4\pi\varepsilon_0 R} + \frac{q}{4\pi\varepsilon_0 l} = 0.$$

由上式可得

$$Q = -\frac{R}{l} q.$$

7.2　静电场中的电介质

电介质一般是指电阻率非常高(常温下大于 $10^7\ \Omega \cdot \mathrm{m}$)、导电能力极差的物质，又称为绝缘体. 常见的气态电介质有空气、氮气等，液态电介质有纯净水、汽油等，固态电介质有橡胶、陶瓷、塑料等. 电介质分子中正、负电荷之间有较强的相互作用，电介质分子内部几乎没有可以自由移动的电荷. 限于对电介质材料的认识，很长一段时间内电介质仅被用作电气绝缘材料，通常人们认为电介质就是绝缘材料. 实际上，电介质除了具有电气绝缘性能外，在外电场作用下，电介质的电极化也是它的一个重要特性. 随着科技和材料的发展，人们发现某些固态电介质具有许多与极化相关的特殊性能，如压电、电致伸缩、热释电、铁电等一系列特性，从而引起人们的重视，在许多高新技术，如微电子技术、超声波技术、电子光学、激光技术及非线性光学等中，都有广泛的应用. 下面讨论电场与电介质之间的相互作用.

一、电介质及其极化

1. 电介质的电结构和分类

电介质是由大量呈电中性的分子组成的. 每一个中性分子所带正、负电荷的量值相等，尽管带负电的电子(或负离子)与带正电的原子核(或正离子)由于相互作用而紧紧束缚在一起，不能够自由运动，但通常这些正电荷或负电荷并不是集中于分子中的一点，而是分散于分子中. 为了研究方便，设想每一个分子中所有的正、负电荷分别集中于一点，分别用一个等效的正、负电荷代替，等效的正、负电荷在分子中所处的位置，分别称为该分子的正、负电荷中心. 具体来说，等效正电荷(或负电荷)等于分子中的全部正电荷(或负电荷)；等效正、负电荷在远处产生的电场与一个电介质分子中全部正、负电荷在该处所产生的电场相同. 按照分子内部电结构的不同，可将电介

质分子分为两大类:极性分子和无极分子.

(1) 极性分子.

极性分子在没有外电场存在的情况下,其分子内的电荷分布不对称,因而它们的正、负电荷中心不重合.若以 q 表示分子中等效正电荷(或负电荷)的电量的数值,以 $\boldsymbol{l}$ 表示从负电荷中心指向正电荷中心的矢量,则每个极性分子可等效为一个电偶极子,其电矩 $\boldsymbol{p}_e = q\boldsymbol{l}$ 不为零,即这类分子中存在固有电矩,如图 7-14(a) 所示.常见的如水(H_2O)、氯化氢(HCl)、氨气(NH_3)、一氧化碳(CO) 和二氧化硫(SO_2) 等分子都是极性分子.

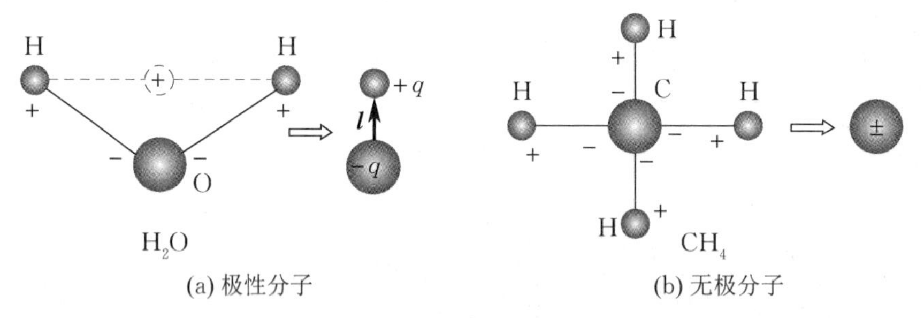

图 7-14　两类电介质分子

(2) 无极分子.

无极分子在没有外电场存在的情况下,内部的电荷对称分布,正、负电荷中心重合,正、负电荷中心之间的距离为零,分子的电矩为 $\boldsymbol{p}_e = \boldsymbol{0}$,即这类分子没有固有电矩,如图 7-14(b) 所示.常见的如氢气(H_2)、氧气(O_2)、氦气(He)、甲烷(CH_4) 和二氧化碳(CO_2) 等分子都是无极分子.

2. 电介质的极化

对极性分子而言,没有外电场时,虽然分子的固有电矩不为零,但由于分子的热运动,使得每个极性分子电矩的取向杂乱无章,由大量极性分子组成的电介质材料,其所有分子的固有电矩的矢量和 $\sum_i \boldsymbol{p}_{ei}$ 等于零,电介质宏观上对外不显电性.但有外电场 $\boldsymbol{E}_0$ 作用时,每个极性分子的固有电矩都要受外电场作用而发生转动,使得极性分子的固有电矩都转向外电场方向而有序排列,如图 7-15(a) 所示.但由于受热运动的干扰,并不能使各个极性分子的固有电矩都严格地按照外电场的方向整齐排列.当然,外电场越强,分子固有电矩的排列就越趋向整齐.在垂直于外电场的方向上,电介质前后两个表面上也会出现等量的正、负电荷,这种电荷称为极化电荷.如果撤去外电场,由于分子的热运动,有序排列的分子的固有电矩又将变得杂乱无章,电介质恢复电中性.由极性分子构成的电介质极化后,表面出现的极化电荷主要由电介质内分子的固有电矩受外电场作用发生转向引起,因此将极性分子的极化称为取向极化.

对于无极分子电介质而言,其极化过程和极性分子电介质不同.无外电场作用时,其内部每个分子的电矩均为零,整个电介质呈电中性.当无极分子放置在外电场 $\boldsymbol{E}_0$ 中时,每个分子的正、负电荷将受到方向相反的电场力的作用,使原本重合的正、负电荷中心发生原子尺度的微小位移,最终会达到一种平衡态.这时,由于每个分子中的正、负电荷中心不再重合,每个分子均等效成一个电偶极子,其电矩 $\boldsymbol{p}_e$ 的方向和外电场 $\boldsymbol{E}_0$ 的方向一致,如图 7-15(b) 所示,电介质内部相邻的电偶极子的正、负电荷相互靠近,因而内部呈电中性,但与外电场垂直的两个侧面上,一个面出现正极化电荷,另一个面出现负极化电荷.随着外电场增强,分子正、负电荷中心的相对位移增大,分子的电矩也就越大;当外电场撤去后,分子正、负电荷中心又会逐渐重合在一起.这种在电介质表面出现的极化电荷,主要由外电场作用下电介质内分子正、负电荷中心的相对位移引起,因而无极分子电介质的极化称为位移极化.

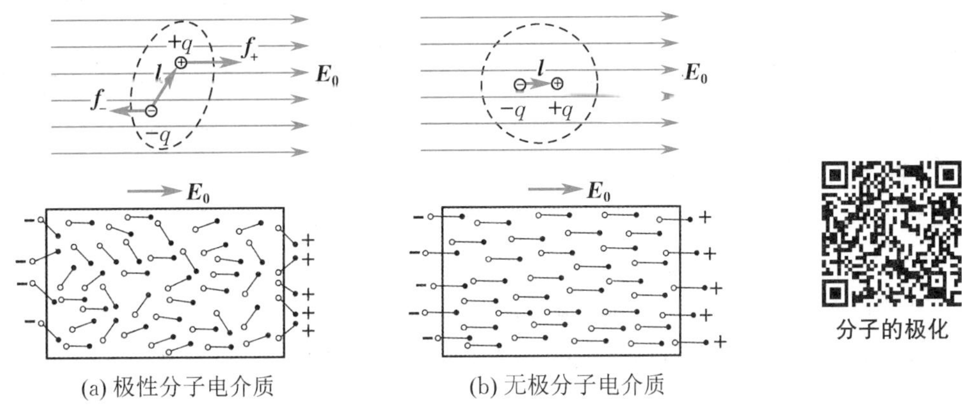

(a) 极性分子电介质　　(b) 无极分子电介质

图 7 - 15　电介质在外电场中的极化

这种因电介质极化而产生的极化电荷与前面提到的导体中的自由电荷有着本质的不同，这些电荷与电介质分子连在一起，不能在电介质内部自由移动，也不能脱离电介质，不可能通过接地的方法把电介质表面的电荷移去. 在外电场作用下，电介质表面出现极化电荷的现象，称为电介质的极化.

在无极分子电介质中，位移极化是唯一的极化机制. 而在极性分子电介质中，位移极化和取向极化两种机制共存，但取向极化占主导地位，它比位移极化强得多，约大一个数量级. 然而在高频电场作用下，由于分子的惯性较大，取向极化不能同步跟随外电场变化，只有惯性很小的电子才能紧跟高频电场的变化而产生位移极化，因此在高频电场中，无论哪一种电介质，电子的位移极化机制起主要作用.

研究发现，存在一些电介质，在外电场撤去后，极化电荷仍在电介质的表面驻留，对外表现出电性，这种电介质称为驻极体. 由驻极体材料制成的驻极体元件，在工业和科技领域都有广泛应用.

考虑到电介质在外电场作用下会在电介质表面产生极化电荷，从而激发附加电场 $\boldsymbol{E}'$，因此，在电介质内部各处的电场强度 $\boldsymbol{E}$ 是外电场 $\boldsymbol{E}_0$ 和附加电场 $\boldsymbol{E}'$ 矢量叠加的结果，即

$$\boldsymbol{E} = \boldsymbol{E}_0 + \boldsymbol{E}'.$$

实验表明，任何电介质都不是理想的绝缘体，在外电场作用下，总有一定的电流流过，这就是电介质的电导. 这种电流很小，常称为漏导电流. 电介质的电导特性一般用电阻率 ρ 来表示. 电阻率是电介质电性能的基本宏观参数之一. 实际电介质的电阻率为 $10^7 \sim 10^{18}\ \Omega \cdot \mathrm{m}$.

3. 电介质的电极化强度

上面从分子的电结构出发，说明了两类不同电介质的极化过程. 由上述电介质的极化机制可知，若在外电场中分子的电矩的排列越整齐有序，则电介质表面出现的面极化电荷密度越大，表明极化程度越强. 分子的电矩有序排列程度可以用单位体积内分子电矩的矢量和 $\sum\limits_i \boldsymbol{p}_i$ 来描述.

在电介质中任取一小体积 ΔV，其中包含有大量电介质分子，当没有外电场，电介质未被极化时，各个分子的电矩 $\boldsymbol{p}_i$ 方向是随机的，因此分子的电矩矢量和 $\sum\limits_i \boldsymbol{p}_i$ 为零；当存在外电场，电介质处于极化状态时，各个分子的电矩 $\boldsymbol{p}_i$ 方向相近，不能完全抵消，因此分子的电矩矢量和 $\sum\limits_i \boldsymbol{p}_i$ 不为零. 为了定量描述电介质的极化情况，定义电极化强度 $\boldsymbol{P}$ 为单位体积内分子的电矩矢量和，即

$$\boldsymbol{P}=\frac{\sum_i \boldsymbol{p}_i}{\Delta V}.$$

电极化强度 $\boldsymbol{P}$ 是表征电介质极化程度的物理量,在国际单位制中,其单位为库[仑]每平方米($\mathrm{C/m^2}$).

实验表明,外电场 $\boldsymbol{E}_0$ 不太强时,在各向同性的电介质内任意一点的电极化强度 $\boldsymbol{P}$ 与该点的电场强度 $\boldsymbol{E}$ 成正比,即

$$\boldsymbol{P}=\chi\varepsilon_0\boldsymbol{E}. \tag{7-4}$$

式(7-4)中的 χ 称为电介质的**极化率**,与电介质材料有关,而与电场强度 $\boldsymbol{E}$ 无关.

同时,各向同性的电介质的电极化强度 $\boldsymbol{P}$ 与极化电荷之间也存在着普遍的关系,即任意闭合曲面的电极化强度 $\boldsymbol{P}$ 的通量,等于该闭合曲面内的极化电荷总量的负值,表示为

$$\oint_S \boldsymbol{P}\cdot\mathrm{d}\boldsymbol{S}=-\sum_S q'_{\mathrm{in}}. \tag{7-5}$$

式(7-4)中的电场强度 $\boldsymbol{E}$ 是所考察的场点的总电场强度,它既包括外加电场 $\boldsymbol{E}_0$,也包括极化电荷所激发的附加电场 $\boldsymbol{E}'$,而对于式(7-5),我们不做具体的推导,感兴趣的读者可以查阅相关的书籍.

除了上述的各向同性的电介质外,还有以下几类电介质:

(1) 铁电体. 铁电体(如钛酸钡等)的电极化强度 $\boldsymbol{P}$ 和电场强度 $\boldsymbol{E}$ 之间的关系是非线性的,并且具有与铁磁体的磁滞效应类似的电滞效应. 铁电体在大容量电容器、铁电热敏电阻器和铁电存储器中都有广泛应用.

(2) 压电体. 压电体(如电气石、石英等)在外力作用下发生形变时,其电极化强度会发生变化,从而在相应的表面上产生极化电荷,这种现象称为压电效应. 利用压电效应可制成以压电体固有频率稳定振荡的振荡器,此外压电体在扫描隧穿显微镜中也有应用.

(3) 驻极体. 驻极体(如石蜡、聚四氟乙烯等)的电极化强度并不随外电场的撤除而消失,类似于永磁体. 驻极体在工业和科技领域中都有应用.

二、电位移　有电介质时的高斯定理

在前面的章节中,我们已讨论过真空中的高斯定理

$$\oint_S \boldsymbol{E}\cdot\mathrm{d}\boldsymbol{S}=\frac{1}{\varepsilon_0}\sum q_{\mathrm{in}},$$

式中 $\sum q_{\mathrm{in}}$ 为闭合曲面 S 内包围电荷的代数和.

当外电场中有电介质存在时,电介质的极化效应将引起周围电场的重新分布,这时空间各点处的电场由自由电荷和极化电荷共同激发,因此闭合曲面 S 内包围的电荷不仅是自由电荷,而且还包括极化电荷,于是高斯定理应改写为

$$\oint_S \boldsymbol{E}\cdot\mathrm{d}\boldsymbol{S}=\frac{1}{\varepsilon_0}\left(\sum q_0+\sum q'\right),$$

式中 $\sum q_0$ 为闭合曲面 S 内包围的自由电荷的代数和,$\sum q'$ 为闭合曲面 S 内包围的极化电荷的代数和. 但在实际问题中,因为极化电荷难以测量,为了求解电场强度 $\boldsymbol{E}$,我们要设法把 $\sum q'$ 从上式中消去. 根据电极化强度和极化电荷之间的关系式(7-5),上式可写为

$$\oint_S \boldsymbol{E}\cdot\mathrm{d}\boldsymbol{S}=\frac{1}{\varepsilon_0}\left(\sum q_0-\oint_S \boldsymbol{P}\cdot\mathrm{d}\boldsymbol{S}\right),$$

对上式进行整理，可得

$$\oint_S (\varepsilon_0 \boldsymbol{E} + \boldsymbol{P}) \cdot d\boldsymbol{S} = \sum q_0. \tag{7-6}$$

引入一辅助性的物理量 $\boldsymbol{D}$，称为电位移或电通密度，定义为

$$\boldsymbol{D} = \varepsilon_0 \boldsymbol{E} + \boldsymbol{P} = \varepsilon_0 (1 + \chi) \boldsymbol{E}. \tag{7-7}$$

令 $1 + \chi = \varepsilon_r$，称为电介质的相对介电常量(或相对电容率). 对于各向同性的均匀电介质，ε_r 为常量，它是一个表征电介质性质而本身无量纲的量. 实验表明，除真空中的相对介电常量 $\varepsilon_r = 1$ 外，所有电介质的 ε_r 均大于 1. 表 7－1 列出了一些电介质的相对介电常量. 式(7－7) 又可表示为 $\boldsymbol{D} = \varepsilon_0 \varepsilon_r \boldsymbol{E} = \varepsilon \boldsymbol{E}$，式中 ε 称为介电常量. 利用电位移 $\boldsymbol{D}$，可将式(7－6) 改写为

$$\oint_S \boldsymbol{D} \cdot d\boldsymbol{S} = \sum q_0, \tag{7-8}$$

式中 $\oint_S \boldsymbol{D} \cdot d\boldsymbol{S}$ 表示通过闭合曲面 S 的电位移通量，简称 $\boldsymbol{D}$ 通量，$\boldsymbol{D}$ 通量只与闭合曲面 S 内包围的自由电荷有关，极化电荷对其无贡献.

表 7－1　一些电介质的相对介电常量

电介质	相对介电常量 ε_r	电介质	相对介电常量 ε_r	电介质	相对介电常量 ε_r
真空	1	硫黄	3.8	玻璃	5 ～ 10
空气	1.000 58	聚乙烯	2.3	煤油	2
纯水	80	云母	3.7 ～ 7.5	硅油	2.5
金刚石	5.7	石蜡	2.3	石英	3.78
甲醇	32.6	乙醇	24.3	丙醇	20.1
丙酮	20.7	甘油	42.5	苯酚	9.8
电容器纸	3.7	陶瓷	5.7 ～ 6.3	钛酸钡	$10^3 \sim 10^4$

式(7－8) 称为有电介质时的高斯定理，可以表述为：通过任意封闭曲面的 $\boldsymbol{D}$ 通量等于该闭合曲面内包围的自由电荷的代数和.

在国际单位制中，$\boldsymbol{D}$ 的单位为库[仑] 每平方米(C/m^2).

应该指出，电位移 $\boldsymbol{D}$ 是一个辅助量，描述电场性质的物理量是电场强度 $\boldsymbol{E}$ 而不是 $\boldsymbol{D}$. 引入 $\boldsymbol{D}$ 是为了方便解决涉及电介质的问题.

与引入电场线类似，为了描述电位移在空间的分布，引入电位移线，又称为 $\boldsymbol{D}$ 线. 电位移线和电场线的区别在于电位移线始于正的自由电荷，止于负的自由电荷；而电场线始于各种正电荷，止于各种负电荷，包括自由电荷和极化电荷.

三、电介质损耗和击穿电压

在交变电场中，电介质中的一部分电能会转化为热能，这种现象称为电介质损耗. 电介质损耗主要是电介质在高频电场作用下反复极化的过程中产生的，频率越高，发热越明显.

工业生产中常利用电介质损耗进行加工，这种加工技术称为电介质加热技术. 电介质加热技术在工业上广泛应用于塑料压膜前的放热、泡沫橡胶的迅速凝结和干燥、壁板和其他物品的烘干等. 有时则需要尽量减少电介质损耗，因为电介质损耗不仅会造成能量损失，而且当电介质的温度超过一定的范围时，其绝缘性能还会遭到破坏.

由于电介质材料中自由电子的数目较少，其绝缘性能较好. 但是，当外加电场增大到某一强

度时,电介质分子中的电子就会摆脱原子核的束缚成为自由电子.这时,电介质的导电性能急剧增加,绝缘性能遭到破坏,这种现象称为电介质的击穿.电介质发生击穿的临界电压,叫作击穿电压,与击穿电压相应的电场强度,叫作击穿场强.不同的电介质,击穿场强的数值一般不同.

击穿场强是电介质的重要参数之一.在选用电介质材料时,必须注意它的耐压能力,比如在高压环境下工作的电容器,就必须选择击穿场强大的电介质材料.这也是电容器等电器元件都标有"额定电压"的缘故.在高压环境下,电缆周围的电场强度是不均匀的,靠近导线的地方电场强度最大.当电压升高时,电场强度最强的地方先被击穿.如果在靠近导线的地方使用介电常量和击穿场强大的电介质材料,就可以提高电缆的耐压能力,保证电缆在高压环境下工作而不被击穿.因此,在工程实践中,电缆外层通常包有多层介电常量和击穿场强不同的电介质.

四、电介质中的环路定理

在有电介质存在的情况下,电场中各点处的电场强度 $\boldsymbol{E}$ 不仅与自由电荷有关,而且还与极化电荷有关,但无论是自由电荷,还是极化电荷,它们所激发的静电场都是保守场,若用 $\boldsymbol{E}$ 表示自由电荷与极化电荷共同产生的合电场强度,仍然有

$$\oint_L \boldsymbol{E} \cdot \mathrm{d}\boldsymbol{l} = 0. \tag{7-9}$$

式(7-9)表明,在有电介质存在的情况下,电场强度沿任意闭合回路的环流均为零,这一结论称为电介质中的环路定理.

五、有电介质存在时静电场的计算

在有电介质存在的情况下,空间中各点处的电场强度将由自由电荷和极化电荷共同决定,而极化电荷又与电介质中的合电场强度有关,这就为直接求解静电场问题带来了困难.如何解决这一问题呢?直接利用有电介质时的高斯定理,避开极化电荷及其激发的附加电场 $\boldsymbol{E}'$,先求出空间中的电位移分布,再根据 $\boldsymbol{D} = \varepsilon\boldsymbol{E}$ 的关系,求得空间中的电场强度分布.下面通过两个例子加以说明.

例 7-5

如图 7-16 所示,半径为 R 的导体球带电量为 $+Q$,导体球外有一均匀的电介质同心球壳,电介质球壳内、外半径分别为 a 和 b,电介质的相对介电常量为 ε_r.求空间中的电场强度分布.

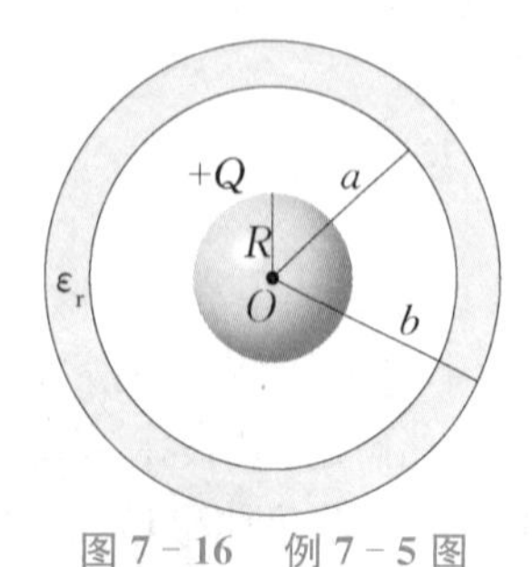

图 7-16 例 7-5 图

解 由题意可知,电介质极化产生的极化电荷均匀分布在与导体球表面相邻的电介质边界面上,电场强度 $\boldsymbol{E}$ 及电位移 $\boldsymbol{D}$ 的分布具有球对称性,方向沿径向方向.设 r 为场点到球心 O 的距离,作一半径为 r 的同心球面 S 为高斯面,由有电介质时的高斯定理可得

$$\oint_S \boldsymbol{D} \cdot \mathrm{d}\boldsymbol{S} = D \cdot 4\pi r^2 = \sum q_0.$$

对上式进行整理,可得

$$D = \frac{\sum q_0}{4\pi r^2}.$$

当 $r < R$ 时,$\sum q_0 = 0$,有

$$D = 0, \quad E = 0;$$

当 $R < r < a$ 时,$\sum q_0 = Q$,有

$$D = \frac{Q}{4\pi r^2},$$

$$E=\frac{D}{\varepsilon_0}=\frac{Q}{4\pi\varepsilon_0 r^2};$$

当 $a<r<b$ 时，$\sum q_0=Q$，有

$$D=\frac{Q}{4\pi r^2},$$

$$E=\frac{D}{\varepsilon_0\varepsilon_r}=\frac{Q}{4\pi\varepsilon_0\varepsilon_r r^2};$$

当 $r>b$ 时，$\sum q_0=Q$，有

$$D=\frac{Q}{4\pi r^2},$$

$$E=\frac{D}{\varepsilon_0}=\frac{Q}{4\pi\varepsilon_0 r^2}.$$

由于 $Q>0$，因此 $\boldsymbol{E}$ 与 $\boldsymbol{D}$ 的方向均沿径向向外.

例 7-6

如图 7-17 所示，在两无限大导体平板 A，B 之间充满两层厚度分别为 d_1 和 d_2、相对介电常量分别为 ε_{r1} 和 ε_{r2} 的均匀电介质，若导体平板上的面自由电荷密度分别为 $+\sigma_0$ 和 $-\sigma_0$. 求：

(1) 各电介质层中的电场强度；

(2) A，B 两平板的电势差.

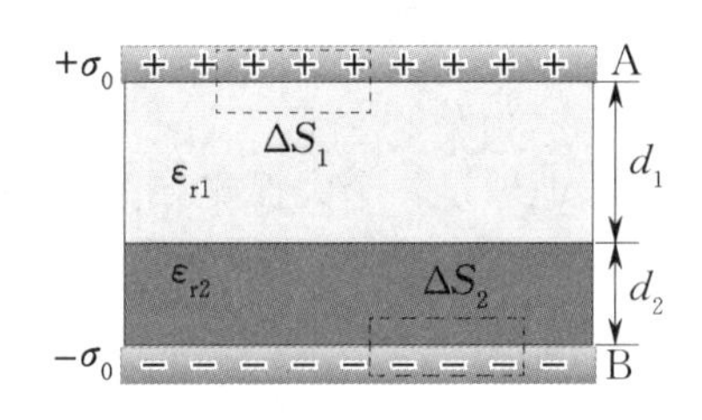

图 7-17　例 7-6 图

解　由自由电荷和电介质分布的对称性可知，两电介质层中的电场均为均匀电场，$\boldsymbol{D}$ 和 $\boldsymbol{E}$ 的方向与平板垂直. 以 $\boldsymbol{E}_1$，$\boldsymbol{D}_1$ 和 $\boldsymbol{E}_2$，$\boldsymbol{D}_2$ 分别表示第一层、第二层电介质的电场强度和电位移.

(1) 在第一层电介质中作一底面积为 ΔS_1 的圆柱形高斯面，上底面在平板内，下底面在电介质 1 内，侧面与平板垂直. 由于平板内电场强度为零，因此其中的电位移也为零，高斯面侧面与 $\boldsymbol{D}_1$ 平行，由有电介质时的高斯定理可得

$$\oint_S \boldsymbol{D}\cdot d\boldsymbol{S}=D_1\Delta S_1=\sigma_0\Delta S_1.$$

由上式及 $D=\varepsilon E$，可得

$$D_1=\sigma_0,\quad E_1=\frac{D_1}{\varepsilon_0\varepsilon_{r1}}=\frac{\sigma_0}{\varepsilon_0\varepsilon_{r1}}.$$

同理，在第二层电介质中作一底面积为 ΔS_2 的圆柱形高斯面，下底面在平板内，上底面在电介质 2 内，侧面与平板垂直. 由有电介质时的高斯定理可得

$$\oint_S \boldsymbol{D}\cdot d\boldsymbol{S}=-D_2\Delta S_2=-\sigma_0\Delta S_2.$$

由上式及 $D=\varepsilon E$，可得

$$D_2=\sigma_0,\quad E_2=\frac{D_2}{\varepsilon_0\varepsilon_{r2}}=\frac{\sigma_0}{\varepsilon_0\varepsilon_{r2}}.$$

可见，在两层电介质中，$D_1=D_2=\sigma_0$，而 $E_1\neq E_2$，即电位移 $\boldsymbol{D}$ 连续，而电场强度 $\boldsymbol{E}$ 不连续.

(2) A，B 两平板的电势差为

$$V_A-V_B=\int_A^B \boldsymbol{E}\cdot d\boldsymbol{l}=E_1d_1+E_2d_2$$

$$=\frac{\sigma_0}{\varepsilon_0}\left(\frac{d_1}{\varepsilon_{r1}}+\frac{d_2}{\varepsilon_{r2}}\right).$$

7.3　电容和电容器

电容是电学中的一个重要物理量，本节中首先介绍孤立导体的电容，然后讨论电容器的电容以及电容器的串联与并联的问题.

一、孤立导体的电容

导体具有储存电荷的本领,导体在储存电荷的同时,也储存了电能.假设一个半径为R、带电量为q的孤立导体球,在静电平衡时具有一定的电势,如果取无穷远处为电势零点,那么导体球的电势为

$$V=\frac{1}{4\pi\varepsilon_0}\frac{q}{R}. \tag{7-10}$$

式(7-10)说明,当R不变时,孤立导体球的电势与其带电量成正比,但比值$\frac{q}{V}$却是一个定值,导体球一旦选定,这个比值就不变,我们定义这个比值为孤立导体的电容,用C表示,即

$$C=\frac{q}{V}. \tag{7-11}$$

电容是表征导体容纳电荷能力的物理量,它与导体本身的形状、尺寸和周围电介质有关,而与它是否带电无关.电容在量值上等于导体的电势每升高一个单位时导体所需增加的电量.在电势一定的情况下,孤立导体的带电量为$q=CV$.当导体的电容C越大时,其能够储存的电量越多.上述孤立导体球的电容为

$$C=4\pi\varepsilon_0 R.$$

在国际单位制中,电容的单位为法[拉](F),1 F = 1 C/V.地球是一个大孤立导体球,可以利用上式估算地球的电容,有

$$C=4\pi\varepsilon_0 R=4\pi\times 8.85\times 10^{-12}\times 6.4\times 10^{6}\ \text{F}=7.11\times 10^{-4}\ \text{F}.$$

法这个单位很大,实际应用中常用微法(μF)或皮法(pF)等单位,它们之间的换算关系为

$$1\ \mu\text{F}=10^{-6}\ \text{F},\quad 1\ \text{pF}=10^{-12}\ \text{F}.$$

二、电容器的电容

实际上,孤立导体是不存在的,而且孤立导体的电容很小,像地球这样的庞然大物,其电容也只有7.11×10^{-4} F.为了提高导体的容电能力及抗干扰性,可利用静电屏蔽原理,将导体A用一个封闭的导体壳B屏蔽起来,如图7-18所示.这时,尽管导体A和导体壳B的电势仍会受到外界(带电体C,D,E)的影响(若导体壳B接地,则外界的影响将消除),但两者之间的电势差$V_{AB}=V_A-V_B$却与外界无关.可以证明,电势差V_{AB}和导体A的带电量q成正比(导体壳B的内表面因静电感应而带上等量异号电荷).通常把导体壳B和导体A所组成的导体系统称为电容器,组成导体系统的两个导体称为电容器的极板.电容器的电容为

$$C=\frac{q}{V_{AB}}=\frac{q}{V_A-V_B}, \tag{7-12}$$

它与两个导体的尺寸、形状及相对位置有关,而与q和V_{AB}无关.

实际上,对电容器的屏蔽并不会像图7-18那样严格,通常只要求从一个导体(极板)发出的电场线几乎终止在另一个导体(极板)上即可,这时外界对两个导体之间的电势差的影响可忽略不计.例如,两块形状一样的平面导体板平行放置,且彼此靠得很近,这时电荷将集中分布在两导体板相对的表面上,所带电荷等量异号,电场线集中在两导体板相对表面之间的狭窄空间内(见图7-19),两导体板之间的电势差可近似地认为不受外界影响.这样的装置就是一种常用的电容器——平行板电容器.

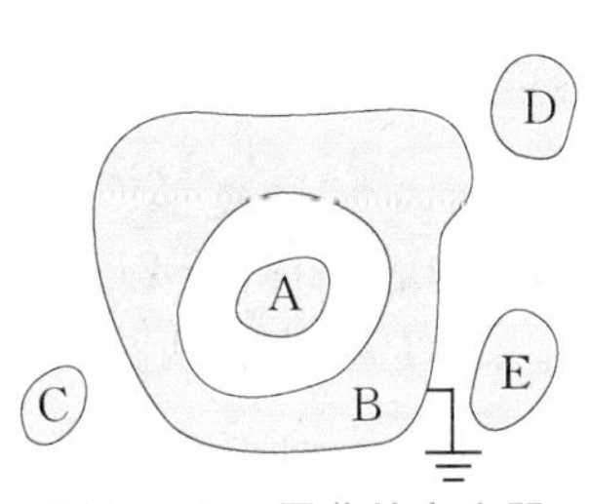

图7-18　屏蔽的电容器

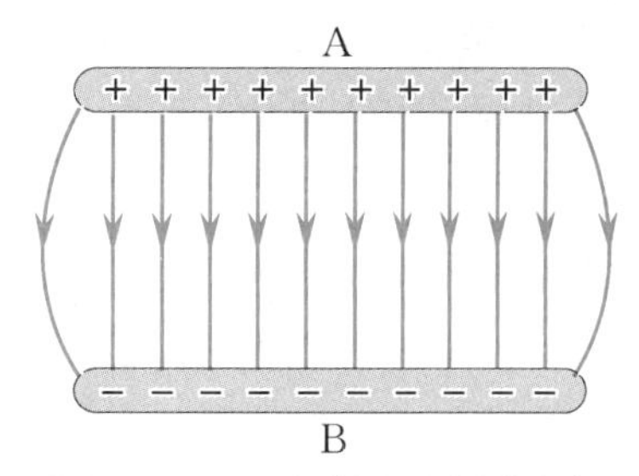

图7-19　平行板电容器的电场

电容器的电容是描述电容器储存电荷和电能本领的物理量，其大小取决于电容器自身的结构、形状、相对位置和极板间所充的电介质的种类等，而与极板上是否带电无关. 电容器的电容和孤立导体的电容在本质上是一致的. 根据式(7-12)，将电容器的任一极板移动到无穷远处(取无穷远处为电势零点)，此时电容器的电容即是孤立导体的电容.

电容器是重要的电器元件，广泛应用于各种电子仪表、无线电通信设备等. 按极板几何形状来分，有平行板电容器、球形电容器和圆柱形电容器等；按极板间所充的电介质来分，有空气电容器、云母电容器、陶瓷电容器、纸质电容器和电解电容器等；按电容是否可变来分，有固定电容器、可变电容器和微调电容器. 在电力系统中，电容器可以用来储存电荷或电能，电容器也是提高功率因数的重要元件，如电子闪光灯就是通过其内部的电容器进行供电的. 在电子电路中，电容器则是起振荡、滤波、相移、旁路、耦合等作用的重要元件.

下面介绍几种典型电容器及其电容的计算.

1. 平行板电容器

最简单最常见的电容器是平行板电容器，它由两块大小相等、相距很近、平行放置的导体薄板A，B构成，如图7-20所示. 设两极板的面积均为S，极板间距d很小，两极板之间为真空. 下面计算平行板电容器的电容.

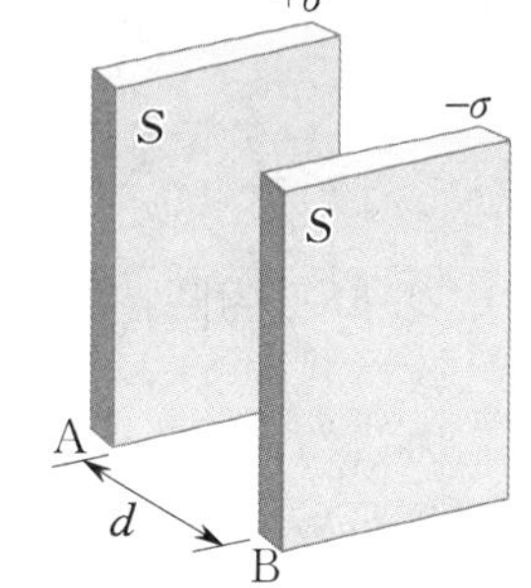

图7-20　平行板电容器

设两极板的带电量分别为$+q$和$-q$(面电荷密度分别为$+\sigma$和$-\sigma$)，由高斯定理可知，两极板之间的电场强度的大小为

$$E=\frac{\sigma}{\varepsilon_0}=\frac{q}{\varepsilon_0 S},$$

方向从A指向B. 由于两极板之间的距离很小，因此可以忽略边缘效应，两极板之间的电场可看作均匀电场. 两极板之间的电势差为

$$V_{AB}=\int_0^d \boldsymbol{E}\cdot \mathrm{d}\boldsymbol{l}=Ed=\frac{qd}{\varepsilon_0 S}.$$

由电容的定义式(7-12)，平行板电容器的电容为

$$C_0=\frac{q}{V_{AB}}=\frac{\varepsilon_0 S}{d}. \tag{7-13}$$

实验表明，当两极板之间充满相对介电常量为ε_r的均匀电介质后，这时电容器的电容为

$$C=\frac{\varepsilon_0\varepsilon_r S}{d}=\frac{\varepsilon S}{d}. \tag{7-14}$$

由于$\varepsilon_r>1$，电容器的电容将增大，有

$$\frac{C}{C_0}=\varepsilon_r \quad 或 \quad C=\varepsilon_r C_0. \tag{7-15}$$

可见，平行板电容器的电容与极板面积以及电介质的介电常量ε成正比，与极板间距成反比. 式(7-15)表明，电容器极板间填充电介质后，其电容将增大为真空情况下的ε_r倍，此结论对任何

形状的电容器都成立. 有的电介质材料(如钛酸钡陶瓷)的相对介电常量 ε_r 可达数千,意味着同样尺寸的空气电容器极板间填充这种电介质材料后,其电容可增大数千倍.

2. 圆柱形电容器

圆柱形电容器由两个相距很近、同轴的导体圆柱面 A,B 构成,如图 7-21 所示. 设两圆柱面的半径分别为 R_A 和 R_B,长度为 L,且 $L \gg R_B - R_A$,两圆柱面之间为真空,两圆柱面的带电量分别为 $+q$ 和 $-q$,单位长度带电量分别为 $+\lambda\left(\lambda = \dfrac{q}{L}\right)$ 和 $-\lambda$. 由于 $L \gg R_B - R_A$,因此可近似将圆柱形电容器视为无限长. 由高斯定理可求得两圆柱面之间的电场强度的大小为

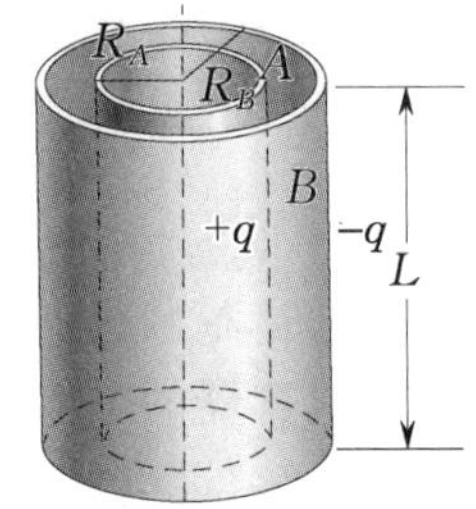

图 7-21 圆柱形电容器

$$E = \frac{\lambda}{2\pi\varepsilon_0 r},$$

方向沿径向方向.

两圆柱面之间的电势差为

$$V_{AB} = \int_{R_A}^{R_B} \boldsymbol{E} \cdot \mathrm{d}\boldsymbol{r} = \int_{R_A}^{R_B} \frac{\lambda}{2\pi\varepsilon_0 r}\mathrm{d}r = \frac{\lambda}{2\pi\varepsilon_0}\ln\frac{R_B}{R_A} = \frac{q}{2\pi\varepsilon_0 L}\ln\frac{R_B}{R_A}.$$

由式(7-12)求得圆柱形电容器的电容为

$$C = \frac{q}{V_{AB}} = \frac{2\pi\varepsilon_0 L}{\ln\dfrac{R_B}{R_A}}. \tag{7-16}$$

由式(7-16)可知,圆柱形电容器的电容与两圆柱面的半径、长度及两圆柱面之间是真空还是电介质有关. 如果用 d 表示两圆柱面的间距,有 $R_B = R_A + d$,当 $d \ll R_A$ 时,有

$$\ln\frac{R_B}{R_A} = \ln\frac{d + R_A}{R_A} = \ln\left(1 + \frac{d}{R_A}\right) \approx \frac{d}{R_A}.$$

于是式(7-16)可写成

$$C \approx \frac{2\pi\varepsilon_0 L}{\dfrac{d}{R_A}} = \frac{2\pi\varepsilon_0 L R_A}{d},$$

式中 $2\pi L R_A$ 为圆柱面 A 的面积 S,上式可改写成

$$C \approx \frac{\varepsilon_0 S}{d},$$

此即平行板电容器的电容. 当两圆柱面的间距远小于圆柱面的半径,即 $d \ll R_A$ 时,圆柱形电容器可看作平行板电容器.

3. 球形电容器

球形电容器由两个相距很近的同心导体球壳 A,B 构成,内、外半径分别为 R_A 和 R_B($R_A < R_B$),两球壳之间为真空,如图 7-22 所示.

设内、外球壳的带电量分别为 $+q$ 和 $-q$,由高斯定理可求得两球壳之间的电场强度的大小为

$$E = \frac{q}{4\pi\varepsilon_0 r^2},$$

方向沿径向向外. 两球壳之间的电势差为

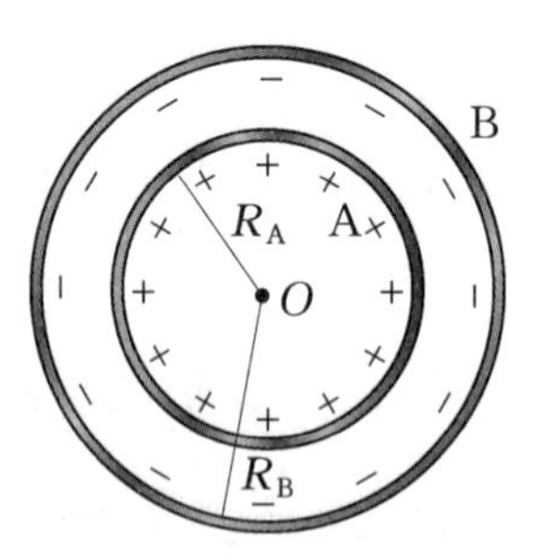

图 7-22 球形电容器

$$V_{AB} = \int_{R_A}^{R_B} \boldsymbol{E} \cdot \mathrm{d}\boldsymbol{r} = \frac{q}{4\pi\varepsilon_0}\int_{R_A}^{R_B}\frac{\mathrm{d}r}{r^2} = \frac{q}{4\pi\varepsilon_0}\left(\frac{1}{R_A} - \frac{1}{R_B}\right).$$

由式(7-12)求得球形电容器的电容为

$$C=\frac{q}{V_{\mathrm{AB}}}=\frac{4\pi\varepsilon_0 R_{\mathrm{A}}R_{\mathrm{B}}}{R_{\mathrm{B}}-R_{\mathrm{A}}}. \tag{7-17}$$

当 $R_{\mathrm{A}}\ll R_{\mathrm{B}}$ 时,式(7-17)可写为 $C\approx 4\pi\varepsilon_0 R_{\mathrm{A}}$,此即孤立导体球的电容;当 $R_{\mathrm{B}}-R_{\mathrm{A}}=d\ll R_{\mathrm{A}}$ 时,式(7-17)可写为

$$C\approx\frac{4\pi\varepsilon_0 R_{\mathrm{A}}^2}{d}=\frac{\varepsilon_0 S}{d},$$

此即平行板电容器的电容.当两球壳的间距远小于球壳的半径时,球形电容器可看作平行板电容器.

若在圆柱形电容器和球形电容器极板间充满电介质,则电容器的电容将增大.

由式(7-15)~(7-17),可得圆柱形电容器和球形电容器极板间充满电介质时的电容分别为

$$C_{圆柱形}=\frac{2\pi\varepsilon_r\varepsilon_0 L}{\ln(R_B/R_A)}=\frac{2\pi\varepsilon L}{\ln(R_B/R_A)},\quad C_{球形}=\frac{4\pi\varepsilon_r\varepsilon_0 R_{\mathrm{A}}R_{\mathrm{B}}}{R_{\mathrm{B}}-R_{\mathrm{A}}}=\frac{4\pi\varepsilon R_{\mathrm{A}}R_{\mathrm{B}}}{R_{\mathrm{B}}-R_{\mathrm{A}}}.$$

通过以上讨论,可总结出计算电容器电容的步骤如下:

(1) 根据题意假定电容器两个极板 A 和 B 的带电量分别为 $+q$ 和 $-q$;

(2) 求两极板之间电场强度 $\boldsymbol{E}$ 的分布,一般可用高斯定理求解;

(3) 求两极板之间的电势差 V_{AB};

(4) 利用电容器电容的定义式 $C=\dfrac{q}{V_{\mathrm{AB}}}$ 求出电容器的电容.

三、电容器的串联与并联

电容器的性能指标中有两个指标非常重要,一个是电容,另一个是击穿电压.使用中,若 V_{AB} 过高,则电容器极板之间的电场强度 $\boldsymbol{E}$ 会过大,使电介质被击穿,变为导体.电容器上标的电压值是该电容器所允许的最高电压.我们已经知道,极板间充满电介质的电容器,其电容为真空时的电容的 ε_r 倍.电介质在电容器中的作用,除了增大电容外,还可以提高电容器的击穿电压.在实际应用中,常会遇到电容器的电容或击穿电压不能满足电路要求的情况,这时常把若干个电容器适当地连接起来构成一个电容器组来满足电路的要求.电容器的基本连接方式有串、并联两种.

1. 电容器的串联

如图 7-23 所示,由两个或两个以上的电容器的极板首尾相连,这种连接方式称为电容器的串联.电容器串联时,串联的每个电容器两极板上都带有等量异号的电量 $+q$ 和 $-q$,整个串联电容器组两端的电压等于各个电容器上电压的代数和,即

$$V=V_1+V_2+\cdots+V_n=\frac{q}{C_1}+\frac{q}{C_2}+\cdots+\frac{q}{C_n}=q\left(\frac{1}{C_1}+\frac{1}{C_2}+\cdots+\frac{1}{C_n}\right).$$

对上式进行整理,可得

$$\frac{1}{C}=\frac{V}{q}=\frac{1}{C_1}+\frac{1}{C_2}+\cdots+\frac{1}{C_n}. \tag{7-18}$$

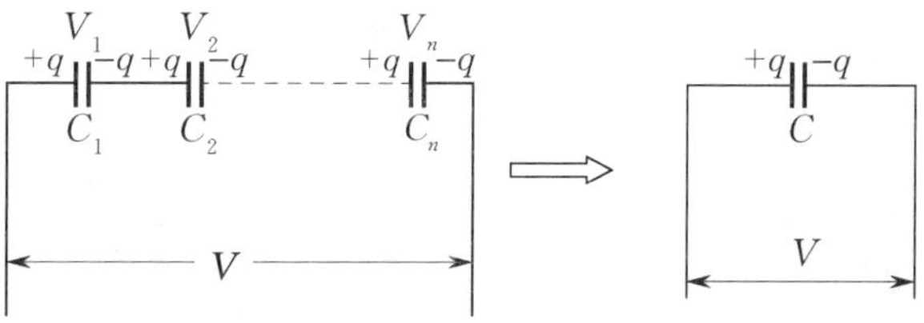

图 7-23 电容器的串联

式(7-18)说明,串联电容器组等效电容的倒数等于各电容器电容的倒数之和. 电容器串联相当于把电容器两极板间距拉大,等效电容小于参与串联的任何一个电容器的电容. 电容器串联后,虽然总电容减小了,但耐压能力提高(击穿电压增大)了. 值得注意的是,当其中一个电容器被击穿时,工作电压将在剩余的电容器上重新分配,使得每个电容器承受的电压增大,因而其他的电容器也容易被击穿.

2. 电容器的并联

由两个或两个以上的电容器采用如图 7-24 所示方式连接在电压为 V 的电路上时,就构成了电容器的并联. 电容器并联时,由于被同一导线连接的极板具有相同的电势,因此加在各电容器两极板上的电压是相同的,都等于 A,B 两点之间的电压 V. 分配在各电容器上的电量不同,它们分别为

$$q_1 = C_1V,\quad q_2 = C_2V,\quad \cdots,\quad q_n = C_nV.$$

因此,电量与电容成正比地分配在各电容器上,总电量为

$$q = q_1 + q_2 + \cdots + q_n = (C_1 + C_2 + \cdots + C_n)V.$$

由电容器电容的定义式可得,并联电容器组的总电容为

$$C = \frac{q}{V} = C_1 + C_2 + \cdots + C_n. \tag{7-19}$$

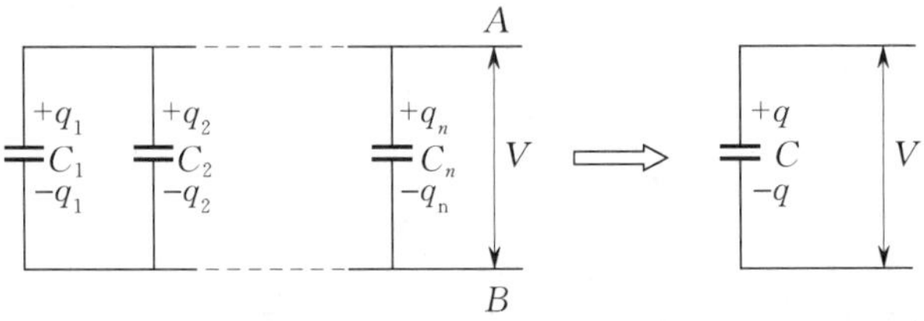

图 7-24　电容器的并联

式(7-19)说明,电容器并联时,其等效电容等于各电容器电容的总和. 电容器并联相当于增大了电容器两极板的面积,使等效电容增大. 电容器并联后,虽然总电容增大了,但耐压能力不变(击穿电压不变).

实际应用中,应根据电路的需要决定采取电容器并联还是电容器串联,或串、并联组合. 对于特殊要求的电路,还可采取更为复杂的连接方法.

例 7-7

一平行板电容器两极板的面积均为 S,极板间距为 d,电势差为 V,若电容器两极板间左、右两个半空间分别充满相对介电常量为 ε_{r1} 和 ε_{r2} 的电介质,如图 7-25 所示. 求:

(1) 两极板之间的电位移 $\boldsymbol{D}$ 和电场强度 $\boldsymbol{E}$;

(2) 极板上的面电荷密度;

(3) 电容器的电容.

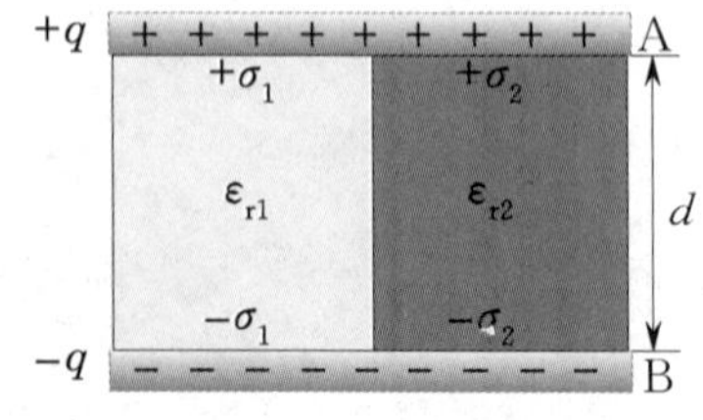

图 7-25　例 7-7 图

解　(1) 因为两极板之间的电势差 V 一定,所以电容器左、右半边的电场强度 $\boldsymbol{E}_1$,$\boldsymbol{E}_2$ 相等,即

$$E_1 = E_2 = \frac{V}{d},$$

方向均由 A 指向 B.

电容器左、右半边的电位移 $\boldsymbol{D}_1$,$\boldsymbol{D}_2$ 的方向相同(均由 A 指向 B),但大小不等. 由 $\boldsymbol{D} = \varepsilon\boldsymbol{E}$ 可得

$$D_1 = \varepsilon_0\varepsilon_{r1}E_1 = \varepsilon_0\varepsilon_{r1}\frac{V}{d},$$

$$D_2 = \varepsilon_0\varepsilon_{r2}E_2 = \varepsilon_0\varepsilon_{r2}\frac{V}{d}.$$

(2) 因为电容器左、右半边的电位移的大

小不等，所以极板上左、右半边的面电荷密度 σ_1, σ_2 也不等，由式(7－8)可得

$$\sigma_1 - D_1 = \varepsilon_0 \varepsilon_{r1} \frac{V}{d}.$$

同理

$$\sigma_2 = D_2 = \varepsilon_0 \varepsilon_{r2} \frac{V}{d}.$$

(3) 电容器极板上的总电量为

$$q = \sigma_1 \frac{S}{2} + \sigma_2 \frac{S}{2} = \frac{\varepsilon_0 \varepsilon_{r1} VS}{2d} + \frac{\varepsilon_0 \varepsilon_{r2} VS}{2d}.$$

由电容器电容的定义式可得

$$C = \frac{q}{V} = \frac{\varepsilon_0 \varepsilon_{r1} S}{2d} + \frac{\varepsilon_0 \varepsilon_{r2} S}{2d} = C_1 + C_2,$$

式中 C_1, C_2 分别表示左、右半边电容器的电容，可见整个电容器的电容等效于这两个电容器的并联.

7.4　电场的能量

一、点电荷系的静电能

任何带电过程实质上都是正、负电荷的分离或迁移过程. 当正、负电荷分离时，外界必须克服电荷之间的静电力而做功. 因此，带电系统通过外力做功可获得一定的能量. 根据能量守恒定律，外界所提供的能量转化为带电系统的静电能，它在数值上等于外力克服静电力所做的功，所以任何带电体都具有一定的能量. 下面我们首先讨论点电荷系的静电能.

设想带电体中的电荷可以分割成无限多个电荷元，将它们分散在彼此相距很远的位置上，规定这种状态下系统的静电能为零. 任何状态下，电荷系的静电能等于把各部分电荷从无限分散状态聚集成现有带电体时，外力克服静电力所做的功.

通常把组成单个电荷的各电荷元从无限分散状态聚集起来所做的功，称为该电荷的自能. 把单个电荷看成不可分割的整体，将各个电荷从无穷远处移动到当前位置所做的功，称为电荷之间的相互作用能(简称互能). 于是，带电系统的总静电能由单个电荷的自能和各电荷之间的互能组成. 显然，自能和互能没有本质的区别，一个电荷的自能就是组成它的各电荷元互能的总和.

对于点电荷系，其静电能就是各点电荷之间的互能.

一个最简单的点电荷系由两个点电荷组成，它们的带电量分别为 q_1, q_2，距离为 r. 开始时，点电荷 1 在 a 点，点电荷 2 在无穷远处，此时它们之间的相互作用力为零. 现在规定在该状态下系统的静电能为零. 将点电荷 2 从无穷远处移动到 b 点(a, b 两点相距为 r)，在整个过程中，外力克服点电荷 1 对点电荷 2 的静电力做的功为

$$W = \frac{1}{4\pi\varepsilon_0} \frac{q_1 q_2}{r}.$$

根据能量守恒定律，外力所做的功等于该点电荷系静电能的增量，即两个点电荷之间的互能

$$W_e = W = q_2 \frac{1}{4\pi\varepsilon_0} \frac{q_1}{r} = q_2 V_2,$$

式中 V_2 表示点电荷 1 在点电荷 2 所在处产生的电势. 上式又可改写成

$$W_e = q_1 \frac{1}{4\pi\varepsilon_0} \frac{q_2}{r} = q_1 V_1,$$

式中 V_1 表示点电荷 2 在点电荷 1 所在处产生的电势. 通常可将两个点电荷系的互能写成下列对称形式：

$$W_e = \frac{1}{2}(q_1 V_1 + q_2 V_2).$$

上述结果容易推广到多个点电荷组成的点电荷系,该系统的互能为

$$W_e = \frac{1}{2}\sum_i q_i V_i, \tag{7-20}$$

式中V_i表示除第i个点电荷外的其他所有点电荷在第i个点电荷所在处产生的总电势.式(7-20)不管是在真空中还是在电介质中都成立.当有电介质存在时,式中的q_i仍然是自由点电荷的电量,V_i为电介质中的电势.

如果是连续分布的带电体,可以设想将这个带电体分割成无限多个电荷元,这时将式(7-20)中的求和符号改成积分符号即可,有

$$W_e = \frac{1}{2}\int_q V\mathrm{d}q. \tag{7-21}$$

如果只考虑一个带电体,式(7-21)给出的是该带电体的自能,因此一个带电体的自能就是组成它的各电荷元之间的互能.

需要指出的是,式(7-20)代表的是点电荷与点电荷之间的互能,并不包括点电荷自身的自能;而对于式(7-21),由于带电体内的电荷已经被分割成无限多个电荷元,它既包括各电荷元本身的自能,又包括各电荷元之间的互能.

二、电容器的能量

在电容器的充电过程中,外力将克服静电力做功,把正电荷从带负电的极板移动到带正电的极板,在此过程中,外力所做的功等于电容器的静电能.电容器储存电荷的同时也储存了电能.将一个电容器、一个直流电源和一个灯泡B连成如图7-26所示的电路,先将电键S打向a端,对电容器充电,使电容器两极板带上电荷.充电完毕后,再将电键S打向b端,电容器两极板上的正、负电荷就会通过装有灯泡的电路进行中和,使灯泡B发光,这一过程称为电容器的放电.显然,灯泡发光所消耗的能量是从电容器中释放出来的,而电容器的能量是由直流电源给电容器充电时提供的,这说明电容器可以储存能量.

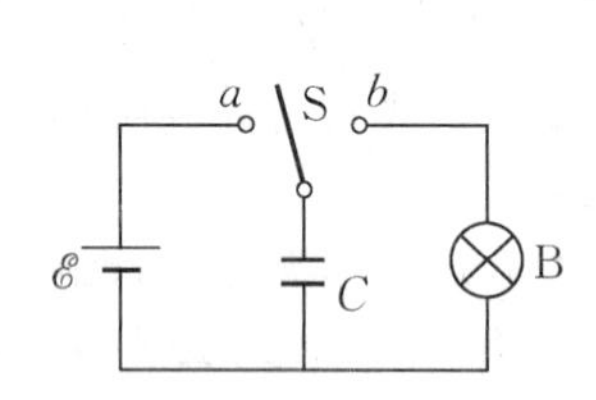

图7-26 电容器充、放电电路

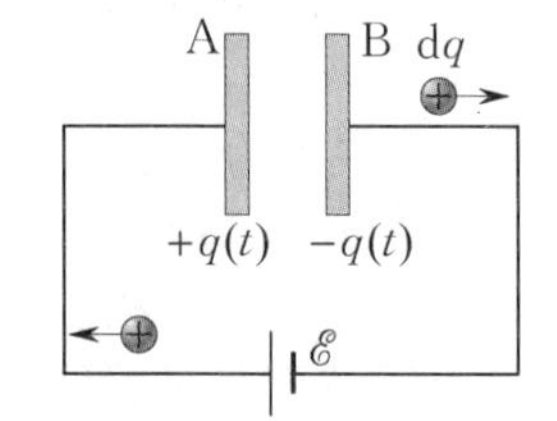

图7-27 电容器的充电过程

现在来计算电容为C的平行板电容器,当它的两个极板分别带上$+Q$和$-Q$的电量,相应的电势差为V_{AB}时所储存的能量.其实,当电容器接上直流电源时,电源不断地把电容器极板B上的正电荷抽运到极板A(实际是电源不断地把极板A上的电子抽运到极板B)上.如图7-27所示,设充电过程的某时刻t,极板A的带电量为$+q(t)$,极板B的带电量为$-q(t)$,此时两极板之间的电势差为$u(t)$,若电源继续把$+\mathrm{d}q$的电量从极板B送到极板A,则电源克服电场力所做的功为

$$\mathrm{d}W = u\mathrm{d}q = \frac{q}{C}\mathrm{d}q.$$

电容器从$q=0$开始充电到极板上带电量为$q=Q$时,电源克服电场力所做的总功为

$$W = \int \mathrm{d}W = \int_0^Q \frac{q}{C}\mathrm{d}q = \frac{Q^2}{2C}.$$

根据功能原理,电源所做的功转化为电容器的能量,上式就是电容为C的电容器,当它极板

所带电量为Q时具有的能量. 若用W_e表示电容器的能量,并利用$Q = CV_{AB}$的关系,可得到带电电容器的能量为

$$W_e = \frac{Q^2}{2C} = \frac{1}{2}CV_{AB}^2 = \frac{1}{2}QV_{AB}. \tag{7-22}$$

式(7-22)对任意结构的电容器都成立.

三、电场的能量和能量密度

上面我们介绍了带电系统在带电过程中如何从外界获得能量,现在进一步介绍这些能量是如何分布的. 当我们接听电话时,电磁波携带的能量通过天线输入手机内部的电子元件,转化为声能,因此我们可以听到讲话声音,说明能量是分布在电磁场中的. 大量事实已经证明,电能是定域在(或者说分布在)电场所占的整个空间的.

既然电能是分布在电场中的,我们就可以把带电系统的能量用电场强度$\boldsymbol{E}$来表示. 现在以平行板电容器为例,设其电容为C,极板带电量为Q,极板面积为S,极板间距为d,当极板间充满介电常量为ε的电介质时,其能量为

$$W_e = \frac{1}{2}CV_{AB}^2 = \frac{1}{2}\frac{\varepsilon S}{d}E^2d^2 = \frac{1}{2}\varepsilon E^2Sd = \frac{1}{2}\varepsilon E^2V,$$

式中$V = Sd$为平行板电容器两极板间的电场占的空间体积. 由于平行板电容器的电场是均匀电场,因此静电能是均匀分布在电场中的.

电场中单位体积的能量称为电场的能量密度,用w_e表示,即

$$w_e = \frac{W_e}{V} = \frac{1}{2}\varepsilon E^2 = \frac{1}{2}DE. \tag{7-23}$$

可以证明,电场的能量密度公式适用于任何电场. 在电场不均匀时,总电场能量W_e等于电场的能量密度在电场强度不为零的空间V中的体积分,即

$$W_e = \int_V dW_e = \int_V w_e dV = \int_V \frac{1}{2}\varepsilon E^2 dV. \tag{7-24}$$

例7-8

如图7-28所示的圆柱形电容器,内、外同轴圆柱面分别为其正、负极板,半径分别为R_1,R_2,带电量分别为$+Q$,$-Q$,极板间充满相对介电常量为ε_r的电介质. 设内、外同轴圆柱面长为L,忽略边缘效应,求两极板间的电场能量.

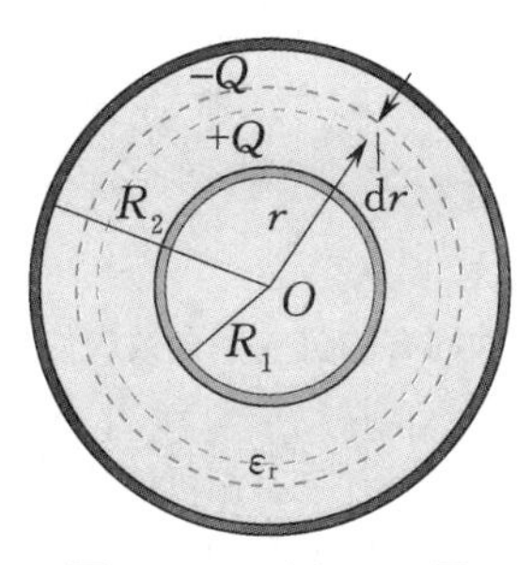

图7-28　例7-8图

解　利用有电介质时的高斯定理,可求得两极板之间($R_1 < r < R_2$)的电场强度为

$$E = \frac{Q}{2\pi\varepsilon_r\varepsilon_0 rL}.$$

由式(7-23)可得其电场的能量密度为

$$w_e = \frac{1}{2}\varepsilon E^2 = \frac{Q^2}{8\pi^2\varepsilon_r\varepsilon_0 L^2}\frac{1}{r^2}.$$

在圆柱形电容器中,取一半径为r、厚度为dr、长为L的同轴圆柱壳,其体积为

$$dV = 2\pi rL\,dr.$$

在此圆柱壳中,电场强度的大小可看作处处相等,所以电场的能量密度也处处相等,它储存的能量为

$$dW_e = w_e dV = \frac{Q^2}{4\pi\varepsilon_r\varepsilon_0 L}\frac{dr}{r}.$$

对上式两边进行积分,可得总电场能量为

$$W_e=\int_V dW_e=\int_{R_1}^{R_2}\frac{Q^2}{4\pi\varepsilon_r\varepsilon_0 L}\frac{dr}{r}$$

$$=\frac{Q^2}{4\pi\varepsilon_r\varepsilon_0 L}\ln\frac{R_2}{R_1}.$$

利用式(7-22),还可求得该电容器的电容为

$$C=\frac{Q^2}{2W_e}=\frac{2\pi\varepsilon_r\varepsilon_0 L}{\ln(R_2/R_1)}.$$

这是计算电容器电容的另一种方法,称为能量法.

阅读材料7

压电效应及其应用

1. 压电效应

有些晶体在外力作用下发生伸长或压缩等形变时,在晶体相应的表面上会产生异号电荷;反之,当对这类晶体施加一个电场时,晶体将产生形变,因而在晶体内部会产生应力,这两种现象都称为压电效应.前者称为正压电效应,后者称为逆压电效应.能产生压电效应的物体称为压电体.例如,常见的石英晶体在0.1 Pa的压强作用下,承受压力的两个表面会出现正、负电荷,产生约0.5 V的电势差.除石英晶体、电气石外,酒石酸钾钠、锗酸铋等单晶,钛酸钡、锆钛酸铅等陶瓷以及聚双氟亚乙烯、铌酸锂等有机薄膜也都具有良好的压电效应.一般电介质的介电常量ε与外加电场无关,即电极化强度与电场之间有着简单的正比关系,而像酒石酸钾钠和钛酸钡这些电介质的极化现象却很特殊,介电常量不是恒量,而是随电场强度变化,并且在撤去外电场后,这些电介质并不呈电中性,而有剩余极化;若外电场是交变的,则电极化强度随外电场的变化具有与铁磁体的磁滞效应类似的电滞效应,这类电介质称为铁电体.晶体的铁电性通常只存在于一定的温度范围内,当温度超过某一数值时,自发极化消失,铁电体变为顺电体,该温度即为居里温度(T_c).压电体包括铁电体.各种压电体都是电介质,而且是各向异性的电介质.

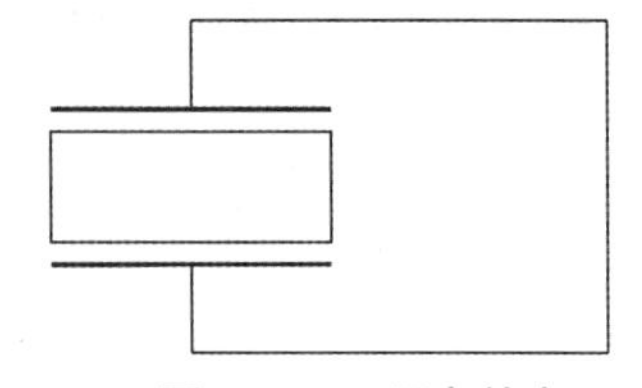

图7-29　压电效应

下面以铁电体为例对压电效应做简单解释,铁电体在某一温度范围内具有自发极化的性质,即可以在没有外电场时发生极化,因而使铁电体相对的两个表面出现异号的极化电荷.但是,这些极化电荷由于吸附了空气中的微量正、负离子和电子而被中和,使铁电体不显电性.当铁电体被外力压缩或拉伸而发生形变时,其电极化强度(或极化电荷)随之变化,导致表面吸附的自由电荷随之改变,如果这时在两表面安上电极并用导线接通,如图7-29所示,变化着的自由电荷就会从铁电体的一个表面转移到另一个表面而形成电流,这就是正压电效应.

逆压电效应表现为晶体在外电场中被极化时,其体内出现应力,并产生压缩或拉伸的固体形变.形变有两种,一种是分正负的,外电场反向时,晶体的应变反向,即为逆压电效应;另一种是不分正负的,外电场反向时,晶体应变的方向不变,称为电致伸缩效应,它不是压电效应的逆效应.压电效应只存在于不具有对称中心的固体,而电致伸缩效应存在于任何宏观物质,包括液体和气体.如果将图7-29的导线中串入一个电源给压电体提供电压,压电体就会发生机械形变.如果电源是一交变电源,则压电体会交替出现压缩或拉伸的现象,即发生机械振动.有些压电晶体通过温度的变化可以改变其极化状态,从而在晶体的相应表面上产生异号极化电荷,这种现象称为热释电效应;与此相反,在外电场作用下,压电晶体的温度会发生显著变化,称为电热效应.热释电效应的产生源于晶体的各向异性,是由晶体在不同方向上的线膨胀率不同所致.

2. 压电效应的应用

压电体可以因机械形变产生电场,也可以因电场作用产生机械形变,这种固有的机电耦合效应使得压电体在工程中得到了广泛的应用.

(1)利用正压电效应可以实现机械能和电能的转化.压电陶瓷对外力的敏感性使它甚至可以感应到十多米外飞虫拍打翅膀对空气的扰动,并将极其微弱的机械振动转化成电信号.例如,安装在麦克风上的压电晶片就是利用了正压电效应把声音的振动转化为电流的变化.声波碰到压电晶片,就会使晶片两端电极上产生电荷,其大小和符号

随着声音的变化而变化.电子装置将压电晶片上的电荷变化转化成无线电波传到遥远的地方.这些无线电波被收音机接收,并通过安放在收音机喇叭上的压电晶片的振动,产生逆压电效应将其还原成声音.

利用石英晶体还可以制成水下发射和接收超声波的换能器,现代的超声发生器和声呐普遍使用了压电换能器.在医学上,医生将压电陶瓷探头放在人体的检查部位,通电后使其发出超声波传到人体,超声波碰到人体的组织后产生回波,然后探头接收这些回波,将其显示在荧光屏上,医生便能了解人体内部的状况.

扫描隧穿显微镜中要求探针在样品表面做微小步移,以便显示样品表面原子的排列情况,探针的微小步移就是靠压电晶体的一次次电致伸缩来完成的.

(2) 将压电晶片夹在两个电极之间可制成压电晶体谐振器.当它接入交流电路时,由于逆压电效应,谐振器两电极的交变电压使压电晶片产生机械振动.这样,由于机械振动产生的形变反过来又引起正压电效应,在两电极之间产生交变电压,从而影响交流电路中的交流电流.历史上早在1920年就已经制成了石英振荡器,因压电晶片的固有振动频率非常稳定,这种稳定不变的振动正是无线电技术中控制频率所必需的,彩色电视机等许多电器设备中都采用了压电晶片制作的滤波器,以保证图像和声音的清晰度.石英电子表中的核心部件是石英振子,正是这个关键部件保证了石英电子表具有比其他机械表更高的走时准确度.

(3) 利用压电体的性能还可以将各种非电信号转化成电信号,并进行放大、运算、传递、记录和显示,如在应变仪、血压计中应用了把压力转化成电信号的压力传感器,而红外探测仪等则是应用了压电体的热释电效应.

(4) 输入压电元件的电振动能量由于电致伸缩效应可以转化成机械振动能,此机械振动能还可以通过正压电效应转化成电能,从而获得高电压输出.应用这种获得高压的方法可以制成引燃装置,如汽车的火花塞、炮弹的引爆器等,还可以制成军用的红外夜视仪、便携式X光机的高压电源.此外,利用压电效应制成的压电点火器普遍用在了打火机、煤气灶及火花塞中.

总之,随着高新技术的发展,压电体的应用必将越来越广阔.除了用于高科技领域,它更多的是在日常生活中为人们服务,为人们创造更美好的生活.

思考题7

7-1 有人说:"在任何情况下,导体都是一个等势体."这句话对吗?

7-2 一个孤立导体球带电量为Q,其表面附近的电场强度沿什么方向?当把另一带电体移近这个导体球时,导体球表面附近的电场强度将沿什么方向?其上电荷分布是否均匀?其表面是否为等势面?电势有没有变化?导体球内任意一点处的电场强度有无变化?

7-3 把一带正电的物体A移近一原来不带电的金属导体B,金属导体B的两端会出现感应电荷,如图7-30所示.问:

(1) B的右端接地,B上哪种电荷会消失?

(2) B的左端接地,B上哪种电荷会消失?

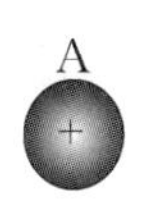

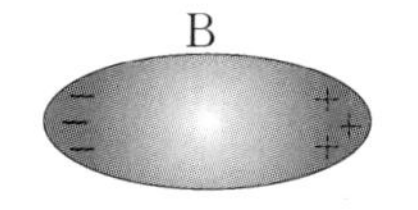

图7-30 思考题7-3图

7-4 使一孤立导体球带正电,该孤立导体球的质量是增加、减少还是不变?

7-5 在一孤立导体球壳的中心放一点电荷,球壳内、外表面上的电荷分布是否均匀?若点电荷偏离球心,则情况如何?

7-6 将一个带正电的导体A移近一不带电的绝缘导体B时,导体B的电势是升高还是降低?为什么?

7-7 将一个带正电的导体A移近一接地的导体B时,导体B是否维持零电势?其上是否带电?

7-8 将一个带电体移近一空腔导体,带电体单独在空腔内产生的电场强度是否为零?静电屏蔽效应是如何发生的?

7-9 有人说:"电容是描述电容器储存电荷能力的一个物理量,从公式$C=Q/V$来看,若Q为零,则C也为零,所以不带电的电容器的电容为零."试指出叙述中的错误.

7-10 电介质的极化现象和导体的静电感应的微观过程和宏观表现各有什么区别?

7-11 把两个电容分别为C_1和C_2的电容器串联后进行充电,然后断开电源,将它们改成并联,问它们的能量是增加还是减少?为什么?

习题7

一、选择题

7-1 真空中有两块平行放置的大金属平板，平板的面积均为S,平板间距为d(d远小于平板线度)，两平板的带电量分别为$+Q$和$-Q$,则两平板之间的相互作用力为(　　).

A. $\dfrac{Q^2}{4\pi\varepsilon_0 d^2}$　　B. $\dfrac{Q^2}{\varepsilon_0 S^2}$

C. $\dfrac{Q^2}{8\varepsilon_0 S^2}$　　D. $\dfrac{Q^2}{2\varepsilon_0 S}$

7-2 两个带电不等的金属球直径相等，但一个是空心的，另一个是实心的，现使它们互相接触，则这两个金属球上的电荷(　　).

A. 不变化

B. 平均分配

C. 不等，空心球电量多

D. 不等，实心球电量多

7-3 一无限大均匀带电平板A的面电荷密度为$+\sigma$,在其附近放一与它平行的有一定厚度的无限大导体平板B,如图7-31所示，则导体平板B两个表面上的面感应电荷密度分别为(　　).

A. $\sigma_1=-\sigma,\sigma_2=+\sigma$

B. $\sigma_1=-\dfrac{\sigma}{2},\sigma_2=+\dfrac{\sigma}{2}$

C. $\sigma_1=-\dfrac{\sigma}{2},\sigma_2=-\dfrac{\sigma}{2}$

D. $\sigma_1=-\sigma,\sigma_2=0$

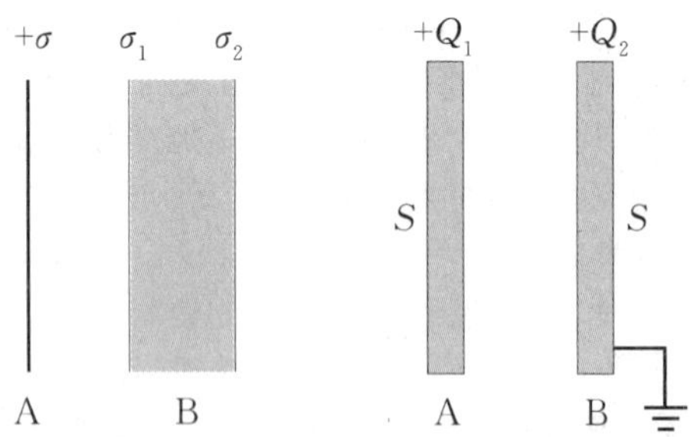

图7-31　习题7-3图　图7-32　习题7-4图

7-4 如图7-32所示，两面积均为S的导体平板A,B平行放置. A板带电量为$+Q_1$,B板带电量为$+Q_2$. 如果使B板接地，则A,B板之间的电场强度的大小为(　　).

A. $\dfrac{Q_1}{\varepsilon_0 S}$　　B. $\dfrac{Q_1}{2\varepsilon_0 S}$

C. $\dfrac{Q_1-Q_2}{2\varepsilon_0 S}$　　D. $\dfrac{Q_1+Q_2}{2\varepsilon_0 S}$

7-5 一厚度为d的无限大均匀带电导体板的面电荷密度为σ,如图7-33所示. 导体板的两侧到板面距离均为r的两点a,b之间的电势差为(　　).

A. 0　　B. $\dfrac{\sigma}{2\varepsilon_0}$

C. $\dfrac{r\sigma}{\varepsilon_0}$　　D. $\dfrac{2r\sigma}{\varepsilon_0}$

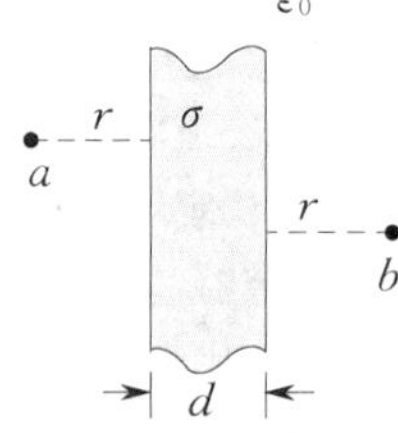

图7-33　习题7-5图

7-6 当一个带电导体达到静电平衡时，(　　).

A. 导体表面上面电荷密度较大处电势较高

B. 导体表面曲率较大处电势较高

C. 导体内部的电势比导体表面的电势高

D. 导体内任意一点与其表面上任意一点的电势差等于零

7-7 在一个孤立的导体球壳内，若在偏离球心处放置一个点电荷，则在球壳内、外表面上将出现感应电荷，其分布将是(　　).

A. 内、外表面都均匀

B. 内表面不均匀，外表面均匀

C. 内表面均匀，外表面不均匀

D. 内、外表面都不均匀

7-8 若某带电体的体电荷密度ρ增大为原来的2倍，则其电场的能量将变为原来的(　　).

A. 2倍　　B. $\dfrac{1}{2}$

C. 4倍　　D. $\dfrac{1}{4}$

7-9 两电容分别为C_1,C_2的空气电容器1,2串联起来接上电源进行充电，然后将电源断开，再把一电介质板插入电容器1中，如图7-34所示，则(　　).

A. 电容器1上的电压减小，电容器2上的电压增大

B. 电容器1上的电压减小，电容器2上的电压不变

C. 电容器1上的电压增大，电容器2上的电压减小

D. 电容器1上的电压增大，电容器2上的电压不变

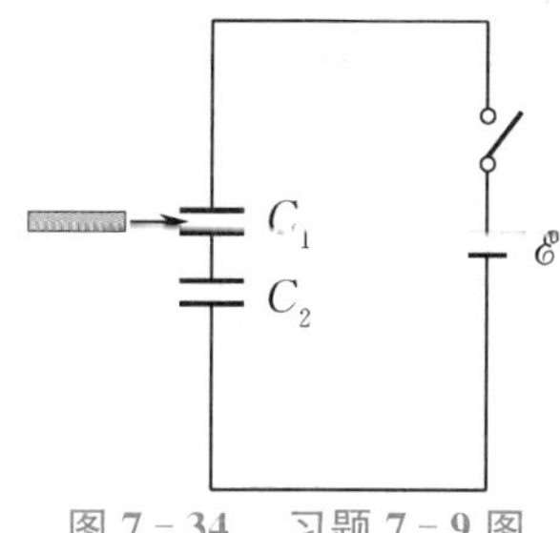

图 7-34 习题 7-9 图

7-10 用大小为 F 的力把电容器中的电介质板拉出，在图 7-35 所示的两种情况下，电容器中储存的能量将(　　).

A. 都增加

B. 都减少

C. (a) 增加，(b) 减小

D. (a) 减少，(b) 增加

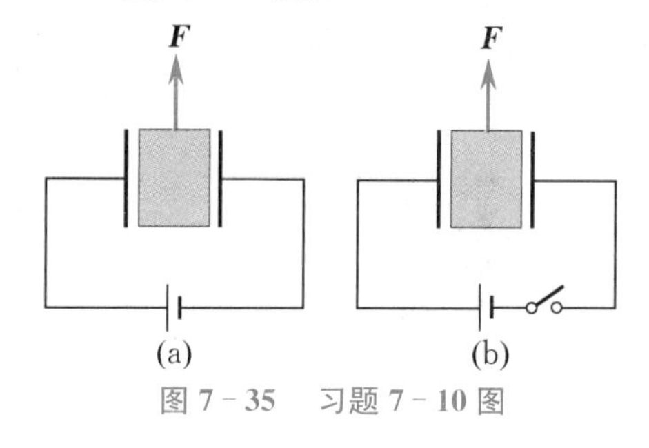

图 7-35 习题 7-10 图

二、填空题

7-11 半径为 0.1 m 的孤立导体球的电势为 300 V，则距球心 30 m 处的电势为 $V=$ ________ (取无穷远处为电势零点).

7-12 一平行板电容器的极板面积均为 S，极板间距为 d，若 B 板接地，且保持 A 板的电势 $V_A=V_0$ 不变. 如图 7-36 所示，将一块面积相同的带电量为 Q 的导体薄板 C 平行地插入两板极中间，则导体薄板 C 的电势为 $V_C=$ ________.

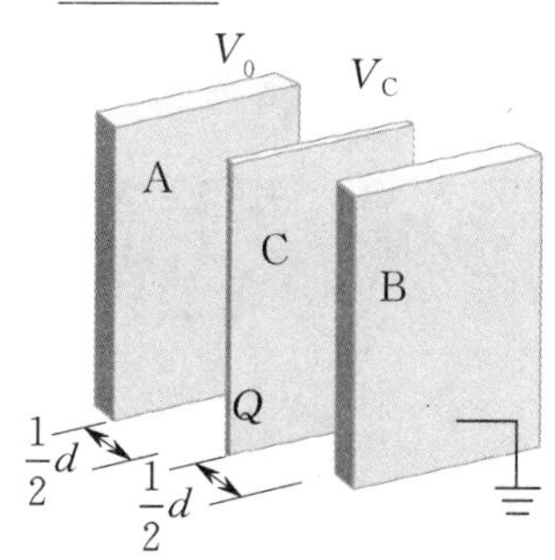

图 7-36 习题 7-12 图

7-13 如图 7-37 所示，将一负电荷从无穷远处移动至一不带电的导体附近，则导体内的电场强度 ________，导体的电势 ________ (选填"增大""不变""减小").

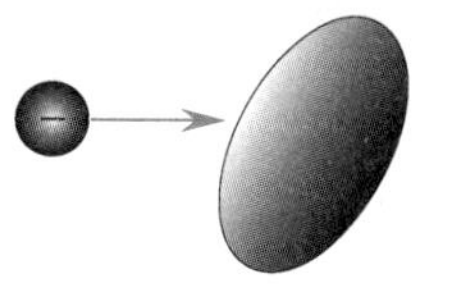
图 7-37 习题 7-13 图

7-14 在一带负电的金属球附近放一带正电的点电荷 q_0，测得 q_0 所受的力为 F，则 F/q_0 的值一定 ________ 不放 q_0 时该点原有的电场强度大小(选填"大于""等于""小于").

7-15 如图 7-38 所示，将一块原来不带电的金属板 B 移近一块已带有正电荷 Q 的金属板 A，两板平行放置. 设两板面积均为 S，两板间距为 d，忽略边缘效应. 当 B 板不接地时，两板之间的电势差为 $V_{AB}=$ ________；当 B 板接地时，两板之间的电势差为 $V'_{AB}=$ ________.

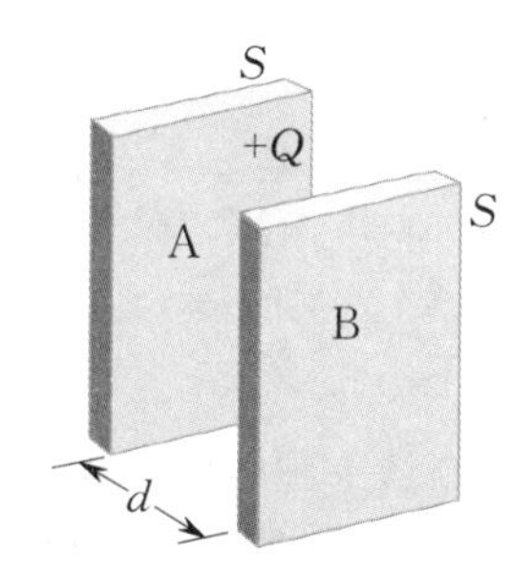

图 7-38 习题 7-15 图

7-16 一空气平行板电容器的电容为 C，极板间距为 d. 充电后，两极板之间的相互作用力为 F，则两极板之间的电势差为 ________，极板上的电量为 ________.

7-17 如图 7-39 所示，两块很大的有一定厚度的导体平板平行放置，平板面积均为 S，带电量分别为 Q_1 和 Q_2. 若忽略边缘效应，则 A,B,C,D 这 4 个表面上的面电荷密度分别为 ________, ________, ________, ________.

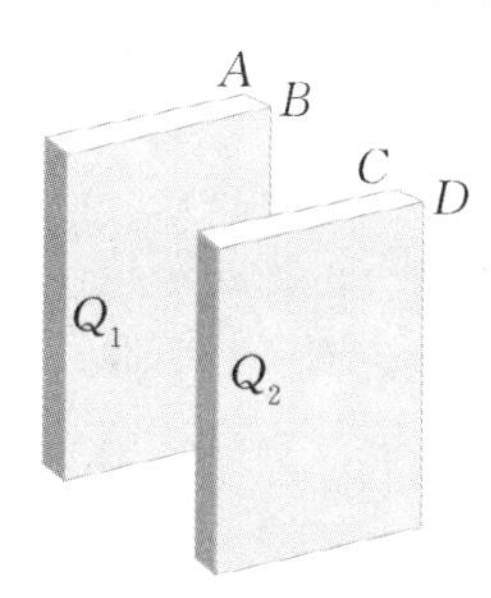

图 7-39 习题 7-17 图

7-18 如图 7-40 所示，1，2 为两个完全相同的空气电容器.将其充电后与电源断开,再将一块各向同性均匀电介质板插入电容器1的两极板间,则电容器2的电压V_2将________,其电场能量W_2将________(选填"增大""不变""减小").

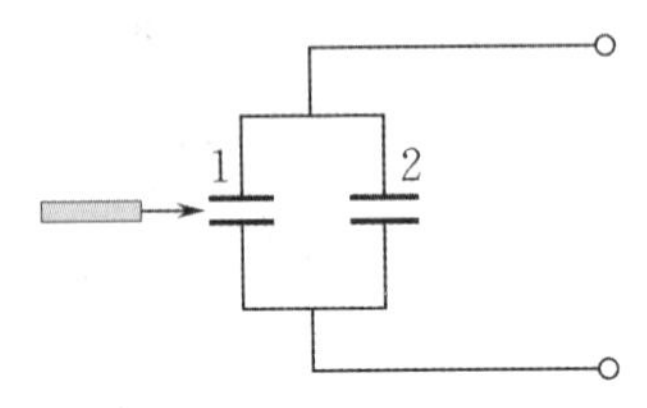

图7-40　习题7-18图

7-19　3个电容完全相同的平行板电容器C_1,C_2和C_3按图7-41所示方式连接.当接通电源后,3个电容器的储能之比为$W_1:W_2:W_3=$________.

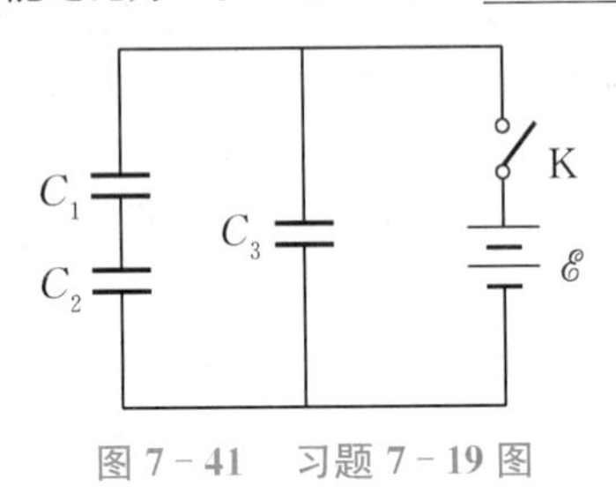

图7-41　习题7-19图

三、计算题

7-20　莱顿瓶是一种早期的储电容器,它是一内外贴有金属薄膜的圆柱形玻璃瓶.设玻璃瓶的内直径为8 cm,玻璃厚度为2 mm,金属薄膜的高度为40 cm.已知玻璃的相对介电常量为5.0,其击穿场强为1.5×10^7 V/m.若忽略边缘效应,

(1) 求莱顿瓶的电容;

(2) 它最多能储存多少电荷?

7-21　为了提高输电电缆的工作电压,在电缆中常常放多种电介质以减小内、外导体之间的电场强度变化,这种方法称为分段绝缘.图7-42所示为这种电缆的剖面图.若以相对介电常量满足$\varepsilon_{r1}>\varepsilon_{r2}>\varepsilon_{r3}$的3种电介质作为绝缘材料,设内部导体每单位长度上的带电量为λ.

(1) 求各层内的电场强度;

(2) 求各层电场强度的极大值;

(3) 在什么条件下,电介质内的电场强度保持为常量?

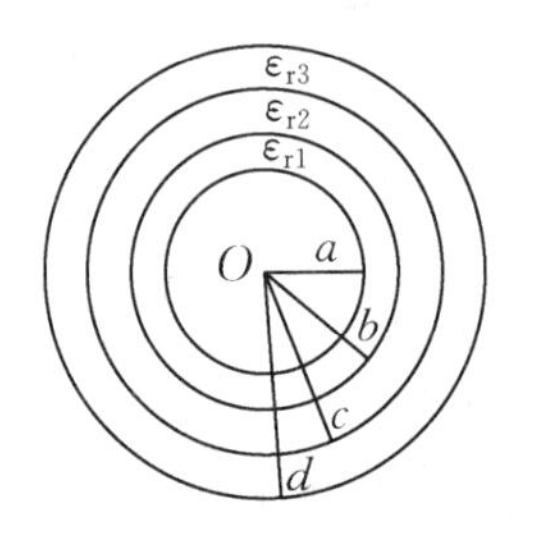

图7-42　习题7-21图

7-22　3块平行金属板A,B,C的面积均为200 cm^2.A,B板间距为4 mm,A,C板间距为2 mm.B,C两板都接地,如图7-43所示.A板带正电,带电量为$q=3\times10^{-7}$ C,忽略边缘效应.求:

(1) B,C板上的感应电荷;

(2) A板的电势.

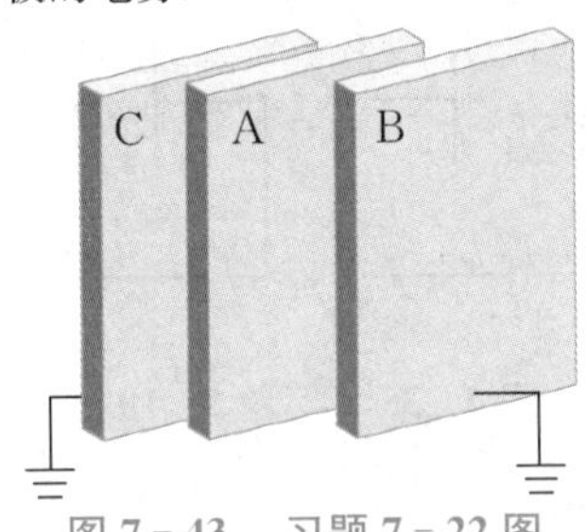

图7-43　习题7-22图

7-23　半径为R、带电量为q的导体球外有一厚度为d的同心均匀电介质球壳,电介质的相对介电常量为ε_r,如图7-44所示.求电场强度和电势的分布.

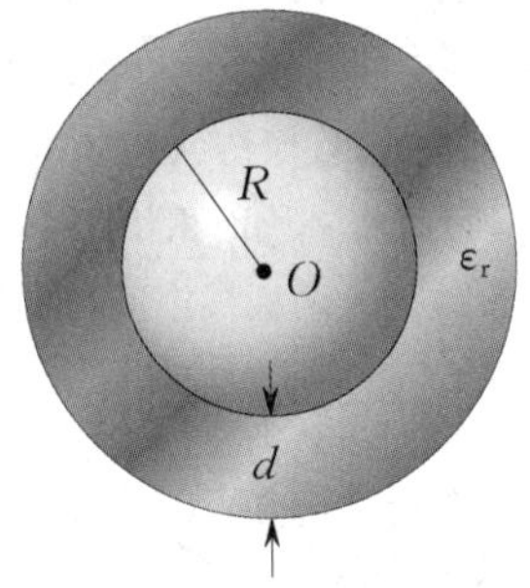

图7-44　习题7-23图

附录

附录1 矢量

矢量是物理学中一个重要的基础概念，广泛应用于普通物理和理论物理中. 矢量运算是物理学中常用的数学方法，它可用简洁的数学语言表达某些物理量及其变化规律. 科学和正确地掌握矢量的运算方法，对今后的研究和学习有很大帮助. 这里主要介绍矢量的概念，矢量的加减和分解，矢量的标积、矢积以及矢量的导数和积分.

一、标量和矢量

物理学中，经常遇到两类物理量：一类只有大小和正负，而没有方向，如质量、长度、时间、能量、温度等，这类物理量称为标量，它们遵循通常的代数运算法则；另一类既有大小又有方向，如力、位移、速度、加速度、动量等，这类物理量称为矢量，它们遵循矢量代数运算法则.

矢量可用黑体字母表示，如$\boldsymbol{A}$，也可用字母上面加箭头的方式表示，如$\vec{A}$. 前者多用于印刷体，后者多用于手写体. 作图时，矢量可用一条有向线段来表示，线段长度表示矢量的大小，箭头指向表示矢量的方向，如图1所示. 将矢量在空间平移，则矢量的大小和方向都不会发生改变，这个性质称为矢量的平移不变性.

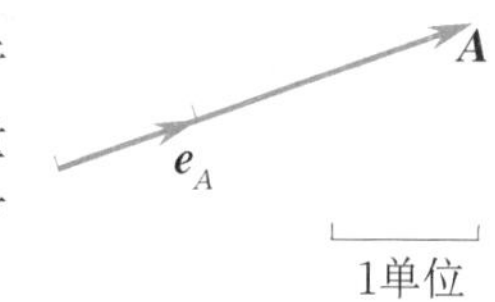

图1 矢量的图示

矢量的大小称为矢量的模，矢量A的模常用$|\boldsymbol{A}|$或A表示. 如果矢量$\boldsymbol{e}_A$的模等于1，且其方向与矢量$\boldsymbol{A}$相同，则将$\boldsymbol{e}_A$称为矢量$\boldsymbol{A}$的单位矢量.

引入单位矢量后，矢量$\boldsymbol{A}$可以表示为

$$\boldsymbol{A}=|\boldsymbol{A}|\boldsymbol{e}_A=A\boldsymbol{e}_A.$$

空间直角坐标系中，x,y,z轴正方向的单位矢量通常用$\boldsymbol{i},\boldsymbol{j},\boldsymbol{k}$表示，而自然坐标系中切向和法向的单位矢量则通常用$\boldsymbol{e}_t$和$\boldsymbol{e}_n$表示.

二、矢量的几何法

(1) 矢量的合成.

设空间中有两个矢量$\boldsymbol{A}$和$\boldsymbol{B}$，如图2(a)所示，利用矢量的平移不变性，将矢量$\boldsymbol{B}$的始端平移到$\boldsymbol{A}$的始端，让它们的始端重合，然后以这两个矢量为邻边作平行四边形，其对角线即为两矢量的和，用矢量$\boldsymbol{C}$表示(见图2(b))，即

$$\boldsymbol{C}=\boldsymbol{A}+\boldsymbol{B}=\boldsymbol{B}+\boldsymbol{A},$$

$\boldsymbol{C}$称为合矢量，$\boldsymbol{A}$和$\boldsymbol{B}$则称为$\boldsymbol{C}$的分矢量. 两矢量合成的平行四边形法则可简化为三角形法则，即以矢量$\boldsymbol{A}$的末端为起点作矢量$\boldsymbol{B}$，如图2(c)所示. 可以看出，由$\boldsymbol{A}$的始端画到$\boldsymbol{B}$的末端的矢量就是合矢量$\boldsymbol{C}$. 同样，如以矢量$\boldsymbol{B}$的末端为起点作矢量$\boldsymbol{A}$，如图2(d)所示，由$\boldsymbol{B}$的始端画到$\boldsymbol{A}$的末端的矢量也是合矢量$\boldsymbol{C}$，即矢量的加法满足交换律.

对于在同一平面上多个矢量的合成，可根据三角形法则，先求其中两个矢量的合矢量，然后将该矢量与第3个矢量相加，求出这3个矢量的合矢量，依此类推，就可以求出多个矢量的合矢量(见图3)，即

$$\boldsymbol{R}=\boldsymbol{A}+\boldsymbol{B}+\boldsymbol{C}+\boldsymbol{D}.$$

从图中可以看出，如果在第1个矢量的末端画出第2个矢量，再在第2个矢量的末端画出第3个矢量……即把所有相加的矢量首尾相连，然后由第1个矢量的始端画到最后1个矢量的末端作一矢量，这个矢量就是它们的合矢

量.由于所有的分矢量与合矢量在矢量图上围成一个多边形,这种求合矢量的方法称为多边形法则.

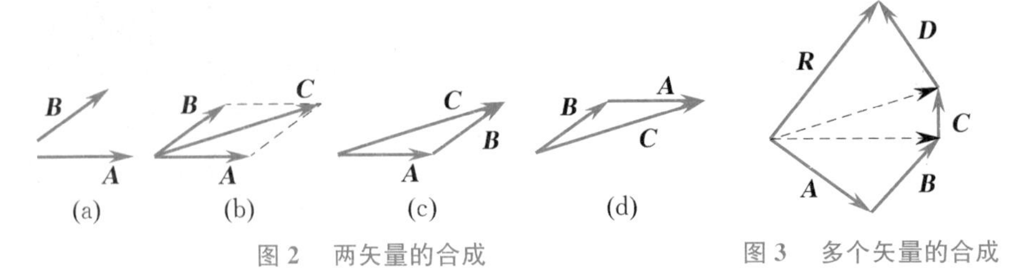

图 2　两矢量的合成　　图 3　多个矢量的合成

(2) 矢量的减法.

设有两个矢量 **A** 和 **B**,如图 4(a) 所示.将它们相减时,先将两矢量平移,让它们的始端重合,然后从减矢量的末端向被减矢量的末端作一矢量,如图 4(b) 所示,该矢量即为两矢量的差,用矢量 **D** 表示,即

$$\boldsymbol{D}=\boldsymbol{A}-\boldsymbol{B}=\boldsymbol{A}+(-\boldsymbol{B}).$$

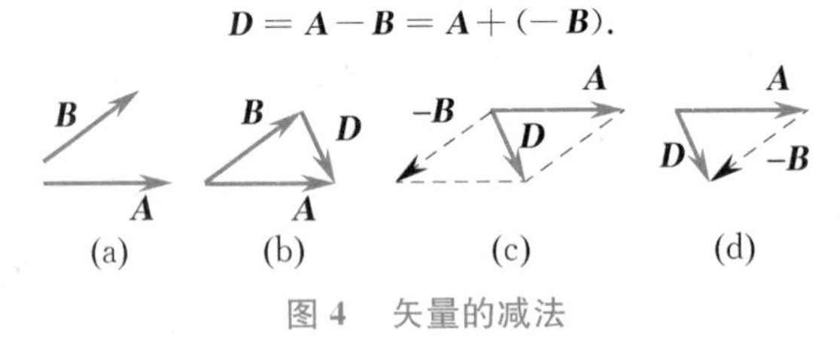

图 4　矢量的减法

矢量相减也可写成加负矢量然后用平行四边形或三角形法则作图求解,如图 4(c) 和(d) 所示.

三、矢量的解析法

两个或多个矢量可以合成一个矢量,同样,一个矢量也可以分解为两个或多个矢量.矢量沿任意方向分解没有实际意义,一般常将一个矢量沿直角坐标轴分解(正交分解).若一矢量 **A** 在如图 5 所示的空间直角坐标系中,则它在 x,y 和 z 轴上的分矢量分别为 $\boldsymbol{A}_x$,$\boldsymbol{A}_y$ 和 $\boldsymbol{A}_z$,于是有

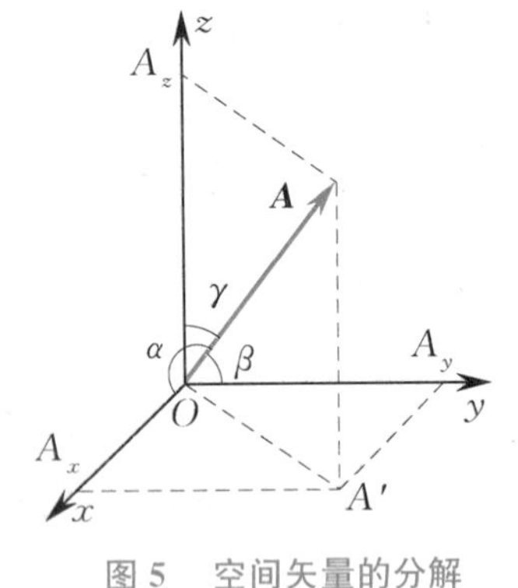

图 5　空间矢量的分解

$$\boldsymbol{A}=\boldsymbol{A}_x+\boldsymbol{A}_y+\boldsymbol{A}_z.$$

矢量 **A** 在 x,y 和 z 轴上的分量(投影) 分别为 A_x,A_y 和 A_z,则有

$$\boldsymbol{A}=A_x\boldsymbol{i}+A_y\boldsymbol{j}+A_z\boldsymbol{k}.$$

矢量 **A** 的大小(模) 为

$$A=|\boldsymbol{A}|=\sqrt{A_x^2+A_y^2+A_z^2}.$$

矢量 **A** 的方向由该矢量与 x,y 和 z 轴的夹角 α,β 和 γ 来确定,有

$$\cos\alpha=\frac{A_x}{A},\quad \cos\beta=\frac{A_y}{A},\quad \cos\gamma=\frac{A_z}{A}.$$

运用矢量在直角坐标轴上的分量表示法,可以简化矢量的加减运算.设两矢量的坐标分量表达式分别为 $\boldsymbol{A}=A_x\boldsymbol{i}+A_y\boldsymbol{j}+A_z\boldsymbol{k}$,$\boldsymbol{B}=B_x\boldsymbol{i}+B_y\boldsymbol{j}+B_z\boldsymbol{k}$,则两个矢量的和与差表示为

$$\boldsymbol{A}\pm\boldsymbol{B}=(A_x\pm B_x)\boldsymbol{i}+(A_y\pm B_y)\boldsymbol{j}+(A_z\pm B_z)\boldsymbol{k}.$$

四、矢量的积

(1) 矢量的数乘.

矢量 **A** 与一个数 m 相乘,得到的仍是一个矢量,其大小为 mA,若 $m>0$,则其方向与 **A** 相同;若 $m<0$,则其方向与 **A** 相反;若 $m=0$,则其方向无法确定.

(2) 矢量的标积(点乘).

矢量 **A** 和 **B** 的标积用 $\boldsymbol{A}\cdot\boldsymbol{B}$ 表示,并且定义为 $\boldsymbol{A}\cdot\boldsymbol{B}=AB\cos\theta$,式中 θ 为 **A** 与 **B** 的夹角.两矢量的标积等于两矢量的大小乘以它们夹角的余弦,其结果为一标量.两矢量的标积有如下性质:

① 若 $\boldsymbol{A}\,/\!/\,\boldsymbol{B}$,则 $\boldsymbol{A}\cdot\boldsymbol{B}=AB$;

② 若 $\boldsymbol{A} \perp \boldsymbol{B}$,则 $\boldsymbol{A} \cdot \boldsymbol{B} = 0$;

③ $\boldsymbol{A} \cdot \boldsymbol{B} = \boldsymbol{B} \cdot \boldsymbol{A}$.

单位矢量的标积为

$$\boldsymbol{i} \cdot \boldsymbol{i} = \boldsymbol{j} \cdot \boldsymbol{j} = \boldsymbol{k} \cdot \boldsymbol{k} = 1, \quad \boldsymbol{i} \cdot \boldsymbol{j} = \boldsymbol{j} \cdot \boldsymbol{k} = \boldsymbol{k} \cdot \boldsymbol{i} = 0.$$

利用上述性质,可得直角坐标系中 $\boldsymbol{A}$,$\boldsymbol{B}$ 两矢量的标积的结果为

$$\boldsymbol{A} \cdot \boldsymbol{B} = (A_x\boldsymbol{i} + A_y\boldsymbol{j} + A_z\boldsymbol{k}) \cdot (B_x\boldsymbol{i} + B_y\boldsymbol{j} + B_z\boldsymbol{k}) = A_xB_x + A_yB_y + A_zB_z.$$

(3) 矢量的矢积(叉乘).

矢量 $\boldsymbol{A}$ 和 $\boldsymbol{B}$ 的矢积用 $\boldsymbol{A} \times \boldsymbol{B}$ 表示,并且定义为

$$\boldsymbol{A} \times \boldsymbol{B} = \boldsymbol{C}, \quad C = |\boldsymbol{C}| = AB\sin\theta,$$

式中 θ 为 $\boldsymbol{A}$ 与 $\boldsymbol{B}$ 的夹角. 两矢量的矢积的结果为一矢量 $\boldsymbol{C}$,$\boldsymbol{C}$ 的大小等于两矢量的大小乘以它们夹角的正弦,$\boldsymbol{C}$ 的方向垂直于 $\boldsymbol{A}$ 和 $\boldsymbol{B}$ 两矢量确定的平面,其指向由右手螺旋法则确定,即四指从 $\boldsymbol{A}$ 经小于 180° 的角转向 $\boldsymbol{B}$ 时大拇指所指的方向(见图 6). 两矢量的矢积有如下性质:

① 若 $\boldsymbol{A} \parallel \boldsymbol{B}$,则 $\boldsymbol{A} \times \boldsymbol{B} = \boldsymbol{0}$;

② 若 $\boldsymbol{A} \perp \boldsymbol{B}$,则 $|\boldsymbol{A} \times \boldsymbol{B}| = AB$;

③ $\boldsymbol{A} \times \boldsymbol{B} = -\boldsymbol{B} \times \boldsymbol{A}$.

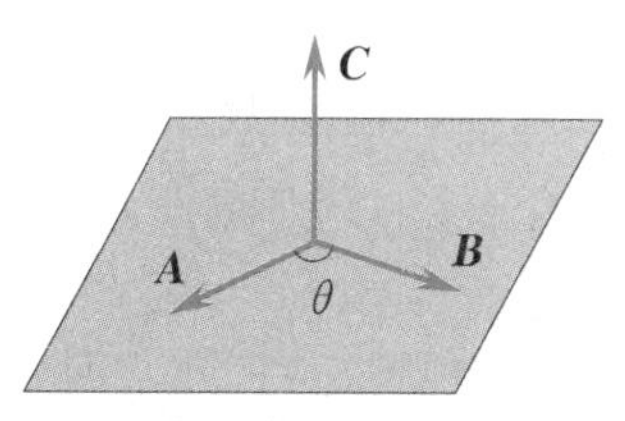

图 6　两矢量的矢积

单位矢量的矢积为

$$\boldsymbol{i} \times \boldsymbol{i} = \boldsymbol{j} \times \boldsymbol{j} = \boldsymbol{k} \times \boldsymbol{k} = \boldsymbol{0}, \quad \boldsymbol{i} \times \boldsymbol{j} = -\boldsymbol{j} \times \boldsymbol{i} = \boldsymbol{k},$$
$$\boldsymbol{j} \times \boldsymbol{k} = -\boldsymbol{k} \times \boldsymbol{j} = \boldsymbol{i}, \quad \boldsymbol{k} \times \boldsymbol{i} = -\boldsymbol{i} \times \boldsymbol{k} = \boldsymbol{j}.$$

利用上述性质,可得直角坐标系中 $\boldsymbol{A}$,$\boldsymbol{B}$ 两矢量的矢积的结果为

$$\boldsymbol{A} \times \boldsymbol{B} = (A_x\boldsymbol{i} + A_y\boldsymbol{j} + A_z\boldsymbol{k}) \times (B_x\boldsymbol{i} + B_y\boldsymbol{j} + B_z\boldsymbol{k}) = (A_yB_z - A_zB_y)\boldsymbol{i} + (A_zB_x - A_xB_z)\boldsymbol{j} + (A_xB_y - A_yB_x)\boldsymbol{k}.$$

两矢量的矢积也可用行列式表示为

$$\boldsymbol{A} \times \boldsymbol{B} = \begin{vmatrix} \boldsymbol{i} & \boldsymbol{j} & \boldsymbol{k} \\ A_x & A_y & A_z \\ B_x & B_y & B_z \end{vmatrix} = (A_yB_z - A_zB_y)\boldsymbol{i} + (A_zB_x - A_xB_z)\boldsymbol{j} + (A_xB_y - A_yB_x)\boldsymbol{k}.$$

五、矢量函数的微分和积分

若一个矢量的大小和方向都不随时间改变,则称为常矢量;若一个矢量的大小或方向随时间发生改变,则称为变矢量. 物理学中经常遇到变矢量,变矢量往往是某一标量(如时间 t)的函数,称为矢量函数. 在物理学中,经常遇到矢量函数的微分和积分问题.

(1) 矢量函数的微分.

设矢量 $\boldsymbol{A}$ 是时间 t 的函数,记作 $\boldsymbol{A} = \boldsymbol{A}(t)$. 在空间直角坐标系中,矢量函数 $\boldsymbol{A}(t)$ 可表示为

$$\boldsymbol{A}(t) = A_x(t)\boldsymbol{i} + A_y(t)\boldsymbol{j} + A_z(t)\boldsymbol{k},$$

式中 $\boldsymbol{i}$,$\boldsymbol{j}$,$\boldsymbol{k}$ 是空间直角坐标系 x,y,z 轴正方向的单位矢量,是固定不变的(常矢量);$A_x(t)$,$A_y(t)$,$A_z(t)$ 则是 t 的函数. 设在 t 时刻,该矢量为 $\boldsymbol{A}(t)$,在 $t + \Delta t$ 时刻,该矢量变为 $\boldsymbol{A}(t + \Delta t)$,那么在 Δt 时间间隔内,矢量 $\boldsymbol{A}$ 的增量为

$$\Delta\boldsymbol{A} = \boldsymbol{A}(t + \Delta t) - \boldsymbol{A}(t) = \Delta A_x\boldsymbol{i} + \Delta A_y\boldsymbol{j} + \Delta A_z\boldsymbol{k}.$$

将上式两边同时除以 Δt,当 $\Delta t \to 0$ 时,有

$$\lim_{\Delta t \to 0}\frac{\Delta\boldsymbol{A}}{\Delta t} = \lim_{\Delta t \to 0}\frac{\Delta A_x}{\Delta t}\boldsymbol{i} + \lim_{\Delta t \to 0}\frac{\Delta A_y}{\Delta t}\boldsymbol{j} + \lim_{\Delta t \to 0}\frac{\Delta A_z}{\Delta t}\boldsymbol{k},$$

故

$$\frac{\mathrm{d}\boldsymbol{A}}{\mathrm{d}t} = \frac{\mathrm{d}A_x}{\mathrm{d}t}\boldsymbol{i} + \frac{\mathrm{d}A_y}{\mathrm{d}t}\boldsymbol{j} + \frac{\mathrm{d}A_z}{\mathrm{d}t}\boldsymbol{k},$$

即矢量函数 $\boldsymbol{A}(t)$ 的导数 $\frac{\mathrm{d}\boldsymbol{A}}{\mathrm{d}t}$ 仍是矢量,它的 3 个分量为 $\frac{\mathrm{d}A_x}{\mathrm{d}t}$,$\frac{\mathrm{d}A_y}{\mathrm{d}t}$,$\frac{\mathrm{d}A_z}{\mathrm{d}t}$. 因此,求一个矢量函数 $\boldsymbol{A}(t)$ 对时间 t 的导数,就归结为求它的 3 个分量 $A_x(t)$,$A_y(t)$,$A_z(t)$ 对时间 t 的导数. 一般情况下,矢量 $\boldsymbol{A}$ 不仅是时间 t 的函数,还可

以是坐标 x,y,z 的函数,即为一个多元函数.

利用矢量微分的公式可以证明下列公式:

$$\frac{\mathrm{d}}{\mathrm{d}t}(\boldsymbol{A}(t)+\boldsymbol{B}(t))=\frac{\mathrm{d}\boldsymbol{A}(t)}{\mathrm{d}t}+\frac{\mathrm{d}\boldsymbol{B}(t)}{\mathrm{d}t},\quad \frac{\mathrm{d}}{\mathrm{d}t}(C\boldsymbol{A}(t))=C\frac{\mathrm{d}\boldsymbol{A}(t)}{\mathrm{d}t}\quad (C\text{为常量}),$$

$$\frac{\mathrm{d}}{\mathrm{d}t}(f(t)\boldsymbol{A}(t))=f(t)\frac{\mathrm{d}\boldsymbol{A}(t)}{\mathrm{d}t}+\frac{\mathrm{d}f(t)}{\mathrm{d}t}\boldsymbol{A}(t),$$

$$\frac{\mathrm{d}}{\mathrm{d}t}(\boldsymbol{A}(t)\cdot\boldsymbol{B}(t))=\frac{\mathrm{d}\boldsymbol{A}(t)}{\mathrm{d}t}\cdot\boldsymbol{B}(t)+\boldsymbol{A}(t)\cdot\frac{\mathrm{d}\boldsymbol{B}(t)}{\mathrm{d}t},$$

$$\frac{\mathrm{d}}{\mathrm{d}t}(\boldsymbol{A}(t)\times\boldsymbol{B}(t))=\frac{\mathrm{d}\boldsymbol{A}(t)}{\mathrm{d}t}\times\boldsymbol{B}(t)+\boldsymbol{A}(t)\times\frac{\mathrm{d}\boldsymbol{B}(t)}{\mathrm{d}t}.$$

(2) 矢量函数的积分.

设矢量函数 $\boldsymbol{A}(t)$ 的导数为

$$\frac{\mathrm{d}\boldsymbol{A}(t)}{\mathrm{d}t}=\boldsymbol{B}(t)=B_x(t)\boldsymbol{i}+B_y(t)\boldsymbol{j}+B_z(t)\boldsymbol{k},$$

式中 3 个标量函数 $B_x(t),B_y(t),B_z(t)$ 分别代表$\frac{\mathrm{d}A_x}{\mathrm{d}t},\frac{\mathrm{d}A_y}{\mathrm{d}t},\frac{\mathrm{d}A_z}{\mathrm{d}t}$. 将 $\boldsymbol{B}(t)$ 对时间 t 求积分,可转换为将 $B_x(t)$, $B_y(t),B_z(t)$ 分别对时间 t 求积分,即

$$\int\boldsymbol{B}(t)\mathrm{d}t=\boldsymbol{i}\int B_x(t)\mathrm{d}t+\boldsymbol{j}\int B_y(t)\mathrm{d}t+\boldsymbol{k}\int B_z(t)\mathrm{d}t.$$

可见,求一个矢量函数的不定积分问题归结为求该矢量的 3 个分量的标量积分. 例如,设质点运动的速度为

$$\boldsymbol{v}(t)=v_x(t)\boldsymbol{i}+v_y(t)\boldsymbol{j}+v_z(t)\boldsymbol{k},$$

将 $\boldsymbol{v}(t)$ 对时间 t 求定积分,便可得质点在空间的位移和位矢,质点 0 到 t 时刻的位移为

$$\int_0^t\boldsymbol{v}(t)\mathrm{d}t=\boldsymbol{i}\int_0^t v_x(t)\mathrm{d}t+\boldsymbol{j}\int_0^t v_y(t)\mathrm{d}t+\boldsymbol{k}\int_0^t v_z(t)\mathrm{d}t,$$

其位矢为

$$\boldsymbol{r}(t)=\int_0^t\boldsymbol{v}(t)\mathrm{d}t+\boldsymbol{r}_0,$$

式中 $\boldsymbol{r}_0$ 是由初始条件决定的常矢量,即 $t=0$ 时刻质点的位矢.

当矢量函数是空间坐标 x,y,z 的多元函数时,矢量函数的积分也有线积分、面积分等其他较复杂的积分计算. 例如,力学中功的计算就是一个矢量函数求线积分的问题,而电磁学中各种通量的计算则是矢量函数求面积分的问题.

一般地,对一个矢量函数 $\boldsymbol{A}(x,y,z)$ 沿某曲线 L 求线积分,可记作$\int_L\boldsymbol{A}\cdot\mathrm{d}\boldsymbol{r}$. 由于

$$\boldsymbol{A}=A_x\boldsymbol{i}+A_y\boldsymbol{j}+A_z\boldsymbol{k},\quad \mathrm{d}\boldsymbol{r}=\mathrm{d}x\boldsymbol{i}+\mathrm{d}y\boldsymbol{j}+\mathrm{d}z\boldsymbol{k},$$

$$\boldsymbol{A}\cdot\mathrm{d}\boldsymbol{r}=A_x\mathrm{d}x+A_y\mathrm{d}y+A_z\mathrm{d}z,$$

因此

$$\int_L\boldsymbol{A}\cdot\mathrm{d}\boldsymbol{r}=\int A_x\mathrm{d}x+\int A_y\mathrm{d}y+\int A_z\mathrm{d}z,$$

即化为计算 3 个标量函数的积分的总和. 若上式中 $\boldsymbol{A}$ 为力,$\mathrm{d}\boldsymbol{r}$ 为位移元,则上式就是变力做功的计算式.

附录 2 国际单位制(SI)

国际单位制是在国际公制和米千克秒制的基础上发展起来的,在国际单位制中,规定了 7 个基本单位(见表 1),即米(长度单位)、千克(质量单位)、秒(时间单位)、安[培](电流单位)、开[尔文](热力学温度单位)、摩[尔](物质的量单位)、坎[德拉](发光强度单位),还规定了两个辅助单位(见表 2),即弧度([平面] 角单位)、球面度(立体角单位),其他单位均由这些基本单位和辅助单位导出. 我国法定计量单位是以国际单位制单位为基础,同时选用了一些非国际单位制的单位.

表 1 国际单位制(SI) 的基本单位

量的名称	单位名称	单位符号	定义
时间	秒	s	国际单位制中的时间单位,符号 s. 当铯频率 $\Delta\nu_{Cs}$,也就是铯 133 原子不受干扰的基态超精细跃迁频率,以单位 Hz,即 s^{-1} 表示时,取其固定数值 9 192 631 770 来定义秒
长度	米	m	国际单位制中的长度单位,符号 m. 当真空中光速 c 以单位 m/s 表示时,取其固定数值 299 792 458 来定义米,其中秒用 $\Delta\nu_{Cs}$ 定义
质量	千克	kg	国际单位制中的质量单位,符号 kg. 当普朗克常量 h 以单位 J · s,即 kg · m^2/s 表示时,取其固定数值 $6.626\ 070\ 15\times10^{-34}$ 来定义千克,其中米和秒分别用 c 和 $\Delta\nu_{Cs}$ 定义
电流	安[培]	A	国际单位制中的电流单位,符号 A. 当元电荷 e 以单位 C,即 A · s 表示时,取其固定数值 $1.602\ 176\ 634\times10^{-19}$ 来定义安培,其中秒用 $\Delta\nu_{Cs}$ 定义
热力学温度	开[尔文]	K	国际单位制中的热力学温度单位,符号 K. 当玻尔兹曼常量 k 以单位 J/K,即 kg · m^2/(s^2 · K) 表示时,取其固定数值 $1.380\ 649\times10^{-23}$ 来定义开尔文,其中千克、米和秒分别用 h,c 和 $\Delta\nu_{Cs}$ 定义
物质的量	摩[尔]	mol	国际单位制中的物质的量的单位,符号 mol. 1 mol 精确包含 $6.022\ 140\ 76\times10^{23}$ 个基本单元. 该数称为阿伏伽德罗常量,为以单位 mol^{-1} 表示的阿伏伽德罗常量 N_A 的固定数值
发光强度	坎[德拉]	cd	国际单位制中的沿指定方向发光的强度单位,符号 cd. 当频率为 540×10^{12} Hz 的单色辐射的光视效能 K_{cd} 以单位 lm/W,即 cd · sr/W 或 cd · sr · s^3/(kg · m^2) 表示时,取其固定数值 683 来定义坎德拉,其中千克、米和秒分别用 h,c 和 $\Delta\nu_{Cs}$ 定义

表 2 国际单位制(SI) 的辅助单位

量的名称	单位名称	单位符号	定义
[平面] 角	弧度	rad	弧度是一个圆内两条半径之间的平面角,这两条半径在圆周上截取的弧长与半径相等
立体角	球面度	sr	球面度是一个立体角,其顶点位于球心,而它在球面上所截取的面积等于以球半径为边长的正方形面积

表 3 SI 词头

词头名称	词头符号	所表示的因数	词头名称	词头符号	所表示的因数
尧[它]	Y	10^{24}	分	d	10^{-1}
泽[它]	Z	10^{21}	厘	c	10^{-2}
艾[可萨]	E	10^{18}	毫	m	10^{-3}
拍[它]	P	10^{15}	微	μ	10^{-6}
太[拉]	T	10^{12}	纳[诺]	n	10^{-9}
吉[咖]	G	10^{9}	皮[可]	p	10^{-12}

续表

词头名称	词头符号	所表示的因数	词头名称	词头符号	所表示的因数
兆	M	10^6	飞[母托]	f	10^{-15}
千	k	10^3	阿[托]	a	10^{-18}
百	h	10^2	仄[普托]	z	10^{-21}
十	da	10	幺[科托]	y	10^{-24}

附录3 常用物理常量表

表1 常用物理常量表

物理量	符号	数值
真空中的光速	c	299 792 458 m/s
真空磁导率	μ_0	$1.256\ 637\ 062\ 12(19)\times10^{-6}$ N/A^2
真空介电常量	ε_0	$8.854\ 187\ 812\ 8(13)\times10^{-12}$ F/m
引力常量	G	$6.674\ 30(15)\times10^{-11}$ N·m^2/kg^2
普朗克常量	h	$6.626\ 070\ 15\times10^{-34}$ J·s
元电荷	e	$1.602\ 176\ 634\times10^{-19}$ C
里德伯常量	R_∞	10 973 731.568 160(21) m^{-1}
玻尔半径	a_0	$5.291\ 772\ 109\ 03(80)\times10^{-11}$ m
电子质量	m_e	$9.109\ 383\ 701\ 5(28)\times10^{-31}$ kg
质子质量	m_p	$1.672\ 621\ 923\ 69(51)\times10^{-27}$ kg
中子质量	m_n	$1.674\ 927\ 498\ 04(95)\times10^{-27}$ kg
阿伏伽德罗常量	N_A	$6.022\ 140\ 76\times10^{23}$ mol^{-1}
[普适]气体常量	R	8.314 462 618 … J/(mol·K)
玻尔兹曼常量	k	$1.380\ 649\times10^{-23}$ J/K
斯特藩常量	σ	$5.670\ 374\ 419\cdots\times10^{-8}$ W/(m^2·K^4)
维恩常量	b	$2.897\ 771\ 955\times10^{-3}$ m·K
电子伏	eV	$1.602\ 176\ 634\times10^{-19}$ J
原子质量单位	u	$1.660\ 539\ 066\ 60(50)\times10^{-27}$ kg
标准大气压	atm	101 325 Pa
标准重力加速度	g	9.806 65 m/s^2

注:表中数据为国际数据委员会(CODATA)2018年的国际推荐值.

表 2　有关太阳和地球的数据

名称	数值
太阳的质量 m_S	1.989×10^{30} kg
太阳的半径 R_S	6.963×10^{8} m
太阳中心到地球中心的距离	1.496×10^{11} m(平均值)
地球的质量 m_E	5.965×10^{24} kg
地球的半径 R_E	6.371×10^{6} m(平均值)
地球公转的周期 T_E	3.156×10^{7} s

附录 4　物理量的名称、符号和单位(SI)一览表

物理量名称	物理量符号	单位名称	单位符号
长度	l,L	米	m
质量	m	千克	kg
[质量]密度	ρ	千克每立方米	kg/m³
时间	t	秒	s
速度	v,u	米每秒	m/s
加速度	a	米每二次方秒	m/s²
[平面]角	$\theta,\alpha,\beta,\gamma,\varphi$	弧度	rad
角速度	ω	弧度每秒	rad/s
角加速度	α	弧度每二次方秒	rad/s²
力	F	牛[顿]	N
重力	G	牛[顿]	N
摩擦力	F_r	牛[顿]	N
压力	F_N	牛[顿]	N
张力	F_T	牛[顿]	N
摩擦系数	μ	—	—
动量	p	千克米每秒	kg·m/s
冲量	I	牛[顿]秒	N·s
功	W,A	焦[耳]	J
能量,热量	E,E_k,E_p,Q	焦[耳]	J
功率	P	瓦[特]	W(=J/s)
力矩	M	牛[顿]米	N·m
转动惯量	J	千克二次方米	kg·m²

续表

物理量名称	物理量符号	单位名称	单位符号
角动量	L	千克二次方米每秒	$kg \cdot m^2/s$
劲度系数	k	牛[顿]每米	N/m
压强	p	帕[斯卡]	Pa(=N/m)
体积	V	立方米	m^3
热力学温度	T	开[尔文]	K
摄氏温度	t	摄氏度	℃
物质的量	ν	摩[尔]	mol
摩尔质量	M	千克每摩[尔]	kg/mol
比热[容]	c	焦[耳]每千克开[尔文]	J/(kg·K)
摩尔热容	$C_{\mathrm{m}}, C_{V,\mathrm{m}}, C_{p,\mathrm{m}}$	焦[耳]每摩[尔]开[尔文]	J/(mol·K)
比热比	γ	—	—
热机效率	η	—	—
致冷系数	w	—	—
熵	S	焦[耳]每开[尔文]	J/K
平均自由程	$\bar{\lambda}$	米	m
平均碰撞频率	$\bar{Z}$	每秒,负一次方秒	s^{-1}
黏度系数	η	帕[斯卡]秒	Pa·s
扩散系数	D	平方米每秒	m^2/s
频率	f, ν	赫[兹]	Hz
周期	T	秒	s
相位	φ	弧度	rad
角频率	ω	弧度每秒	rad/s
波长	λ	米	m
振幅	A	米	m
声强	I	瓦[特]每平方米	W/m^2
光速	c	米每秒	m/s
光强	I	瓦[特]每平方米	W/m^2
折射率	n	—	—
电量	q, Q	库[仑]	C
线电荷密度	λ	库[仑]每米	C/m
面电荷密度	σ	库[仑]每平方米	C/m^2
体电荷密度	ρ	库[仑]每立方米	C/m^3
电场强度	E	伏[特]每米	V/m
真空介电常量	ε_0	法[拉]每米	F/m

续表

物理量名称	物理量符号	单位名称	单位符号
相对介电常量	ε_r	—	—
介电常量	ε	法[拉]每米	F/m
电通量	Φ_e	伏[特]米	V·m
电势能	W	焦[耳]	J
电势	V	伏[特]	V
电势差	V	伏[特]	V
电[偶极]矩	p_e	库[仑]米	C·m
电容	C	法[拉]	F
电位移	D	库[仑]每平方米	C/m^2
电位移通量	Φ_D	库[仑]	C
电流	I	安[培]	A
电流密度	j	安[培]每平方米	A/m^2
电阻	R	欧[姆]	Ω
电阻率	ρ	欧[姆]米	Ω·m
电动势	$\mathscr{E}$	伏[特]	V
磁感[应]强度	B	特[斯拉]	T
磁矩	m	安[培]平方米	$A\cdot m^2$
真空磁导率	μ_0	亨[利]每米	H/m
相对磁导率	μ_r	—	—
磁导率	μ	亨[利]每米	H/m
磁场强度	H	安[培]每米	A/m
磁通量	Φ_m	韦[伯]	Wb
自感系数	L	亨[利]	H
互感系数	M	亨[利]	H
位移电流	I_d	安[培]	A
辐射强度	I	瓦[特]每平方米	W/m^2
磁能密度	w	焦[耳]每立方米	J/m^3
电子[静]质量	m_e	千克	kg
质子[静]质量	m_p	千克	kg
中子[静]质量	m_n	千克	kg
普朗克常量	h	焦[耳]秒	J·s
波数	k	每米,负一次方米	m^{-1}
玻尔半径	a_0	米	m
里德伯常量	R_∞	每米,负一次方米	m^{-1}

续表

物理量名称	物理量符号	单位名称	单位符号
主量子数	n	—	—
角量子数	l	—	—
磁量子数	m_l	—	—
自旋磁量子数	m_s	—	—

习题参考答案

第 1 章

1-1 D 1-2 B 1-3 C 1-4 B

1-5 B 1-6 B 1-7 D 1-8 C

1-9 C 1-10 C 1-11 C 1-12 A

1-13 D

1-14 $(-\boldsymbol{i}+4\boldsymbol{j})\ \mathrm{m/s^2}$

1-15 (1) 变速曲线运动； (2) 变速直线运动

1-16 $10t$(SI)，$(25t^4/2)$(SI)

1-17 $12t^3$(SI)，$(3t^5/5+2t)$(SI)

1-18 $(x/A)^2+(y/B)^2=1$

1-19 $2(x+x^3)^{1/2}$(SI)

1-20 $v^2=v_0^2+k(y_0^2-y^2)$

1-21 $n^2(n+3)a\tau^2/6$

1-22 (1) 109 $\mathrm{m/s^2}$，与 B 的切线方向的夹角为 77.6°； (2) 1 722 m

1-23 15.3 m

第 2 章

2-1 D 2-2 B 2-3 C 2-4 D 2-5 B

2-6 C 2-7 D 2-8 C 2-9 C 2-10 C

2-11 B 2-12 A

2-13 $\dfrac{mg(a+l)\sin\alpha}{\sqrt{l^2+2al}}$

2-14 $\dfrac{1}{\cos^2\theta}$

2-15 $\sqrt{\dfrac{g}{R}}$

2-16 $\dfrac{2}{3}t^3\boldsymbol{i}+2t\boldsymbol{j}$ (SI)

2-17 (1) $(1+\sqrt{2})m\sqrt{gy_0}$； (2) $\dfrac{1}{2}mv_0$

2-18 (1) mv_0； (2) 竖直向下

2-19 18 J，6 m/s

2-20 $GMm\dfrac{r_2-r_1}{r_1r_2}$，$GMm\dfrac{r_1-r_2}{r_1r_2}$

2-21 (1) 16 N·s； (2) 176 J

2-22 $\dfrac{1}{2}v, 0, v$

2-23 略

2-24 $y=\dfrac{g\sin\alpha}{v_0^2}x^2$

2-25 略

2-26 $\dfrac{v_0R}{R+v_0\mu t}$，$\dfrac{R}{\mu}\ln\left(1+\dfrac{v_0\mu t}{R}\right)$

2-27 $\theta=\pm\arccos\dfrac{g}{R\omega^2}$

2-28 与水平方向夹角为 53°

2-29 $V=\dfrac{m_0v\cos\theta-m\sqrt{2gl\sin\theta}}{m_0+m}$

2-30 $-27kc^{2/3}l^{7/3}/7$

2-31 (1) $h=4.25$ m； (2) $v=8.16$ m/s

2-32 0.14 J

2-33 (1) 0.05 m/s，0.5 m/s； (2) 2 s

2-34 (1) $\dfrac{m\sin\theta}{M+m}\sqrt{\dfrac{2(M+m)gR\sin\theta}{(M+m)-m\sin^2\theta}}$，$\sqrt{\dfrac{2(M+m)gR\sin\theta}{(M+m)-m\sin^2\theta}}$；

(2) $\dfrac{m}{m+M}R$

第 3 章

3-1 A 3-2 C 3-3 E 3-4 B

3-5 A 3-6 C 3-7 D 3-8 B

3-9 B 3-10 A 3-11 C 3-12 A

3-13 B 3-14 D

3-15 0

3-16 mvd

3-17 4 s，−15 m/s

3-18 62.5，1.67 s

3-19 20

3-20 (1) mg； (2) $kl\cos\theta$； (3) $mg=2kl\sin\theta$

3-21 $\dfrac{(J+mr^2)\omega_1}{J+mR^2}$

3-22 $\dfrac{2mv}{(M+2m)R}$

3-23 $3v_0/(2l)$

3-24 h^2/l^2

3-25 (1) 63.3 m; (2) 37.9 N

3-26 $\overline{f}=m\omega_0(D^2+D_1^2)/(4Dt)$

3-27 $J\ln 2/k$

3-28 $\dfrac{mv_0(R+l)\cos\alpha}{J+m(R+l)^2}$

3-29 11.4 s

第4章

4-1 C 4-2 B 4-3 B 4-4 C

4-5 B 4-6 C 4-7 D 4-8 D

4-9 A 4-10 C 4-11 C 4-12 D

4-13 C 4-14 A 4-15 B

4-16 4.43×10^5 Pa

4-17 $0,\dfrac{kT}{m}$

4-18 (1) 3.45×10^{20}; (2) 1.6×10^{-5} kg/m^3;
(3) 2 J

4-19 $\dfrac{3}{2}kT,\dfrac{5}{2}kT,\dfrac{5}{2}\dfrac{m}{M}RT$

4-20 (1) 气体分子在温度为 T 时每一个自由度上的平均能量;
(2) 一个气体分子在温度为 T 时的平均平动动能;
(3) 自由度为 i 的一个分子的平均能量;
(4) 1 mol 理想气体在温度为 T 时的内能;
(5) 1 mol单原子分子理想气体在温度为 T 时的总平动动能或 1 mol 单原子分子理想气体在温度为 T 时的内能

4-21 1∶1,16∶1

4-22 (1) $\int_{v_0}^{\infty}Nf(v)\mathrm{d}v$; (2) $\dfrac{\int_{v_0}^{\infty}vf(v)\mathrm{d}v}{\int_{v_0}^{\infty}f(v)\mathrm{d}v}$;
(3) $\int_0^{\infty}\dfrac{1}{v}f(v)\mathrm{d}v$

4-23 $\dfrac{p_2}{p_1}$

4-24 $\sqrt{\dfrac{3p}{\rho}},\dfrac{3p}{2}$

4-25 1.96×10^3 m

4-26 5.4×10^7 s^{-1},6×10^{-6} m

4-27 6.11×10^{-5} m^3

4-28 6.42 K,6.67×10^4 Pa

4-29 1.61×10^{12},1×10^{-8} J,
6.67×10^{-9} J,1.67×10^{-8} J

4-30 8.31×10^3 J,3.32×10^3 J

4-31 (1) 8.28×10^{-21} J; (2) 400 K

4-32 (1) $f(v)=\begin{cases}\dfrac{av}{Nv_0} & (0\leqslant v<v_0),\\ \dfrac{a}{N} & (v_0\leqslant v\leqslant 2v_0),\\ 0 & (v>2v_0);\end{cases}$
(2) $a=\dfrac{2N}{3v_0}$; (3) $\dfrac{7N}{12}$;
(4) $\dfrac{31}{36}mv_0^2$; (5) $\dfrac{7v_0}{9}$

4-33 3.2×10^{17} m^{-3},7.8 m,60 s^{-1}

第5章

5-1 B 5-2 D 5-3 A 5-4 D

5-5 B 5-6 D 5-7 D 5-8 D

5-9 D 5-10 D 5-11 A

5-12 29.085 J/(mol·K),20.775 J/(mol·K)

5-13 500 J,700 J

5-14 等压升温过程,气体内能增加,同时气体要膨胀做功,等容升温过程,气体内能增加,但不做功

5-15 166 J

5-16 (1) $\dfrac{3}{2}p_0V_0,\dfrac{5}{2}p_0V_0$;
(2) $\dfrac{8}{13}\dfrac{p_0V_0}{R}$

5-17 $\dfrac{a}{V_1}-\dfrac{a}{V_2}$

5-18 等压过程,$\dfrac{RT_0}{2}$

5-19 $\left(\dfrac{V_1}{V_2}\right)^{\gamma-1}T_1,V_2,\dfrac{RT_1}{V_2}\left(\dfrac{V_1}{V_2}\right)^{\gamma-1}$

5-20 (1) $C_{V,\mathrm{m}}=\dfrac{5}{2}R$, $C_{p,\mathrm{m}}=\dfrac{7}{2}R$;
(2) 28.6%

5-21 (1) 7.85×10^4 Pa; (2) 61.4 J

5-22 (1) 320 K; (2) 20%

5-23 (1) $Q_1=5\ 350$ J; (2) $W=1\ 350$ J;
(3) $Q_2=4\ 000$ J

5-24 (1)

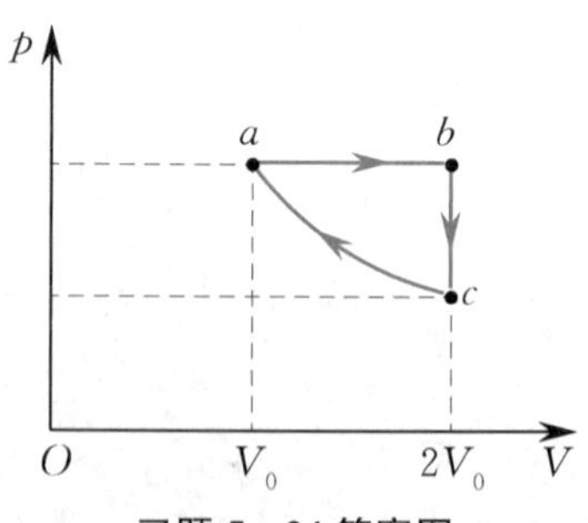

习题 5-24 答案图

(2) 6 232.5 J，−3 739.5 J，−1 720.17 J

5-25 (1)

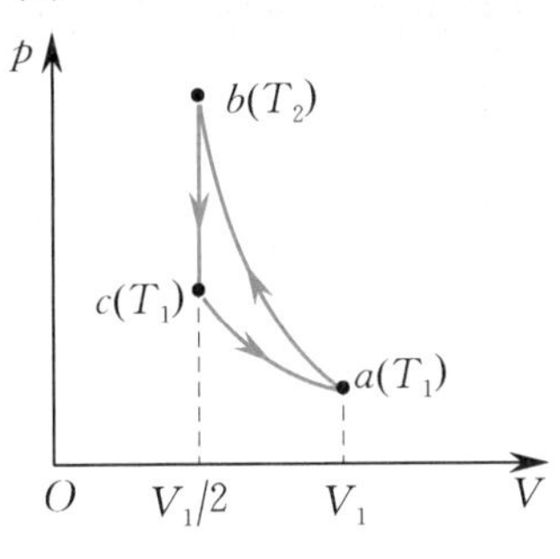

习题 5-25 答案图

(2) 7.16×10^{-2} kg

5-26 2×10^{7} W

5-27 6.27×10^{7} J

第 6 章

6-1 C 6-2 B 6-3 B 6-4 A

6-5 D 6-6 D 6-7 A 6-8 B

6-9 D 6-10 D 6-11 B 6-12 D

6-13 C 6-14 C 6-15 D 6-16 D

6-17 D 6-18 C

6-19 竖直向下，$mg/(Ne)$

6-20 $\frac{q}{\varepsilon_0}$，0，$-\frac{q}{\varepsilon_0}$

6-21 λ/ε_0

6-22 Q/ε_0；**0**，$\frac{5Q}{18\pi\varepsilon_0 R^2}\boldsymbol{r}_0$

6-23 $\frac{qd}{8\pi^2\varepsilon_0 R^3}$，由圆心 O 指向 d

6-24 45 V，−15 V

6-25 0，$\frac{\lambda}{2\varepsilon_0}$

6-26 $\frac{Q\Delta S}{16\pi^2\varepsilon_0 R^4}$，由圆心 O 点指向 ΔS，$\frac{Q}{4\pi\varepsilon_0 R}$

6-27 -2×10^{3} V

6-28 $\boldsymbol{E}=\frac{-q}{2\pi\varepsilon_0 a^2\theta_0}\sin\frac{\theta_0}{2}\boldsymbol{j}$

6-29 $\boldsymbol{E}=\frac{\lambda}{4\pi\varepsilon_0 R}(\boldsymbol{i}+\boldsymbol{j})$

6-30 (1) 4.43×10^{-13} C/m^3；

(2) -8.9×10^{-10} C/m^2

6-31 (1) $kb^2/(4\varepsilon_0)$；

(2) $\frac{k}{2\varepsilon_0}\left(x^2-\frac{b^2}{2}\right)$ $(0\leqslant x\leqslant b)$；

(3) $x=b/\sqrt{2}$

6-32 $\frac{\lambda}{4\pi\varepsilon_0}\ln\frac{3}{4}$，0

6-33 $\frac{q}{2\pi^2\varepsilon_0 R^2}$，方向垂直半圆环直径指向右；

$\frac{q}{4\pi\varepsilon_0 R}$

6-34 36 V，57 V

第 7 章

7-1 D 7-2 B 7-3 B 7-4 A

7-5 A 7-6 D 7-7 B 7-8 C

7-9 B 7-10 D

7-11 100 V

7-12 $V_0/2+Qd/(4\varepsilon_0 S)$

7-13 不变，减小

7-14 大于

7-15 $Qd/(2\varepsilon_0 S)$，$Qd/(\varepsilon_0 S)$

7-16 $\sqrt{2Fd/C}$，$\sqrt{2FdC}$

7-17 $(Q_1+Q_2)/(2S)$，$(Q_1-Q_2)/(2S)$，

$(Q_2-Q_1)/(2S)$，$(Q_1+Q_2)/(2S)$

7-18 减小，减小

7-19 1∶1∶4

7-20 (1) 2.28×10^{-9} F； (2) 6.67×10^{-5} C

7-21 (1) $a\leqslant r\leqslant b$，$E_1=\frac{\lambda}{2\pi\varepsilon_0\varepsilon_{r1}r}$，

$b<r<c$，$E_2=\frac{\lambda}{2\pi\varepsilon_0\varepsilon_{r2}r}$，

$c\leqslant r\leqslant d$，$E_3=\frac{\lambda}{2\pi\varepsilon_0\varepsilon_{r3}r}$；

(2) $E_{1\max}=\frac{\lambda}{2\pi\varepsilon_0\varepsilon_{r1}a}$，$E_{2\max}=\frac{\lambda}{2\pi\varepsilon_0\varepsilon_{r2}b}$，

$E_{3\max}=\frac{\lambda}{2\pi\varepsilon_0\varepsilon_{r3}c}$；

(3) 当 $\varepsilon_{r1}r_1=\varepsilon_{r2}r_2=\varepsilon_{r3}r_3=$ 常量时

7-22 (1) -1.0×10^{-7} C，-2.0×10^{-7} C；

(2) 2.3×10^{3} V

7-23 $r<R$，$E=0$，

$V=\frac{q}{4\pi\varepsilon_0\varepsilon_r}\left(\frac{1}{R}-\frac{1}{R+d}\right)+\frac{q}{4\pi\varepsilon_0(R+d)}$；

$R<r\leqslant(R+d)$，

$E=\frac{q}{4\pi\varepsilon_0\varepsilon_r r^2}$，

$V=\frac{q}{4\pi\varepsilon_0\varepsilon_r}\left(\frac{1}{r}-\frac{1}{R+d}\right)+\frac{q}{4\pi\varepsilon_0(R+d)}$；

$r>(R+d)$，$E=\frac{q}{4\pi\varepsilon_0 r^2}$，$V=\frac{q}{4\pi\varepsilon_0 r}$

参考文献

[1] 东南大学等七所工科院校. 物理学:上册[M]. 7 版. 北京:高等教育出版社,2020.

[2] 东南大学等七所工科院校. 物理学:下册[M]. 7 版. 北京:高等教育出版社,2020.

[3] 毛骏健,顾牡. 大学物理学:上册[M]. 3 版. 北京:高等教育出版社,2020.

[4] 毛骏健,顾牡. 大学物理学:下册[M]. 3 版. 北京:高等教育出版社,2020.

[5] 赵近芳,王登龙. 大学物理学:上册[M]. 6 版. 北京:北京邮电大学出版社,2021.

[6] 赵近芳,王登龙. 大学物理学:下册[M]. 6 版. 北京:北京邮电大学出版社,2021.

[7] 费曼,莱顿,桑兹. 费曼物理学讲义:新千年版:第 1 卷[M]. 郑永令,华宏鸣,吴子仪,等译. 上海:上海科学技术出版社,2020.

[8] 费曼,莱顿,桑兹. 费曼物理学讲义:新千年版:第 2 卷[M]. 李洪芳,王子辅,钟万蘅,译. 上海:上海科学技术出版社,2020.

[9] 费曼,莱顿,桑兹. 费曼物理学讲义:新千年版:第 3 卷[M]. 潘笃武,李洪芳,译. 上海:上海科学技术出版社,2020.

[10] 郑永令,贾起民,方小敏. 力学[M]. 3 版. 北京:高等教育出版社,2018.

[11] 梁希侠,班士良. 统计热力学[M]. 3 版. 北京:科学出版社,2016.

[12] 赵凯华,陈熙谋. 电磁学[M]. 4 版. 北京:高等教育出版社,2018.

[13] 郁道银,谈恒英. 工程光学[M]. 4 版. 北京:机械工业出版社,2016.

[14] 赵凯华,钟锡华. 光学:重排本[M]. 北京:北京大学出版社,2017.

[15] 李颂. 时空与相对论[M]. 西安:西安电子科技大学出版社,2015.

[16] 刘辽,费保俊,张允中. 狭义相对论[M]. 2 版. 北京:科学出版社,2008.

[17] 周世勋. 量子力学教程[M]. 2 版. 北京:高等教育出版社,2009.

[18] 曾谨言. 量子力学:卷 2[M]. 5 版. 北京:科学出版社,2014.